MINISTÈRE DES TRAVAUX PUBLICS

MÉMOIRES

POUR SERVIR À L'EXPLICATION

DE

LA CARTE GÉOLOGIQUE DÉTAILLÉE DE LA FRANCE

ÉTUDES GÉOLOGIQUES

DANS

LES ALPES OCCIDENTALES

CONTRIBUTIONS À LA GÉOLOGIE

DES CHAÎNES INTÉRIEURES DES ALPES FRANÇAISES

PAR

W. KILIAN
PROFESSEUR À LA FACULTÉ DES SCIENCES
DE L'UNIVERSITÉ DE GRENOBLE
COLLABORATEUR PRINCIPAL AU SERVICE DE LA CARTE GÉOLOGIQUE
DE LA FRANCE
CORRESPONDANT DE L'INSTITUT

J. RÉVIL
ANCIEN PRÉSIDENT DE L'ACADÉMIE DES SCIENCES
BELLES-LETTRES ET ARTS DE SAVOIE
PRÉSIDENT DE LA SOCIÉTÉ D'HISTOIRE NATURELLE DE SAVOIE
COLLABORATEUR AU SERVICE DE LA CARTE GÉOLOGIQUE DE LA FRANCE
DOCTEUR ÈS SCIENCES DE L'UNIVERSITÉ DE GRENOBLE

II

(DEUXIÈME FASCICULE)

DESCRIPTION DES TERRAINS QUI PRENNENT PART À LA CONSTITUTION GÉOLOGIQUE
DES ZONES INTRA-ALPINES FRANÇAISES (Suite)

PARIS
IMPRIMERIE NATIONALE

1917

ÉTUDES GÉOLOGIQUES
DANS LES ALPES OCCIDENTALES

CONTRIBUTIONS À LA GÉOLOGIE
DES CHAÎNES INTÉRIEURES DES ALPES FRANÇAISES

II

(2e FASCICULE)

DESCRIPTION DES TERRAINS QUI PRENNENT PART À LA CONSTITUTION GÉOLOGIQUE
DES ZONES INTRA-ALPINES FRANÇAISES (SUITE)
(SYSTÈME JURASSIQUE)

MINISTERE DES TRAVAUX PUBLICS

MÉMOIRES

POUR SERVIR À L'EXPLICATION

DE

LA CARTE GÉOLOGIQUE DÉTAILLÉE DE LA FRANCE

ÉTUDES GÉOLOGIQUES

DANS

LES ALPES OCCIDENTALES

CONTRIBUTIONS À LA GÉOLOGIE

DES CHAÎNES INTÉRIEURES DES ALPES FRANÇAISES

PAR

W. KILIAN

CORRESPONDANT DE L'INSTITUT
PROFESSEUR À LA FACULTÉ DES SCIENCES
DE L'UNIVERSITÉ DE GRENOBLE
COLLABORATEUR PRINCIPAL AU SERVICE DE LA CARTE GÉOLOGIQUE
DE LA FRANCE

J. RÉVIL

ANCIEN PRÉSIDENT DE L'ACADÉMIE DES SCIENCES
BELLES-LETTRES ET ARTS DE SAVOIE
PRÉSIDENT DE LA SOCIÉTÉ D'HISTOIRE NATURELLE DE SAVOIE
COLLABORATEUR AU SERVICE DE LA CARTE GÉOLOGIQUE DE LA FRANCE
DOCTEUR ÈS SCIENCES DE L'UNIVERSITÉ DE GRENOBLE

II

(2e FASCICULE)

DESCRIPTION DES TERRAINS QUI PRENNENT PART À LA CONSTITUTION GÉOLOGIQUE
DES ZONES INTRA-ALPINES FRANÇAISES (SUITE)
(SYSTÈME JURASSIQUE)

PARIS
IMPRIMERIE NATIONALE

1912

ÉTUDES GÉOLOGIQUES

DANS LES ALPES OCCIDENTALES.

CHAPITRE V.

SYSTÈME JURASSIQUE.

A. Rhétien

Rhétien (Renevier 1864), Zone à *Avicula contorta* des auteurs. = Infraliasien inférieur = Infralias[1] (*pro parte*) = Bonebed des Anglais = Groupe de l'Azzarola (Stoppani) = Gervillienschichten (Emmerich) = Kœssenerschichten = Rhaetische Stufe des auteurs allemands.

Rhétien. — Généralités.

Les dépôts jurassiques débutent par les assises rhétiennes qui présentent dans les Alpes occidentales une très remarquable uniformité de facies[2].

[1] Cet étage est, on le sait, rattaché au *Trias supérieur* par la plupart des géologues de l'École allemande. — Sa *transgressivité* dans une grande partie de l'Europe centrale nous conduit à en faire, avec l'École française, le premier terme du Système jurassique, malgré certains caractères paléontologiques (présence de Myophories, etc.) qui le rapprochent du Trias. Outre le récent résumé publié par M. Philippi dans le Lethaea geognostica de F. Frech, 2e partie, t. I (Trias), p. 98, on consultera les travaux que lui ont consacrés d'Archiac, Duncker, Alberti, Quenstedt, J. Martin, Terquem, Henry, etc. Tout récemment encore M. Rollier (Mat. carte géol. Suisse, 55e livr., p. 226) est revenu sur la question du Rhétien. Il pense que le « Rhétien alpin (du Rhaetikon, etc.) » fondé sur le « Rhaetische Stufe » de Guembel n'a rien de commun avec le soi-disant Rhétien du Nord que quelques espèces ou mutations apportées par la transgression marine du Lias inférieur. On voit, par conséquent, que, pour cet auteur, ce qu'on a appelé « couches à *Avicula contorta* (faciès souabe) » représenterait, suivant les régions, des horizons de plus en plus récents qu'on s'éloignerait davantage de la Mésogée.

Voir aussi : Frech, Lethaea geognostica II, Mesozoicum, Trias (von F. Frech, Philippi und Arthaber), pour le Rhétien de l'Allemagne et des Alpes orientales (p. 98 et p. 354).

[2] Le Rhétien des Alpes et des régions voisines a été l'objet de publications nombreuses; nous rappellerons spécialement que la zone à *Avicula contorta* a été étudiée dans les Alpes occidentales par Alphonse Favre, de Mortillet, Escher, Vallet, Pillet, Ch. Lory, d'Archiac, Ed. Hébert, Dieulafait

IMPRIMERIE NATIONALE.

Ce sont des calcaires noirâtres parfois jaunissants, en petits bancs, riches en sections de petits Pélécypodes et des schistes noirs très calcaires qui, en plusieurs points[1], ont fourni une faune rhétienne bien caractérisée. Ces dépôts marquent, surtout à l'Ouest de la zone cristalline delphino-savoisienne (première zone alpine), l'avènement d'une grande *transgression marine* qui s'est

et l'abbé Stoppani; certains gisements ont été décrits plus récemment dans des ouvrages qui seront cités plus bas.

Nous mentionnerons en particulier :

A. Stoppani (L'abbé), Géologie et paléontologie des couches à *Avicula contorta* en Lombardie, comprenant des aperçus sur l'étage infraliasien en Lombardie et en Europe en général et deux monographies des fossiles appartenant à la zone supérieure et à la zone inférieure des couches à *Avicula contorta* en Lombardie, une note supplémentaire et deux appendices sur l'Infralias du versant nord-ouest des Alpes et sur les faunes, aux limites supérieures et inférieures des couches à *Avicula contorta*. — 60 planches (*Paléontologie lombarde*, 3ᵉ série, Milan, 1860-1865). Cet ouvrage est fondamental pour la connaissance de l'Étage rhétien.

1859. — A. Favre, Mémoire sur les terrains liasique et keupérien de la Savoie (*Mémoires Soc. de physique et d'histoire naturelle de Genève*, t. XV).

1859. — A. Favre, *Recherches géologiques dans les parties de la Savoie, du Piémont et de la Suisse voisines du Mont Blanc* (Paris [Victor Masson et fils] et Genève, 1867).

1860. — Winckler, Die Schichten der *Avicula contorta* inner — und ausserhalb der Alpen. — München.

1862. — De Mortillet, Les terrains du versant italien des Alpes comparés à ceux du versant français. — (*Bull. Soc. géol. de France*, 2ᵉ série, t. XIX, p. 849.)

1862. — De Mortillet, Lettre de G. de Mortillet. (In Stoppani, *loc. cit.*, p. 16.)

1862. — De Mortillet, *Géologie et minéralogie de la Savoie.* Chambéry, 1858.

1862. — Hébert, Du terrain jurassique de la Provence. — (*Bull. Soc. géol. de France*, 2ᵉ série, t. XIX, p. 100.)

1861. — C. Lory, Procès-verbaux de la Réunion extraordinaire et des excursions de la Société géologique de France dans la Maurienne et le Briançonnais (*Bull. Soc. géol. de France*, 2ᵉ série, t. XVIII, p. 752).

1861. — Winckler, Der Oberkeuper nach Studien in den bayrischen Alpen (*Zeitschr. d. deutschen geol. Gesellschaft*, t. XIII, p. 459; 5 Pl.).

1861. — Guembel, Geognostiche Beschreibung von Bayern und seines Vorlandes. — Gotha, Perthes, 1861.

Voir aussi A. Favre (in *Archives de Genève*, octobre 1861) et les travaux de Schafhaütl, de Buch, Murchison, Lilienbach, Emmerich, Guembel, pour les Alpes orientales, ceux de MM. Renevier, Trauth, et von Bistram, pour les Alpes suisses, enfin les récents mémoires de MM. Erni et Buxtorf pour le Jura suisse.

[1] La détermination précise du Rhétien dans les Alpes occidentales a fait faire un grand pas à la géologie de cette région; elle a pendant longtemps été l'unique point de repère qui ait pu permettre d'établir l'âge des autres assises. L'abbé Stoppani a eu le grand mérite de mettre le premier en évidence la constance des caractères paléontologiques et pétrographiques de cette assise dans les Alpes occidentales; il a suivi les couches à *Avicula contorta* et montré leur uniformité de

étendue jusqu'au delà du Rhône (Châteaubourg) sur les flancs du Massif central de la France.

Dans la région dont nous nous occupons ici et qui est limitée à l'Occident par la première zone alpine de Ch. Lory, et à l'Est par la zone des Schistes lustrés (zone du Piémont), ces assises offrent les caractères suivants :

la Lombardie à Meillerie (Haute Savoie) et au Pas-du-Roc en Maurienne. — Parmi les éléments les plus caractéristiques du Rhétien, il décrit une assise de schistes noirs, et en outre des « lumachelles compactes à décomposition jaune » et des calcaires bleu noir se résolvant en substance pulvérulente jaune à la surface, mais y laissant une couche déchirée d'une espèce de vernis bitumeux résistant à l'atmosphère et peu attaquable par les acides. — On ne saurait rien ajouter à cette description qui s'applique parfaitement aux couches à *Avicula contorta* des régions susmentionnées et même des gisements bien plus méridionaux comme ceux des environs de Digne, de la montagne du Morgon et de la vallée de l'Ubaye.

Stoppani distingue dans le Rhétien, de haut en bas :

1° Une zone à *Terebratula gregaria* Suess.

2° Une zone à *Bactryllium striolatum* Heer, formée de schistes noirs et lumachelles.

Il indique, en outre, partout la présence, *sous* le Rhétien, d'une zone dolomitique caractéristique bien visible notamment au Pas-du-Roc en Maurienne et reposant sur les schistes bigarrés du Trias supérieur.

Nous ne pouvons que constater la parfaite exactitude de ces observations.

Dans les **Alpes orientales**, le Rhétien, rattaché au Trias par la plupart des auteurs, est relié à ce dernier terrain par des couches de passage comme il l'est d'ailleurs (C. de Gresten, C. de Garland) à l'Hettangien.

Il se présente sous divers facies distingués par E. de Mojsisovics et Ed. Suess, parmi lesquels on a distingué : le **facies souabe** à petits Bivalves (*Avicula contorta*, *Mytilus minutus*, *Gervilleia præcursor*, Cardites, etc.) qui domine au Nord; le **facies carpathique** (à *Ter. gregaria*), un facies **dolomitique**; des facies **coralligènes** (calcaire à *Lithodendron*) à *Conchodus* et Mégalodontes (Plattenkalk, calc. de Dachstein supérieur), à **Céphalopodes** (couches à *Choristoceras Marshi*, *Aegoceras planorboides*, etc., des environs de Salzbourg; zone à *Arcestes Rhaeticus*, de Lombardie).

Ces facies se mélangent ou se remplacent suivant les régions. Des calcaires récifaux à *Conchodus*, des calcaires à *Lithodendron* alternent parfois avec des assises à Brachiopodes ou à *Av. contorta*. Les **Marnes de Koessen** à *Gervilleia inflata*, *Pecten Valoniensis*, *Anatina præcursor*, *Avicula contorta*, *Mytilus minutus*, *Anomia Schafhaütli*, *Plicatula intusstriata*, *Terebratula gregaria*, *Spiriferina oxycolpos* en constituent le terme le plus connu.

Le Rhétien repose sur la « Dolomie principale » (Hauptdolomit) à *Turbo* (*Worthenia*) *solitarius* de l'Étage Norien.

Dans les **Alpes apuennes** (Italie), des assises calcaires, dolomitiques et marneuses qui surmontent les marbres de Carrare et sont supérieures aux couches à *Worthenia solitaria* et inférieures à des schistes à faune **hettangienne**, sont considérées comme rhétiennes d'après les travaux de M. Zaccagna. Dans le Portugal, on retrouve cet étage avec *Mytilus minutus*.

I. RHÉTIEN INTRA-ALPIN.

Rhétien de la Tarentaise.

En **Tarentaise** s'observent, à ce niveau, des schistes noirs dont la constance nous a été signalée par Marcel Bertrand et dont les travaux exécutés pour la rectification des tunnels de la Volta, près de Saint-Marcel, ont révélé à l'un de nous l'intercalation entre le Lias calcaire et les schistes verts du Trias supérieur (voir le Profil, t. I, fig. 104-105, p. 278-279). L'un de nous les a retrouvés depuis aux Chapieux, sur le chemin des Mottets, à peu de distance des baraquements militaires, où ils constituent un petit affleurement.

Rhétien sur les confins de la Maurienne et de la Tarentaise.

Du côté de la Maurienne, au col de Varbuche et à Villarly, où le Rhétien a déjà été indiqué par Ch. Lory et par l'abbé Vallet, nous avons pu constater qu'il se compose de schistes noirs et de calcaires lumachelles de même teinte reposant sur les schistes, les dolomies brunes et les argilolithes bigarrées du Trias supérieur. En outre, l'abbé Vallet a cité le Rhétien au col de Vallorsière, à Brides, à Saint-Jean-de-Belleville ainsi qu'au sommet du vallon de Nantbrun.

A la montagne du Coin, ces mêmes couches rhétiennes sont renversées sous le Trias; elles se retrouvent aux Aiguilles de la Grande-Möendaz [1], au col du Bonnet-du-Prêtre, dans le vallon de Vallorsière, à Villarly, Chalençon (Savoie), etc. Nous en avons également constaté la présence — toujours avec les mêmes caractères — entre le Trias bariolé et le Lias calcaire, sur le flanc méridional du vallon de la Sausse (tributaire du Nantbrun), près de Saint-Jean-de Belleville.

On voit d'après ce qui précède qu'au Nord de la Maurienne et en Tarentaise le Rhétien, dont la constatation a fait faire un progrès considérable à la géologie alpine, est très reconnaissable et occupe un horizon remarquablement constant au-dessus des cargneules, gypses et schistes bariolés du Trias. Les couches de cet horizon sont peu puissantes; elles consistent en schistes noirs et en calcaires dolomitiques stratifiés en petits bancs, de couleur noirâtre mais devenant jaunâtres sur les surfaces exposées à l'air. Elles sont ordinairement pétries de petits fossiles plus ou moins bien conservés. Ce sont ces sections visibles sur les faces extérieures qui permettent dans la plupart des cas de reconnaître la présence de ces assises.

[1] Kilian, Sur la structure du massif de Varbuche (Savoie). (*Bull. Soc. hist. nat. de Savoie*, t. IV, 1891.)

Gisement du Pas-du-Roc, près Saint-Michel de Maurienne.

Les couches à *Avicula contorta* Portl. sont particulièrement développées en **Maurienne**, dans la localité devenue classique du *Pas-du-Roc* (commune de Saint-Martin-de-la-Porte, près Saint-Michel-de-Maurienne), à Saint-Martin-outre-Arc et à Saint-Julien, où elles renferment de nombreux fossiles. A Saint-Julien-de-Maurienne, l'abbé Vallet a recueilli, dans des affleurements d'Infralias visités par la Société géologique de France, des petits Gastéropodes (*Trochus Valleti* Stopp., *Turbo Pilleti* Stopp., *Cerithium Stoppanii* Winckl.) caractéristiques. Le principal gisement fossilifère des couches de cet horizon (voir notre Pl. VII du tome II, 1er fasc. du présent ouvrage) a, en effet, été découvert par l'abbé Vallet dans cette région et signalé à la Société géologique de France, lors de sa réunion extraordinaire à Saint-Jean-de-Maurienne, en 1861 [1]. Les membres de la Société, dirigés par ce savant et parmi lesquels se trouvait l'abbé Stoppani, examinèrent ces assises près d'un pont situé à 250 mètres environ, au Nord de l'Arc, à l'Ouest du hameau de Vigny; ils purent recueillir en abondance des échantillons pétris d'*Avicula contorta* Portl., et d'autres fossiles, parmi lesquels *Myophoria inflata* Emm., *Anomia Schafhaütli* Winckler. Ils suivirent ces couches renfermant toujours l'*Avicula contorta* Portl. jusqu'au bord même de la route, où elles se montrent en contact, à l'Est, avec des dolomies entremêlées de schistes verts et rouges et, à l'Ouest, avec la grande masse des calcaires liasiques du Pas-du-Roc. (Voir notre figure 27.)

Cette découverte avait une importance considérable; elle « constituait, comme le faisait remarquer Studer [2], une donnée capitale pour le classement des terrains de cette partie des Alpes et un repère précieux pour débrouiller les bouleversements extraordinaires qui les ont affectés ». Elle fut complétée par la constatation, faite en 1863 et relatée par Ch. Lory [3] et Alph. Favre [4], de l'existence d'une couche distincte, avec ossements et dents de poissons, représentant le *Bone-bed*. Ce dernier auteur indique, comme ayant été recueillis à ce niveau : *Acrodus minimus* Ag., *Sphærodus sp.*, *Hybodus sp.* (dents), et des écailles de *Gyrolepis tenuistriatus* Ag., etc. Les nombreux fossiles reconnus dans cette localité par les géologues qui l'avaient étudiée furent soumis à l'abbé Stoppani qui l'avait visitée lui-même dans les années 1861 et 1862. Un chapitre du célèbre ouvrage de cet auteur « La Paléontologie lom-

(1) *Bull. Soc. géol. de France*, 2e série, t. XVIII, 1861.
(2) *Bull. Soc. géol. de France*, 2e série, t. XVIII, 1861, *loc. cit.*, p. 737.
(3) Ch. Lory, *Description du Dauphiné*, 55-375.
(4) A. Favre, *Recherches géologiques*, etc., t. III, p. 251.

barde[1] » est consacré à des conclusions relatives au développement du Rhétien, sur le versant occidental des Alpes. Il y étudie le « Pas-du-Roc », près de Saint-Michel, où les couches à *Avicula contorta*, dit-il, sont très riches en fossiles. D'après ses récoltes, jointes à celles de Lory, Pillet et Vallet, il a pu y reconnaître, entre autres, les espèces suivantes :

Chemnitzia Valleti Stopp.
Turbo Chamousseti Stopp.
Turbo Billieti Stopp.
Trochus Valleti Stopp.
Cerithium Stoppanii Winck.
Cardita Austriaca v. Hauer.
Mytilus psilonoti Quenst.
Myophoria isoceles Stopp.
Avicula contorta Portl.
Avicula gregaria Stopp.
Avicula inæquiradiata Schafh. (espèce importante).
Avicula sp.
Lima subdupla Stopp. (= *Mantellum pectinoide* Sow. sp.).
Pecten Valoniensis Defr.
Pecten Massalonghi Stopp.
Pecten Hehlii d'Orb.
Anomia Schafhaütli Winkl.
Plicatula intusstriata Emm. (= *Dimyopsis Emmerichi* v. Bistr.).
Plicatula Archiaci Stopp.
Terebratula gregaria Suess.
Spiriferina Münsteri Suess (non Dav.). (= *Cyrtina uncinata* Schafh.).

Le savant paléontologiste italien revenait encore sur le même sujet dans un travail paru en 1863 dans les Archives de Genève[2]. L'Infralias, concluait-il, présente sur les deux versants des Alpes des caractères identiques aux points de vue paléontologique et stratigraphique. On peut l'y subdiviser, dans les deux régions, en deux sous-étages : l'Infralias supérieur à faune hettangienne et l'Infralias inférieur à *Avicula contorta* Portl. Le dernier sous-étage s'y subdivise à son tour en deux assises, l'une calcaréo-marneuse à *Terebratula gregaria* Suess; l'autre schisto-argileuse à *Bactryllium.*

[1] A. Stoppani, *Paléontologie lombarde* ou *Description des fossiles de Lombardie* publiée à l'aide de plusieurs savants. (Le chapitre contenant les conclusions générales sur la constitution des couches à *Av. contorta* est de 1862.)

[2] A. Stoppani, Sur les couches à *Avicula contorta* du versant Nord-Ouest des Alpes principales (*Archives des Sc. phys. et nat. de Genève*, t. XVII, p. 273, 1863).

Il y a lieu de rappeler ici que la plupart des auteurs allemands rattachent le Rhétien au Trias. Cependant, en 1907, M. E. Harbort (Kreide-, Jura-und Trias formation des Bentheim-Isterberger Sattels. — Festschrift A. v. Kœnens; Stuttgart, Schweitzerbart 1907), ayant rencontré l'*Avicula contorta* associée à *Schlotheimia angulata*, a proposé de ranger dans le Système jurassique toutes les assises postérieures à la grande transgression rhétienne de l'Allemagne du Nord. Cette manière de voir est d'accord avec celle de notre ami Rollier, mentionnée plus haut.

Les musées de Chambéry, de Turin[1], la collection du Grand Séminaire de Chambéry et celle de l'Université de Grenoble contiennent les espèces recueillies par MM. Pillet et Vallet, espèces dont les déterminations dues à Stoppani ont été, pour la plupart, revues par l'un de nous (M. Kilian); nous en donnons plus loin la liste raisonnée (voir plus bas l'appendice [Diagnoses et Listes de fossiles] du présent chapitre concernant le Système jurassique).

Au défilé du *Pas-du-Roc*, les assises — continuation de celles qui forment le Grand-Perron-des-Encombres — sont renversées et plongent vers l'Est sous les gypses du Trias et le terrain houiller de Saint-Michel. La position des couches fossilifères y est très nette; nous en avons relevé, en nous dirigeant de l'amont vers l'aval, la succession suivante (voir fig. 27) :

A. Trias supérieur. — 1° Schistes verts et lilas alternant avec de gros bancs réguliers de dolomie compacte, d'une teinte bleuâtre sur les cassures fraîches et jaunâtres à l'extérieur des bancs (Trias sup.). Ces dolomies à « patine capucin » font une petite saillie dans le relief, à côté d'une ancienne carrière située à l'entrée amont du défilé (voir Pl. VII). Elles représentent pour nous (voir *ante*, p. 111) l'assise terminale du Trias. — M. Franchi considère cette assise comme se rattachant déjà au Rhétien (voir plus bas p. 13).

B. Rhétien. — 2° Petits bancs de calcaires à patine rousse, alternant trois ou quatre fois avec des *schistes noirs* et des marno-calcaires jaunâtres à feuillets satinés noirs avec *Avicula contorta* Portl., petits Bivalves.

3° Calcaire lumachelle noir, alternant avec des schistes noirs lustrés. Ces calcaires, pétris de petits Pélécypodes renfermant aussi *Avicula contorta* Portl., *Ostrea sublamellosa* Dunk., etc.; on y remarque des croûtes noires papyracées caractéristiques, quelques lits de débris d'Echinodermes (5-6 m.) et de véritables conglomérats de *Terebratula gregaria* Suess et de *Cyrtina uncinata* Schafh. (= *Spiriferina Munsteri* Suess non Dav.). C'est cette couche qui a fourni la plupart des espèces citées par les auteurs.

3 *bis*. Marno-calcaires gris avec bancs marneux (Hettangien?) et petits Bivalves.

C. Lias calcaire. — 4° Calcaires en gros bancs noirâtres ou bleuâtres, parfois à Entroques, traversés de veines spathiques; quelques bancs bréchoïdes renferment des rognons de *silex noirs*.

4° Calcaires massifs bréchiformes et cristallins. — Ces assises très puissantes sont exploitées pour chaux hydraulique dans le défilé, sur la rive droite de l'Arc.

[1] Les séries de ce dernier musée ont été très obligeamment mises à notre disposition par le prof. Parona, auquel nous adressons ici nos plus vifs remerciements.

5° Alternances de calcaires semblables aux précédents avec des bancs schisteux plus marneux, rognonneux.

6° Calcaires puissants, en gros bancs (marbres) *zoogènes* avec débris de Polypiers et d'autres fossiles.

7° Calcaires noirs argilo-schisteux.

D. Lias schisteux (Toarcien *pro parte*).

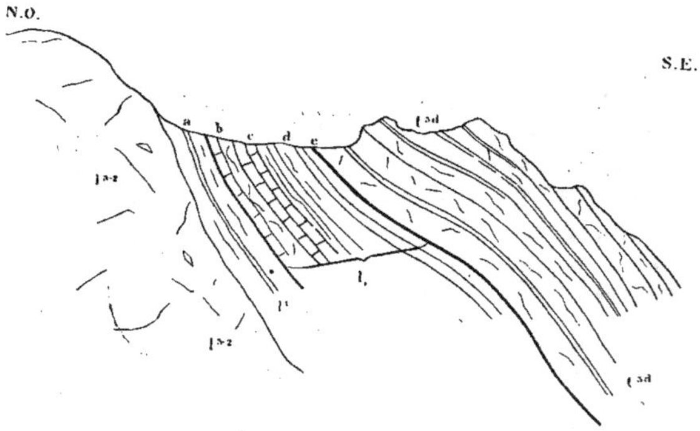

Fig. 27. — Coupe du Pas-du-Roc (relevée par M. Kilian).

LÉGENDE.

t^{3d} Dolomie capucin avec schistes bigarrés.

l' Rhétien.
- *e.* Schistes noirs et calcaires.
- *d.* Schistes et calc. scoriacés.
- *c.* Calcaires noirs fossilifères à *Ter. gregaria.*
- *b.* Plaquettes marno-calc. à Bivalves (*Av. contorta*).

l^1 *a.* Marno-calcaires hettangiens.

l^{3-2} *Lias calcaire :* gros bancs massifs de calcaires à Entroques et à silex avec banc bréchoïdes (« type intermédiaire du Lias ».)

L'horizon *zoogène* n° 6 peut être étudié sur la rive gauche de l'Arc, en aval de l'usine de Calypso, à la tête d'un petit pont; on peut recueillir, en ce point, des Entroques ainsi que des débris de *Cidaris* et de *Polypiers* [1] branchus.

Le Rhétien est très développé et fossilifère sur les pentes à droite de l'entrée du défilé (côté amont), où ont été prises les vues de notre planche (Pl. VII).

[1] Voir Kilian, Note sur la structure géologique des chaînes alpines, etc. (*Bull. Soc. géol. de France*, 3e série, t. XIX, p. 606, 1891.)

Rhétien de la Maurienne (*Suite*).

Sur la rive gauche de l'Arc, en face du Pas-du-Roc, on observe à ce niveau une couche constituant un véritable *Bone-bed*, et qui renferme des ossements brisés associés à des dents de poissons : *Acrodus*, *Sphærodus*, *Hybodus*, *Sargodon*, etc. Ce gisement, découvert par l'abbé Vallet, est facile à retrouver.

Le Rhétien se montre également près du tunnel du Télégraphe [1], où il consiste, comme dans les localités précitées, en calcaires noirâtres en plaquettes, intercalés entre les schistes bariolés et les marbres liasiques. Nous en avons aussi constaté la présence plus au Sud, dans la vallée de Valloire, en allant de ce village au hameau du Vernay. On retrouve encore les couches de cet horizon près de Saint-Jean-de-Maurienne et sur la rive droite de l'Arvan (Gevoudaz); elles sont également, dans cette localité, en superposition directe sur les argilolithes bariolées du Trias supérieur. Nous les avons observées encore plus à l'Ouest et dans la vallée des Villards, en contact, dans le bas de la Combe du Merlet, avec les Schistes cristallins azoïques. Ce sont, en ce point, des schistes ardoisiers noirâtres, roux extérieurement, à la surface desquels on observe de nombreuses coupes de petits fossiles.

Quelques autres gisements de Rhétien ont été signalés en Maurienne et dans la partie limitrophe du Briançonnais. C'est ainsi que MM. Pillet et Vignet ont cité en 1888 des dépôts appartenant à cette formation à l'Esseillon en Maurienne. Il s'agit de calcaires reconnus depuis comme *triasiques* (*fide* de Mortillet, lettre à Stoppani [2]). G. de Mortillet (*loc. cit.*) indique d'autre part l'existence au-dessus des granges du Galibier, et près du col de la Roue, *de calcaires à Polypiers* qu'il considère comme rhétiens et qu'il assimile au niveau à Polypiers rhétiens de Sulens et de Meillerie, alors qu'il rapporte les « schistes calcaréo-talqueux » (Schistes lustrés) au Keuper. Les calcaires du premier de ces points appartiennent, pour nous, certainement au Trias. Quant à ceux du col de la Roue, M. Franchi serait tenté de les rattacher effectivement au Rhétien.

Rhétien du Briançonnais.

La zone à *Avicula contorta* Portl. existe également dans le Briançonnais proprement dit, à l'Ouest de la zone axiale, où l'un de nous en a reconnu l'existence à la Bessée et dans le vallon de Fonds-de-l'Alp, près de Saint-

[1] Kilian, *loc. cit.*, p. 111.
[2] Stoppani, *loc. cit.*, p. 193.

Crépin, ainsi qu'au Villard-de-Saint-Crépin, sous forme d'un calcaire lumachelle gris à petits Bivalves, très caractéristique.

Dans la portion centrale de la zone du Briançonnais (zone houillère, dite axiale), où le développement des brèches liasiques atteint son maximum, le Rhétien ne semble nulle part présenter une *individualisation* qui permette de le distinguer, — si toutefois il existe, et s'il n'a pas été *enlevé par érosion,* — à la base de la formation bréchoïde (Prorel, col des Rochilles, etc.).

Rhétien du Briançonnais (zone orientale).

Hébert a indiqué, d'autre part, la présence du Rhétien près du Mont-Genèvre, à la base des « calcaires du Briançonnais »; cette citation, qui a été reproduite par d'autres auteurs, se rapporte sans doute aux couches récemment décrites par M. Franchi comme rhétiennes sur les flancs du Chaberton et renversées sous les calcaires triasiques; quant à l'Infralias de la Chapelle du Mont-Thabor signalée par Ch. Lory, il consiste en des assises nettement triasiques, à *Encrinus liliiformis,* ainsi que l'un de nous l'a constaté depuis lors.

Du côté de l'Est, vers la zone du Piémont, et dans la portion limitrophe de la zone du Briançonnais, M. Franchi a décrit récemment un « *Rhétien à facies piémontais* » quelque peu différent du type du Pas du Roc et qu'il est intéressant de mentionner ici, d'autant plus que les affleurements en sont très voisins de la frontière et pénètrent même en partie sur notre territoire.

Cet auteur[1] a consacré en 1911 un travail intéressant au Rhétien de la haute vallée de Suse et s'est appliqué à montrer que cet étage pouvait être reconnu en plusieurs points, à la base des Schistes lustrés, établissant une transition entre la « Dolomie principale » (Calcaires triasiques) et les Schistes lustrés (Lias à facies piémontais) et rappelant d'une façon frappante le Rhétien fossilifère des environs d'Albenga et de la haute Valteline. Il y aurait donc concordance parfaite et passage graduel entre ces deux formations.

Les points les plus intéressants, outre la localité de Castelmagna, dans le Valgrana, où affleurent les couches que M. Franchi rapporte au Rhétien, sont notamment, dans la région voisine de la France :

a. Le Melezet, près Bardonnèche, où il rapporte à cette zone des calcaires à grain fin, à patine ocracée et verdâtre, et des calcaires schisteux noirs avec nombreuses traces de fossiles (Polypiers, Rhynchonelles, Térébratules), spécifiquement indéterminables. Ces couches avaient été rapportées au Lias par

[1] Il Retico quale zona di transizione, etc. nell'Alta Valle di Susa (*Boll. del R. Comit. geol. d'Italia,* t. XLI [1910], n° 3).

l'un de nous (voir feuille Briançon de la Carte géologique détaillée). Des assises analogues se retrouvent entre Acles et le Mont-Genèvre (Massif des Grands Becs). M. le capitaine Pussenot y a rencontré récemment (septembre 1911) une série de fossiles caractéristiques (*Ostrea* [*Alectryonia*] *nodosa* Stopp., *Pecten* [*Chlamys*] *Valoniensis* Defr., *Ter. grégaria* Suess., MEGALODON, etc.) qui établissent avec certitude leur âge rhétien.

b. La chaîne de la Grande Hoche, dont l'auteur donne une coupe fort intéressante, montrant la continuité de sédimentation qui relie le Trias aux Schistes lustrés par l'intermédiaire du Rhétien.

c. Dans les vallées de la Cerveyrette et du Guil, M. Franchi suppose également (d'après les indications et l'interprétation des documents bibliographiques) l'existence du Rhétien à l'Est du Pic de Rochebrune et près de Ceillac.

d. Dans le massif du Chaberton, le Rhétien serait représenté sur le versant est et nord-est par des calcaires foncés et des schistes à nombreux débris de fossiles (près du Clos des Morts); aucun de ces fossiles n'est déterminable, ce sont des Polypiers, des Brachiopodes et de gros Bivalves (*Megalodon* ou *Chonchodon ?*). Des calcaires coralligènes jouent ici un rôle important; il est probable que le Rhétien est représenté avec le Lias dans le synclinal du Clos des Morts; la découverte par M. Pussenot de *Schlotheimia angulata,* et par M. Parona de *Lima Valoniensis* Defr. et de traces de *Chonchodon* dans ce même synclinal confirment cette supposition. Notre confrère décrit d'une façon très précise divers affleurements du massif et a suivi la bande synclinale jusque près du rocher de Marapa (frontière française). A l'Ouest du Chaberton, le vallon du Rio Secco montre également, d'après M. Franchi, des traces d'assises rhétiennes intercalées entre les dolomies triasiques et des calcaires foncés à Bélemnites près du col des Trois-Frères-Mineurs, du Pic Lauzin et du col de la Lauze.

Notre confrère rattache également au Rhétien des calcaires à patine brune, alternant avec des schistes rouges et verts que nous plaçons dans le Trias supérieur (voir plus bas).

Les arguments paléontologiques invoqués par M. Franchi consistent principalement dans la présence de *Polypiers,* malheureusement indéterminables (Mélezet, Plan des Morts, Bardonnèche), par suite de la recristallisation de la calcite; ils accusent une grande analogie avec les Polypiers rhétiens de la Lombardie de Meillerie (Haute-Savoie), de Val Pennavaire (Albenga), et de la haute Valteline; certains fragments rappellent *Rhabdophyllia* (*Calamophyllia*) *Longobardica* Stopp. et *Rh. Sellae* Stopp.; ils se retrouvent près de Cervières (M. Pussenot).

On sait, d'autre part, que G. de Mortillet a trouvé également dans les couches calcaires qui dominent Bardonnèche du côté du mont Thabor, vers le col de la Roue, et dans celles qui s'élèvent au-dessus des granges du Galibier, en Maurienne, — couches qui, comme celles de l'Esseillon, reposent sur des quartzites du Trias — des *Polypiers* rameux. Cette couche à *Polypiers* pourrait se rapporter au calcaire n° 2 contenant beaucoup de Zoanthaires mentionné dans la coupe de Meillerie (Haute-Savoie) [v. plus bas, p. 17].

La Lumachelle du Clos des Morts rappelle également les gisements précités; des débris de *Didimya intusstriata* Emmr. sp. et d'*Avicula contorta* Portl., y ont été reconnus par M. Franchi. Cette analogie avait déjà été indiquée par Hébert, Vallet, Lory pour des échantillons trouvés dans les éboulis du Chaberton.

Dans une partie du massif du Chaberton, M. Franchi a distingué un « *facies mixte* » intermédiaire entre le « *facies carpathique* » et le « *facies piémontais* ».

A l'Est de Briançon, il ressort donc des récents travaux du capitaine Pussenot et de M. Franchi, que le Rhétien et l'Infralias (zone à *Schloth. angulata*) existent bien caractérisés entre les calcaires triasiques et les Schistes lustrés, en série renversée; ces derniers sont, par conséquent, dans cette région, *postérieurs au Trias et très probablement liasiques* et jurassiques.

Rhétien de la zone du Piémont.

Nous venons de voir que l'on doit à M. Franchi (*loc. cit.*) d'avoir attiré l'attention sur la présence et l'extension du Rhétien dans la zone du Piémont et la partie avoisinante de la zone du Briançonnais (zone orientale du Briançonnais); d'après cet auteur cet étage serait représenté d'une façon constante, au-dessus des Calcaires du Trias à *Loxonema* et *Worthenia solitaria* (équivalents de la « Dolomie principale ») et à la base des Schistes lustrés à Bélemnites ou de calcaires à Gryphées, dans toute la zone du Piémont (Colletta di Salé, environs de Valdieri et d'Andonna, dans le bassin de la Stura di Cuneo, Col de Tende, environs de Sambacco, Castelmagnano, Campomolino, sur le Rio de Narbona, Borgo-San-Dalmazzo, Roccavione, Boves, Tête de l'Arp près Courmayeur, etc.)

Des *calcaires à Polypiers* semblent caractéristiques de ce facies, mais il se peut que M. Franchi ait englobé dans son « Rhétien à facies piémontais » certaines assises appartenant à des horizons plus élevés du Jurassique, comme les calcaires à Polypiers, Rhynchonelles et Térébratules du Mélezet, qui rappellent d'une façon toute particulière les calcaires bathoniens à *Rh. Hopkinsi* M'Coy et *Polypiers* récemment reconnus aux environs de Briançon et jusqu'au voisinage du Fort de l'Olive par le capitaine Pussenot.

Notre confrère rattache d'autre part au Rhétien un ensemble de schistes versicolores et de calcaires à patine « capucin » et « nankin », identique à celui que nous avons décrit (v. plus haut, p. 230-241), au Pas-du-Roc, qui se montrent dans une série de localités des Alpes françaises (Alpe d'Arsine, Grandes-Rousses, Morgon, Roche Juan [Ubaye], Saint-Jean-de-Maurienne, etc.), et qu'il a retrouvé à l'Est de la zone houillère, près de Clavières. Nous persistons à considérer ces assises, ainsi que les calcaires nankin de la Vanoise que nous avions un moment rapportés avec doute à l'Infralias (*Bull. Serv. Carte géol.*, t. XVI, n° 110, p. 111), comme formant la portion terminale et culminante du Trias (v. *ante*, p. 240), dans la zone qui fait suite, à l'Ouest, à la zone axiale (zone houillère du Briançonnais). M. Franchi se base sur les rapports étroits de ces assises versicolores avec le Rhétien dans la région qu'il a étudiée à l'Est de la zone houillère, pour en faire l'assise initiale de ce dernier étage; d'après lui elles correspondraient au début « du grand changement lithologique » qui a préludé à la transgression rhétienne.

Des *intercalations bréchoïdes* (vallon de la Roue) s'observent en outre dans les parties des Schistes lustrés voisines du Rhétien et peuvent être rapprochées des Brèches du Télégraphe si développées dans la zone du Briançonnais dont elles représenteraient des apophyses orientales.

[M. Franchi rapporte encore au Rhétien un ensemble de marbres zonés avec bancs quartzeux versicolores, distingués par un figuré spécial (T = Trias indéterminé) par l'un de nous dans la partie est de la feuille de Briançon de la Carte géologique détaillée de la France, entre le col des Acles, le col des Trois-Frères-Mineurs et Clavières; nous les rapportons aujourd'hui au Malm.]

Fossiles rhétiens du Piémont.

Les *fossiles* cités par M. Franchi dans le Rhétien du Piémont sont les suivants :

Avicula contorta Portl. Clos des Morts (débris ?). Environ d'Albenga.
Myophoria postera Quenst. (= *M. inflata* Emm.) Colletta di Salé.
Débris de *Dimyodon* (*Plicatula*) *intusstriatum* Emm. sp. Clos des Morts.
Megalodon (?) ou *Conchodon* (?). Clos des Morts.
Terebratula gregaria Suess. Environs d'Albenga.

Polypiers voisins de *Rhabdophylla Longobardica* Stopp. et de *Rh. Sellae* Stopp. Chaberton, environs d'Albenga, Mélezet, Plan des Morts, environs de Bardonnèche et du Çol de la Roue.

Dans la zone du Piémont ou « zone des Schistes lustrés », on ne connaît, en France, pas de gisement certain de cet étage, bien qu'il soit vraisemblablement représenté, comme le croit M. Franchi, par une partie de ces schistes, confinant aux Calcaires du Trias, aucune lacune de sédimentation ne paraissant ici, comme en Italie, exister au sein de la formation triasico-liasique.

Rhétien de la région de l'Ubaye.

Par contre, c'est encore sous le même aspect qu'en Maurienne que se présente l'étage rhétien dans la vallée de l'Ubaye, où il forme un horizon constant aussi bien dans la série *autochtone* que dans les masses *charriées* d'origine briançonnaise qui prennent un si grand développement dans cette partie des Alpes [1].

En effet, l'*Avicula contorta* Portl. a été découverte il y a de longues années déjà par Fr. Arnaud et citée par M. Goret [2] dans le Rhétien autochtone du vallon de Terres-Plaines (petits bancs de calcaires noirs jaunissant à l'air avec *Avicula contorta* et de nombreux petits Bivalves et Gastropodes, formant une lumachelle grise avec *Ostrea sublamellosa* Dunk.) aussi bien que dans un anticlinal charrié du haut bassin du Riou Bourdoux et dans le massif du Morgon. Dans le Massif du Morgon l'un de nous (M. Kilian) a recueilli l'*Avicula contorta* [3] Portl., accompagnée de *Mytilus* (*Modiola*) *minutus* Qu., de Myophories et de nombreux petits Bivalves. Le même observateur a eu l'occasion d'étudier également le Rhétien dans le massif charrié du Caire, à Roche-Juan, où son identité avec les couches du Pas-du-Roc en Maurienne *est tout à fait frappante;* il renferme en ce point l'*Avicula contorta* Portl.; il se montre composé de petits bancs de calcaires noirs à patine jaune et enduits brillants papyracés, de schistes noirs et de calcaires foncés pétris de *Pélécypodes* et régulièrement lités. Cet ensemble sépare les argilolithes rouges et les schistes bigarrés du Trias supérieur des calcaires à silex en gros bancs du Lias.

[1] KILIAN et HAUG, Notice géologique sur la vallée de Barcelonnette (Extrait des *Notices sur la haute vallée de l'Ubaye*, de la Société botanique de France, Montpellier, 1897).

[2] GORET, Géologie du bassin de l'Ubaye (*Bull. Soc. géol. de France*, 3e série, t. XV, p. 539) et HAUG (thèse), p. 22.

[3] Voir *Bull. Serv. Carte géol. de France*, t. XX, n° 126, p. 159 (mai 1910).

Des lumachelles analogues existent encore dans le vallon de Restefond, non loin de Rocca Maddalena, dans une lame de charriage qui comprend également du Lias. Une préparation de cette lumachelle a été d'ailleurs figurée par MM. Hovelacque et Kilian dans « l'Album de Microphotographies ». (Paris, Gauthier-Villars, 1900, pl. 5, fig. 2.)

Rhétien des Alpes-Maritimes.

M. Léon Bertrand[1] a signalé le Rhétien dans le Nord des Alpes-Maritimes, au voisinage du Massif cristallin, dans le vallon de Bramafam. On trouve, en ce point, des marnes noires alternant avec des plaquettes calcaires et ces dernières, vers la partie supérieure, présentent à leur surface l'*Avicula contorta* Portl. Ces couches se rencontrent encore dans la vallée du Cians, où elles ont été découvertes par M. Ambayrac, ainsi que dans la vallée de la Roudoule. On les observe aussi dans la chaîne bordant vers le Sud le cours moyen du Var, ainsi qu'au voisinage de Roberel et d'Ascros.

Rhétien de la Lombardie.

En Lombardie, l'abbé Stoppani[2] divise l'horizon des couches à *Avicula contorta* en deux assises : l'une supérieure (*dépôt d'Azzarola*), l'autre inférieure (groupe des schistes noirs); à l'assise supérieure se joint un « *banc madréporique* », qui est assez constant. L'assise supérieure (zone à *Terebratula gregaria*) est constituée par une alternance de marnes claires et de calcaires compacts, tandis que l'inférieure (zone à *Bactryllium striolatum* Heer.), qui a une énorme épaisseur, comprend des calcaires noirs, des lumachelles et des schistes noirs marneux avec prédominance de ces derniers.

Les caractères paléontologiques de ces dépôts ne diffèrent point de ceux qu'ils présentent dans les autres régions, et les espèces les plus répandues et les plus caractéristiques s'y retrouvent également. Ce sont :

Chemnitzia Quenstedti Stopp.,
Pholadomya lagenalis Schafh.,
Cardita Austriaca Hau.,
Cardium cloacinum Quenst.,
Anatina præcursor Opp.,
A. Suessi (?) Opp.,
Myophoria inflata Emm.,
Leda Deffneri Opp.,
Tæniodon præcursor Schlön.,
Mytilus Schafhaütli Stur.,
Lithophagus ? faba Winkl.,
Avicula contorta Portl.,

[1] Léon Bertrand, Étude géologique du Nord des Alpes-Maritimes (*Bull. Serv. Carte geol. de France*, t. IX, n° 56, p. 75, 1898).

[2] A. Stoppani, Introduction à l'étude des fossiles appartenant à la zone de l'*Avicula contorta* de Lombardie (1860). — *Loc. cit.*, p. 26.

A. inæquiradiata Schaf.,
Gervilleia inflata Schaf.,
Pecten Falgeri Mer.,
Plicatula intusstriata Emm.,
Anomia Schafhaütli Winkl.,
Terebratula gregaria Suess.,
T. pyriformis Suess.,
Thamnastræa rectilamellosa Winkl.[1].

Stoppani a fait remarquer, à juste titre, que les terrains infra-liasiques présentent la plus grande identité sur les deux versants des Alpes. Les calcaires du « Sasso-degli-Stampi » (Infralias supérieur ou couches à faune hettangienne) correspondent aux calcaires à *Lima Hettangiensis* Terq., *L. Fischeri* Terq., *Pecten Valoniensis* Defr., *Ostrea Pictetiana* Mort. de la coupe de Meillerie d'A. Favre; les calcaires de l'Azzarola (Infralias inférieur, zone supérieure, zone à *Terebratula gregaria* Suess.) correspondent aux calcaires à *Terebratula gregaria* Suess.; enfin les schistes noirs lumachelles (Infralias inférieur, zone inférieure, zone à *Bactryllium striolatum* Hr.) correspondent aux marnes noires et jaunes de la coupe du Maupas.

Le Rhétien de Lombardie est donc compris entre deux assises à grands Bivalves et se présente comme suit (de haut en bas) :

3. Couches à faune hettangienne, calcaire du Sasso degli Stampi à *Conchodon infraliasicum* Stopp. (assimilable au Dachsteinkalk).
2. Rhétien à *Avicula contorta* Portl. (Couches d'Azzarola) = Couches de Kœssen.
1. Lumachelles et schistes noirs à *Bactryllium*[2] = (Rhétien inférieur).

II. TYPES DIVERS DU RHÉTIEN ALPIN.

Rhétien des Préalpes suisses, du Chablais, de Sulens et du pourtour du Mont Blanc.
—
Préalpes suisses.

Si nous suivons maintenant les assises à *Avicula contorta,* en dehors de la zone du Briançonnais, nous constatons qu'elles se présentent sous des aspects moins uniformes, notamment au voisinage du massif du Mont Blanc.

Aux environs du Léman, dans les Préalpes Vaudoises et dans le Chablais, — régions charriées dont M. Lugeon a démontré l'origine intraalpine —, puis dans les environs du Mont-Blanc, nous rencontrons les couches à *Avicula contorta* Portl. Elles ont été bien décrites dans les Alpes Vaudoises par M. Renevier, nous les retrouvons à Meillerie, dans le lit de la Dranse de Bioge et dans le Chablais où elles ont été étudiées par A. Favre, puis par Stoppani et

[1] A. Stoppani, *loc. cit.*, p. 139 et 192.
[2] Stoppani, Sur les grands Bivalves (Megalodon), à la partie supérieure et inférieure de la zone à *Avicula contorta* Port. (*loc. cit.*).

par M. Lugeon; enfin au col des Fours où elles ont été observées par de Saussure, par l'abbé Vallet et par M. Ritter. Il n'est pas inutile d'en rappeler ici les principaux caractères.

Alpes Vaudoises et bords du Léman.

Se ralliant à l'école géologique française, M. E. Renevier[1] considère le Rhétien des Alpes Vaudoises (Aigle, Arbignon, Vuargny) comme ayant une grande affinité avec l'Hettangien et se séparant nettement du Trias. Pour lui, la faune rhétienne est, dans les Alpes comme ailleurs, le prélude de la faune liasique, car on ne connaît, dans toute cette région, aucun fossile triasique, et la transgression marine semble débuter avec l'assise à *Av. contorta.*

La partie inférieure de cet horizon est formée, dans la vallée de la Grande-Eau, par des schistes à *Cardita Austriaca* Hauer, *Avicula contorta* Portl., tandis que des lumachelles en occupent la partie supérieure. Le Rhétien a encore été signalé à la Dent-de-Jaman et, par le même auteur, dans le massif de la Dent de Morcles, mais sans fossiles déterminables. Il se continue vers le lac de Thoune et existe à l'Almend Blumenstein avec sa faune habituelle (M. Trauth).

Ce même terrain a été étudié à Meillerie, sur les bords du Léman, par A. Favre[2], qui a relevé, comme succédant aux assises triasiques, la série suivante (cette coupe est devenue classique) :

1. *Marnes noires et jaunes* avec calcaires en rognons et *Avicula contorta* Portl.; *Plicatula intusstriata* Emm., *Gerv. præcursor.*
2. *Calcaires gris* contenant des **Polypiers.**
3. *Calcaires jaunâtres*, au milieu de quelques couches marneuses, avec nombreux exemplaires de *Terebratula gregaria* Suess.
4. Marne noire et calcaire bleu noirâtre avec *Mytilus psilonoti* Quenst, *Anomia Schafhaütli* Winkl., *Anomia Revonii* Stopp., *Ostrea nodosa* Goldf.
5. Calcaire bleu et marnes noires dominantes, renfermant des *Pecten Favrii* Stop. et *Plicatula intusstriata* Emm.
6. Calcaire esquilleux bleu foncé avec rognons siliceux et renfermant de nombreux fossiles : *Cardium* sp., *Lima Hettangiensis* Terq., *L. Fischeri* Terq., *Pecten Valoniensis* Defr., *P. Falgeri* Mer., *P. Loryi* Stop., *P. Hehlii* d'Orb., *P. Lemanensis* Stop., *Ostrea Pictetiana* Mort., *Pleurophorus elongatus* Moore.

[Au Moléson, on trouve en outre *Placunopsis alpina* W. sp. et *Avicula contorta* Portl.].

[1] E. Renevier, Monographie géologique des Hautes-Alpes vaudoises et parties avoisinantes du Valais (*Mat. Carte géol. de Suisse*, liv. XVI (XVII), 1890).

[2] A. Favre, *Recherches géologiques*, etc., *loc. cit.*, p. 77.

IMPRIMERIE NATIONALE.

Cette dernière assise peut être considérée comme appartenant à l'Hettangien. Quant à la couche à *Terebratula gregaria* Suess., elle a été retrouvée par M. Lugeon qui a pu recueillir ce Brachiopode par centaines d'échantillons.

Rhétien de Sulens.

Enfin, elle se retrouve dans les Klippes exotiques de Sulens et des Annes, où elle a été décrite par l'abbé Vallet[1] et étudiée ultérieurement par MM. Hollande[2] et Maillard[3], toujours avec *Avicula contorta* Port., *Plicatula intusstriata* Emm. et des lits de *Bonebed.*

Le Rhétien de Sulens, d'après le premier de ces auteurs, est un calcaire grisâtre, en rognons, renfermant *Avicula contorta* Port., *Myophoria inflata* Port., *Plicatula intusstriata* Emm. La localité fossilifère est « La Frasse », sur le revers occidental de la montagne de Sulens (com. de Serravalle). On y trouve les fossiles suivants : *Mytilus psilonoti* Quenst., *Avicula contorta* Portl., *Gervilleia inflata* Schaf., *Gervilleia præcursor* Quenst., *Anomia Schafhäutli* Winkl. Par contre, Maillard y distingue deux niveaux (au mont Lachat) : *a*, la zone à *Avicula contorta* Portl. et *b*, la lumachelle infraliasique ou hettangienne.

Stoppani cite une faune de six espèces rhétiennes à la Frasse près Sulens; il donne également, d'après Vallet, des détails sur les couches du Grand Bornand (6 espèces) et des Chalets Marmoi, près Cervens[4].

[1] VALLET, Note sur l'Infralias de la Haute-Savoie (*Bull. Soc. géol. de France*, t. XVII, p. 690, 1890).

[2] HOLLANDE, Étude stratigraphique des montagnes de Sulens et des Annes (*Bull. Soc. géol. de France*, t. XVII, p. 690, 1889).

[3] G. MAILLARD, Géologie des environs d'Annecy, etc. (*Bull. Serv. Carte géol. de France*, n° 6, 1889).

[4] Il peut être intéressant de reproduire ici les détails qu'a donnés M. STOPPANI sur les divers gisements rhétiens de la Haute-Savoie d'après les observations de ses prédécesseurs et les siennes propres.

La carte géologique de la Suisse de STUDER et ESCHER DE LA LINTH contient, à la limite extérieure des Alpes de Savoie dans le Chablais, trois points marqués t⁴ que l'on doit rapporter aux équivalents des couches à *Avicula contorta*. Ce sont : 1° Les roches à l'Ouest de Meillerie, au bord du lac de Genève; 2° D'autres rochers à l'Est du même village près de Leucon; 3° Le lit de la Dranse. G. de Mortillet, parmi les fossiles de Bioge (lit de la Dranse), a trouvé *P. Valoniensis* Defr., et *A. contorta* Portl. (*Escheri*) Mer.

Les mêmes localités ont été étudiées par A. FAVRE (*Mém. sur les terr. lias et trias de la Savoie*). Il décrit les roches de Meillerie où il reconnaît trois étages : 1° Toarcien; 2° Sinémurien; 3° Couches de Kössen. — Les rochers de la Dranse offrent la même série, entre le pont de Bioge et le lac de Genève, où les couches de Kössen contiennent, selon Escher : *Cardia Austriaca* Hauer sp., *Plicatula intusstriata* Emm., *Gervilleia inflata* Schafh. et le *Bactryllium striolatum* Heer.

A. FAVRE a retrouvé ces couches jusque sur les confins nord du Faucigny. Il a recueilli au

Le Rhétien fossilifère existe aussi aux Tours-Salières et aux Cornettes-de-Bize. Rhétien de la Suisse.

L'étude détaillée des fossiles du Rhétien des environs du lac des Quatre-

Môle, près de Bonneville, plusieurs fossiles des grès d'Hettange et à Matringe entre Saint-Jeoire et Taninge, en abondance *Avicula contorta* Port.

Plicatula intusstriata Emm. a été indiquée par Escher et Favre dans la vallée de la Dranse (lac de Genève).

Bactryllium striolatum Heer a été signalé, sur les bords de la Dranse, près du lac de Genève. Stoppani mentionne les assises et les fossiles suivants (en se servant des numéros attribués aux diverses couches par Alph. Favre).

A. Meillerie. — Partie ouest ou carrières du Maupas on distingue : les couches suivantes :

5° Marne noire et jaune : *Avicula contorta* Portl., *Plicatula intusstriata* Emm.;

6° Calcaires gris à coraux;

7° Couches marneuses et calcaire jaune : *Terebratula gregaria* Suess;

8° Marne noire et calcaire bleu dominant : *Anomia Schafhäutli* Winkl. A. *Revonii* Stop., *Ostrea nodosa* Goldf.

9° Calcaire bleu et marne noire : *Pecten Favrii* Stop., *Plicatula intusstriata* Emm.

10° Calcaire esquilleux bleu foncé : *Lima Hettangiensis* Tqm., *L. Fischeri* Tqm., *Pecten Valoniensis* Defr., *Pecten Falgeri* Mer., *Pecten Loryi* Stop., *Pecten Hehlii* d'Or., *P. Lemanensis* Stop., *Ostrea Pictetiana* Mort.

B. Meillerie. — Partie à l'Est ou carrière de la Balle : *Infralias*.

19 *f. c. d.* Schistes argileux et marneux noirs friables : *Cardium Philippianum* Dkr. *Nucula* (?) *Meilleriæ* Stop., *Avicula contorta* Port., *Pecten Mortilleti* Stop., *Anomia Lemani* Stop.

19 *e.* Couches calcaires : *Pecten Valoniensis* Defr., *Pecten Hebertii* Stopp.

19 *b.* Couches de calcaires marneux à coraux : *Terebratula gregaria* Suess., *Spirifer* (*Spiriferina*) *Munsteri* Davids.

19 *a.* Marne d'un gris noir : *Leda Deffneri* Opp., *Anomia Schafhäutli* Wink., *Anomia Revonii* Stop., *Pecten Valoniensis* Defr.

En Savoie comme en Lombardie on peut très bien distinguer deux assises : l'inférieure de marnes et de schistes noirs argileux, la supérieure calcaire avec marnes intercalées :

C. Lit de la Dranse. — *a.* Calcaire gris et marnes noires, 12 mètres, *Avicula contorta* Portl. — Escher y a découvert *Gervilleia inflata* Schafh.

b. Marne noire, 14 mètres à *A. contorta* Portl.

C'est probablement ici qu'Escher a recueilli *Plicatula intusstriata* Emm.

c. Marnes grises, 80 mètres, *A. contorta* Port. En un point, où les couches sont repétées, elles seraient plus riches. Escher y a récolté, outre *A. contorta*, *Cardita Austriaca*, *Plicatula intusstriata* Emm., *Gervillia inflata* Schafh., *Bactryllium striolatum* Heer. G. de Mortillet en a rapporté avec *Terebratula gregaria* Suess, *Anomia Revonii* Stop. et des Bélemnites que Stoppani a nommé *Belemnites infraliasicus*.

C *bis*. Chalet Marmoi près de Cervens. — Le Mont-Forché près de Cervens (Sud de Thonon) montre de l'Infralias caractérisé par *Avicula contorta* Port., *Plicatula intusstriata* Emm. et *Ostrea nodosa* Gold. Près du Chalet Marmoi, A. Favre a trouvé *Plicatula intusstriata* Emm., *Avicula*

Cantons a été encore abordée par M. W. Schmidt [1]. Cet auteur a publié des listes d'espèces provenant de Müllerbodenriese et de Huettleren au Buochserhorn, d'Ebnat, du Lückengraben et du Brandgraben au Stanserhorn et de Holz aux Mythen. Il y aurait, nous dit-il, une remarquable analogie faunistique entre le Rhétien des Klippes de la Suisse centrale et celui des Alpes orientales. Cette analogie des couches rhétiennes des Klippes avec celles des nappes austro-alpines constitue un argument en faveur de la proximité des zones de sédimentation d'où proviennent ces nappes.

M. E. Gerber a publié, d'autre part, un certain nombre de coupes des formations triasiques et jurassiques qui, à l'Ouest de la vallée de Lauterbrunnen, se superposent au granite du massif de l'Aar [2]. Il a indiqué la présence, dans

contorta Port., *Pecten Valoniensis* Defr., *Ostrea nodosa* Goldf., *Terebratula gregaria* Suess, *Rhabdophyllia Longobardica* Stopp.

D. Matringe. — Dans cette localité, immédiatement au-dessus d'un calcaire marneux rouge (2e de la coupe de Favre), l'abbé Vallet a recueilli de petits Gastéropodes et Alph. Favre le *Sargodon tomicus* Quenst. Cette localité est très riche en fossiles : *Sargodon tomicus* Quenst, *Chemnitzia* sp., *Ch.* sp., *Ch. Sabaudiae* Stopp., *Ch. Mortilleti* Stopp., *Ch. minuscula* Stop., *Acteonina Valleti* Stop., *A. Pilleti* Stop., *Natica Valleti* Stop., *Turbo Billieti* Stop., *Cerithium Stoppanii* Winkl., *Cerithium Lorioli* Stop., *Pholadomya Lariana* Stop., *Mytilus psilonoti* Quens., *Posidonomya Favrii* Stop., *Avicula contorta* Port., *Avicula gregaria* Stopp., *Gervillia Wagneri* Winkl., *Gervilleia inflata* Schaf., *Pecten Valleti* Stop., *Plicatula intusstriata* Emm., *Plicatula Archiaci* Stopp., *Ostrea* sp., *Terebratula gregaria* Sss., *Metaporhinus Favrii* Stopp.

E. Grand Bornand. — La localité fossilifère se trouve sur la montagne des Almes ou de Châtillon. Au-dessous du Lias, les couches à *Avicula contorta* (N° 2) contiennent : *Saurichthys acuminatus* Qut., *Mytilas psilonoti* Qs, *Anomia Schafhäutli* Winkl., *Plicatula Archiaci* Stopp., *Ostrea Pictetiana* Mort. et des *fragments d'os*.

E. L'abbé Vallet a reconnu les couches de l'Infralias à la montagne des Almes ou de Châtillon entre le Grand-Bornand et le Reposoir, près de Serraval, et à la *Montagne de Sulens*, où il a recueilli des fossiles parmi lesquels se trouve *Avicula contorta*. Stoppani a encore reconnu parmi les espèces récoltées dans cette localité de petits gastéropodes (deux espèces de *Cerithium*, une *Phasianella*, une *Acteonina* et un petit *Turbo*). Il a également distingué : *Myophoria inflata* Emm., *Cardita Austriaca* Hauer, *Avicula gregaria* Stopp., *Anomia Schafhaüthli* Winkler, *Mytilus psilonoti* Qu., *Gervillia inflata* Schafh., *G. praecursor* Winkl.

G. de Mortillet indique, parmi les fossiles de Bioge, une *Bélemnite* avec l'*Avicula Escheri* Mer. (*A. contorta*) et dans les couches de Meillerie il a trouvé avec *Pecten Valoniensis* Defr. une *Ostrea* qui semble identique avec celles qui se rencontrent dans des couches à *Am. bisulcatus*, ainsi qu'*Am. Kridion*.

[1] W. Schmidt Einige Rhätfaunen aus den exotischen Klippen am Vierwaldstättersee (*Mittel der geol. Gesell. in Wien*, t. II, 1909, p. 203).

[2] Ed. Gerber. Ueber das Vorkommen von Rhät in den Zwisschenbildungen des Lauterbrunnenthales (*Mittheil. der naturf. Gesell. Bern*, 1907).

une série de couches alternativement gréseuses, argileuses et calcaires, d'un complexe mesurant environ 12 mètres, au milieu duquel existe un banc lumachellique renfermant des fossiles rhétiens (*Avicula contorta* Portl., etc.). Ce niveau avait été attribué au Dogger, mais est d'âge rhétien incontestable et c'est là un fait nouveau intéressant pour la géologie de cette partie des Alpes.

Rhétien du Chablais.

Une localité du Chablais également intéressante au point de vue qui nous occupe est celle de Matringe, étudiée aussi par A. Favre et plus récemment par M. Lugeon[1]. Les couches fossilifères, d'après ce dernier auteur, sont placées sous la pointe du Haut-Fleuri, à droite en montant de Saint-Gros à Roche-Palud. La puissance de l'étage y est d'environ 13 mètres. M. Lugeon y a recueilli des moules de **Megalodon** dans un banc dont la partie inférieure est remplie de *Terebratula gregaria* Suess. Le facies des couches de cette localité et de celles de Meillerie, ainsi que le fait remarquer à juste titre notre confrère, se présente comme intermédiaire entre le facies Souabe et le facies des Carpathes[2], mais il a beaucoup plus d'affinités avec ce dernier.

Rappelons aussi que Marcel Bertrand a décrit au Môle[3] des schistes noirs et des calcaires gris à *Avicula contorta* Portl. et *Terebratula gregaria* Suess. Il a découvert cette formation[3] en deux points du cirque de Champfleuri. L'un de ces gisements montre des schistes noirs avec bancs minces de calcaire foncé à *Avicula contorta* Portl., *Plicatula intusstriata* Emm.; l'autre permet de constater la présence de calcaires gris pétris de *Terebratula gregaria* Suess.

Environs du Mont-Blanc.

La formation rhétienne offre des caractères bien différents de ceux que nous venons de décrire entre le col du Bonhomme et celui des Fours. Elle est représentée là, d'après M. Ritter[4], par « des grès très quartzeux avec *galets roulés* de la grosseur d'un œuf ou moins volumineux ». Les gros galets, d'après le même auteur, sont des débris de micaschistes et surtout de protogine; on y trouve aussi des débris de roches calcaires et de roches argileuses, mais ils sont le plus souvent anguleux[5].

[1] Lugeon, La Région de la Brèche du Chablais, *loc. cit.*, p. 56.

[2] Ces facies particuliers du Rhétien ont été distingués par von Mojsisovics et M. Ed. Suess

[3] M. Bertrand, Le Môle et les collines du Faucigny (Haute-Savoie) [*Bull. Serv. Carte géol. de France*, t. IV, n° 32, p. 8, 1893].

[4] E. Ritter, La Bordure S. O. du mont Blanc, etc., *loc. cit.*, p. 87.

[5] *Ibid.*, *loc. cit.*, p. 88.

Ces grès grisâtres et prenant à l'air une patine roussâtre caractéristique, appelés par de Saussure **«grès singuliers»**, ont été reconnus comme étant d'âge rhétien par Ch. Lory et l'abbé Vallet qui y découvrirent des fossiles et surtout des *Pectens*[1]. Ils reposent sur des calcaires dolomitiques à patine couleur robe de capucin et forment des bancs peu épais avec des schistes noirs et des cargneules du Trias dessinant trois anticlinaux couchés.

Dans la partie supérieure des « grès singuliers » qui ont été décrits également par M. Ritter, s'observent, d'après Ch. Lory et l'abbé Vallet[2], des empreintes de Pectens (*Pecten Valoniensis* Defr.?). Ces couches alternent plus bas avec une série de bancs de calcaires magnésiens, dont une couche présente la structure d'une lumachelle pétrie de petits Bivalves indéterminables (*Avicula contorta? Cardita Austriaca?*). L'un de nous y a rencontré des débris de *Pecten* cf. *Valoniensis* Defr. et des bancs à Entroques.

La présence de galets de granite et de quartzites à *Myophoria* (ces derniers signalés en 1910 lors d'une excursion du Congrès international par M. Blayac) montre que pendant l'époque rhétienne le relief était nettement accusé et que le massif du Mont Blanc a donné lieu pendant cette période à la formation de dépôts côtiers et bréchiformes[3].

Des conglomérats analogues à ceux du col du Bonhomme se rencontrent à la montagne de la Saxe, ainsi qu'à l'Amône, dans le Val Ferret suisse. Ils ont été étudiés par MM. Duparc et Mrazec[4] qui les rapportent également au Rhétien. Les premiers reposeraient sur des brèches dolomitiques du Trias et y seraient surmontés par des schistes noirs liasiques, mais ils nous ont paru n'être autre chose que des « brèches des pentes » pléistocènes. Quant aux seconds, ils sont plaqués contre des porphyres et supportent des schistes calcaires pyriteux. Nous serions plutôt disposés à voir dans ces derniers conglomérats un équivalent des brèches du Lias inférieur, si développées en Tarentaise (Moûtiers) et comprenant, outre le Rhétien, une bonne partie des assises liasiques.

La formation que nous étudions s'observe encore au col Joly où, d'après M. Ritter, elle est représentée par des schistes marno-gréseux intercalés entre des cargneules et les calcaires inférieurs du Lias. L'un de nous

(1) C. Lory et P. Vallet, Carte géologique de la Maurienne et de la Tarentaise (*Bull. Soc. géol. de France*, 2e série, t. XXIII, p. 487, 1886).

(2) C. Lory et P. Vallet, Carte géologique de la Maurienne et de la Tarentaise (*Bull. Soc. géol. de France*, 2e série, t. XXIII).

(3) Ritter, *loc. cit.*, p. 88.

(4) Duparc et Mrazec, *Recherches sur le massif du Mont Blanc*, p. 185.

(M. Révil)[1] l'a observée dans le vallon de Roselend, où elle consiste en calcaires à débris de Crinoïdes.

Rhétien des zones externes des Alpes françaises et de la zone cristalline delphino-savoisienne.

Aucun affleurement du Jurassique inférieur ne permet de constater la nature des dépôts rhétiens dans la région subalpine comprenant les Bauges, le massif de la Grande-Chartreuse, le Vercors, le Diois et les Baronnies, mais plus à l'Est, sur l'emplacement de la zone cristalline dauphinoise (1re zone alpine), il se montre nettement développé, en quelques points.

Le Rhétien n'a été signalé jusqu'ici dans le massif du Pelvoux qu'à l'Alpe d'Arsine où l'un de nous (W. K.) a décrit (*Trav. Lab. de géol. de l'Univ. de Grenoble*, t. IX, p. 276), sur les dolomies capucin du Trias, des assises à petits Bivalves identiques à celles qui contiennent l'*Avicula contorta* au Pas-du-Roc en Maurienne. Si la transgression rhétienne a, comme il est naturel de l'admettre, envahi en grande partie l'emplacement de ce massif et si ces dépôts se confondent sans doute souvent, comme facies, avec les assises noires du Lias si développées dans cette région, il est d'autre part une foule de points où ils semblent ne s'être certainement pas déposés et qui devaient correspondre à des îlots émergés. Toutefois des brèches à débris d'*Ostrea sublamellosa* Dunk et fragments de dolomie triasique ont été recueillis par M. Ch. Jacob à la base du Lias de l'îlot rocheux central du glacier du Mont-de-Lans (Isère) et pourraient être rapportées au Rhétien.

Sur la bordure occidentale de la chaîne de Belledonne, la zone à *Avicula contorta* Portl. a été reconnue à Champ, par Ch. Lory[2]. Elle s'y montre, entre les gypses et dolomies triasiques, d'une part, et le Lias, de l'autre. Près d'Allevard, l'Infralias a été découvert par Ch. Lory, qui a observé sur la rive droite du Bréda une couche de calcaire noir rempli de Bivalves et rappelant la lumachelle à *Avicula contorta* Portl.[3]. Nous y avons recueilli, dans

[1] J. Révil, Note sur le vallon de Roselend, etc. (Voir, plus haut, la liste bibliographique, t. Ier.)

[2] Stoppani (*loc. cit.*, p. 198) cite de Vizille (probablement Champ) les espèces suivantes : *Cardita Laurae* Stopp., *Anatina præcursor* Opp., *Nucula Stenonis* (?) Stopp., *Leda* sp., *Avicula contorta* Port., *Avicula Loryi* Stopp., *Gervilia caudata* Winkl. La découverte des couches à *Av. contorta* au-dessus des gypses exploités, dans le vallon de Champ, près de Vizille, est due à Charles Lory. C'est une zone de 0 m. 10 de grès, 1 m. 20 de calcaire sableux, 5 mètres de calcaire noir à *Avicula contorta* gisant au-dessous d'un calcaire à Entroques, lui-même recouvert par des calcaires schisteux noirs à Bélemnites.

[3] P. Lory, Études géologiques dans la chaine de Belledonne (*Ann. de l'Enseignement supérieur de Grenoble*, t. V, n° 1, *loc. cit.*, p. 27).

une assise de schistes noirs, *Mytilus psilonoti* Qu. M. Paquier y a trouvé des huîtres voisines d'*Ostrea sublamellosa* Dunk De plus, M. P. Lory considère la « *Brèche d'Allevard* » comme appartenant à ce niveau. Cette brèche, signalée par l'un de nous (M. Kilian), peut se voir sur la route de Pinsot et près de la Tailla, où elle s'enchevêtre avec les schistes noirs d'une mince assise qui, par la base, se lie aux cargneules. Dans les environs d'Allevard, M. P. Lory a encore fait connaître des grès à *Avicula contorta* Portl. et y rattache l'intercalation de brèche, analogue à la brèche du Télégraphe[1], que nous venons de citer.

Enfin, M. Paquier a constaté l'existence du Rhétien aux environs d'Arvillard, sous le village de Verneil, où existe un affleurement fossilifère. Dans des grès calcaires, cet auteur a rencontré en ce point, avec *Avicula contorta* Portl., de nombreux Lamellibranches.

Les recherches de M. P. Lory ont néanmoins montré qu'il existe un certain nombre de points des environs de la Mure et de Laffrey où la transgression jurassique débute avec des couches plus récentes et où le Rhétien ne s'est sans doute jamais déposé. (V. plus bas p. 25.)

Rhétien du Gapençais et des Basses-Alpes.

Au S. O. de Gap, près Barcillonnette-de-Vitrolles, le Rhétien se compose de calcaires noduleux, de plaquettes à *Avicula contorta* Portl. et de lits de quartzite[2].

Plus au Sud, dans Hautes et Basses-Alpes, M. Haug a décrit un niveau à *Avicula contorta* Portl., constitué par une alternance (25 à 40 mètres) de schistes noirs et de bancs calcaires. La faune est celle du facies souabe; *Terebratula gregaria* Suess fait défaut, on y remarque un *Bone-bed*[3]. La partie fossilifère qui mesure 20 à 25 mètres est recouverte par une série d'autres calcaires à veines spathiques entièrement dépourvus de fossiles.

(1) P. Lory, Études géologiques dans la chaîne de Belledonne, 2e note (*Ann. de l'enseignement supérieur de Grenoble*, t. VII, n° 2, *loc. cit.*, p. 11).

(2) Kilian et P. Lory, Notice sur la feuille de Die de la Carte géologique détaillée (Ministère des Travaux publics, 1901, et Trav. Lab. de Géol. de l'Univ. de Grenoble, t. VI, p. 242).

(3) E. Haug, Les chaînes subalpines entre Gap et Digne, *loc. cit.* — Il est juste de dire que la découverte de la zone à *Avicula contorta* Port., aux environs de Digne, est due à Hébert et remonte à l'année 1861. Elle fut confirmée par les recherches de Garnier et de Dieulafait (*Ann. de sciences géol.*, t. Ier. Paris, Masson, 1889). La coupe du promontoire de Champorcin est devenue classique; E. Hébert a communiqué les fossiles recueillis à l'abbé Stoppani qui a déterminé les espèces suivantes: *Astarte* (?) *Suessi* Rolle; *Tæniodon præcursor* Schloth., *Avicula contorta* Portl., *Pecten Valoniensis* Defr., *Anomia Heberti* Stop. Postérieurement, M. Goret découvrit cette zone dans l'Ubaye, et l'un de nous (W. K.) l'a signalée à Nibles et Clamensanne.

Les meilleures coupes du Rhétien, toujours d'après M. Haug, s'observent sur le chemin de Digne au Cousson, sur les bords de la Bléone et notamment près des gypses de Champorcin. Plus au Nord, il affleure aux environs de Tanaron et surtout à Barles[1].

Tous ces dépôts du Gapençais et des Basses-Alpes, ainsi que ceux des environs de Castellane[2] (col de Taulanne), ont les mêmes caractères et présentent le même facies souabe; ils se font notamment remarquer par l'absence de *Ter. gregaria.* On y observe un *Bone-bed* à dents de poissons, des schistes noirs à *Avicula contorta,* des bancs à petits fossiles (*Gervilleia praecursor* Qu.); M. Bachelard y a signalé des Foraminifères et des amas de « naissain » d'huîtres. — Ces assises supportent un Hettangien bien caractérisé à Cardinies, à *Psiloceras* et à *Schlotheimia angulata* Schloth. sp.

Rhétien de la Basse-Provence.

Ce n'est que dans la Basse-Provence, à partir des environs de Gréoux et au Sud du Verdon, qu'apparaissent les *dolomies* cristallines et des argiles bariolées qui annoncent un changement de facies et diffèrent notablement du Rhétien des Alpes occidentales, tel que nous venons de le décrire; on trouvera, dans la monographie que leur a consacrée Dieulafait en 1869 (*Annales des sciences géologiques,* t. Ier), des renseignements complets sur ces dépôts.

Absence locale du Rhétien en certains points.

Il convient cependant de remarquer qu'il existe quelques points de notre région où les assises à *Avicula contorta* paraissent faire défaut au contact du Lias et des terrains plus anciens.

C'est ainsi qu'au promontoire de l'Echaillon, près de Saint-Jean-de-Maurienne, le Lias, directement appuyé contre les Schistes cristallins, débute par des calcaires contenant de nombreux fragments *anguleux* de granite et des débris de dolomie triasique à patine brune (« calcaires capucin »); cette assise repose directement sur le Granite, alors qu'à quelques centaines de mètres de ce point, le Lias est séparé de ce dernier par les dolomies « capucin » surmontant des arkoses laminées du Trias. Ces calcaires bréchoïdes à fragments de granite représentent-ils le Rhétien ou datent-ils d'une époque un peu plus récente (Hettangien)? En l'absence de fossiles, la question ne peut être

[1] W. Kilian, *Bull. Soc. géol. de France,* 1895 (Réunion extraordinaire dans les Basses-Alpes, p. 668), et surtout : E. Haug : Chaînes subalp. entre Gap et Digne (Paris, 1891), p. 22-25.

[2] Carte géologique détaillée au 1/80000e; feuille de Castellane (Notice par M. Zürcher); v. aussi *Bull. Soc. géol. de France,* 3e série, t. XXIII, p. 915 (Réun. extr. à Castellane).

IMPRIMERIE NATIONALE.

résolue d'une façon précise, mais il semble, dans cette localité, qu'il y a l'indice d'un *relief qui aurait existé au début de la période jurassique* sur l'emplacement du massif du Rocheray et aux dépens duquel se seraient exercées les érosions des premières transgressions jurassiques en donnant lieu à une formation analogue à celle des « grès singuliers » du col du Bonhomme.

Dans le petit massif de la Mure les mouvements antetriasiques ont également produit, d'après M. P. Lory, un dôme resté en partie émergé jusqu'au Charmouthien, et le Jurassique débute parfois par un poudingue quartzeux (la « gratte ») reposant en discordance sur le Houiller. Par contre, au Sud de la région de Barcilonnette, on a signalé le Rhétien à *Avicula contorta* Portl. en partie dolomitique, une lumachelle de Bivalves de l'Hettangien, et encore des Bivalves vers le sommet du Sinémurien[1], c'est-à-dire un facies néritique.

Résumé relatif au Rhétien des Alpes françaises.

En résumé, l'allure et les facies des sédiments rhétiens dont nous venons de montrer l'extension et la remarquable constance présentent, dans les Alpes françaises, les variations suivantes :

A. En certains points de la zone cristalline delphino-savoisienne se manifeste une tendance au facies détritique et gréseux (Verneil, Allevard) qui atteint son maximum autour du massif du Mont Blanc où les « grès singuliers » et les couches *à galets* du col du Bonhomme et peut-être les conglomérats de l'Amône, dans le Val Ferret, indiquent ainsi l'existence de reliefs ou de hauts-fonds sur l'emplacement de la première zone alpine.

B. Le Rhétien se poursuit dans l'Ouest et le Sud-Ouest en se rapprochant davantage du « type souabe » dans le massif du Pelvoux (Alpe d'Arsine), dans les environs de Digne et au N. O. jusqu'à Champ, près Vizille (Isère).

C. Au Sud, du côté des Maures et de l'Estérel, se présente le facies provençal, avec ses dolomies, dont nous n'avons pas à nous occuper ici.

D. Sur le bord ouest de la zone du Briançonnais, c'est-à-dire à l'Ouest de la bande houillère et à l'Est de la première zone alpine, s'étend une *région de facies uniforme*, à type mixte, où des éléments fauniques étrangers (*Terebratula*

[1] P. Lory, *C. R. Collaborateurs* pour 1895. (*Bull. Serv. Carte géol. de France*, n° 53, 1896, p. 177.)

gregaria Suess, etc.) du « type *carpathique* » se mêlent aux espèces souabes. — Cette bande comprend la portion occidentale de la Tarentaise, la Basse-Maurienne, la partie occidentale de la zone du Briançonnais (Saint-Crépin [Hautes-Alpes]) et les *masses charriées* plus externes qui se rattachent, par leur origine et par l'emplacement probable de leurs *racines*, à des zones intraalpines ou plus orientales encore, telles que les Préalpes vaudoises, le Chablais, les Annes, Sulens, l'Ubaye, etc.

E. A l'Est de la zone D, à facies uniforme, c'est-à-dire dans la partie centrale de la zone du Briançonnais, le Rhétien fossilifère est inconnu et peut être représenté par une partie des brèches calcaires (Brèche du Télégraphe) qui appartiennent là à la base du Jurassique, mais il est plus probable que l'Infralias y a été enlevé par les érosions qui ont précédé la formation des brèches liasiques.

E^{bis}. M. Franchi a récemment fait voir que cet étage reparaît *avec son type carpathique* dans la portion *orientale* de cette zone et M. Pussenot l'a retrouvé très net à la Montagne des Grands-Becs et en plusieurs points voisins de la frontière, à Cervières, au Lasseron et dans le massif du Gondran.

F. Enfin les « Schistes lustrés » de la zone du Piémont qui semblent englober parfois sous un même facies « compréhensif » une grande partie des sédiments déposés entre le Trias moyen et l'Eogène inférieur, comprennent vraisemblablement aussi à leur base des représentants de l'étage qui nous occupe. M. Franchi a montré récemment que des assises rhétiennes à Polypiers, fossilifères et bien *distinctes*, s'observent nettement à la base de ces schistes à l'Est de Briançon (la Mulatière, la Grande-Hoche); ces résultats ont été d'ailleurs pleinement confirmés par les recherches de M. Pussenot et par les observations de l'un de nous (W. K.).

Au point de vue paléontologique, le Rhétien se fait remarquer dans nos régions par l'abondance des Pélécypodes et des Gastéropodes joints à quelques Brachiopodes et par l'absence complète des Ammonitidés. Sa faune rappelle par son allure générale celle des grès rhétiens de la Souabe, de l'Alsace, de l'Allemagne du Nord et de la Côte-d'Or, mais en diffère cependant par certains côtés. C'est ainsi que, relativement à la faune, les dépôts de la bande D et de ses dépendances (E^{bis} et F) offrent une homogénéité sur laquelle il est important d'attirer l'attention. A côté de l'*Avicula contorta* Portl. Caractères paléontologiques.

(= *Gervillia striocurva* Qu. = *Av. Escheri* Mer.), qui se rencontre dans presque tous les gisements, on y trouve, outre quelques espèces souabes, *Anatina praecursor* Opp., *Myophoria postera* Qu., *Venericardia praecursor* Qu., *Cardinia depressa, Taeniodon praecursor* Qu., *Cyprina porrecta* Dum., *Lima Hettangiensis* Terq., *Modiola* (*Mytilus*) *psilonoti* Qu. (= *M. minutus* Opp.), *Gervilleia praecursor* Qu., *Semipecten velatus* Goldf. sp., *Pecten Valoniensis* Defr., *P. Hehli* d'Orb., *Ostrea sublamellosa* Dunk., *O.* (*Alectryonia*) *ascendens* Qu., notamment des dents de Poissons : *Sargodon tomicus* Plien., *Acrodus minimus* Ag., *Saurichthys acuminatus* Ag., *Gyrolepsis tenuistriatus* Qu., etc., et l'on remarque une association caractéristique de formes spéciales au type souabe et d'espèces habituelles aux facies carpathique et bavarois du Rhétien telles que *Neritopsis tuba* Schafh., *Clidophorus alpinus* Winckl., *Myophoria inflata* Emm., *M. isosceles* Stopp., *Cardita Austriaca* v. Hau, *Avicula inaequiradiata* Schafh., *Dimyopsis Emmerichi* v. Bistr., *Pecten Schafhaeutli* Mer., *Ostrea* (*Alectryonia*) *Haidingeriana* Emmr., *Anomia Schafhaeutli* Winckl., *Terebratula gregaria* Suess., *Cyrtina uncinata* Schafh.

Les espèces suivantes sont spécialement abondantes : *Protocardia* (*Cardium*), *Philippiana* Dunk, sp., *Anatina praecursor* Qu., *Venericardia praecursor* Qu., *Taeniodon praecursor* Schl., *Mantellum pectinoide* Sow. (= *Lima subdupla* Stopp.), *Modiola* (*Mytilus*) *psilonoti* Qu. s. (= *minuta* Opp. sp.), *Gervilleia praecursor* Qu., *Semipecten velatus* Goldf. sp., *Pecten* (*Entolium*) *Hehli* d'Orb., *Ostrea sublamellosa* Dunk, *O.* (*Alectryonia*) *nodosa* Goldf., *O.* (*Alectryonia*) *ascendens* Qu., etc.

Quelques exemples feront nettement ressortir le caractère mixte du Rhétien intraalpin :

C'est ainsi que *Myophoria inflata* Emm. (forme des Alpes orientales) s'est rencontrée au Pas-du-Roc et à Sulens et que *M. postera* Qu. sp. (espèce souabe) est citée de Colleto di Salé (Piémont) par M. Franchi.

Ostrea (*Alectryonia*) *nodosa* Goldf. (= *O. Marcygniana* aut.?) est connue de Matringe, de Meillerie, du Pas-du-Roc et des environs de Briançon (M. Pussenot, détermination de W. Kilian); elle est particulièrement abondante au sommet des Grands-Becs.

Ostrea Pictetiana Mart. s'est rencontrée à Meillerie, au Grand-Bornand, etc.

Anomia Schafhaeutli Winckler est indiquée du Pas-du-Roc (abondante), du Grand-Bornand, de Sulens et de Meillerie.

Anomia Picteti Stopp. et *A. Revonii* Stopp. existent à Matringe, Meillerie et à l'Almend Blumenstein.

Avicula Loryi Stopp. est citée de Vizille ainsi que *Gervilleia caudata* Winckler.

Avicula inaequiradiata Schafh. est une espèce très importante représentant une variété alpine d'*Av. contorta* Portl.; elle se trouve au Pas-du-Roc.

Pecten (*Entolium*) *Hehli* d'Orb. est cité de Meillerie; *P.* (*Chlamys*) *Favrei* Stopp. de Meillerie ainsi que *Pecten Heberti* Stopp.; *P. Loryi* Stopp. de Matringe, avec *P. Valleti* Stopp. et *P. Massalongi* Stopp., et d'autres formes encore comme *P.* (*Chlamys*) *Falgeri* Mer. et *P.* (*Chlamys*) *Thiollierei* Mart.

Pecten (*Chlamys*) *Valoniensis* Defr., de Meillerie, du Col du Bonhomme, de Blumenstein et de Digne, existe aussi dans les couches de Kössen.

Cardita Austriaca v. Hauer est connue de Meillerie, du Pas-du-Roc et des Alpes Vaudoises; elle existe également dans les Grisons, et il est très intéressant de la retrouver en Maurienne.

Modiola (*Mytilus*) *psilonoti* Qu. sp. (= *M. minutus* Opp.) existe au Pas-du-Roc, au Grand-Bornand, à Sulens, à Matringe et à Meillerie; c'est une espèce de la Souabe.

Dimyopsis (*Dimyodon*) *Emmerichi* v. Bistram [1] (= *Plicatula intusstriata* Emm. sp. = *Spondylus liasinus* Terq., etc.) [v. Synon. in v. Bistram, Val Solda, p. 45 (160), Fribourg, 1903] est une espèce caractéristique des « Couches de Koessen », également connue de Matringe et du Grand-Bornand. Elle a été trouvée aussi au Pas-du-Roc, à Meillerie, au Mont-Forché, à Sulens, au Clos des Morts, aux Grands-Becs (Pussenot), dans le Bassin du Rhône (Dumortier) et dans l'Est de la France.

Terebratula gregaria Suess est caractéristique et fréquente au Maupas, à Meillerie dans le lit de la Dranse, au Pas-du-Roc, à Matringe, etc.; c'est, on le sait, un des fossiles abondants dans le facies carpathique du Rhétien. M. Franchi l'a récemment retrouvée dans la région du Chaberton et MM. Pussenot et Kilian à Cervières, au Lasseron et aux Grands-Becs, à l'Est de Briançon, où elle est extrêmement abondante.

[1] On trouvera dans un récent mémoire de M. von Bistram une bonne liste bibliographique relative à la faune du Rhétien et du Lias inférieur et qui sera utilement consultée par tous ceux qui voudraient étudier la faune de notre Lias calcaire. Voir Bistram, Beitraege zur Kenntniss des unteren Lias in der Val Solda (Ber. naturf. Gesellsch. zu Freiburg i. Br., t. XIII, 1903).

Cyrtina uncinata Schafh. (=*Spiriferina Munsteri* Stopp., Suess, non Dav.) très abondant au Pas-du-Roc, est une forme alpine des couches de Gresten (v. *Trauth*, Grestener Sch., p. 48), sa présence en Maurienne est significative.

A ces formes s'ajoute une série d'autres moins connues, notamment des espèces spéciales de Gastropodes et de Pélécypodes, décrites par Stoppani : *Cerithium Stoppanii* et *Turbo Billieti* sont communs au Pas-du-Roc et à Matringe : on y trouve *Pholadomya Mori* Stopp., *Pinna miliaria* Stopp., ainsi que des Pentacrines et quelques Oursins (*Metaporhinus Favrii* Stopp. et *Plegiocidaris* aff. *Curionii* Stopp.), formes lombardes qui se retrouvent dans le Rhétien de la Savoie.

Ajoutons que Stoppani, de Mortillet et Vallet (*loc. cit.*, p. 153) ont rencontré des Belemnites [1] dans le Rhétien à *Avicula contorta* et *Terebratula gregaria* à Meillerie et aussi à Brides-les-Bains.

Les *Bactryllium* sont également communs au Rhétien de Meillerie, du Pas-du-Roc et à celui des Alpes orientales. Des Polypiers rappelant l'espèce décrite sous le nom de *Calamophyllia Longobardica* par Stoppani sont abondants dans l'Est du Briançonnais (Lasseron, Cervières, Turge du Perron) et rappellent également *Cal. Rhaetiana* Koby et *Thecosmilia Martini* From. du Rhétien des Alpes suisses ainsi que les formes infraliasiques de Lombardie.

Caractère mixte de la faune rhétienne des zones intraalpines.

La présence dans le Rhétien de Matringe des **Megalodon** signalés par M. Lugeon au milieu d'une faune analogue à celle du Pas-du-Roc, celle de *Conchodon* et de *Megalodon* au Plan des Morts, à l'Est de Briançon (Franchi), enfin l'abondance des **Polypiers** du groupe de *Rhabdophyllia Longobardica* Stopp. et de *Rh. Sellæ* Stopp. dans divers points à l'Est de Briançon, se joignent aux autres caractères cités plus haut (présence de *Terebratula gregaria*, de *Cyrtina uncinata* Schafh., de *Dimyopsis Emmerichi* v. Bistr. (=*Plicatula intusstriata* aut.), pour donner au Rhétien des Alpes occidentales un cachet sensiblement différent du type souabe et le rapprocher des couches à *Dimyopsis Emmerichi* du « type carpathique » de l'Europe méridionale (Carpathes, Alpes occidentales) et notamment des couches de Kössen; il rappelle en

[1] Voir, à ce sujet, les notes de MM. W. Kilian et G. Fabre (in *Bull. Soc. géol. de France*, 4e série, t. III, p. 248, 4 mai 1903). Des Bélemnites ont été signalées aussi dans le Rhétien des Alpes-Maritimes (v. Haug, Traité, II, p. 940).

particulier d'une façon très nette le Rhétien du Val Solda dans les Alpes de la haute Italie, auquel M. von Bistram a consacré en 1903 une intéressante monographie. Le caractère mixte de la faune rhétienne, qui atteint son maximum à l'Est de Briançon (Rhétien à « facies *piémontais* »), s'atténue d'ailleurs vers le Sud-Ouest et aux environs de Digne, le « type souabe » apparaît à peu près entièrement débarrassé des éléments étrangers.

Tous ces dépôts sont des sédiments à faune néritique, de mer relativement peu profonde, correspondant à une période de transgressivité qui succède à la phase lagunaire du Trias supérieur; la présence, à l'Est de la région, de Polypiers, de formes comme *Terebratula gregaria* Suess et celles que nous avons citées plus haut, indique cependant des communications marines faciles avec la Lombardie et les Alpes orientales ainsi que l'avait admis déjà l'abbé Stoppani.

Indications sur l'origine de diverses nappes de charriage.

Il ressort également de cette analyse que les « Klippes » de la Suisse et les masses *charriées* du Chablais, de Sulens, etc., ont très probablement leurs racines » dans la zone du Briançonnais dont les faunes rhétiennes (Pas du Roc, Grands Becs) rappellent d'une façon frappante celles de Meillerie, de Matringe, de Sulens et des lambeaux exotiques des environs de Lucerne.

On trouvera plus loin, à la fin du chapitre consacré au système jurassique, une série de diagnoses lithologiques et de descriptions d'échantillons ainsi qu'UNE LISTE COMPLÈTE DE FOSSILES se rapportant au Rhétien des Alpes françaises [1].

[1] On consultera également, pour ce qui concerne les couches à *Avicula contorta* des autres régions, le beau chapitre consacré au Rhétien dans le *Traité de géologie* de M. HAUG (p. 940-945), ainsi que les travaux de GUEMBEL, VON DITTMAR, OPPEL, SUESS, ZUGMAYER, NATHORST, LEVALLOIS, HÉBERT, HENRY, CAPELLINI, PELLAT, MAUD HEALEY, etc.

B. Lias.

Les assises du Rhétien ayant été étudiées, il convient maintenant, dans un exposé aussi complet que possible, d'indiquer les principaux types de sédimentation qui entrent dans la composition de la série liasique de nos Alpes et la façon dont ces facies divers s'enchevêtrent et se superposent dans les différentes zones des Alpes delphino-savoisiennes. Pour cela, nous examinerons la constitution du Lias dans les zones de sédimentation successives que l'on peut distinguer en se dirigeant de l'Ouest vers l'Est; nous serons ainsi amenés à distinguer :

Un type dauphinois;
Un type bréchiforme ou briançonnais;
Un type intermédiaire entre les deux précédents;
Un type piémontais (ou facies des Schistes lustrés);

ainsi que les passages latéraux qui relient parfois entre eux ces différents types.

I. TYPE DAUPHINOIS

(ET PASSAGE DE CE TYPE AU « LIAS BRIANCONNAIS » PAR LE TYPE « INTERMÉDIAIRE [1] »).

Le Lias à facies dauphinois proprement dit et une partie du Lias intraalpin du type intermédiaire ne comportent que deux divisions, établies d'après les caractères lithologiques : le « *Lias calcaire* » dans le bas, le « *Lias schisteux* » à la partie supérieure qu'il importe de décrire en premier lieu.

1. Lias calcaire.

Lias calcaire. — Caractères généraux.

On ne peut, dans la pratique, reconnaître que ces deux subdivisions dans le Lias de la Maurienne, qui appartient en partie, dans la partie ouest de notre champ d'études, au facies que M. Haug a appelé **facies dauphinois.**

[1] En ce qui concerne les affleurements liasiques extérieurs à la chaîne cristalline delphino-savoisienne (environs d'Albertville, etc.), nous renverrons le lecteur à la monographie que M. Révil a consacrée aux chaînes jurassiennes et subalpines de la Savoie. (Thèse de doctorat, Chambéry, 1911, et Trav. lab. de géol. Univers. de Grenoble, t. IX, 3 [1911]). Nous renvoyons en outre le lecteur à la description détaillée du *Lias à type intermédiaire* que nous donnons plus bas dans la IIIe partie du présent chapitre.

Quant au **facies briançonnais** du même auteur, qui est relié au précédent près de la Bessée et du col des Encombres par des passages latéraux et des *intercalations zoogènes* et bréchoïdes, il s'observe à l'Est du synclinal nummulitique et de la zone du Flysch ou des Aiguilles d'Arves, et surtout dans les points de la zone houillère où affleurent des couches plus récentes que le Houiller. Ce second type est entièrement bréchiforme, mais dans la zone de passage qui le relie au type dauphinois, on voit se développer également (*type intermédiaire*) une masse calcaire inférieure, le Lias calcaire. La description qui suit se rapporte donc au *facies dauphinois* et en partie à ce **type intermédiaire** qui lui succède plus à l'Est.

La formation calcaire, par laquelle débute le Lias, se développe dans toute la région comprise entre la chaîne cristalline de Belledonne et la zone des Aiguilles d'Arves. Des matières charbonneuses et une teneur parfois notable en sulfure de fer lui donnent une teinte noirâtre très prononcée. Directement au-dessus des petits bancs rhétiens et parfois noduleux (Pont de Vizille) à *Avicula contorta* Portl. reposent des calcaires noirs compacts à stratification nettement accusée, qui correspondent à l'Hettangien, au Sinémurien et à la base du Charmouthien[1]. Ils sont surmontés par des schistes également noirs, le « Lias schisteux » qui représentent la partie supérieure du Lias moyen et le Lias supérieur.

Lias calcaire de la Tarentaise et de la Maurienne. — (Type « intermédiaire ».)

D'autres fois, et surtout dans les contrées où, comme à Aigueblanche et dans la sous-zone des Aiguilles d'Arves, se présente le type intermédiaire entre le facies dauphinois et le facies briançonnais (Aiguilles de la Grande Moënda), le niveau liasique inférieur se présente parfois sous forme de marbre noir à veines spathiques (environs d'Aigueblanche); ce sont des calcaires marneux et des schistes argilo-calcaires noirs dans lesquels on ne trouve qu'exceptionnellement les intercalations bréchoïdes qui existent plus à l'Est, mais qui

(1) Haug, Lias, Bajocien et Bathonien des chaînes subalpines entre Digne et Gap (*C. R. Acad. des Sc.*, 1er avril 1889). — Cette masse calcaire (notre « Lias calcaire ») correspond, ainsi qu'il est facile de s'en convaincre en allant de Digne à La Mure par Gap, au Lias inférieur et à la partie inférieure du Lias moyen décrits par M. Haug dans le facies provençal (Digne) aussi bien que dans le facies dauphinois (Haug, *loc. cit.*, p. 45, 53). Cependant il convient de remarquer que le facies schisteux ne débute pas toujours au même niveau dans les différentes régions de nos Alpes et qu'aux environs de Corps et de la Salette, le « Lias schisteux » correspondant au Charmouthien supérieur est séparé de l'Aalénien schisteux par une assise de *marno-calcaires* à *Hildoceras bifrons* Brug. sp. décrits par M. P. Lory et par l'un de nous à Saint-Jean-des-Vertus.

IMPRIMERIE NATIONALE.

se distinguent cependant nettement des assises supérieures de l'étage plus essentiellement schisteuses, feuilletées et exemptes de couches calcaires. Ailleurs encore, ce sont des calcaires noirâtres, mats et compacts, toujours bien distincts des calcaires du Trias. Entre Moûtiers et Aigueblanche, aux alentours de la Combe de Varbuche, sur les pentes de Lavrières et près de Saint-Jean-de-Belleville en Tarentaise, le Lias est représenté uniquement par des calcaires marneux et par des schistes noirs calcaires. De petits grumeaux d'argile, noirs et brillants, *traçants*, et ressemblant à du graphite, sont à signaler dans ces calcaires liasiques des environs de Moûtiers (ces fragments ne sont toutefois pas combustibles). Des *calcaires* noirâtres à *Entroques* se montrent aussi dans le haut de la vallée du Nantbrun, au milieu des assises liasiques du type intermédiaire; ils contiennent des fragments de Bélemnites. Sur les pentes orientales du Niélard nous y avons recueilli, en compagnie de M. P. Lory : *Nautilus* sp., *Belemnites* sp. et *Gryphaea arcuata* Lamk. sp.

En Maurienne, les tranchées de la route, au-dessus des « Granges du Grand Galibier », sont pratiquées dans des *schistes calcaréo-marneux* de couleur noire, mate, qui certainement appartiennent, comme leur continuation de la vallée de l'Arc, au Lias ou terrain jurassique inférieur. Ici aussi des parties plus calcaires se détachent de la masse et forment une division inférieure puissante.

Des intercalations de *brèches calcaires* (Brèches du Télégraphe) que nous décrirons plus loin sont fréquentes dans ce Lias calcaire du « type intermédiaire », à l'Est de la bande éogène des Aiguilles d'Arves, mais elles apparaissent déjà sur le bord ouest de cette bande au Roc du Niélard où elles sont en relations avec les calcaires coralligènes de Dorgentil (v. p. 81). Des *rognons de silex* se montrent près de Saint-Jean-de-Belleville dans les calcaires liasiques appartenant à cette même bande intermédiaire; on les retrouve au Pas-du-Roc et d'autres points, notamment dans la vallée du Guil et aussi dans celle de l'Ubaye (massifs du Caire et du Morgon). Dans la haute Ubaye, en amont de Serenne, au lieu marqué « Pont Voûté », sur la carte de l'État-major, se montrent (en contact avec les calcaires et schistes en plaquettes), également à l'Est de la zone du Flysch, des calcaires à rognons de silex, des marbres noirs veinés de calcite, et enfin une brèche calcaire que nous attribuons également au Lias.

En beaucoup de points de la région intraalpine, la partie inférieure de la série liasique est formée par des *dalles calcaires* noirâtres à cassure cristalline (Entroques) et fragments de Bélemnites. Ces dalles rappellent celles du Mont Jovet que nous avons visitées en 1893 sous la conduite du regretté

Marcel Bertrand, mais qui ne renferment pas de fossiles et qui accompagnent un facies du Lias fort analogue à celui des « Schistes lustrés » de la zone du Piémont.

Ardoises du Lias calcaire.

Un clivage très accentué, indépendant de la stratification, arrive parfois à être assez régulier pour donner lieu à de véritables *ardoises*[1] [Oisans, Allemont, Valbonnais, Revel (Isère), Valgaudemar, La Grave (Hautes-Alpes), La Chambre, vallée des Villards, environs de Flumet (Savoie)]. C'est dans la partie supérieure du « Lias calcaire » qui correspond au Lias moyen (Charmouthien) que se montre le plus souvent cette structure[2] Les ardoises sont exploitées dans plusieurs localités (La Grave, Ventelon, le Rivier d'Allemont, Ornon, le Bourg-d'Oisans, Chenavas près Revel, la Chambre, Saint-Colomban-des-Villars, Petit-Cœur, Aigueblanche, les Côtes-de-Flumet) et sont de qualité médiocre mais cependant bien supérieures à celles du Flysch éogène également utilisées dans les Alpes. Elles conservent plus longtemps leur couleur et sont peu poreuses; l'analyse des ardoises de Flumet a donné 55,43 p. 100 de silice, 14,93 p. 100 de fer, 1,04 de soufre, 8,58 p. 100 de chaux, 6,75 p. 100 d'acide carbonique. Elles font presque toutes une vive effervescence avec l'acide chlorhydrique. Quoiqu'elles soient bien inférieures aux ardoises siliceuses (paléozoïques) de Cevins (Houiller) et d'Angers (Silurien), on les fait souvent passer dans le commerce comme provenant de ce dernier gisement.

(1) Ch. Lory (*Descript. du Dauphiné*, § 50) a fait remarquer que le feuilletage ou *clivage* ardoisier des assises liasiques est ordinairement dans un autre sens que celui de la stratification. Fréquemment, les plans de clivage traversent tantôt à peu près perpendiculairement, tantôt très obliquement une série de couches parallèles. Les *Bélemnites*, que renferment les roches, sont elles-mêmes coupées en plusieurs tranches par le clivage général. D'après le regretté savant, ces faits montrent que la production de ces plans de division, distincts des plans de stratification, ne s'est réalisée que *postérieurement aux redressements des couches.*

(2) M. Radian a publié en 1889 une étude sur la composition des ardoises de Savoie et fait remarquer que les schistes liasiques de Petit-Cœur et de la Chambre sont très riches en carbonates, peu siliceuses et généralement pyriteuses (2,16 p. 100 de FeS^2 dans les schistes de la Chambre). Ces ardoises de la Chambre, d'après le même auteur, contiennent 40,38 p. 100 de silice, 28,67 p. 100 de carbonate de chaux, 0,90 p. 100 de carbonate de magnésie, leur densité est de 2,631. — Quant aux ardoises liasiques de Petit-Cœur, elles sont aussi pyritisées; elles contiennent 21,31 p. 100 de silice, 36, 22 p. 100 de chaux, et 3,20 p. 100 de magnésie (59,76 p. 100 de carbonate de chaux et 1,65 p. 100 de carbonate de magnésie); leur dureté est de 3,3 environ et leur densité est de 2,660. Des schistes ardoisiers de composition analogue sont exploités au même niveau à Allemont (Isère) et aux côtes de Flumet (Savoie). — On trouvera des détails à cet égard dans le mémoire de M. Badoureau sur les ressources minérales des départements de l'Isère, de la Drôme, de la Savoie et des Hautes-Alpes [*Bull. Soc. hist. nat. de Savoie*, t. VI (1899-1900), t. VII (1901), t. VIII (1902), t. IX (1903), t. X (1904). — Chambéry].

La faune remarquable d'Ammonites pyriteuses fournie à MM. Villet et Hollande par ces assises ardoisières, que certains auteurs rattachent déjà au Lias schisteux, tandis que nous la considérons comme formant la *partie terminale* du Lias calcaire, dont elles se rapprochent davantage que des assises plus argileuses et plus feuilletées du Lias schisteux calcaire comprend notamment : *Belemnites elongatus* Mill., *Phylloceras frondosum* Reynès sp., *Ph.* sp. *Waehneri* Gemm., *Rhacophyllites libertus* [1] Gemm., *Amaltheus margaritatus* Montf. sp. (plusieurs variétés : var. *costata* Qu., var. *depressa* Qu., var. *coronata* Qu.), *Trochus* sp. *Velopecten* (*Hinnites*) sp. [2], *Pentacrinus* sp.

Lias calcaire. — Caractères divers.

Le Lias calcaire fournit des intercalations de *calcaires* marneux *à ciments* à Uriage et surtout au Pont-du-Prêtre, près du Valbonnais (Isère). Les produits de cette dernière localité sont très réputés et résistent à l'action des eaux séléniteuses. On les retrouve près de Monteynard (Isère).

Ajoutons enfin que des *Marbres noirs* [3] ont été exploités dans cette assise au Peychagnard, à Laffrey (Isère) et surtout à Sainte-Luce-en-Beaumont (Isère). Il convient enfin d'ajouter que, dans la portion des zones intraalpines où règne le « type intermédiaire », le Lias calcaire renferme parfois des *silex*, surtout à l'Est de la région et dans le voisinage des facies coralligènes.

Près de Saint-Jean-de-Maurienne, on peut voir le Lias calcaire dessiner un repli synclinal très net : entre l'Échaillon et une carrière de granite laminé, les couches de ce niveau présentent des schistes satinés et des bancs d'un calcaire bleuâtre d'aspect oxydé, roussâtre à l'intérieur, contenant quelques Bélemnites (coll. Alph. Favre) et où l'on a rencontré un *Pentacrinus* indéterminable.

Subdivisions stratigraphiques et faune.

Au point de vue stratigraphique, les fossiles seuls permettent d'établir des divisions dans cette masse calcaire très uniforme. C'est ainsi que sur la feuille de Briançon [4] on a pu distinguer dans l'Oisans :

1° Un *Hettangien* sur les bords septentrional et occidental du Pelvoux

[1] Citées sous le nom d'*Amm. Mimatensis* Reynès.

[2] Ces fossiles sont déposés au musée de Chambéry.

[3] Les *marbres veinés* roses, verts et violets du Rif-du-Sap et de Navette-en-Valgodemar, qui affleurent au contact de coulées de mélaphyres et sont dus au métamorphisme exercé par ces derniers, appartiennent, à notre avis, non au Lias, comme le pensait Ch. Lory, mais au niveau dolomitique (horizon des calcaires capucin) du Trias supérieur.

[4] Notice explicative de la feuille de Briançon de la Carte géologique détaillée de la France au 1/80,000 par W. Kilian et P. Termier (Ministère des travaux publics), 1901.

(calcaires à *Schlotheimia angulata*). La séparation de cet étage et du suivant est, le plus souvent, impossible;

2° Un *Lias calcaire* à facies dauphinois : puissante série de marnocalcaires et de schistes au sommet et, vers la base, calcaires en gros bancs se débitant parfois en dalles; la couleur dominante est le gris bleuâtre. On y rencontre assez fréquemment des Bélemnites *tronçonnées* (*Belemnites elongatus* Miller et *paxillosus* Schloth.) et de nombreux *Arietites*.

— Une faune à *Amaltheus ibex* Qu. sp. a été signalée au fort de Saint-Firmin en Valgaudemar, et, vers le sommet, *Cycl. Valdani* d'Orb. sp.; à Allevard et dans l'Oisans on a recueilli *Æg. capricornu* [1] Schloth. sp. et *Dumortieria Jamesoni* Sow. sp.

Dans le Dauphiné, d'après Ch. Lory [1], les fossiles caractéristiques du Lias inférieur n'ont été signalés qu'en une seule localité, au mont Lachat, commune du Mont-de-Lans (Oisans) par Scipion Gras; depuis lors M. Termier et l'un de nous en ont signalé à Tête Mouthe (v. plus loin). On y trouve les espèces suivantes : *Arietites bisulcatus* Brug. sp., *Ar. stellaris* Sow. sp., *Ar.* (*Arnioceras*) *Kridion* Hehl. sp.; *Ar. rotiformis* d'Orb., *Ar. Scipionianus* d'Orb., *Belemnites paxillosus* Schloth., *Bel. elongatus* Mill. — Dumortier a déterminé, en outre de cette localité, parmi les fossiles recueillis par Ch. Lory : *Arietites* (*Vermiceras*) *Conybeari* Sow. sp., *Ar.* (*Coroniceras*) *Bucklandi* Sow. sp., *Ar.* (*Coroniceras*) *Sinemuriensis* d'Orb. sp., *Ar.* (*Arnioceras*) *geometricus* Opp. sp., *Ar.* (*Arnioceras*) *Hartmanni* Opp. sp. du Lias inférieur et *Aeg. capricornu* Schl. sp., *Aeg.* (*Cycloceras*) *bipunctatum* Rein. (= *Valdani* d'Orb. sp.) du Lias moyen. — Sur d'autres points, à la Gardette, à la Paute, au col d'Ornon, on trouve des Ammonites qui semblent indiquer un niveau élevé, Lias moyen (Domérien) (*Amaltheus spinatus* Brug. sp., par exemple).

Sur la limite est de la région, en un point qui appartient déjà à la zone briançonnaise (v. plus bas), à la Grosse Pierre des Encombres, le Lias calcaire renferme d'autre part une faune franchement charmouthienne à *Amaltheus margaritatus* Montf. sp. qu'ont fait connaître, il y a longtemps déjà, les travaux de Sismonda et qui se fait remarquer par un facies plus néritique accusé par l'association de nombreux Brachiopodes et de Lamellibranches avec les Céphalopodes. On peut y récolter un grand nombre d'espèces char-

[1] Description géologique du Dauphiné, § 54. La collection de la Faculté des Sciences de Grenoble possède la plupart de ces espèces, recueillies par Ch. Lory et étiquetées de sa main.

mouthiennes, dont la liste complète sera donnée à la fin de ce chapitre, on y remarque en outre quelques espèces toarciennes; nous citerons :

Teuthopsis Sismondae Bellardi.
Belemnites elongatus Mill.
Rhacophyllites Mimatensis Reyn. sp.
Lytoceras fimbriatum Sow. sp.
Liparoceras striatum Sow. sp. var. *Zieteni* Quenst (= *Am. Henleyi* Sow).
Ægoceras (*Amberycoceras*) *capricornu* Schloth sp.
Ægoceras sp. (jeunes).
Ægoceras (*Dactylioceras*) *annulatum* Sow. sp.
Harpoceras sp.
Amaltheus margaritatus Montf. sp. var. *nuda* Qu.
Deroceras Davoei Sow. sp. (type).
Deroceras sp. *Pecchiolii* Men. sp.
Harpoceras (*Grammoceras*) *Normannianum* Opp. sp. (= *Am. radians amalthei* Qu.)
Harpoceras (*Grammoceras*) *retrorsicosta* Opp. sp.
Harpoceras (*Grammoceras*) *Bertrandi* Kil.
Harpoceras Ruthenense Reynès.
Polymorphites (*Microceras*), *polymorphus costatus* Qu. sp.
Polymorphites Jamesoni Sow. sp.
Chemnitzia undulata d'Orb. (= *Scalaria liasica* Qu.).
Pholadomya liasina Sow.
Pholadomya ambigua Sow.
Myoconcha decorata Münst. sp.
Pleuromya liasina Schübl. sp.
Pleuromya (*Lyonixa*) *unioides* Roem. sp. (Goldf. sp.).
Isocardia cingulata Goldf. (= *Cardium multicostatum* Phil.).
Lucina liasina Ag.
Venus bombax Qu.
Cucullaea Muensteri Ziet.
Area secans Dumort.
Astarte cf. *Voltzi* Goldf.
Lima (*Plagiostoma*) *gigantea* Sow.
Limea acuticosta Goldf. sp.
Cardinia hybrida Sow. sp.
Cardinia concinna Sow. sp.
Cardinia Philea d'Orb.
Hippopodium ponderosum Sow.
Oxytoma Sinemuriensis d'Orb. (= *Anc. inæquivalvis* autor-non Sow. sp.).
Harpax laevigatus d'Orb. sp.
Pecten (*Chlamys*) *priscus* Schloth.
Gryphœa cymbium Lamk.
Spiriferina verrucosa de Buch. sp.
Spiriferina tumida Ziet. sp.
Spiriferina rostrata de Buch. sp.
Rhynchonella Dalmasi Dum.
Rhynchonella Briseis Gemm. var. *belemnitica* Qu.

Ces fossiles sont renfermés dans un calcaire gris à silex qui rappelle le Lias de Pramelier près de la Grave.

La nouvelle route de Saint-Jean-de-Maurienne à Saint-Jean-d'Arves permet d'étudier également des assises noires, compactes et argilo-calcaires qui ont fourni des *Arietites* (*Ar. Kridion* Hehl. sp.), des Bélemnites (*B. acutus* Miller), *Pecten Hehli* d'Orb. et des Brachiopodes (*Magellania* [*Zeilleria*] *cor* d'Orb. sp. et *Rhynchonella variabilis* Schloth. sp.).

Faune du Lias aux environs d'Allevard.

Près d'Allevard, M. P. Lory a recueilli, au-dessus des grès rhétiens à *Av. contorta* Portl. de la Table et des *brèches* et calcaires noirs en couches minces d'Allevard, diverses formes caractéristiques de plusieurs zones du Sinémurien et du Charmouthien. C'est ainsi qu'il attribue au premier de ces étages une assise de calcaires argileux noduleux (Gorges du Bréda) à *Arietites Boucaultianus* d'Orb. sp., et au second d'autres calcaires argileux, affectés du clivage ardoisier, dans lesquelles des Bélemnites et des Ammonites ont été recueillies par divers auteurs à Saint-Pierre d'Allevard, à la Tailla et sur la route de Pinsot et où il a trouvé lui-même des Bélemnites ainsi que *Lytoceras fimbriatum* Sow. sp.

De plus, à environ 500 mètres de Pontcharra, sur la route de la Chapelle-Blanche, il a observé à ce niveau un banc contenant de nombreuses *Térébratules* et quelques fragments d'*Ammonites* malheureusement indéterminables [1]. Au-dessus viennent des assises noires, schisteuses (Montagne de Bramefarine) qui appartiennent au « Lias schisteux » et qui ont fourni *Amaltheus margaritatus nudus* Qu. sp. à l'envers de Theys (Isère). Dans les calcaires noirs de la gorge d'Allevard des Ammonites un peu déformées ont été recueillies parmi lesquelles Ch. Lory a pensé pouvoir reconnaître : *Arietites Kridion* Hehl sp., *Ægoceras* (*Tropidoceras*) *binotatum* Opp. sp., *Æg.* (*Cycloceras*) = *bipunctatum* Rein. sp. (*Valdani* d'Orb. sp.).

Calcaires de Laffrey.

A Laffrey existent des calcaires grenus, sublamellaires, renfermant à Laffrey, au Peychagnard et au Mont-Simon près la Mure, de nombreux fossiles liasiques : *Spiriferina Hartmanni* d'Orb; *Sp. obtusa* Opp., *Magellania* (*Zeilleria*) *numismalis* Lamk. sp., *M. subnumismalis* Dav. sp., *Ter. punctata* Sow., *Rhynchonella variabilis* Schloth., *Rynch. triplicata* Qu. sp., *Rh. Briseis* Gemm., *Rh.* cf. *Beneckei* Haas, *Gryphæa cymbium* Lamk., *Gr. cymbium*, var. *ventricosa* Goldf., *Gr. obliqua* Sow., *Lima gigantea* Sow., *Lima punctata* Sow., *Pecten* sp., *Belemnites paxillosus* Voltz, *Amaltheus margaritatus* Montf. sp., etc., etc. (voir plus bas, p. 62). Ces calcaires coquilliers de Laffrey se retrouvent près des lacs et dans le massif de la Mure, où ils supportent une série de couches de calcaires schisteux noirs d'une grande épaisseur (« Lias schisteux ») qui forment, avec plusieurs replis isoclinaux de « Lias calcaire » à Bélemnites, les montagnes du Connexe, de Vaux et de Séneppe [2].

[1] P. Lory, Études géologiques dans la chaîne de Belledonne (*Annales de l'Enseignement sup. de Grenoble*, t. V, *loc., cit.*, p. 183).

[2] Cf. *Description du Dauphiné*, *loc. cit.*, et P. Lory, Sur le facies à Entroques, dans le Lias des Alpes suisses et françaises (*Arch. sc. phys. et nat.*, 4e période, t. XIV, novembre 1902).

M. Pierre Lory a montré que le facies spécial du calcaire de Laffrey allait en s'atténuant vers l'Ouest; à l'Est ce facies particulier du Lias calcaire ne comprendrait, d'après cet auteur, que le Charmouthien, et le Sinémurien *manquerait* parfois. (Voir plus bas, p. 62.) Mais ce même observateur a d'autre part signalé l'*Arietites bisulcatus* Brug. sp. à la Motte d'Aveillans où la série se complète par la base.

Faune du Lias calcaire de l'Oisans.

L'un de nous (W. Kilian) a publié en collaboration avec M. Termier une note sur un gisement d'Ammonites du Lias situé dans le massif qui sépare la vallée du Venéon de celle de la Romanche, près de Saint-Christophe-en-Oisans [1]. Le point fossilifère en question est à 500 mètres au Nord-Ouest de la Tête-Mouthe et dans un col par lequel on passe du plateau du Lac-Noir aux pâturages de l'Alpe.

Les espèces recueillies dans ce gisement sont les suivantes :

HETTANGIEN.

Schlotheima Charmassei d'Orb. sp. (*Am. angulatus compressus* Quenstedt). Fragment de grande taille, typique.

SINÉMURIEN.

Nautilus striatus Sow.
Arietites (*Coroniceras*) *bisulcatus* Brug sp. très abondant.
Arietites (*Coroniceras*) *Lyra* Hyatt.
Arietites (*Coroniceras*) *Bucklandi* Sow. sp. (em. Hyatt.)
Arietites (*Arnioceras*) *ceras* Giebel sp.
Arietites (*Arnioceras*) *tardecrescens* Hauer sp.
Arietites sp.
Arietites (*Vermiceras*) *Conybeari* Sow. sp.
Arietites (*Vermiceras*) *Bonnardi* d'Orb. sp.

CHARMOUTHIEN INFÉRIEUR.

Polymorphites (*Dumortieria*) *Jamesoni* Sow. sp. Deux échantillons typiques.
Cycloceras bipunctatum Remsp. (= *Valdani* d'Orb. sp.)

Faune du Lias calcaire. (Suite.)

Aux espèces citées par divers auteurs, dans des points voisins de notre région (voir plus haut) nous n'avons à ajouter que peu de noms nouveaux.

En général les fossiles déterminables sont plutôt rares dans ces assises où les *Bélemnites* tronçonnées sont seules abondantes en certains points (signal

[1] P. TERMIER et W. KILIAN, Sur un gisement d'Ammonites dans le Lias calcaire de l'Oisans (*Bull. Soc. géol. France*, 3e série, t. XXI, p. 273, 1893).

de la Grave, Villard d'Arène, Côte-Pleine, le Lac-Noir, le Mont-de-Lans, l'Alpe d'Arsine, Côte-Longue près la Grave, Vizille; Petit-Cœur, la Chambre, etc); outre ces dernières, qui se montrent un peu partout, nous signalerons encore comme espèces du Lias inférieur et du Lias moyen recueillies dans nos Alpes :

Bel. acutus Mill. (=*B. brevis* d'Orb.) (Côte-Longue près la Grave).
Bel. cf. *lagenaeformis* Ziet. (Col d'Ornon).
Belemnites paxillosus Schloth. (Signal de la Grave. Saint-Michel).
Schlotheimia angulata Schl. sp. (Mont de Lans) (M. Jacob).
Ægoceras capricornu Schloth. sp. (Villard d'Arène, M. le Prof. Frech).
Arietites (*Coroniceras*) *Bucklandi* Sow. sp. (Vallée du Glandon).
Arietites (*Caloceras*) cf. *longidomus* Qu. sp. (Saint-Michel).
Ar. (*Caloceras*) *Nodotianus* d'Orb. (Mont-de-Lans).
Arietites (*Caloceras*) cf. *Liasicus* d'Orb. (St-Sorlin, La Roche près St-Jean-de-Maurienne).
Arietites sp. (Col du Bonhomme). (Sous le glacier du Tabuchet (M. P. Lory), Petit-Cœur-en-Tarentaise, Huez.)
Arietites (*Asteroceras*) cf. *obtusus* Sow. sp. (Villard d'Arène [M. Frech], Monestier d'Ambel [M. P. Lory]).
Arietites (*Coroniceras*) sp. (Vallée du Glandon).
Arietites (*Arnioceras*) cf. *Hartmanni* Opp. sp. (Riftord, Mont de Lans.)
Arietites (*Arnioceras*) *Kridion* Hehl sp. (Saint-Sorlin-d'Arves, Alpe d'Arsine [W. K.]).
Arietites (*Arnioceras*) *ceras* Giebel sp.
Arietites (*Arnioceras*) cf. *geometricus* Opp. sp. [Pas-du-Roc (Saint-Michel), Col du Bonhomme (Saint-Michel)].
Arietites (*Arnioceras*) cf. *Arnouldi* Dum. sp. (Mont-de-Lans).
Arietites (*Arnioceras*) *falcaries* Qu. sp. (Mont-de-Lans).
Ar. (*Agassiceras*) *Scipionianus* d'Orb. sp. (Mont-de-Lans).
Gastropodes indéterminables (Barrière des Pestiférés, etc.).
Cardinia sp. [Alpe d'Arsine, Villard-Reymond (P. Lory)].
Posidonomya opalina Qu. (Mont-de-Lans).
Oxytoma Sinemuriensis d'Orb. sp. (Villard d'Arène).
Pecten (*Chlamys*) *acutoradiatus* Münst. (Valbonnais).
Gryphaea cf. *arcuata* Lamk (route de St-Jean-de-Maurienne à St-Jean-d'Arves) : 1 exemplaire.
Rhynch. belemnitica Qu. (Saint-Michel-en-Beaumont).
Pentacrinus tuberculatus Mill. (Malatra dans les Grandes Rousses, Petit-Cœur, l'Échaillon, Col du Couard, Alpe d'Arsine) (W. K.).
Pentacrinus sp. (Barrière des Pestiférés, col de l'Eychauda, Saint-Colomban).

En outre l'un de nous (M. Kilian)[1] a attiré l'attention sur la fréquence relative des **Rhacophyllites** du groupe de *Rh. Mimatense* d'Orb. sp., dans le

[1] *Bull. Soc. géol. France*, 4e série, t. I, p. 187, 1901.

IMPRIMERIE NATIONALE.

Lias moyen des Alpes de Savoie. En effet, parmi les très rares Ammonites de ce niveau trouvées dans les ardoisières de Saint-Colomban-des-Villards figurent à côté de quelques exemplaires d'*Amaltheus margaritatus* Montf. sp. plusieurs individus de *Rhacophyllites libertus* Gemm. (*R. Mimatense* Menegh. p. p.) très bien conservés et absolument conformes aux figures de cette espèce récemment figurées par divers auteurs italiens. (Musée de Chambéry, coll. Lachat; coll. Villet; coll. Hollande; coll. Révil). D'autre part, la seule Ammonite recueillie dans le Lias calcaire aux environs de Moûtiers (Savoie) est également une forme de ce groupe; *Rhacophyllites Nardii* Menegh sp. (= *Rh. diopsis* Gemm.).

Ces faits dénotent une affinité de faune remarquable entre le Lias des Alpes savoisiennes et les assises du même âge de la Lombardie et des régions méditerranéennes où les *Rhacophyllites* sont assez fréquents. — Si l'on considère en outre que ces formes spéciales se rencontrent aussi bien dans le « facies dauphinois » (Saint-Colomban-des-Villards) que dans le « type intermédiaire » conduisant au « facies briançonnais » du Lias (Moûtiers) on voit dans cette répartition une nouvelle confirmation des rapports intimes qui lient la zone du Briançonnais à la zone dauphinoise voisine et qui empêcheront toujours les stratigraphes d'admettre l'origine « exotique » de la première de ces zones.

Conclusions stratigraphiques.

Il résulte de ce qui précède que le « Lias calcaire » de notre type dauphinois correspond aux étages hettangien et sinémurien ainsi qu'à une portion de l'étage charmouthien (Lias moyen).

Dans son remarquable mémoire relatif aux chaînes subalpines entre Gap et Digne, M. Haug a fait remarquer que la faune du Lias inférieur du type dauphinois présente les plus grandes analogies avec celles de la Côte-d'Or et de la Souabe et il a cru pouvoir conclure de ce fait que les courants chauds de la province méditerranéenne ne baignaient pas le bord externe des Alpes occidentales pendant l'époque du Lias. Cette conclusion nous semble devoir être légèrement modifiée; il paraît en effet plus juste de dire que la mer liasique des Alpes françaises était en communication avec les mers de l'Europe centrale par le Jura; mais elle devait également communiquer, par la Ligurie, la Riviera, le Piémont et la Suisse, avec les eaux de la Mésogée et avec celles du Midi par la Ligurie et la Riviera, tandis que, par la Suisse, elle était également en relation avec celles qui baignent la région des Alpes orientales.

2. Lias schisteux.

Lias schisteux. — Caractères généraux.

Le « Lias schisteux » de la « deuxième zone alpine » de Ch. Lory, formé d'une série de schistes très calcaires, noirs et grisâtres, satinés, et parfois feuilletés, ne renferme guère que des *Bélemnites;* il correspond probablement, ainsi que le montrent les rares fossiles qu'il a fournis — comme dans la « première zone » du même auteur, aux environs d'Allevard et de la Rochette — à la fois au sommet du Lias moyen, au Toarcien et à l'Aalénien et passe insensiblement vers le haut au Jurassique moyen (Dogger); il repose sur les bancs plus calcaires que nous venons de décrire. Ce « Lias schisteux » a été peu étudié jusqu'ici, bien qu'il s'étende sur de grandes surfaces et pénètre même vers l'Est au delà du synclinal éogène des Aiguilles d'Arves, dans la zone du *type intermédiaire,* aux environs de Moûtiers, dans le massif des Encombres, dans la basse Valloirette, etc. La nature schisteuse et feuilletée de ces couches, l'absence des calcaires compacts sont caractéristiques, ainsi, du reste, que l'extrême rareté des fossiles. Nous essayerons plus bas de montrer qu'il convient de détacher une partie de ce complexe pour l'assimiler au Bajocien inférieur.

La *limite supérieure* du « Lias schisteux » est assez difficile à établir et toujours un peu arbitraire, car elle se place au sein d'une masse de schistes argileux, feuilletés, correspondant, pour leur portion principale, à l'étage *aalénien* et qu'il serait, dans notre région, plus naturel de maintenir indivise comme l'a proposé M. Haug, et de placer à la base du Bajocien. Nous tenterons toutefois de serrer la question d'aussi près que possible et de séparer les schistes toarciens (Aalénien inférieur) des premières assises bajociennes (Aalénien supérieur) en raccordant avec soin les divers points où ont été trouvées des espèces caractéristiques.

S'il est malaisé de distinguer, sans le secours des fossiles, le Lias schisteux du Bajocien, sa *limite inférieure* est également parfois peu nette et assez variable. La distinction est, en effet, souvent difficile à établir entre le Lias dit « calcaire » et le « Lias schisteux », comme aussi entre celui-ci et les couches calcaréo-schisteuses qui ont fourni des fossiles du Dogger. De Saint-Martin-de-la-Chambre à Bonvillard, par exemple, on traverse toutes ces couches et on se trouve en présence d'une série continue de schistes et de calcaires schisteux qui, cependant, doivent nécessairement correspondre au Lias tout entier et à une partie du Jurassique moyen, dont on a signalé des fossiles à l'Est du col de la Madeleine[1].

Ajoutons que la limite inférieure du Lias schisteux ne semble pas se placer exactement au même niveau dans toutes les parties de nos Alpes dauphinoises.

Lias schisteux de la bordure ouest de la chaîne cristalline dauphinoise.

Dans la région d'Allevard, d'après M. P. Lory, le Lias calcaire passe, à sa partie supérieure, à un ensemble d'assises dans lequel prédominent tantôt les calcaires, tantôt les schistes, et où il est difficile de reconnaître l'épaisseur et les limites du Lias schisteux. Toutefois, cet auteur a signalé, à l'Envers-de-Theys, et près du col de Bariot la présence de l'*Amaltheus margaritatus* Montf. sp., et ce serait par les assises renfermant ce fossile qu'il faudrait faire commencer le niveau supérieur[2]. Il convient cependant de mentionner qu'au Sud de Grenoble, au barrage d'Avignonnet (vallée du Drac), le même fossile se trouve en beaux exemplaires (var. *nuda* Qu. et var. *depressa* Qu. [pyriteux]) dans des calcaires schisteux noirs, que l'on serait tenté de rattacher encore au Lias calcaire, dont ils occupent la portion supérieure.

Aux environs de Grenoble, sur la rive droite de l'Isère, les collines des environs d'Uriage, de Domène, de Lancey, etc., permettent aussi de reconnaître, au-dessus du Lias calcaire, des assises schisteuses qui ont fourni un bel exemplaire pyriteux de *Harpoceras fallaciosum* Bayle dans les ardoisières de Revel. Cette assise passe, vers le haut, à l'Aalénien (Pinet d'Uriage).

Il paraît en être de même dans les massifs de Brié-Montchaboud, du Connexe et de Notre-Dame-de-Vaulx, où l'on voit succéder aux calcaires de la base des calcaires marneux, puis des schistes feuilletés (Saint-Sauveur), parfois ferrugineux et brunâtres rappelant alors certaines assises houillères.

Près de Champ, le Lias a fourni des Bélemnites [*B. brevis* d'Orb. (= *acutus* Mill.) et un *Harpoceras* (V. Paquier, 1897)].

Lias schisteux entre Grenoble et Digne.

Dans le Beaumont, aux environs de Corps et de la Mure, le facies marno-calcaire reparaît avec les couches à *Hildoceras bifrons* d'Orb. sp. (Saint-Jean-des-Vertus), et le « Lias schisteux » comprend une portion inférieure (Charmouthien supérieur) à *Phylloceras* pyriteux (Villelongue W. Kilian 1910)

[1] Voir les listes données par A. Favre, G. de Mortillet, Pillet, Hollande, Révil, etc.

[2] P. Lory, Études géologiques dans la chaîne de Belledonne (*Ann. de l'Enseignement supér. de Grenoble*, t. VII, *loc. cit.*, p. 407).

et une partie supérieure (Aalénien – Bajocien inférieur), séparées par une assise de calcaires marneux toarciens à *Hild. bifrons* Brug. sp., *Phylloceras Nilssoni* Héb. sp., *Lytoceras cornucopiæ* d'Orb. sp. et *Bel tripartitus* Schloth., *Aptychus Lythensis* Qu. et *Apt. sanguinolarius* Quenst. (récoltes de Ch. Lory, P. Lory et de M. P. Reboul). Par contre, près de Saint-Michel-en-Beaumont, le facies calcaire et bréchoïde s'élève, d'après M. P. Lory, jusque dans le Toarcien.

On sait enfin que, dans le Gapençais et dans une partie des Basses-Alpes (environs de Seyne, etc.), M. Haug a décrit, également dans le Lias à facies dauphinois, une subdivision supérieure schisteuse (600 à 800 mètres), qui comprend, outre le Toarcien, une grande partie du Lias moyen [zone à *Am. margaritatus* Montf. sp., *Harp.* (*Grammoceras*) *Algovianum* Opp. sp., *H. Boscence* Reynès sp., etc.], et qui se trouve ici englobée dans le « Lias schisteux », grâce à la disparition du niveau calcaire à *Am. spinatus* Brgt. sp. qui, dans les environs de Digne et la région à facies provençal, occupe le sommet du Lias moyen.

Lias schisteux de la Maurienne.

Dans la région de la Maurienne, c'est *au-dessus* de la zone à *Amaltheus margaritatus* Montf. sp. (Saint-Colomban-des-Villards), elle-même, déjà représentée par des *ardoises* calcaires à enduits séricíteux, que débutent les schistes feuilletés du véritable « Lias schisteux » qui s'étendent jusqu'au sommet du Lias, et dont le facies persiste dans le Jurassique moyen jusqu'à la limite supérieure de l'Aalénien.

Modifications du Lias schisteux dans la direction de l'Est. — Facies briançonnais.

Cependant vers l'Est, dans la zone où le Lias prend ce que nous avons appelé le « type intermédiaire » et où se montrent la brèche du Niélard ainsi que les calcaires cristallins et coralligènes de Dorgentil, du Ciex, d'Aigueblanche, etc., la division supérieure schisteuse est souvent assez réduite et paraît parfois faire défaut; cependant elle est encore très nette en certains points comme dans le massif des Encombres et près de Saint-Marcel-en-Tarentaise, c'est-à-dire dans une zone plus orientale encore de notre « type intermédiaire » du Lias.

Plus à l'Est encore, dans le « type briançonnais » proprement dit, le Lias schisteux disparaît complètement (Rochilles, Briançonnais) pour faire place à une formation entièrement bréchoïde. On voit donc que, si le Lias peut se diviser très nettement, aux environs d'Allevard, de la Grave et de Grenoble, en deux groupes : l'un inférieur calcaire, où se montrent déjà de minces bancs de brèche; l'autre supérieur schisteux, le Lias surtout schisteux de l'Oisans et de la Grave fait place, vers l'Est et *au delà d'une ligne de refoulement importante*, à une série épaisse de roches bréchoïdes et plus calcaires, qui se confondraient presque en un massif avec les calcaires triasiques, si ces derniers n'étaient pas plus dolomitiques, plus cristallins et beaucoup moins argileux. C'est ce facies calcaire et bréchiforme, parfois zoogène ou coralligène à Lamellibranches et Gastropodes, associés aux Céphalopodes, qui constitue notre « type intermédiaire », et qui précède une zone plus orientale encore où règne ce que nous appellerons, avec M. Haug, le « *facies briançonnais* » du Lias.

C'est ainsi qu'aux Aiguilles de la Saussaz (N. de la Grave) on voit apparaître, à l'Est de la zone du type dauphinois, des *Calcaires à Entroques* et des couches coralligènes avec débris de *grands Polypiers* qui se montrent sous les conglomérats éogènes du bord occidental de la zone des Aiguilles d'Arves. Ces assises appartiennent déjà au « type intermédiaire » et jalonnent une *ligne de contact anormal.*

Dans les Hautes et Basses-Alpes, on observe le même phénomène en allant de l'Ouest à l'Est, des chaînes extérieures vers les chaînes intérieures : à Digne et à Gap, on peut encore établir une division nette entre une masse calcaire inférieure (Sinémurien et partie du Charmouthien) et un ensemble supérieur schisteux; mais plus à l'Est, dans la masse de recouvrement du Morgon, à Champcella, dans le Briançonnais [La Bessée] et la Haute-Ubaye, tout le Lias est franchement calcaire et bréchiforme[1].

Lias schisteux du type dauphinois.

Le Lias schisteux à facies dauphinois comprend des schistes calcaires noirs, sous-feuilletés, pauvres en fossiles. Près de La Grave, on y rencontre, dans des rognons calcaréo-ferrugineux, des Ammonites de la zone à *Harpoceras Aalense* Ziet. sp. (*Harp.* [*Rhaeboceras*] *tolutarium* Dum. sp. et var. *reflua* Buckm.). Cet étage schisteux semble correspondre à tout le Toarcien et à la portion terminale du Lias moyen (Domérien). Il est, le plus souvent, peu fossilifère et ne renferme guère que des *Bélemnites* et quelques rares *Ammonites.*

Le Charmouthien supérieur et le Toarcien schisteux peuvent s'étudier dans le vallon de la Chambre, sur la rive gauche du Bugeon. Ils consistent, dans cette localité, en schistes argileux fissiles qui présentent le plus souvent un

[1] Le contraste en ce que M. Haug a appelé très heureusement « Lias à facies briançonnais » et « Lias à facies dauphinois » (*loc. cit.*, p. 29) apparaît ici avec évidence. — Il est surtout remarquable dans la région des recouvrements de l'Ubaye où les deux types sont fréquemment superposés par l'effet des dislocations et des charriages.

enduit séricíteux d'un éclat nacré. Au Sud, ils forment le noyau du synclinal des Villards.

Lias schisteux du type « dauphinois ». — Localités diverses.

Le Lias schisteux de facies dauphinois présente encore un beau développement dans la vallée des Arves, où il a été entamé par l'érosion et où les ravins noirs, creusés par les eaux, donnent au paysage un aspect caractéristique très accentué au Nord de Saint-Jean-d'Arves et vers le col des Près-Nouveaux. Il présente aussi une grande extension dans toute la dépression qui s'ouvre au Sud de Saint-Jean-de-Maurienne (Hiruil, Fontcouverte, etc.). Nous n'avons à y signaler dans cette région qu'un *Harpoceras* trouvé par M. Pâquier, dans des bancs schisteux, qui affleurent sur la nouvelle route de Saint-Jean-d'Arves, au-dessous de Saint-Pancrace.

Les mêmes assises s'observent aussi au Nord de l'Arc dans le « type intermédiaire » du Lias, sur la rive droite du Nantbrun, où elles constituent d'immenses talus formés par une roche calcaréo-marneuse feuilletée. Elles affleurent également dans la vallée de Valloire, en aval de ce village et au-dessous du tunnel du Télégraphe où on peut observer leur superposition directe au Lias calcaire.

Il en est de même pour le type dauphinois, au col de la Madeleine (*Harpoceras* cf. *falciferum* Sow. sp.), où Alph. Favre a cité une série d'espèces (voir plus loin, p. 48), près d'Aigueblanche, et jusque dans la région du Mont Blanc.

Au Sud, le même facies se poursuit vers La Grave (*Harpoceras striatulum* Sow. sp.), au S. E. et dans le massif des Rousses. Entre Mizoen et le Dauphin, notamment, le Lias schisteux de facies dauphinois est très nettement caractérisé; il se présente également avec un beau développement aux environs du Bourg-d'Oisans (Villard-Reculas) où il repose très nettement sur le Lias calcaire; il en est de même entre les Sables et le Bourg-d'Oisans.

Les environs de Villard-d'Arène permettent également de l'étudier dans son facies le plus typique, notamment au Nord de la route du Lautaret et au Puy-Golèfre où il forme le toit et le mur de la bande bajocienne, signalée par M. Haug au kilomètre 17; il comprend là des calcschistes passant vers le haut à un Aalénien feuilleté de couleur foncée à nodules ferrugineux.

M. Termier a montré d'autre part que cette constitution de la partie terminale du Lias se continue dans le massif du Pelvoux.

Faune du «Lias schisteux».

Les rares fossiles rencontrés dans le Lias schisteux sont, outre les espèces citées plus haut des calcaires à *Harp. bifrons* des environs de Corps et celles qu'Alph. Favre a citées au Col de la Madeleine [1] :

Des *Bélemnites* plus ou moins étirées (vallon du Glandon, col de la Madeleine et vallée de l'Arvan).

Lytoceras sp. (col de Martignare).

Amaltheus margaritatus Montf. sp. (var. *nuda* Qu.). (Envers de Theys [Isère] (M. P. Lory), Avignonnet [Isère]). (Grands échantillons) et var. *depressa* (Avignonnet).

Harpoceras (Rhaeboceras) tolutarium Dum. sp. (col de Martignare, col Lombard, Cote-Longue N. E. de la Grave) (commun);

id., var. *reflua* Buckm.

Harp. (Pseudogrammoceras) fallaciosum Bayle. Échantillon pyriteux (Revel [Isère]).

Harp. (Pleydellia) Aalense Ziet sp. (environs de Pellafol [M. P. Lory], Corps [W. Kilian]).

Harpoceras, sp. (environs de Saint-Jean-de-Maurienne, nouvelle route des Arves).

Harpoceras, groupe de *Harpoceras (Grammoceras) falciferum* Sow. sp. (col de la Madeleine).

Harpoceras, groupe de *Harpoceras (Grammoceras) striatulum* Sow. sp. (Saint-Jean-de-Maurienne, Revel, la Grave).

Harpoceras (Ludwigia) opalinum Rein. sp. (Col de la Madeleine, d'après Favre).

Tmetoceras scissum Benecke sp. (Col de la Madeleine, d'après Favre).

Chondrites Bollensis var. *elongatus* Kurr (*id.*).

Chondrites filiiformis Fisch.-Ooster (*id.*).

[1] D'après A. Favre, les fossiles suivants auraient été recueillis par L. de Buch, au Col de la Madeleine :

Ammonites Bucklandi Sow., *Ammonites depressus* Schloth., *Ammonites Murchisonae* Sow., *Posidonomya Bronnii* Voltz.

G. de Mortillet, toujours d'après Favre, a signalé de son côté les espèces suivantes :

Ammonites Comensis de Buch, ou *Thouarsensis* d'Orb., *Ammonites Normannianus* d'Orb., *Ammonite* voisine de *Collenoti* d'Orb.

Sismonda indique dans cette même localité :

Ammonites bisulcatus Brug., *Ammonites Thouarsensis* d'Orb., *Ammonites Murchisonæ* Sow., *Ammonites Backeriae* Sow.

Alph. Favre déclare d'autre part n'avoir pas vu les échantillons sur lesquels ces déterminations ont été faites, mais avoir reconnu les fossiles suivants parmi les fossiles de la Madeleine qu'il a examinés :

Ammonites Murchisonae Sow., *Ammonites Sowerbyi* Mill., *Ammonites opalinus* Rein., *Ammonites scissus* Benecke, *Posidonomya* sp.

Quelques végétaux fossiles ont été recueillis dans les schistes argileux à l'Est du Col. Heer y a reconnu des empreintes de *Chondrites Bollensis* var. *elongatus* Kurr et de *Chondrites filiiformis* Fisch.-Ooster.

[Voir A. Favre, *Recherches géologiques dans les parties de la Savoie*, etc., *loc. cit.*, t. III, p. 232.] — Le gisement du Col de la Madeleine appartiendrait donc à l'Aalénien [Lias supérieur et Bajocien inférieur]. Nous en reparlerons à propos de ce dernier étage.

Au Sud de Grenoble, des calcaires schisteux représentant le Lias supérieur ont été signalés dans divers points par Ch. Lory (Prunières, Saint-Arey, Pont-de-Cognet). Dans ces localités ont été recueillies les espèces caractéristiques suivantes : *Ammonites* (*Phylloceras*) *heterophyllus* Sow. (Saint-Arey); *Am.* (*Lythoceras*) *fimbriatus* Sow. (Saint-Arey); *Am.* (*Hildoceras*) *bifrons* Brug. (*ibid.*); *Belemnites tripartitus* Schl., ainsi que *Belemnites elongatus* Miller (Combe-Guichard, Prunières, Pont-de-Cognet, La Motte-les-Bains).

3. Développement local de Brèches à la base et dans la masse du Lias à facies dauphinois.

Intercalations de Brèches.

En face de Saint-Jean-de-Maurienne, non loin d'un sentier qui conduit du pont au sommet du promontoire de l'Échaillon, le Lias débute par des calcaires contenant de nombreux fragments *anguleux de granite* et des débris de dolomie triasique à patine brune (calcaires capucin); cette assise repose directement sur le granite, alors qu'à quelques centaines de mètres de ce point le Lias est séparé de ce dernier par des dolomies capucin surmontant des arkoses laminées du Trias. *Le Rhétien semble donc faire défaut* en ce point. Une brèche analogue existe près du Sappey au N. E. de Saint-Jean-de-Maurienne, toujours dans le voisinage du bombement cristallin du Rocheray. Ce développement de brèches polygéniques, qui rappelle les brèches des environs de Laffrey, dans le bassin du Drac, est localisé aux environs du petit massif cristallin du Rocheray qui paraît avoir, au début de la période jurassique, formé un haut-fond ou une sorte de récif dans la mer liasique analogue au massif de la Mure dans lequel le Rhétien est également absent.

Dans ce dernier massif l'ensemble des caractères du Lias rend probable, d'après M. P. Lory, *une surélévation en dôme,* au début du Jurassique. « Il y avait bien là, ajoute cet auteur, le pourtour d'une *saillie anticlinale* sur laquelle une transgression est venue empiéter graduellement[1]. »

Ce facies spécial de la base du Lias mérite d'être signalé; il constitue un type exceptionnel dans notre champ d'études.

Près de Saint-Michel-en-Beaumont, M. P. Lory a signalé en outre des *brèches* à fragments de Micaschistes à un niveau élevé du Lias; elles sont accompagnées de *Calcaires à Entroques* de grandes dimensions.

[1] P. Lory, Quelques observations dans la partie méridionale de la chaîne de Belledonne (*Bull. Soc. géol. de France*, 4e série, t. I, p. 179, 1901).

IMPRIMERIE NATIONALE.

Dans l'Est de la zone dauphinoise, et dans la région du « type intermédiaire », en approchant de la zone du Briançonnais, les intercalations bréchoïdes se multiplient (Chatelard, Villard-d'Arène, Grande Moëndaz) et prennent le type de la « Brèche du Télégraphe » que nous décrirons plus bas dans la zone du Briançonnais où elles atteignent leur développement maximum.

Dans la région du Pelvoux (Tête Mouthe, Venosc) étudiée par M. Termier, il n'a, par contre, été signalé aucune de ces intercalations bréchoïdes.

4. Extension du Lias à type dauphinois et passage au type intermédiaire.

Extension du Lias à type dauphinois.

Dans les régions subalpines proprement dites, le Jurassique inférieur n'affleure nulle part au Nord de la Durance, mais le type dauphinois du Lias dont nous venons de définir les deux subdivisions occupe toute la portion occidentale de la Basse Maurienne, la bordure sédimentaire de la zone cristalline de Belledonne et son bord ouest, ainsi que l'Oisans et la région du Pelvoux. Ses assises peu consistantes donnent lieu généralement à des reliefs arrondis, recouverts de pâturages comme les montagnes pastorales du Lautaret, de la Buffe, d'Huez, de la Salette, du Connexe et du Senepy (ou Séneppe) au Sud de Grenoble, et du Beaumont en Dauphiné, ou profondément entamés par des ravins noirs et profonds, dont le bassin de l'Arvan (pays des Arves), les environs du Col des Prés Nouveaux et la vallée de la Buffe, au Nord de la Grave, offrent le type le plus caractéristique et le plus sauvage.

Massif des Grandes-Rousses.

Dans le **massif des Grandes-Rousses,** M. Termier distingue un Lias calcaire formé : 1° de calcaires noirs compacts, rudes au toucher et peu épais; 2° un calcaire noir bleuâtre doux au toucher, bien lité, puis un puissant « Lias schisteux ». Très développées dans les ravins de Malatra, ces assises se suivent au Midi par le col du Couard (*Pentacrinus tuberculatus* Miller), Vaujany, Oz, Huez, et atteignent la Romanche entre les Sables et le Bourg-d'Oisans, où elles sont exploitées dans les ardoisières d'Allemont, de la Paute, etc.

Maurienne.

A la Chambre, on distingue facilement les deux divisions, dont l'inférieure fait l'objet d'une exploitation d'ardoises. On peut les distinguer également dans le vallon des Villards qui en est le prolongement méridional ainsi que dans la combe d'Olle, où les assises jurassiques forment près d'Allemont un étroit synclinal dans lequel a été creusée la vallée.

Massif du Rocheray.

Le Lias est bien développé autour du **massif du Rocheray.** Il se montre également, en ce point, calcaire à la base, et argileux à la partie supérieure. L'épaisseur totale y atteindrait, d'après M. Termier, au moins un millier de mètres. Ajoutons que, près du Sappey, on voit, sous un Lias schisteux et *séricíteux,* un Lias calcaire qui est en contact direct avec les Schistes cristallins et est traversé de filons de Chalcopyrite. En montant au sommet du Chatelard, il contient des intercalations de *brèche* calcaire.

Passage au type intermédiaire. — Massif de Varbuche.

Dans le **massif de Varbuche,** qui appartient déjà au type intermédiaire du Lias, on distingue aussi une portion inférieure toujours plus calcaire que la partie supérieure. Cette division inférieure (schistes calcaires et calcaires) contraste encore nettement avec les schistes de l'assise suivante dans la coupe naturelle de la vallée de l'Arc et contient une *brèche à éléments calcaires* intercalée dans les assises moyennes de l'étage au bord du Nantbrun, près de Varbuche. Cette brèche existe également dans le versant ouest de la crête de Varbuche, le long d'une importante ligne de refoulement (contact anormal), dans les points où le Nummulitique n'est pas directement superposé aux schistes triasiques.

Il est important de citer immédiatement à l'Est de cette ligne de chevauchement un niveau de **calcaire blanc coralligène,** découvert par l'un de nous (W. K.), non loin de Saint-Jean-de-Belleville. Il affleure, comme nous le dirons plus loin, près d'une localité appelée « Dorgentil », sur les flancs du Niélard (Sud de Moûtiers), où il est en relation avec la brèche à *Belemnites, Gryphaea arcuata* Lamk. et *Arietites* cf. *ceras* Gieb. sp. (brèche à *Belemnites* cf. *paxillosus* Schloth. et *Gryphæa cymbium* Lamk., de Ch. Lory). On le voit encore, nettement supérieur aux calcaires dolomitiques du Trias, au Nord du col de Varbuche, entre la source du Nantbrun et les cabanes du Plane. Nous l'avons rencontré aussi sur le flanc oriental du Niélard (*Gryph. arcuata* Lamk., *Belemnites brevis* d'Orb., *Arietites* sp., *Aegoceras* sp. et *Nautilus* sp., dans des calcaires noirâtres).

Vallée de l'Arc.

Dans la **vallée de l'Arc,** au Pas-du-Roc, une puissante formation calcaire de facies zoogène se montre intercalée dans les calcaires marneux noirs compris entre un banc fossilifère à *Avicula contorta* Portl. et les masses schisteuses du Lias supérieur. Elle est surtout visible près d'un petit pont sur l'Arc, en aval des gorges du Pas-du-Roc, et de l'Usine de Calypso où l'on peut y recueillir des *Polypiers* très nettement conservés.

Le Lias schisteux repose sur les bancs calcaires précités. La limite est souvent difficile à établir entre les deux, comme aussi entre le Lias schisteux et les couches calcaréo-schisteuses qui ont fourni des fossiles du Dogger. C'est le cas surtout dans les régions à « facies dauphinois » proprement dit : de Saint-Martin-de-la-Chambre à Bonvillard, par exemple, on traverse toutes ces couches et on se trouve en présence d'une série *continue* de schistes et de calcaires schisteux qui cependant doivent correspondre au Lias tout entier et à une partie du Jurassique moyen, dont on a signalé des fossiles vers l'Est du col de la Madeleine. Enfin, les deux divisions du Lias peuvent s'observer également dans la région à « type intermédiaire » du Lias, dans la ligne d'escarpement, formée de couches à allures tourmentées, qui constitue le flanc méridional de la vallée du Nantbrun : les Aiguilles de la Grande Moëndaz sont, en effet, formées de couches calcaires résistantes qui prennent part à la constitution du sommet situé plus à l'Ouest et appartiennent à notre division inférieure du Lias. Cette division inférieure, sans renfermer ici de brèches comme plus au Nord et au Sud-Est, se distingue cependant nettement par ses petits bancs solides, alternant avec des schistes noirs, des assises supérieures de l'étage entièrement schisteuses et exemptes de couches calcaires. Quant au « Lias schisteux », il constitue, sur ce versant du Nantbrun, d'immenses talus noirs formés par une roche calcaréo-marneuse feuilletée. Il est pincé, sur le flanc nord du massif, entre deux bandes de « Lias calcaire » qui forment un noyau synclinal contourné.

Les assises liasiques du vallon de La Chambre viennent passer au col de la Madeleine, où elles sont en contact avec des couches dans lesquelles ont été recueillis des fossiles appartenant au Bajocien. Elles se continuent au Nord par les vallons de Cellier et des Avanchers. Les dépôts s'y présentent avec des caractères identiques à ceux que nous venons de décrire.

Région au Nord de l'Isère.

Il en est de même[1] au **Nord de l'Isère** où M. Révil les a retrouvées dans le vallon de Naves (*Bélemnites* sp.) et dans le vallon de Petit-Cœur

[1] On doit à Alph. Favre (*loc. cit.*, p. 228-259) des détails sur le Lias du Mont Jovet et de la Maurienne et des listes de fossiles du Col de la Madeleine, du Col des Encombres, de la

(*Belemnites brevis* d'Orb.) où les couches liasiques sont disposées en un synclinal qu'accidentent des anticlinaux secondaires. En effet, sur le Roc-Marchand, on voit les assises bajociennes fossilifères, qui sont ici renversées et surmontées par des assises argilo-calcaires de teinte bleue appartenant au niveau du « Lias calcaire ». Celles-ci se poursuivent avec des caractères analogues à ceux qu'ils présentent dans le vallon de Naves, à Petit-Cœur et à Hauteluce, jusqu'au col de la Lauze, au-dessous de la pointe de Riondet et dans la vallée de Pontcellamond. M. Ritter a d'ailleurs indiqué des Schistes noirs à *Bélemnites* tronçonnées dans le ravin du Célestet.

Au Nord du Cormet d'Arèches, on retrouve le Lias du type dauphinois avec des caractères analogues : le mont des Acrais et Roche Parstire sont formés par le « Lias calcaire », tandis que les chalets de la Barme sont sur le « Lias schisteux ». Des ardoises satinées, à rognons calcaires, se voient ensuite à l'Est des chalets de la Charmette; elles appartiennent probablement au Bajocien. On reconnaît entre cette roche et les chalets du Coin l'existence de quatre plis dont les charnières anticlinales sont indiquées par des barres calcaires liasiques, tandis que les synclinaux le sont par les schistes « à miches » du Bajocien.

Environs du Mont-Blanc et Mont-Joly.

Une disposition analogue s'observe sur le revers occidental des rochers du Vant (vallon de Roselend)[1], où l'on voit succéder aux ardoises bleues (Lias calcaire), exploitées près des chalets, les schistes noirs du Lias supérieur (Lias schisteux), puis des ardoises, et enfin des calcaires à débris de *Crinoïdes* que nous considérons comme formant, en ce point, la base du Lias inférieur.

Ces **calcaires à Crinoïdes**, analogues à ceux de Laffrey (Isère) et du Mont Jovet, se rencontrent encore à l'Est du Roc du Biolay, où ils forment une petite arête et où ils sont en relation avec des schistes ardoisiers noirâtres. Ils se retrouvent encore plus au Nord, non loin du col de la Saussaz, où ils pointent au milieu de bancs ardoisiers.

Au col du Bonhomme se montrent les schistes à miches du Bajocien, aux-

Grosse-Pierre des Encombres. C'est le document paléontologique incontestablement le plus important que nous possédions sur le Jurassique de cette région.

V. aussi : J. Révil, Note sur le vallon de Naves, etc. (*Bull. serv. Carte géol. de France*, t. VII, 1895).

[1] J. Révil, Note sur le vallon de Roselend et le col du Bonhomme (*C. R. collaborateurs de la Carte géol. de Fr.* pour 1895).

quels succèdent, à l'Est, des schistes ardoisiers, puis des calcaires à Encrines qui appartiennent au Lias inférieur. C'est à ce niveau que l'un de nous (J. R.) a recueilli *Arietites* cf. *ceras* Giebel sp., trouvaille que nous avons déjà citée précédemment (t. I, p. 238).

Dans la région du Mont Joly, le Lias est formé, d'après M. Ritter, à la base par des calcaires épais et à la partie supérieure par des schistes. Le passage entre les deux facies se fait, d'après notre confrère, par des alternances de lits schisteux, minces de quelques centimètres, et de bancs calcaires de quelques dizaines de centimètres d'épaisseur. Au « Plan des Dames », la bande liasique présente un **horizon bréchiforme** riche en débris de calcaires dolomitiques et de schistes satinés, rappelant la « Brèche du Télégraphe ». Une partie des dépôts liasiques de l'extrémité du Mont Blanc montrent donc — comme c'était le cas pour les couches rhétiennes qui prennent, au col des Fours, l'aspect de « grès singuliers » et de conglomérats — des *facies côtiers*. Il en est de même, d'après M. Ritter (*loc. cit.*), près du village du Bourgeois, où une *brèche* à morceaux de dolomie jaune, contenant de rares fragments de Quartzites et de Schistes à Séricite, semble également indiquer l'existence de hauts-fonds locaux dans la zone liasique.

Au sommet de la chaîne du Mont Joly, le Lias calcaire a subi un laminage si intense qu'il est découpé en bancs plus compacts, qui ont résisté à l'écrasement, et en bancs moins durs, qui ont pris un aspect schisteux. On y trouve un nombre considérable de Bélemnites tronçonnées[1] (*Belemnites niger* Blainville).

Oisans. Au Sud de la Savoie, dans l'Oisans, le Lias, signalé depuis longtemps par Scipion Gras, a fait l'objet d'observations nombreuses du Dr Cavaroz, de Ch. Lory, de M. Termier, de l'un de nous (W. K.) et de M. P. Lory; il présente ici son *type dauphinois* bien caractérisé.

Dans un curieux écrit publié à Grenoble en 1813 et intitulé : « Mémoire sur les roches coquillières trouvées à la cime des Alpes dauphinoises et sur des colonnes d'un temple de Sérapis à Pouzzol, près de Naples », Barral a, le premier, croyons-nous, signalé les gisements de fossiles (surtout d'Ammonites), dans le vallon situé au pied des montagnes de Rachas et dans les environs du lac Noir. — On reconnaît facilement, dans la description que donne cet auteur, les Cargneules, le « Lias calcaire » à Ammonites et le « Lias schis-

[1] E. Ritter, *La bordure Sud-Ouest du Mont Blanc*, *loc. cit.*, p. 99.

teux » dans lequel il cite des Bélemnites. Ce travail a été lu en 1812, à la Société des Sciences et Arts de Grenoble.

Depuis lors, Ch. Lory a plusieurs fois mentionné, à la suite de Barral et de Scipion Gras, le gisement du mont Rachat, d'où il a cité, en 1860, un certain nombre de fossiles (notamment *Bel. paxillosus* Schloth., *Arietites bisulcatus* Brug. sp., *Ar. stellaris* Sow. sp., *Ar. Kridion* Hehl. sp., *Ar. rotiformis* d'Orb. sp., *Ar. Scipionianus* d'Orb. sp., etc.), dont on trouvera à la fin de ce chapitre la liste complète. (Voir aussi plus haut, p. 37.) Les *Arietites* sont, en effet, fréquents à l'Alpe du Mont de Lans, près de la Tête de Touron, aux environs d'Huez (route de Villard-Reculas), etc.

Çà et là, tantôt reposant sur la tranche des terrains cristallins, tantôt pincés dans leurs replis, on aperçoit, dit M. Termier[1], des lambeaux de terrains secondaires : quartzites, dolomies et cargneules du Trias, calcaires et schistes argileux du Lias.

La série liasique est d'ailleurs rarement complète dans les synclinaux du massif du Pelvoux, le laminage et les étirements d'assises produits par l'intensité des phénomènes orogéniques ayant fréquemment eu pour conséquence des suppressions de couches assez importantes. En outre, les phénomènes de plissement ont parfois refoulé le granite sur les assises liasiques et produit les *superpositions anormales* reconnues dès le milieu du XIXe siècle par Bertrand Geslin dans le Champsaur et par Élie de Beaumont à la Grave.

Le Lias de cette région de l'Oisans ne montre pas à sa base la curieuse brèche calcaire signalée pour la première fois, par l'un de nous, près d'Allevard, et retrouvée depuis en de très nombreux points des Alpes, mais il débute par des calcaires noirs, gris ou roux (la couleur rousse tient à une altération superficielle), très rugueux au toucher, habituellement bien lités, en strates épaisses de 20 à 40 centimètres. Ces calcaires inférieurs sont généralement dépourvus de fossiles

Au-dessus viennent des calcaires marneux d'un gris bleuâtre, très fins, très homogènes et très doux au toucher, se divisant aisément en dalles ou en ardoises. Les Bélemnites sont souvent fort abondantes dans cette assise, qui peut être étudiée également au signal de la Grave et dans les environs de la Buffe.

Enfin, la partie supérieure du Lias est constituée par une énorme épaisseur de schistes argileux noirs, extrêmement fissiles et friables. Des schistes analogues contiennent, aux environs de la Grave, des fossiles toarciens et

[1] Kilian et Termier, *loc. cit.*

aaléniens (*Harpoceras striatulum* Sow. sp.). Il est probable que, dans la région qui nous occupe, ce terme supérieur correspond, non seulement *au Toarcien*, mais encore *à la partie supérieure du Charmouthien.*

Le gisement que nous allons décrire appartient au premier terme de cette série, c'est-à-dire aux calcaires noirs, gris et roux inférieurs. Pour l'étudier de près, il faut atteindre les crêtes qui dominent la rive droite du Vénéon, entre Venosc et Saint-Christophe-en-Oisans. On y accède : de Saint-Christophe, par la Murra et le lac Noir, de Venosc, par l'Alpe et les pentes gazonnées qui continuent vers l'Est les pâturages de l'Alpe. Ce dernier chemin est de beaucoup le plus facile. Entre la Tête du Toura (2918 m.) et la Tête-Mouthe (2816 m.), on observe au milieu des schistes granulitiques, plusieurs bandes *laminées* et étirées de terrains secondaires. *Dans aucune de ces bandes la série n'est complète :* il manque tantôt les quartzites, tantôt tout le Trias, tantôt enfin un terme ou deux du Lias. Le sommet même de la Tête-Mouthe (point 2816 de la carte de l'État-Major) est constitué par les dalles grises et bleues à *Bélemnites.* Ces dalles reposent directement sur les cargneules, au Sud de la cime; mais, à l'Est et au Nord, on voit s'intercaler peu à peu, entre elles et les Cargneules, le terme inférieur du Lias. Ce terme inférieur est formé, comme nous l'avons dit plus haut, de calcaires noirs, gris ou roux. Au pied de la face Nord de la Tête-Mouthe, on y trouve déjà quelques Ammonites. Mais le véritable gisement est situé à 500 mètres environ au Nord-Ouest de la Tête-Mouthe, dans un petit col, très fréquenté par les troupeaux de moutons, par lequel on passe du plateau pierreux du lac Noir aux pâturages de l'Alpe. Rien n'indique ce col sur la carte de l'État-Major. Il s'ouvre exactement dans la direction Est-Ouest. Au col même, les couches sont dirigées Nord-Sud, comme l'arête du col et plongent de 20 à 30 degrés vers l'Est. Ces couches appartiennent à la partie supérieure des calcaires noirs, gris ou roux. On les voit surmontés, quelques mètres plus haut, par les dalles à *Bélemnites.*

C'est dans ces couches formant l'arête du col que l'on trouve une abondance extraordinaire d'Ammonites (*Arietites*). Un petit banc qui affleure à 4 ou 5 mètres à l'Ouest de l'arête du col en est littéralement pétri. L'épaisseur de la zone fossilifère ne semble pas, d'ailleurs, dépasser une dizaine de mètres. Aucun autre fossile n'accompagne les Ammonites dans ladite zone. Les Bélemnites n'apparaissent que dans les dalles et ardoises supérieures.

Les bancs inférieurs à la zone à Ammonites, immédiatement contigus aux cargneules, ne contiennent pas de fossiles.

On remarquera l'absence de tout vestige d'Acéphales ou de Gastropodes, tandis que les débris de Céphalopodes sont très abondants. Ce sont là les caractères du « facies dauphinois », qui règne dans une grande partie des massifs du Pelvoux et des Grandes-Rousses. Cependant il est à noter que nous avons recueilli un exemplaire isolé du *Pentacrinus tuberculatus* Mill. au passage de Malatra, dans le voisinage du massif des Rousses; néanmoins, cette espèce, si fréquente dans les régions où le Lias présente un type moins pélagique qu'en Oisans, est ici excessivement rare, ce qui accentue encore le facies spécial de la faune.

Les calcaires à patine rousse appartiendraient donc au Lias inférieur (Hettangien et Sinémurien); une assise supérieure plus marneuse et les dalles à Bélemnites représenteraient le Charmouthien inférieur, tandis que le Charmouthien supérieur serait représenté ici, comme dans les environs d'Allevard [1] et dans une portion des Basses-Alpes [2], par les schistes noirs (*Amaltheus margaritatus* Montf. sp.) inséparables des schistes toarciens. Cependant aux environs de La Chambre et de Saint-Jean-de-Maurienne, la zone à *Am. margaritatus* est formée des schistes ardoisiers qui se rattachent encore au « Lias calcaire » (voir p. 35 et 36) par leur consistance.

En 1892, l'un de nous a étudié, en collaboration avec M. P. Termier [3], la faune du « Lias calcaire » de Tête-Mouthe. L'examen des fossiles recueillis montre nettement que les horizons représentés dans cet ensemble comprennent l'Hettangien (zone à *Schloth. angulata*), le Sinémurien et une partie du Charmouthien (zone à *Aeg. Jamesoni*).

La succession est la suivante (de haut en bas) :

4. Schistes noirs à *Harpoceras*.
3. Dalles et ardoises à Bélemnites.
2. Calcaires noirs, gris ou roussâtres, en bancs épais, fossilifères à Tête-Mouthe, sur 10 mètres environ.
1. Cargneules et calcaires triasiques dolomitiques.

[1] P. Lory, Massif d'Allevard. *Ann. Enseignement supérieur de Grenoble*, t. V, p. 156, 1893, et *C. R. Soc. Stat. de l'Isère*, mai 1893.

[2] E. Haug, Les chaines subalpines entre Digne et Gap (*Bull. Serv. carte géol. de France*, 1891).

[3] Voir, pour plus de détails : W. Kilian et P. Termier, Sur un gisement d'Ammonites dans le Lias calcaire de l'Oisans (*Bull. Soc. geol. de France*, 3e série, t. XXI [1893], p. 273).

IMPRIMERIE NATIONALE.

Le facies dauphinois se continue dans les pâturages de Riftord (*Arietites* [*Arnioceras*] *Kridion* d'Orb. sp.), aux environs de La Grave, à l'Alpe du Mont-de-Lans (nombreux *Arietites*), au Cuculet et près du Bourg-d'Oisans. Un gisement de *Cardinies* a été découvert, par M. P. Lory, près de Villard-Reymond. Des *calcaires à Entroques* existent sur la nouvelle route d'Auris et près de Mizoën. Le Lias calcaire de l'extrémité du glacier de Tabuchet, dans l'Oisans, a permis également à M. P. Lory de constater la présence d'*Arietites* (il lui a semblé que ce Lias formait là des isoclinaux déversés). Il fournit des ardoises à la Grave et à Ventelon; il existe également à l'Alpe d'Arsine, où il est représenté sur la rive droite du torrent, en amont des Chalets de l'Alpe, par quelques mètres de calcaires siliceux fossilifères avec *Pentacrinus tuberculatus* Miller, *Gryph. arcuata* Lamk., *Oxytoma Sinemuriensis* d'Orb. sp., *Arietites* (*Arnioceras*) *ceras* Giebel. sp., *Belemnites* sp., que surmontent des Schistes noirs du « Lias schisteux ».

Enfin, dans le S. E. du massif du Pelvoux, au col du Loup, le Lias calcaire forme une étroite bande synclinale dans des roches cristallines.

La coupe des Fréaux, près de la Grave, est connue depuis *Élie de Beaumont*[1], qui y a décrit, reposant sur les Schistes cristallins amphiboliques :

1° Des grès quartzeux (Trias);

2° Des calcaires gris subsaccharoïdes et saccharoïdes à patine sombre (Trias?);

3° Calcaires composites, grès et débris de fossiles;

4° Une série de calcaires et de schistes noirs à Bélemnites et Pentacrines (Lias calcaire);

5° Série puissante de schistes argilo-calcaires noirs.

Les diverses subdivisions du Lias peuvent encore être facilement étudiées près des tunnels de la route en amont de La Grave.

Autour de l'Hospice du Lautaret, le Lias présente des bancs de calcaire en dalles, noir, spathique, à *Entroques* (*Pentacrinus*) avec filonnets de Calcite et *Belemnites*, rappelant le « Calcaire du Mont Arvel » (Renevier) des Alpes vaudoises.

On retrouve le « Lias calcaire » (Calcaire et dalles à Bélemnites) et le

[1] Élie de Beaumont, *Annales des Mines*, 3e série, t. V, p. 47 (1834).

« Lias schisteux » au Villard d'Arène, au col de Martignare, au Signal de la Grave (cote 2,450 mètres).

Contrairement à l'opinion jadis émise par M. Haug (*loc. cit.*, p. 51), les deux divisions du Lias existent donc tout aussi nettes dans le massif du Pelvoux et dans ses environs (Pramelier, la Grave, les Fréaux) que le long des Chaînes de Belledonne et des Grandes-Rousses.

Bordure ouest de la Chaîne de Belledonne.

Les bancs rhétiens des environs de La Rochette, que le regretté V. Paquier [1] a été le premier à signaler, sont surmontés dans le lit du Gelon, près de Verneil, par des calcaires noirs à grain fin, en bancs d'épaisseur variable que séparent des délits marno-schisteux. C'est le « Lias calcaire ». Viennent ensuite les assises du « Lias schisteux » où prédominent les marnes feuilletées. Entre Villard et Etable, V. Paquier a constaté la présence de bancs à Entroques.

Le Lias des environs d'Allevard est constitué, d'après M. P. Lory, par un puissant ensemble de calcaires argileux compacts ou schisteux surmonté d'assises marneuses. Celles-ci doivent représenter la plus grande partie du Charmouthien et la base du Toarcien. Dans une seconde note publiée en 1895, notre confrère a signalé la découverte faite par lui de l'*Amaltheus margaritatus* Montf. sp. à l'Envers de Theys, et ce serait par les assises renfermant ce fossile qu'il faudrait faire commencer le niveau du Lias schisteux. Le Toarcien ne pourrait donc, le plus souvent, être séparé de la partie moyenne du Charmouthien.

Nous rappellerons également que, d'après Ch. Lory, des Bélemnites de formes grêles et allongées ont été trouvées dans les schistes argilo-calcaires d'Uriage-les-Bains, de Vizille, de Champ (pont des carrières), de Champoléon, de Navette, etc. [2]. On recueille également des Bélemnites au col d'Ornon.

Au lieu dit Fau-Laurent, au N. O. de Séchilienne (Isère), M. P. Lory a signalé en 1907 (Observations dans la chaîne de Belledonne, *Bull. Soc. géol. de Fr.*, C. R. sommaire des séances, 27 mai 1907), d'intéressants affleurements de Lias fossilifère. Nous y avons recueilli avec lui, outre de nombreuses Bélemnites (*B. elongatus* Mill., *B. paxillosus* Schloth.), quelques restes

[1] V. Paquier, Contribution à l'étude du Bajocien de la bordure occidentale de la chaîne de Belledonne (*Ann. enseignement sup. de Grenoble*, t. VI, n° 1).

[2] Ch. Lory, *Description du Dauphiné*, § 54.

d'*Arietites* et de *Pentacrinus*. Le Lias est, en ce point, formé de *brèches* (à galets de dolomie jaune triasique, de grès houillers et de Schistes cristallins), puis de schistes noirs associés à un beau calcaire à Entroques (Pentacrines). Ces couches, très plissées, reposent sur une assise très réduite ($0^m 50$ à 10^m) de dolomie triasique (Calçaire capucin) débutant par une couche mince de poudingue quartzeux; ils forment une série très curieuse de synclinaux aigus et parfois étranglés dans le massif de schistes à séricite qui sépare la vallée de Vaulnaveys de celle de la Romanche. M. P. Lory a étudié tous les détails de cette intéressante coupe.

A Champ, notre regretté maître Ch. Lory a reconnu, le premier, l'existence de l'*Avicula contorta* Portl., *au-dessus* des gypses et des dolomies. Les bancs liasiques qui recouvrent directement l'assise rhétienne fossilifère (voir plus haut) consistent en *calcaires* sublamellaires *à Entroques*, auxquels succèdent des calcaires noirs schisteux à Bélemnites[1].

Lias du bassin du Drac. Zones paléontologiques.

M. P. Lory (*Bull. Soc. géol. de Fr.*, 4e série, 1903, III, p. 460, et *Mélanges géologiques*, Grenoble, 1904, *Bull. Soc. de Statist. de l'Isère*) a donné l'énumération suivante des zones liasiques à facies dauphinois du bord des chaînes alpines entre Grenoble et Gap, qui ont fait l'objet de ses recherches détaillées pendant de longues années; il y signale :

Lias inférieur. — 1. Zone à *Schlotheima angulata* Schloth. sp., *Vermiceras supraspiratum* Fucini[2] : Calcaires à Lamellibanches de la Motte-d'Aveillans. — La transgression liasique a commencé.

2. Zones à *Arietites* (*Coroniceras*) *Bucklandi* Sow. sp. : la supérieure seule est bien caractérisée, sous forme de calcaires à *Arnioceras Bodleyi* Buckm. sp. (Monestier-d'Ambel) et *Arn.* sp. aff. *geometricum* (Laffrey)[3]. — Début de la formation des calcaires à Entroques dans le massif de la Mure.

3. Zone à *Caloceras raricostatum* Ziet. sp., *C. Carusense* d'Orb. sp., *Deroceras* cf. *Birchi* Sow. sp. (l'Etroit de Vizille).

[1] Ch. Lory, *Description du Dauphiné*, § 375.

[2] M. Fucini, qui connaît si bien la faune ammonitique du Lias, a bien voulu examiner et déterminer plusieurs des espèces citées par M. Lory. [V. *Alb. Fucini Cefalopodi liasici del Monte di Cetona.* (*Pal. italica Pisa, 1901-1903.*)]

[3] M. Saurel a découvert, au bas d'une des petites carrières de calcaire de Laffrey, un lit rempli d'*Arnioceras*.

Lias moyen : 4. Zone à *Phylloceras ibex* Quenst. sp., *Ph. Wechsleri* Opp. sp., *Tropidoceras binotatum* Opp. sp., etc. (Bas Valgaudemar, signalée par M. Haug).

5. Zone à *Amaltheus margaritatus* Montf. sp. avec *Phylloceras* a. c. (Monteynard et gorge du Drac en dessous). (Beaux échantillons d'*Am. margaritatus* Montf. var. *depressa* Qu. sp., pyriteux, du Pont d'Avignonet.)

— C'est au cours du Lias moyen que la submersion des massifs de la Mure et de la Salette redevient complète.

Lias supérieur. — 1. Zone à *Harpoceras falciferum* Sow. sp. (angle sud-ouest du Pelvoux).

2. Zone à *Harpoceras* (*Hildoceras*) *bifrons* Brug. sp., *Cœloceras* gr. de *crassum* Phill. sp. (Gisement anciennement connu de la route de la Mure à Corps; Saint-Arey; Prunières, etc.). — Dépôt des dernières couches à Entroques vers la Mure et Corps.

3. Zone à *Harpoceras* (*Grammoceras*) *striatulum* Sow. sp., *H.* (*Pseudogrammoceras*) aff. *fallaciosum* Bayle. sp., *Harpoceras subplanatum* Opp. sp., *Haugia* gr. de *variabilis* d'Orb. sp. (Côtes de Corps; vieux pont d'Ambel). Ce niveau n'a été que très rarement signalé dans les Alpes occidentales.

4. (Aalénien[1]). Zone à *Dumortieria pseudoradiosa* Branco; *Catulloceras Dumortieri*, Thioll., *Dumortiera* gr. de *Levesquei* d'Orb. sp., avec des *Phylloceras* probablement nouveaux. Schistes à rognons calcaires, de Prunières; même remarque que pour la zone précédente.

5. (Aalénien). Zone à *Harpoceras opalinum* Rein. sp.. une des plus fréquemment fossilifères; ses *Harpoceras* et ses *Pleydellia* (*fluitans*, *Aalense*, *opalinum*, etc.) se rencontrent habituellement à la partie inférieure de schistes noirs à patine marron, type lithologique normal de l'Aalénien dans la région qui sépare le Lias d'avec les calcaires bajociens[2].

Puis vient l'Aalénien supérieur, dont nous parlerons plus loin à propos du Jurassique moyen.

[1] M. P. Lory adopte, avec M. Haug, l'étage Aalénien au-dessus du Lias supérieur; il fait débuter cet étage avec la zone à *Dumortieria pseudoradiosa* et le termine au-dessus de la zone à *Harpoceras concavum*. — Nous conservons, dans le présent ouvrage, la division du Jurassique en Lias et en Jurassique moyen (Dogger); nous ne faisons donc rentrer dans notre Lias supérieur que les deux premières zones (Z. à *Dum. pseudoradiosa*, Z. à *Harp. opalinum*) de l'Aalénien.

[2] Voir P. Lory, Recherches sur le Jurassique moyen entre Grenoble et Gap (*Ann. Univ. de Grenoble*, t. XVII, n° 1, 1905) pour plus de détails et pour l'Historique de l'Étude du Jurassique entre Digne et Gap.

Massif de la Mure.

Cette série présente dans le petit **Massif de la Mure** d'intéressantes variations dont on doit la connaissance à M. P. Lory.

Calcaire de Laffrey.

Dans le bassin du Drac, à la Motte d'Aveillans, on voit, d'après M. P. Lory [1], reposer sur le Houiller et un peu de Trias une couche de calcaires noduleux contenant *Schlotheimia angulata* Schl. sp. et des *Arietites*. Le Jurassique débute donc en ce point avec le sommet de l'Hettangien. Au-dessus vient un *calcaire à Entroques* qui a fourni dans le bas *Arietites bisulcatus* Brug. sp. Les calcaires à Entroques sont d'ailleurs très développés dans le massif de la Mure où ils ont été étudiés par Ch. Lory; cet auteur avait constaté qu'ils renfermaient les fossiles caractéristiques du Lias moyen. On les a retrouvés dans un sondage à Notre-Dame-de-Vaux; ils atteignent un grand développement près de Laffrey, où ils constituent, au N. E. du village, des masses rocheuses exploitées, d'un facies particulier que M. P. Lory désigne sous le nom de « CALCAIRE DE LAFFREY » et où ce facies ne paraît pas comprendre le Sinémurien qui ferait ici défaut alors qu'il englobe ce dernier étage à la Motte d'Aveillans.

M. P. Lory a réuni de nombreux matériaux sur le Lias de cette région et se propose de l'étudier monographiquement.

Les collections de l'Université de Grenoble contiennent les fossiles suivants du « calcaire de Laffrey » que nous mentionnons ici en attendant une publication plus détaillée de M. P. Lory :

Belemnites sp.
Arietites (*Coroniceras*) cf. *bisulcatus* Brug. sp.;
Lima (*Plagiostoma*) cf. *gigantea* Sow.;
Lima punctata Sow.;
Pecten (*Chlamys*) *textorius* Schloth.;
Gryphaea cymbium Lamk. et var. *ventricosa* Goldf.;
Gryphaea obliqua Sow.;
Oxytoma sp.;
Terebratula punctata Sow.;
Magellania (*Zeilleria*), *numismalis* Lamk. sp.;
— (*Zeilleria*) *subnumismalis* Dav. sp.;
Rhynchonella cf. *Beneckei* Haas;
Rhynchonella Briseis Gemm.
Rhynchonella triplicata Qu. sp.;
Rhynchonella variabilis Schloth. sp.;
Spiriferina rostrata Schloth. sp.;
Spiriferina obtusa Oppel.;
Spiriferina Hartmanni d'Orb.;
Pentacrinus sp. (abondant).

La plupart de ces formes ont été recueillies par MM. P. Lory et Saurel.

[1] P. LORY, *C. R. coll.*, p. 1896, *loc. cit.*, p. 143. P. LORY, Massif de La Mure et Dévoluy, *loc. cit.*, p. 4 (Livret-guide du VIIIe Congrès géol., 1900.) et, en outre, P. LORY, Mélanges géol. Grenoble, 1904. (*Ann. Univ. de Grenoble.*)

Au Musée de Berne (Suisse), on peut admirer un exemplaire d'*Amalth. margaritatus* Montf. sp. de la vallée du Drac.

Au Peychagnard, près de la Mure, le « Lias calcaire » a fourni d'autre part :

Oxytoma sp.;
Gryphaea cymbium Lamk. var. *gigantea* Sow.;
Gryphaea obliqua Sow.

Ce *Lias calcaire*, décrit dès 1851 par Ch. Lory au Rocher Blanc, repose en discordance sur le terrain houiller. On le retrouve à Nantison, au Villaret, aux Chuzins, aux Souchons (*Spiriferina Hartmanni* d'Orb., *Lytoceras fimbriatum* Sow. sp.).

Le *Lias schisteux* est bien net à Prunières et au Seneppe, où il contient *Hildoceras bifrons* Brug. sp. et *Bel. tripartitus* Schloth.

Calcaires à Entroques dans le Lias des Alpes françaises.

Pour M. P. Lory les « calcaires à Entroques de Laffrey » joueraient dans le Lias inférieur et moyen de la bordure alpine un rôle analogue à celui qu'ont rempli plus tard les calcaires subcoralligènes de l'Infra-crétacé supérieur[1]. Ils renferment à leur base, près du lac de Laffrey, des galets de quartz, de dolomie et de houille (Ch. Lory). Vers le Sud, ils ne forment plus que des intercalations dans le facies vaseux.

M. P. Lory[2] a d'ailleurs fait remarquer que ce facies se rencontrait dans de nombreuses régions des Alpes suisses et françaises. On le retrouve notamment, comme nous l'avons montré, dans le vallon du Nantbrun (Savoie), au Mont-Jovet (Savoie), à Mizoën (Oisans), aux Aiguilles de la Saussaz, dans les Alpes-Maritimes et dans certains points de la zone du Briançonnais. Il correspond, pour notre confrère, à des dépôts formés en eaux agitées à de médiocres profondeurs et souvent à proximité des reliefs qu'arrosaient les vagues.

Au col d'Hurtières, près de la Salette, Ch. Lory a signalé des *Calcaires à Entroques* dans le voisinage des Spilites. Les Bélemnites (*B. paxillosus* Schloth.) abondent à la Salette, dans une carrière au N. O. du Couvent. — *Arietites* (*Arnioceras*) *Kridion* d'Orb. sp. a été signalé près d'Aspres. — A Sainte-Luce, on a exploité des calcaires (marbres noirs) qui ont fourni des *Arietites* et des Rhynchonelles (*Rh. triplicata* Qu. sp. et *Rh. belemnitica* Qu. sp.).

A Saint-Michel-en-Beaumont des *Calcaires à Entroques* et des *brèches* ont été

[1] P. Lory, *C. R. coll. Serv. Carte géol. de Fr.*, p. 1898, *loc. cit.*

[2] P. Lory, Sur le facies à Entroques dans le Lias des Alpes suisses et françaises (*Arch. des sc. phys. et nat. de Genève*, 4e période, t. XIV, n° 1902). Voir aussi au sujet de ce faciès *C. R. somm. Séances Soc. géol. de France*, 1912 (Séance du 18 mars; P. Lory, Sédimentation et mouvements du sol dans la partie méridionale de la chaîne de Belledonne durant la première moitié du Jurassique).

signalés par M. P. Lory jusque dans le Lias supérieur, mais en d'autres points le Lias schisteux offre une division inférieure (avec *Phylloceras* pyriteux à Villelongue) et une division supérieure (*Ludwigia*) séparée de la précédente par une assise de marno-calcaires à *Hild. bifrons* (voir *ante*, p. 45).

Lias du Valgodemard et du Gapençais.

Les dépôts liasiques se continuent vers le Sud avec leur type dauphinois. On connaît, par les travaux de MM. Haug et P. Lory, le Lias moyen de Saint-Firmin-en-Valgodemard, qui a fourni notamment *Phylloceras ibex* Qu. sp., *Phyll. Loscombi* Sow. sp., *Aegoceras capricornu* Schl. sp., *Aeg. Stahli* Opp. sp., *Tropidoceras binotatum* Opp. sp., *Liparoceras striatum* Rein. sp. (Combe de la Breauté. Coll. Jaubert [Univ. de Grenoble]), des *Oxytoma* et de nombreux *Inocérames* (*In. dubius* Sow.).

Dans le Gapençais[1], M. Haug a décrit en détail un Lias du type dauphinois; *Amalth margaritatus nudus* Qu. (Rousset) du Lias moyen et *Hammatoceras* (*Lillia*) *Erbaense* Hau. sp. du Lias supérieur s'y rencontrent en beaux exemplaires (voir *plus bas*).

II. TYPE BRÉCHIFORME OU BRIANÇONNAIS.

(Zone des brèches du Lias = Brèches du Télégraphe (W. K.) = Lias à facies briançonnais).

Lias bréchiforme (Brèche du Télégraphe).

Le type bréchiforme se montre déjà, ainsi qu'il a été dit plus haut, sporadiquement, en intercalations à différents niveaux dans le Lias de la zone à facies dauphinois, soit à la base (Allevard), soit au milieu (col de Coste-Plane, près le Villard d'Arène) de l'étage, sans y former toutefois d'horizons constants et d'une manière tout à fait accessoire. Dans la zone à « type intermédiaire », à l'Est de la précédente, ces intercalations sont déjà beaucoup plus fréquentes et plus importantes; la brèche liasique se présente ici avec son aspect typique, près du fort du Télégraphe, localité où elle a été décrite pour la première fois par l'un de nous[2]. Suivant les points considérés, ce facies alterne dans cette zone avec des assises de calcaires zoogènes ou vaseux. Enfin, plus à l'Est encore, dans le centre et la partie orientale de la zone

[1] Légende expl. des feuilles de Digne et de Gap de la Carte géol. détaillée de la France par MM. Haug et Kilian [Trav. Lab. de Géol. de l'Université de Grenoble, tome V, n° 1 (1900) et *Bull. Soc. de Statist. Isère*, 4° série, t. IV, p. 275 (1899)].

[2] W. Kilian, Sur la structure du massif de Varbuche (*Bull. Soc. hist. nat. de la Savoie*, 1re série, t. V, *loc. cit.*, p. 108, 1891).

du Briançonnais (type briançonnais proprement dit), le *Lias est entièrement représenté par de puissantes masses de brèches*, parfois considérables (Prorel, près de Briançon), qui en constituent souvent l'élément exclusif et qui reposent sur le Trias et sont recouvertes, soit par les couches zoogènes du Dogger, soit par les brèches et marbres roses du Jurassique supérieur. Elles constituent un **des éléments les plus caractéristiques de la série stratigraphique briançonnaise.** Dans les montagnes des environs de Briançon, les bancs de cette brèche se distinguent de loin, par leur forme massive, des calcaires triasiques mieux lités qui les supportent et dont leur teinte grisâtre les rapproche à première vue. Ils disparaissent dans le voisinage de la zone du Piémont (l'Enlon).

Intercalation de la brèche dans le Lias près du Fort du Télégraphe.

La localité type dans laquelle le niveau stratigraphique exact de ces formations bréchoïdes a été fixé par l'un de nous [1] appartient à la bande de « type intermédiaire » située entre la zone éogène des Aiguilles d'Arves et la zone axiale houillère de nos Alpes françaises. A l'entrée du tunnel du Télégraphe, au-dessus de Saint-Michel-de-Maurienne, on relève, en effet, la succession suivante (fig. 28) :

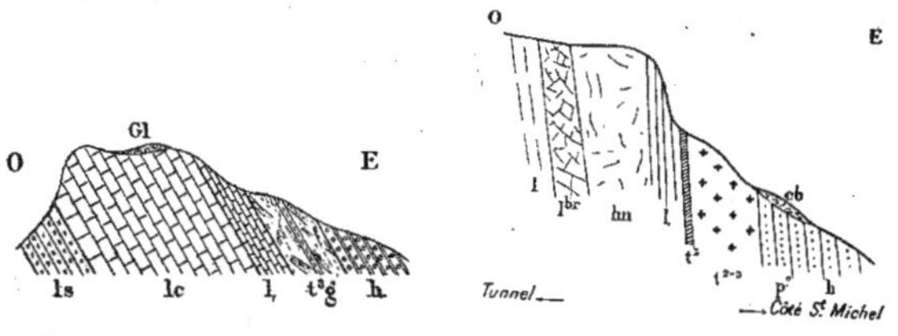

Fig. 28. — Deux coupes prises près de l'entrée Est du tunnel du Télégraphe (Savoie).

LÉGENDE.

Eb Éboulis. — Gl Dépôts glaciaires. — ls Lias schisteux. — lc Lias calcaire (lm) avec bancs bréchiformes (l^{br}) et coralligènes. — l, Rhétien (calcaire et schistes noirs). — t^3 Schistes versicolores (Trias supérieur). — $t^{2.3}$ t^3g Cargneules et Gypses triasiques. — p? Permien (?) — h Grès houillers.

La brèche à laquelle l'un de nous (W. Kilian) a donné dès 1892 le nom de « *Brèche du Télégraphe* » se présente ici dans des conditions stratigraphiques

(1) W. Kilian, Sur la structure du massif de Varbuche (*Bull. Soc. hist. nat. de la Savoie*, 1re série, t. V, *loc. cit.*, p. 108, 1891).

très nettes en intercalation au milieu d'assises incontestablement liasiques. Elle offre de superbes surfaces polies par les glaciers, au-dessus même du tunnel, où elle présente par suite l'aspect d'une véritable mosaïque.

Autres affleurements de la Brèche du Télégraphe.

Si l'on suit du Nord au Sud la portion occidentale de la zone du Briançonnais, dans laquelle est spécialement développé notre « type intermédiaire » du Lias, on retrouve en de nombreux autres points, dans la subdivision inférieure du Lias, cette même brèche calcaire que nous avons reconnu se continuer avec une grande constance de Moûtiers (Savoie) à Sérenne et Fouillouse, dans les Basses-Alpes. Il importe donc de mettre en évidence l'extension très grande de cette *brèche calcaire* liasique qui fournit un excellent horizon. En étudiant de près le Lias de la Maurienne et celui du Briançonnais occidental, nous sommes arrivés, en effet, au résultat que les dépôts de ce terrain comprennent constamment une brèche à éléments calcaires, intercalée bien distinctement dans les assises du Lias, en particulier au bord du Nantbrun, près de Varbuche, et à Prorel (Hautes-Alpes). C'est, comme nous venons de le voir, près du tunnel du Télégraphe qu'elle est le plus nettement développée et qu'on peut le plus facilement constater sa liaison avec le Lias. C'est dans cette localité, comme nous l'avons dit, qu'en 1891, l'un de nous l'étudia pour la première fois, et en reconnut l'âge liasique; il proposa de la désigner sous le nom de « *Brèche du Télégraphe* », qui est maintenant universellement adopté.

En divers points du Briançonnais ce même facies bréchiforme paraît en outre s'étendre au Jurassique moyen et supérieur.

Caractères de la Brèche du Télégraphe.

Cet horizon a, par son aspect caractéristique et par son extension, rendu de grands services à tous ceux qui se sont occupés de stratigraphie de détail dans les zones intra-alpines. Son épaisseur est assez variable; la Brèche du Télégraphe semble disparaître ou devenir sporadique à l'Ouest d'une ligne Montaymont-Lautaret-Vallouise. Cependant, elle est encore très nette, quoique beaucoup moins puissante à Allevard et dans le massif du Pelvoux. On en constate encore la présence dans les montagnes qui séparent le bassin de l'Arc de celui de la Durance (col des Rochilles) où elle représente à elle seule l'ensemble du Lias.

Les caractères très constants de la Brèche du Télégraphe sont les suivants : elle se reconnaît facilement à son aspect analogue à celui d'une galantine truffée.. Les éléments les plus abondants sont des fragments anguleux de dolomies gris jaunâtre, de calcaires subcristallins gris cendré et gris blanchâtre ou noirâtre (Trias), de calcaires bleuâtres ou noirâtres, parfois scintillants (Rhétien?). A la montagne de Prorel, M. le professeur Schmidt a rencontré un gros fragment de calcaire à *Diplopores* du Trias. Des galets de quartzites blancs triasiques et d'autres quartzites plus fins, à zones séricіteuses, sont assez fréquents en certains points (Fontaine, Niélard, Prorel, Est de Briançon); nous y avons en outre rencontré parfois [Niélard (Savoie), Lasseron (Hautes-Alpes)] des morceaux isolés de schistes à séricite; néanmoins la *très grande majorité* des fragments qu'elle contient est calcaire. La dimension de ces éléments est généralement assez forte : ils ont de 20 à 40 centimètres de diamètre, mais on les voit parfois devenir très ténus dans certaines parties de la roche qui devient alors finement bréchoïde et peut être qualifiée de « microbrèche ». Le ciment est calcaire, parfois spathique et blanchâtre, mais habituellement d'un gris un peu jaunâtre et fréquemment criblé de particules siliceuses blanchâtres qui rendent rugueuses les surfaces soumises depuis longtemps à l'altération atmosphérique.

Ajoutons que l'altération superficielle met bien en évidence la structure bréchoïde de la roche, en faisant saillir sur les surfaces exposées à l'air les éléments moins solubles qui se détachent alors nettement sur le ciment.

Le laminage si énergique de la plupart des assises de notre champ d'études a, en beaucoup de points, transformé la roche en une sorte de schiste calcaire, dont les surfaces de glissement très nombreuses portent des enduits séricіteux (Moûtiers, route d'Aime), et dans lequel on ne distingue parfois que confusément les éléments de la brèche, eux-mêmes déformés et étirés.

A la batterie de Gafouille près Briançon, on remarque des galets de dolomie verdâtre et rosée dans une brèche très analogue, mais qui paraît appartenir plutôt au sommet du système jurassique.

Les fossiles sont rares dans cette formation comme dans toutes les brèches; nous n'y avons rencontré que des fragments de grosses Bélemnites du groupe de *Belemnites paxillosus* Schloth., des débris d'*Arietites* (*Arietites ceras* Giebel sp.), (au Niélard), *Rhacophyllites diopsis* Gemm. près de Moûtiers (Savoie), et *Gryphaea arcuata* Lamarck (assez fréquente au Niélard où elle a été citée par Ch. Lory sous le nom de *Gr. cymbium*), *dans le ciment* de la brèche et aussi dans les fragments de calcaire noirâtre qu'elle contient. Au Col de la Tempête, au Nord de Névache, on a recueilli dans des assises calcaires subordonnées aux bancs de brèche liasique du Col de l'Étroit du Vallon un exemplaire d'*Aeg. submuticum* Mart. sp. [1].

Extension de la *Brèche du Télégraphe* dans les différentes zones alpines.

Si nous examinons maintenant la répartition de la Brèche du Télégraphe dans les diverses zones alpines, nous constaterons d'abord qu'elle se montre assez réduite dans les régions à *facies dauphinois*, par exemple près de La Chambre, où elle présente un affleurement au-dessous des couches de la carrière d'ardoise et se montre en superposition à des dolomies triasiques. Sur le bord externe de la chaine cristalline de Belledonne à Allevard, on voit, vers la base des calcaires liasiques et peut-être dans le Rhétien, d'après M. P. Lory, en face de l'usine, sur la nouvelle route de Ferrière, un lit de galets plus ou moins arrondis (quartzites, etc.) qui correspond bien à notre brèche du Niélard. La Brèche du Télégraphe apparaît donc d'abord à l'Ouest, sous la forme d'un banc peu épais (Allevard) intercalé dans les calcaires liasiques et qui augmente rapidement de puissance vers l'Est. Des intercalations analogues existent également à divers niveaux dans le Lias des environs de la Mure et de Saint-Laurent-en-Beaumont (Isère).

Dans la zone du « type intermédiaire », non loin du bord N. E. du Pelvoux, il convient de citer, à l'E. de la ligne de chevauchement des Aiguilles d'Arves, l'intercalation très nette au S. E. des Trois-Évêchés (col de Côte Pleine, près de Villard d'Arène) d'un banc de brèche identique à la Brèche du Télégraphe, dans le « Lias calcaire » à Bélemnites. Ce banc peu épais permet de constater la rapidité avec laquelle s'atténue à l'Ouest de cette ligne le facies bréchoïde qui, à 10 ou 12 kilomètres à l'Est de ce point, vers la portion axiale de la zone du Briançonnais s'étend encore à une bonne partie de la série infra-jurassique (Grand-Galibier). Ce fait montre également que ce facies **n'est pas étroitement limité à la zone du Briançonnais**; M. Termier l'a, en effet, retrouvé en plein facies dauphinois sur le flanc nord de la Meije, au glacier de Tabuchet. Bien que surtout développée dans la zone axiale du Briançonnais, cette brèche existe donc dans le Lias à « type intermédiaire ». On peut l'étudier en particulier au Niélard (Tarentaise), au défilé du Pas-du-Roc (Maurienne), à la Chapelle Saint-André, près Mont-Denis (Maurienne), près de Valloire, au col des Rochilles et au Grand-Galibier, près de Guillestre (Hautes-Alpes), à l'Infernet près Briançon, sur la route de la Bessée à Vallouise, au col de

[1] Voir W. Kilian, *Bull. Soc. géol. de Fr.*, 3e série, t. XIX, p. 625, 1891.

l'Eychauda; au Pont-Voûté dans la vallée de l'Ubaye (Basses-Alpes), au Chapeau-de-Gendarme, près de Barcelonnette (Basses-Alpes) [où elle contient des *Bélemnites* et se trouve en contact avec le calcaire à *Gryphaea arcuata* Lamk.], et dans une foule d'autres points.

M. Bertrand a également retrouvé la brèche du Télégraphe dans une zone plus intérieure, dans le massif du Mont-Jovet, près des chalets de Combelouve; toutefois il existe en Tarentaise un autre point appartenant au « type intermédiaire », et plus voisin de la zone dauphinoise, où elle est quelque peu siliceuse, largement cimentée, criblée de rognons de silex renfermant quelques rares débris de schistes à séricite et de quartzites où elle est remarquable par sa puissance et où elle contient quelques fossiles : c'est la « Cour des Génisses » et le sommet du Niélard, près de Saint-Jean-de-Belleville. Nous y avons recueilli : *Arietites* sp., *Belemnites* cf. *paxillosus* Schloth., *Belemnites* aff. *clavatus* Voltz., *Lima gigantea* Sow., *Lima pectinoides* Sow. sp. et *Gryphaea arcuata* Lamk. Cette dernière avait déjà été trouvée en ce point par Ch. Lory. La brèche est associée sur le flanc est du Niélard, comme en beaucoup de points de la Tarentaise, à des *calcaires blancs* cristallins, et elle se retrouve non loin du col du Golet. Elle existe aussi près de Saint-Jean-de-Belleville nettement intercalée dans les schistes et calcaires du Lias, ainsi que sur le versant ouest de la crête de Varbuche, dans les points où le Nummulitique n'est pas directement superposé aux schistes triasiques. On la voit encore affleurer en gros bancs dans la même zone, le long de la route entre Villarly et Fontaine. — Nous parlerons plus loin du développement que prend cette formation dans la colline de Villette[1], où elle se présente entre le Lias calcaréo-schisteux à bancs de microbrèches du type intermédiaire (probablement Sinémurien) et les marbres cristallins (à conglomérats intercalés) de Villette.

Extension en Tarentaise.

Cette brèche constitue d'ailleurs un excellent horizon qui pourra servir de point de repère pour l'étude des couches mésozoïques de la Tarentaise; elle se distingue facilement par sa nature presque exclusivement calcaire et par son ciment compact, soit des *brèches polygéniques éogènes* qui la recouvrent en plusieurs points et qui en renferment, du reste, des blocs (Niélard), soit de la *brèche* mésozoïque des *Chapieux*, également polygénique, à laquelle elle semble passer progressivement aux environs de Villette.

[1] Voir plus bas le chapitre spécial consacré à la brèche de Villette

On peut l'étudier aussi, associée aux mêmes calcaires cristallins, entre l'Étroit du Ciex et Centron, où elle est très nette, mais étirée d'une façon remarquable, ainsi qu'aux environs même de Moûtiers, en particulier dans le massif du *Mont Gargan* au-dessus du Couvent des Cordeliers, à l'extrémité est du Clos des Cordeliers, au lieu dit « Répose » et sur la route d'Aime (carrière); en ce dernier point, elle est également très laminée, et contient des débris de schistes noirs et de schistes lustrés séricitenx; elle présente un ciment spathique avec développement de séricite sur les surfaces de glissement, ainsi que de petits cubes de pyrite. Le percement des tunnels de la nouvelle ligne de Moûtiers à Bourg-Saint-Maurice a fait voir le grand développement qu'elle atteint dans ce massif et son intercalation très nette dans les calcaires compacts et schisteux noirs du Lias à type intermédiaire.

Elle existe également sur les deux rives de l'Isère, entre Moûtiers et Aigueblanche (défilé du Ciboulet), près des « Échelles d'Annibal », où le souterrain de la voie ferrée en a traversé des bancs associés à des calcaires à *Rhacophyllites diopsis* Gemm.. On la voit affleurer vis-à-vis Notre-Dame-du-Calvaire; elle fournit un marbre bréchiforme assez beau qui contient des *Bélemnites* et alterne avec de puissants schistes noirs satinés et des calcaires noirs (ancienne ardoisière ou « Lauzière », rive gauche de l'Isère) grenus et spathiques. La brèche contient près d'Aigueblanche des parties noirâtres papyracées d'un aspect graphiteux, mais qui ne sont en réalité que des feuillets argileux froissés. On la retrouve encore en une foule d'autres localités, dont il serait oiseux de donner ici la liste, et notamment dans la haute vallée de l'Isère, dans les massifs de Franchet et du Dôme, près de Val d'Isère.

Extension de la Brèche en Maurienne et dans le Dauphiné oriental.

En Maurienne, la Brèche du Télégraphe se montre non moins bien caractérisée; nous avons décrit plus haut la localité type du col du Télégraphe, où elle forme des masses intercalées dans le Lias normal. Elle est encore visible au Pas-du-Roc (intercalée dans le Lias calcaire), à la Chapelle Saint-André, près Mont-Denis, près de Montricher, au col des Rochilles, entre Albane et Valloire, à la Sétaz près de Valloire, dont elle constitue une partie des crêtes, au Grand-Galibier et au N. O. du col du Galibier, à l'origine du vallon des Lozettes, où elle forme une saillie rocheuse recouverte d'edelweiss en été.

Il faut lui rapporter aussi, dans la zone axiale, des brèches calcaires brunâtres qui affleurent aux environs des lacs des Rochilles et semblent pincées dans les calcaires dolomitiques du Trias. Des morceaux de cette même brèche calcaire, recueillis par nous en grande abondance dans les clapiers des flancs du Grand-Galibier, nous montrent qu'elle affleure également dans ce massif et notamment sur son versant oriental aux alentours du lac Blanc; à l'Ouest du col de la Ponsonnière, elle forme un anticlinal couché et entoure l'affleurement tithonique que nous avons découvert et décrit en 1894.

A la Bathie, près de Vallouise (Hautes-Alpes), on voit la Brèche du Télégraphe *alterner très nettement* à plusieurs reprises avec les bancs de Lias à facies dauphinois bien caractérisé.

En Dauphiné, à l'Ouest du Lautaret, près du col de Costeplane, on la voit former, au milieu du Lias calcaire à Bélemnites de facies dauphinois, des intercalations remarquables.

Brèches liasiques du Briançonnais proprement dit.

Elle acquiert une assez grande importance dans le Briançonnais; aux environs immédiats de Briançon nous l'avons reconnue, avec M. Pussenot, dans le massif de l'Infernet, à la Cochette et au-dessous du Fort des Salettes; elle offre encore un beau type à l'extrémité nord de la chaîne de la Grande Maye, aux rochers de Gafouille, où elle comprend sans doute une partie du Malm; l'un de nous l'a également étudiée près de la Vachette à la Grande-Manche (Nord du Monêtier). Le Lias bréchiforme existe aussi à la Chirouze sur la crête de l'Étroit du Vallon (N. E. de Névache), à l'Aiguillette et à Rochecourbe, etc. Mais le long de la frontière italienne, en particulier au sommet du Lasseron, près Cervières, il ne se montre que sporadiquement *et fait parfois défaut* entre le Rhétien et le Jurassique moyen (Gondran) ou le Malm (Pic du Lauzin, Montagne de Pécé, etc.).

M. Termier l'a décrit, en 1904[1], dans les montagnes situées entre Briançon et Vallouise; c'est une sorte de conglomérat à ciment calcaire, visible notamment aux Vigneaux, sur l'arête entre la Tête-d'Amont et la Salcette, au Rocher-Bouchard. Des blocs de brèche analogue à celle du Niélard sont épars aux alentours du col de l'Eychauda (col de Vallouise de la carte) et doivent provenir des sommets environnants. On voit encore la brèche près du lac de Vie, près du col de l'Eychauda et de la Croix-de-Cibouy, au col de Trancoulette, à Prorel, où elle a été étudiée par M. Termier et où elle contient de gros galets de quartzites. Cette brèche renferme surtout des débris de calcaires triasiques; à Prorel, on y trouve des galets de quartzites et de micaschistes et de calcaires

[1] Termier, *Les Montagnes entre Briançon et Vallouise*, Paris, Imprimerie nationale, 1904.

d'une dimension qui atteint parfois plusieurs mètres cubes (M. Termier cite des galets de quartzite rose de 2, 3 et même 6 mètres de grand axe). Elle est très puissante dans le massif de Pierre-Eyrautz, au S. E. de la Durance, où elle affleure notamment au sommet du Mélezet. Entre la gare de l'Argentière et les Vigneaux, elle est réduite à quelques bancs interstratifiés dans la série des calcaires liasiques noirs avec traces du facies zoogène (Lias à type intermédiaire). On la retrouve aussi à la montagne de Serre-Piarrâtre, près de Champcella, et sur le plateau situé au Nord de Chantelouve.

Elle existe également au Sud de la Durance; on peut l'étudier facilement dans les gorges du Guil, en amont de Guillestre, au-dessous des calcaires roses du Jurassique supérieur, ainsi que sous le hameau du Gros, sur la rive droite du Guil. La Brèche du Télégraphe se montre encore sur la rive gauche du Guil (route de Queyras, près la Viste), dans le vallon d'Escreins[1], près du lac des Neuf-Couleurs (Mortice), etc. Entre le Guil et la Durance, elle est typiquement développée dans le vallon des Grangettes, au pied sud de l'Aiguille de Rattier près du Chatelard.

Dans le bassin de l'Ubaye, l'un de nous l'a observée au Chapeau-de-Gendarme, près de Barcelonnette, où elle contient des *Bélemnites,* et où elle se trouve en contact avec le calcaire à *Gryphaea arcuata* Lam. sp.

Dans le haut bassin de l'Ubaye, il convient encore de signaler la présence du *Lias* sous forme de calcaires noirs avec bancs de Brèche du Télégraphe, en bandes synclinales étroites entre Vyraisse et le col du Vallonnet, près du lac de ce nom et sur les flancs méridionaux de Rocca-Blancia, ainsi qu'au N. E. de Fouillouze et dans la région S. E. du massif de Panestrel, au vallon des Houerts.

Importance et signification de la Brèche du Télégraphe.

Comme on le voit par ce qui précède, les nombreuses explorations de détail effectuées dans les Alpes françaises ont montré que la Brèche du Télégraphe possède une extension remarquable et constitue *un des plus précieux horizons stratigraphiques de nos Alpes.* Son maximum de développement est atteint à l'Est d'une ligne allant du Col de la Seigne au Galibier, à la Montagne de Prorel et à Saint-Paul-sur-Ubaye, mais elle fait défaut plus à l'Est, par exemple au Chaberton, à la Montagne de Pécé, etc.; elle est donc surtout caractéristique de la portion axiale de la zone du Briançonnais où elle est parfois très puissante et dans la portion orientale de laquelle elle représente fréquem-

[1] Il faut probablement attribuer à ce niveau les brèches et poudingues d'Escreins considérés par Ch. Lory comme appartenant au Bajocien (*Bull. Soc. géol. de Fr.*, 3ᵉ série, t. XII, 119).

ment à *elle seule* l'ensemble des assises comprises entre le Trias et le Malm. Ailleurs, et notamment dans la partie ouest du Briançonnais, on la voit s'intercaler, en bancs plus minces, à divers niveaux de l'Infralias et du Lias du « type intermédiaire » (Signal du Villard-d'Arène, Aiguilles de la Saussaz, les Vigneaux [Hautes-Alpes]). Au fort du Télégraphe, qui lui a donné son nom, elle occupe cette situation au milieu des bancs du calcaire noir ou corralligène du Lias.

Brèches similaire des Alpes suisses et du Chablais.

M. Steinmann a autrefois signalé dans les Grisons une brèche liasique qui rappelle beaucoup la nôtre. L'un de nous (J. R.) en a constaté des intercalations dans les Schistes lustrés des environs du Mont-Cenis (Haute-Maurienne).

La Brèche du Télégraphe présente également une très remarquable analogie avec la *Brèche du Chablais* et occupe la même place dans la série stratigraphique; elle peut lui être identifiée, ainsi qu'il ressort des constatations que l'un de nous (W. K.) a eu l'occasion de faire pendant une excursion de la Société géologique Suisse dans le Chablais, sous la direction de MM. Renevier et Lugeon. Comme la brèche liasique du Galibier en Dauphiné, la Brèche du Chablais renferme d'ailleurs des intercalations de schistes rouges et violacés. M. Tobler nous a remis deux échantillons de la brèche de la Hornfluh et d'Ober Wandli, près Iberg (Suisse), qui ont la plus grande identité[1] avec notre Brèche du Télégraphe; enfin l'un de nous (W. K.) a lui-même recueilli à Chamby, près de Montreux (Vaud), des blocs de même nature dans les dépôts glaciaires des Préalpes vaudoises.

Âge et genèse de la Brèche du Télégraphe.

L'épaisseur considérable qu'atteint cette formation bréchoïde dans certaines parties du Briançonnais, la continuité qui semble la relier aux brèches de base du Dogger et du Jurassique supérieur et la présence, en certains points, d'intercalations de schistes rouges et violacés dans sa partie supérieure autorisent à supposer qu'**elle représente parfois** (notamment au Rocher de Gafouille, près de Briançon) **non seulement le Lias, mais aussi le Jurassique moyen et peut-être la base du Malm.** Il est[2] toutefois incontestable que son niveau habituel est le Lias dans lequel elle ne forme fréquemment que de simples intercalations (type intermédiaire), mais qu'elle

[1] Cette analogie devient très explicable lorsqu'on réfléchit que les Klippes d'Iberg, de la Hornfluh et du Chablais sont des masses de charriage provenant d'une zone plus intérieure qui correspond probablement à la partie orientale de notre zone du Briançonnais.

[2] Voir W. Kilian, in *Bull. Soc. géol. de France*, 3e série, t. XIX, p. 570 (1891-1892).

IMPRIMERIE NATIONALE.

envahit complètement dans la zone axiale du Briançonnais (type briançonnais proprement dit), pour disparaître partiellement à l'Est de Briançon et se retrouver, plus à l'Est encore, en intercalations à la base des Schistes lustrés de la zone du Piémont. Ch. Lory avait soupçonné l'âge de ces couches bréchoïdes; il cite, en effet, les « conglomérats liasiques » du col du Golet, sur les Avanchers, près Moûtiers, contenant la *Gryphaea cymbium* Brgt. » (en réalité *Gr. arcuata,* Lamk.), mais ce savant les a, en beaucoup d'autres points, confondues avec d'autres terrains et n'en avait saisi ni la constance ni l'extension si remarquable dans les Alpes françaises.

Nous reviendrons plus loin sur la *genèse de la Brèche du Télégraphe.* Il nous semble légitime de chercher dans un phénomène orogénique la cause à laquelle remonte la formation d'un dépôt détritique aussi étendu, et cela suivant une bande située à l'Est du Lias à facies vaseux qui recouvre en partie nos massifs cristallins dauphinois. On sait que MM. Steinmann et Schmidt attribuent un facies très analogue du Lias aux environs de Lugano, à l'existence de saillies ou de récifs de roches triasiques dans la mer jurassique. Nous pensons que nos brèches doivent leur existence à la **lente surrection d'un axe anticlinal sous-marin** qui se serait démantelé au fur et à mesure de sa formation, et coïncidait approximativement avec l'emplacement correspondant — avant les déplacements latéraux qui ont produit le chevauchement des zones successives vers l'Ouest —, à la zone axiale des Alpes françaises (zone houillère)[1]; il a dû se produire là une sorte de géanticlinal qui détermina la formation de **deux géosynclinaux distincts** : à l'Ouest le géosynclinal dauphinois, dont M. Haug a si brillamment retracé l'histoire, et à l'Est le géosynclinal dans lequel se déposèrent, monotones et puissants, les Schistes lustrés de la zone piémontaise, et qui a été depuis en partie *refoulé* vers l'Ouest sur la zone axiale.

Autres brèches dans les Alpes occidentales. Brèches liasiques.

Il convient de rapprocher la Brèche du Télégraphe des assises bréchiformes intercalées dans les Schistes lustrés liasiques du Mont-Jovet, en Tarentaise, et qui semblent appartenir déjà au flanc oriental du géanticlinal en question dont l'axe devait, au Nord de Modane, *couper obliquement* la direction des zones tectoniques actuelles de la chaîne. Au S. E. du Mont Blanc, entre les Chapieux et Courmayeur, au col de la Seigne, dans les massifs du Mont Fortin, du Cramont, etc., ces intercalations prennent une grande importance; nous

[1] M. Pussenot est arrivé, de son côté, après nous, à des conclusions analogues (C. R. des Coll. pour 1911. *Bull. Serv. Carte géol. de Fr.* (t. XXI), n° 132, p. 169 [1912]).

les avons décrites en collaboration avec MM. Franchi et P. Lory; elles se composent de brèches *polygéniques* [1], à éléments variés, prenant parfois l'aspect de microbrèches et sont accompagnées de calcaires siliceux d'un aspect gréseux. A la base, elles reposent sur des calcaires cristallins (les Chapieux, Pont Saint-Antoine). Cet ensemble appartient à une zone de transition entre le facies du Piémont (Schistes lustrés) et le facies briançonnais (intraalpin) du Lias; nous avons reconnu, avec M. Jacob [2], que cette bande, refoulée vers le N. O., contre le Mont Blanc, est séparée de ce dernier massif par une importante ligne de contact anormal (Pyramides calcaires) correspondant à une surface de refoulement qui a fait disparaître une portion de la zone du Briançonnais.

On retrouve les brèches du Télégraphe dans la continuation nord de cette même zone au col de Fenêtre et près du Lac de Fenêtre, entre le Val Ferret Suisse et la Vallée d'Aoste, puis, plus loin encore, dans la Combe de Là (MM. Kilian et P. Lory). Elles existent très probablement aussi dans la haute Tarentaise, aux environs de Val d'Isère, dans le massif du Dôme et près du col de la Bailletaz (Observations de M. W. Kilian) où M. Boussac les considère comme triasiques.

Enfin, M. Franchi et le capitaine Pussenot ont signalé dans le Vallon du Rio Secco, à l'Est de Briançon (Hautes-Alpes), des intercalations bréchoïdes analogues dans les Schistes lustrés mésozoïques; il en est de même encore à la montagne du Lasseron, près de Cervières, d'après les observations de M. Pussenot (*C. R. Ac. des Sc.*, 4 nov. 1912) et celles de l'un de nous.

Confusion possible avec les brèches éogènes.

Il importe d'ailleurs de signaler ici l'existence d'autres brèches, d'un aspect parfois assez analogue à celui des brèches liasiques et qui pourraient facilement être confondues avec elles; elles sont d'âge éogène et subordonnées au « Flysch calcaire » (Auversien) de M. Boussac. La Vallée du Bachelard (Ubaye) et les environs de Villarclément en Maurienne offrent de beaux exemples de ces *brèches éogènes* qui seront décrites dans un chapitre ultérieur. M. Gignoux y a découvert des Nummulites.

[1] Voir Kilian et Révil, Une excursion géologique en Tarentaise, *Bull. Soc. hist. nat. de Savoie*, septembre 1893; Kilian et Lory, *C. R. Collab. Serv. Carte géol.*, t. XVI, n° 110 (1905-1906) et *C. R. Ac. Sc.*, 5 février 1906; Franchi, Lory et Kilian, *C. R. Collab.* in *Bull. Serv. Carte géol.*, n° 119 (t. XVIII), 1907-1908, p. 135; Kilian et Jacob, *C. R. Ac. Sc.*, t. CLIV, p. 802 (1912); J. Boussac, Études stratigraphiques sur le Nummulitique alpin, *Mém. Carte géol.* (1912); (voir aussi plus bas).

[2] W. Kilian et Ch. Jacob, *loc. cit.*

IIᵇ. MARBRES ET BRÈCHES (CONGLOMÉRATS) DE VILLETTE.

Marbres et brèches de Villette en Tarentaise.

Nous croyons devoir décrire à part une roche liasique d'un type bien connu depuis longtemps déjà[1] sous le nom de « Marbre de Villette » et qui se présente avec un développement assez considérable en Tarentaise, en amont de Moûtiers, où elle fait l'objet d'exploitations déjà anciennes.

Cette curieuse formation de Villette se présente dans les conditions suivantes (voir les coupes que nous en avons données, tome I, fig. 105 à 109) :

Une coupe transversale à la vallée de l'Isère, passant à l'Ouest de cette rivière, par le village de Villette, rencontre successivement une série d'assises inclinées fortement vers l'Est et qui sont en partant de l'Est (voir les profils fig. 106-109 du tome I) :

1° Terrain houiller (entre les Esserts et Longefoy), dans les pentes qui forment la rive gauche de l'Isère ;

2° *Lias calcaréo-schisteux* bien lité, visible sur la rive gauche de l'Isère où il est très développé ; sur la rive droite, on le voit, un peu en aval de l'embranchement de la route de Villette, s'appuyer directement sur la masse des calcaires cristallins n° 5. M. Gignoux y a observé des bancs de *microbrèches* dans le voisinage du Saut-de-la-Pucelle.

3° *Brèche calcaire* à ciment et éléments calcaires identiques à la « Brèche du Télégraphe » décrite ci-dessus. Cette brèche présente à la partie inférieure des parties feuilletées, sortes d'enduits lustrés, noirs violacés ou verts gaufrés ; on y rencontre également, vers la base, des blocs de calcaire siliceux *à pâte ivoirine*, blancs et à cassure esquilleuse, prenant une patine jaunâtre à l'extérieur. Cette même brèche montre en outre parfois un ciment rougeâtre et rappelle alors les brèches qui supportent le Malm du Briançonnais (Queyrellin). De

[1] Cette brèche a été signalée, pour la première fois, par Brochant de Villiers (*Journal des mines*, t. XXIII, 1808, p. 322) qui y découvrit des fossiles (*Nautiles, Belemnites*). Cet auteur se base sur cette constatation pour affirmer que nombre de terrains des Alpes considérés jusqu'alors comme très anciens devaient être considérablement rajeunis. — Cette formation fut également étudiée par le professeur Borson, de Turin, qui y recueillit un *Pecten* (*Mém. Acad. de Turin*, 1ʳᵉ série, t. XXIII, 1829) et plus récemment par G. de Mortillet, A. Favre, Ch. Lory et M. Zaccagna. Ce dernier la considère à tort comme triasique malgré la présence de nombreuses Bélemnites. Le même auteur place dans le Trias la brèche liasique de Saint-Jean de Belleville et attribue, en revanche, une partie du Lias schisteux au Jurassique supérieur. — Voir aussi tome I du présent mémoire, pages 509 et 511.

plus, ces brèches passent insensiblement à des calcaires bien lités à patine jaunâtre, offrant une teinte bleuâtre à l'intérieur des bancs et présentant une pâte extrêmement fine. Des calcaires dolomitiques et siliceux bleuâtres, à patine jaunâtre, et des calcaires ivoirins, à pâte très fine blanchâtre semblent intimement liés aux brèches avec lesquelles ils alternent et qui en contiennent d'énormes blocs. Ces brèches se continuent, d'après M. Gignoux, au N.E. de Villette.

4° *Calcaires siliceux* à pâte très fine, à cassure esquilleuse et conchoïdale devenant jaunâtre par altération; ils rappellent par leur cassure ivoirine et porcellanée certains marbres du Jurassique supérieur du Briançonnais (massif de Prorel), mais ne font pas, comme ces derniers, effervescence avec les acides et se montrent sensiblement plus durs. On les retrouve à la base des calcaires cristallins de l'« Étroit » du Ciex près Saint-Marcel, en contact avec les cargneules du Trias supérieur.

5° *Calcaire saccharoïde* et grossièrement cristallin en gros bancs blanchâtres gris clair, gris verdâtre ou rosés; ils présentent par places une assez vive coloration en profondeur et sont blanchâtres dans le voisinage de la surface, quoiqu'ils soient généralement blancs.

6° Ces calcaires passent, dans les carrières situées sous le couvent, à des assises violettes et à la *Brèche de Villette* en se chargeant de Bélemnites et de petits fragments ivoirins qui paraissent à première vue empruntés à l'assise 4, mais dont la structure microscopique est cependant nettement différente [1]. L'un de nous (W. K.) a pu se rendre compte que ces petits fragments d'un calcaire dolomitique blanc jaunâtre, d'aspect ivoirin, devenant jaunâtres par altération, qu'elle contient, sont en réalité des débris *roulés* et *charriés* dont il a pu dégager des échantillons; quelques-uns se montrent même nettement **perforés par des Pholades,** les trous provenant de ces dernières ont été remplis par le ciment lie de vin de la roche. On observe, en outre, dans la partie sud-ouest du massif de calcaires cristallins de *gros rognons* de silex blanchâtres très caractéristiques. Au Sud du village de Villette, entre l'église et la nouvelle route nationale, s'élève une colline rocheuse sur un contrefort nord de laquelle se trouve une maison de retraite pour missionnaires catholiques et au pied de laquelle sont ouvertes les célèbres carrières de marbre. Le sommet

[1] Voir pl. V, fig. 4 et *Album de Microphotographies de roches sédimentaires*, de W. Kilian et M. Hovelacque (Paris, Gauthier-Villars, 1900), pl. VII.

de cette colline est occupé par les brèches (n° 3) au-dessous desquelles viennent les assises 4 et 5; les carrières sont ouvertes dans ces dernières. Dans ce calcaire assez grossièrement cristallin, en bancs très épais (1 m. 50 à 2 mètres), homogènes et d'une belle sonorité, dont la teinte varie par zones du blanc grisâtre au gris verdâtre et au violet lie de vin, parfois taché de blanc et de lie de vin, on observe des zones criblées de *Bélemnites* en calcite gris bleuâtre dont les sections transversales, obliques et longitudinales, se rencontrent par centaines. Ces *Bélemnites,* déjà fréquentes dans les marbres blanchâtres, sont particulièrement abondantes dans des bancs violacés lie de vin où abondent aussi des sections de petits cailloux ivoirins, d'un blanc jaunâtre caractéristiques, devenant jaunes sur les surfaces exposées depuis longtemps aux actions atmosphériques, et se dessinant alors en creux sur le fond de la roche, par suite de leur altérabilité. Des lits feuilletés très minces, sortes d'enduits lustrés lie de vin, séparent parfois les gros bancs. Près du couvent on remarque de véritables intercalations de schistes rouges et verdâtres laminés. Les bancs chargés en Bélemnites et en cailloux ivoirins alternent plusieurs fois avec des calcaires cristallins zonés, blanchâtres ou roses.

A en juger d'après leurs sections, les Bélemnites de Villette appartiennent au moins à deux espèces : une grosse forme du groupe des *Paxillosi* ou des *Rhenani* (Lias moyen ou Lias supérieur) ne peut guère appartenir qu'au Lias, les grosses formes du Malm qui pourraient en section être confondues avec elles n'existent plus dans la province méditerranéenne. Une forme plus élancée et plus mince, de dimension moyenne, est assez analogue à *Belemnites elongatus* Mill. du Lias moyen et à certaines espèces de l'Aalénien inférieur. — Aucune des nombreuses sections transversales ne montre de sillon, ce qui serait surprenant s'il s'agissait de *Bélemnites* du Dogger ou du Malm. Ajoutons qu'on a signalé dans la Brèche de Villette des *Pectens* et des *Nautiles* des débris d'*Échinodermes* et de *Polypiers.*

— La coupe est interrompue sur l'emplacement du village de Villette par un cône de déjections, dont les dépôts masquent les assises du substratum; mais, en se dirigeant à l'Ouest du village, on voit réapparaître, toujours inclinés vers l'Est :

7° Brèches (Brèches du Télégraphe) et calcaires du Lias.

8° Gypses du Trias dont les pentes dominent Villette à l'Ouest.

Il semble évident, d'après ce qui précède, que les calcaires de Villette font partie d'une masse synclinale; ils ne sont qu'une différenciation dans des calcaires cristallins semblables à ceux des Étroits du Ciex (ces derniers sont un peu plus clairs de teinte); comme eux, ils apparaissent au milieu d'assises liasiques indiscutables et de brèches du type « Télégraphe », avec lesquelles ils sont en relation et dont ils ne peuvent être séparés. L'exploration soigneuse des environs ne nous autorise pas à y voir autre chose qu'un noyau synclinal *enclavé dans les brèches liasiques;* aucune autre hypothèse tectonique n'explique, en effet, d'une façon satisfaisante la coupe que nous venons d'analyser, et la bande calcaire qui comprend le massif de Villette se trouve comprise entre deux bandes anticlinales très nettes.

Les considérations relatives aux *Bélemnites* que contient le marbre de Villette ne nous permettent pas, d'autre part, d'assigner à cette formation un âge plus récent que le Toarcien. — Nous croyons toutefois devoir faire une légère réserve au sujet des masses de Brèches du Télégraphe qui la recouvrent et que nous avons interprétées comme plus anciennes (flanc inverse du synclinal); ces brèches pourraient en effet former un synclinal accessoire, pincé dans le premier et seraient alors un peu plus récentes que le Marbre; cette interprétation nous semble néanmoins infiniment moins probable que celle que nous avons adoptée, les brèches en question ne contenant, parmi les blocs et fragments nombreux qui les constituent, pas le moindre fragment de la roche si typique de Villette.

En résumé, la brèche, ou plutôt le conglomérat de Villette, qui contient en abondance deux formes de *Belemnites,* dont l'une du groupe des *Paxillosi,* ne constitue qu'un accident dans une masse de calcaires cristallins, d'origine sans doute récifale, formant un noyau synclinal dans le Lias et intimement associés à d'énormes masses de brèche calcaire à grands éléments (Brèche du Télégraphe). Les cailloux ivoirins du conglomérat de Villette sont empruntés à des bancs dolomitiques de la base des formations récifalesliasiques.

Il est intéressant de constater ainsi, par la présence de véritables *galets* et de traces de *Pholades,* le caractère littoral ou, au moins, sublittoral, que présentait la mer liasique dans cette région, alors qu'un peu plus à l'Ouest (Petit-Cœur, Doucy, col de la Magdeleine) régnait en maître le facies vaseux.

L'âge exact de la brèche de Villette paraît être toarcien[1].

[1] La provenance exacte des petits cailloux blancs (jaunâtres) contenus dans la brèche a paru longtemps assez problématique; nous les croyons triasiques.

III. TYPE INTERMÉDIAIRE.

Facies néritiques, zoogènes et oolithiques du Lias.

Caractères généraux du Lias à « type intermédiaire ».

Lorsqu'on suit vers l'Est les dépôts liasiques du type dauphinois, on voit, avant d'atteindre la zone où règne *exclusivement* le facies bréchiforme qui vient d'être décrit, se manifester, ainsi que nous l'avons dit plus haut, dans leur composition des modifications notables parmi lesquelles figurent, en première ligne, lorsqu'on examine au microscope les roches qui les constituent, des *accidents zoogènes et oolithiques* (voir pl. X du présent mémoire); on y remarque, en outre, des bancs de *brèches* et de *microbrèches,* des calcaires à Entroques [1] et des débris d'organismes divers qui indiquent une profondeur moindre des eaux marines. En même temps, on voit apparaître de nombreux débris d'Échinodermes, des Polypiers et des Lamellibranches. C'est en particulier dans la partie occidentale de la zone du Briançonnais, *dans la sous-zone des Aiguilles d'Arves,* c'est-à-dire à l'Est d'une ligne allant des environs d'Embrun au Lautaret, à Saint-Jean-de-Maurienne, Aigueblanche et au Col des Fours, et correspondant à une ligne de chevauchement importante, que se montre ce nouveau type liasique. On peut l'étudier près de Vallouise, dans le massif du Galibier, aux environs de Moûtiers, ainsi que dans le massif des Encombres; on le retrouve dans l'Embrunais et l'Ubaye sous forme de lambeaux de charriage et de masses de recouvrement. Plus à l'Est encore, le Lias est complètement envahi par le facies bréchiforme que nous avons décrit plus haut.

Les caractères les plus habituels de ce type intermédiaire se manifestent par l'apparition, au sein du Lias calcaire et du Lias schisteux, de bancs calcaires scintillants, subcristallins ou saccharoïdes, parfois très finement cristallins (Niélard), d'une teinte gris cendré, souvent noirâtre ou bleuâtre ou presque blanche (Saint-Martin-de-la-Porte), à cassure esquilleuse, parfois parallélipipédique ou anguleuse, laissant apercevoir fréquemment, à l'œil nu, une structure particulière remarquable par de nombreuses traces de micro-organismes, des débris spathiques d'Échinodermes, de Bivalves, de Polypiers, parfois bien conservés (La Saussaz) et autres restes variés. Le plus sou-

[1] Au microscope, les calcaires de ce type présentent une structure très caractéristique (voir plus loin). (Voir aussi Pl. X.) Voir aussi : Kilian et Hovelacque, *loc. cit.,* Pl. II, III, IV, V, VI.

vent, ils font effervescence avec l'acide chlorhydrique et contiennent fréquemment des cristaux microscopiques d'Albite et quelques grains de Quartz. Ces calcaires deviennent parfois bréchiformes ou présentent des plages cristallines à larges clivages miroitants (Entroques); dans beaucoup de points, ils passent à de véritables « calcaires à Entroques » (base des Aiguilles de la Saussaz), fétides au choc et d'une couleur foncée. En certains points, on devine une structure vaguement oolithique; ailleurs la pâte est claire et finement saccharoïde. Mais dans beaucoup de cas, et surtout en Tarentaise (Ciex), une recristallisation complète a transformé la majeure partie de ces calcaires en **marbres cristallins,** à structure plus ou moins fine. Des calcaires également cristallins, mais siliceux, à pâte très fine, blancs et d'aspect *ivoirin,* à cassure esquilleuse, s'y montrent également intercalés dans la masse, près de Villette.

Ce « *type intermédiaire* » comprend en général des assises de marbres compacts ou cristallins, des bancs de brèche et parfois aussi des schistes calcaires noirâtres, exploités comme ardoises. En quelques points toutefois (Rocheviolette, les Encombres), le facies de la bande liasique, située à l'Est du Flysch des Aiguilles d'Arves, présente encore une certaine analogie avec le type dauphinois, et offre très nettement une *masse inférieure calcaire,* que surmonte une *masse supérieure schisteuse.*

Enfin, des **calcaires à silex** se montrent fréquemment dans cet ensemble (Saint-Jean-de-Belleville, Pas-du-Roc, Morgon, Col de Famouras, haute Ubaye). — Il est intéressant de constater que ces calcaires à silex se présentent ici dans le voisinage de masses cristallines et coralligènes. Cette *liaison constante des accidents* cristallins et *coralligènes avec des calcaires à silex* a été d'ailleurs constatée dans le Bajocien du Bas-Bugey occidental, dans le Jurassique supérieur de diverses régions et dans les parties marginales de l'Urgonien provençal.

Un **horizon coralligène** [1] fort intéressant, constitué par 3 à 4 mètres de calcaire cristallin blanc, pétri de Polypiers, oolithique par places, apparaît vers le milieu des assises du Lias, à Dorgentil près Saint-Jean-de-Belleville, au Pas-du-Roc près de Saint-Michel-de-Maurienne, ainsi que près d'un pont sur l'Arc, entre cette dernière localité et Saint-Jean. Niveaux coralligènes.

[1] Voir, au sujet de cette découverte : *C. R. somm. Soc. géol. France,* séance du 15 décembre 1890 et *Bull. Soc. de Stat. de l'Isère,* séance du 21 novembre 1900.

On retrouve un type analogue, avec Entroques et Polypiers, au-dessus de la Serpolière, près de Saint-Julien-en-Maurienne et en aval de Saint-Martin-de-la-Porte et de l'usine de Calypso, sur le bord de l'Arc; il forme là des intercalations dans le Lias calcaire du massif des Encombres. Des bancs analogues existent encore dans le même massif au-dessus de Montdenis ainsi que dans la vallée des Encombres, en face de la Grosse-Pierre; un bel échantillon de Polypier (*Isastraea*) [voir pl. XII de ce mémoire] déposé dans la collection Sismonda au Musée de Turin et provenant de la montagne des Encombres, nous a semblé bien typique à cet égard; il est engagé dans un calcaire gris clair finement cristallin. Des *Polypiers* bien conservés se rencontrent également en assez grand nombre dans les blocs de calcaires liasiques des cônes de déjections voisins de Saint-Julien et près de Saint-Martin-de-la-Porte.

Environs de la Bessée (Hautes-Alpes).

Ce facies spécial a été découvert par l'un de nous (W. K.) en Savoie, et des traces s'en sont retrouvées depuis, en un grand nombre de points des zones intra-alpines et jusque dans le Briançonnais occidental; en particulier sur la route de la Bessée à Ville-Vallouise (Hautes-Alpes). Non loin de la gare de l'Argentière-la-Bessée, au voisinage du pont, affleurent en effet les représentants les plus nets du Lias à « *type intermédiaire* » dans le Briançonnais; ils consistent en bancs réguliers de calcaire noir, sillonné de veines spathiques et alternant avec des bancs schistoïdes également foncés et rappelant le type dauphinois. On peut étudier ces assises, qu'accompagnent aussi quelques couches plus franchement schisteuses, jusqu'au delà de Saint-Joseph, puis elles font place à une *brèche calcaire* noirâtre, tout à fait semblable à la brèche des environs de Moûtiers (Brèche du Télégraphe), entre les bancs de laquelle on remarque des calcaires schisteux noirâtres et *un banc de calcaire* plus clair à *structure nettement* **coralligène.**

Intercalations de bancs zoogènes. — Tarentaise.

Des grandes masses de calcaires clairs zoogènes s'observent également plus au Nord dans la vallée du Nantbrun et à Dorgentil (ou Orgentil), près de la montagne du Niélard (voir t. I, fig. 86-88 du présent ouvrage et en outre : *Bull. Soc. de Statist. de l'Isère*, t. I, 1892-1893, p. 653, la première mention de ce gisement faite par l'un de nous [W. K.]). C'est dans cette dernière localité et au S. O. de Saint-Jean-de-Belleville (Savoie) que les affleurements de ces formations zoogènes sont les plus remarquables; ils se montrent notamment sur les flancs du Niélard (Sud de Moûtiers), où ils sont en relation avec une brèche à *Bélemnites* et *Gryphaea arcuata* Lamk. (voir plus haut)[1]. Ils ont donné lieu à d'énormes éboulis blancs sur le versant nord du vallon, à 1 kilomètre environ en amont des bergeries de Dorgentil, et se poursuivent sur le flanc occidental du massif, jusque près du col du Golet. Nous y avons récolté en quelques instants les fossiles suivants :

Foraminifères (abondants).
Polypiers (*Calamophyllia ?*).
Radioles de *Cidaris*.
Pentacrinus sp.
Magellania (*Zeilleria*) *numismalis* Lam. sp.
Lima sp.
Lamellibranches divers.
Nerinea sp.
Belemnites sp.

Le calcaire de Dorgentil (ou d'Orgentil) est très blanc, saccharoïde, cristallin, oolithique par places, à cassure souvent esquilleuse, *d'un aspect presque*

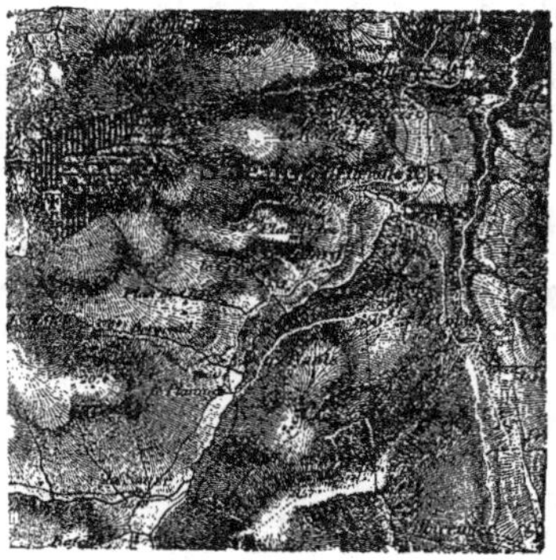

Point fossilifère
Lias coralligène — *Lias bréchoïde*

Fig. 29. — Gisement du Lias zoogène de Dorgentil.

identique à celui de certains calcaires coralliens du Jurassique supérieur de Rougon (Basses-Alpes), de l'Echaillon (Isère) et de la Maure, près Barce-

[1] Citées déjà par Lory (*B. S. G. Fr.*, 2ᵉ série, t. XXIII, p. 486), mais sous le nom de *Gr. cymbium* Schloth., sp.

lonnette et pétri de débris de fossiles (Radioles de *Cidaris*, Entroques, Polypiers, etc.). Il serait désirable que ce gisement fît l'objet de recherches micrographiques spéciales et prolongées, qui, nous n'en doutons pas, permettraient de réunir (non sans peine, il est vrai, car les fossiles sont fort difficiles à dégager!) une faune assez curieuse. Le croquis (fig. 29), publié par l'un de nous (*Bull. Soc. Géol. de Fr.*, 3ᵉ série, t. XIX, p. 608, fig. 12) et reproduit ci-contre, permettra d'en retrouver aisément les affleurements.

Ce niveau de calcaires blancs se montre encore au voisinage du col de Varbuche, le long du torrent du Nantbrun, où l'on peut voir des coupes de *Polypiers*, dans les surfaces de calcaires blanchâtres mises à nu par l'érosion. Ce nouveau gisement est situé à peu de kilomètres au Sud de la localité précédente, et à peu près à mi-chemin entre la source du Nantbrun et la Cabane du Plane. On voit, ici encore, le banc calcaire nettement supérieur aux calcaires dolomitiques du Trias; le long du torrent de Varbuche, de magnifiques surfaces ont été découvertes, et l'on peut apercevoir de nombreuses sections de Polypiers. Près de là, le calcaire coralligène revêt une apparence bréchiforme.

Un type plus cristallin encore règne en Tarentaise, par exemple au hameau du Bois, près d'Aigueblanche, où des calcaires blancs, très cristallins, sont associés à des calcaires noirs compacts et à des brèches à *Rhacophyllites diopsis* Gemm. sp. Ces dernières forment en partie le promontoire appelé « Échelles d'Annibal », sur la rive gauche de l'Isère. On retrouve encore des calcaires blancs analogues aux « Étroits du Ciex », dans la vallée de l'Isère à Villette et au Châtelard, près de Bourg-Saint-Maurice. Les fossiles sont extrêmement rares dans ces calcaires de Tarentaise par suite de la large recristallisation qu'ils ont subie. M. Hollande y a cité *Lima conocardium* Stopp. du Trias. M. Marjollet, notaire à Aime, a bien voulu nous communiquer ces fossiles en 1898 et nous avons reconnu qu'il s'agissait de *Bivalves* voisins de *Ctenostreon*, mais absolument indéterminables. On retrouve cette même formation à Saint-Sigismond, près d'Aime, ainsi que près de Villette, sur la route nationale où l'on a ouvert les carrières, dont il a été parlé plus haut (p. 78), et où les calcaires cristallins apparaissent *nettement liés aux brèches liasiques*.

Entre la Pomblière et Saint-Marcel en Tarentaise, existent également de grandes masses de calcaires cristallins d'un gris clair et parfois noirs, dans les schistes noirs du Lias, au milieu desquels ils ont joué, au moment des manifestations orogéniques, le rôle d'immenses noyaux résistants et occasionné des plissements et contournements des schistes autour d'eux[1]. Ces calcaires cristallins massifs, d'un type récifal bien net, contiennent parfois des *rognons de* **silex noirs** et prennent fréquemment une patine jaunâtre à l'extérieur, ils ont été traversés en tunnel près de l'usine de la Pomblière et ont une puissance considérable aux gorges du Ciex; ils sont d'ailleurs, ici encore, *associés à des brèches calcaires* que l'on peut étudier à Villette (voir plus haut, p. 75-78) et plus à l'Est près d'Hauteville. On y remarque en outre d'une façon constante des calcaires siliceux *à cassure ivoirine* qui ne peuvent en être nettement séparés et en occupent la base, en contact avec les cargneules du Trias supérieur (Saint-Marcel).

Les calcaires cristallins se continuent aux environs de Bourg-Saint-Maurice au Châtelard [d'où proviennent probablement les beaux marbres noirs à *Polypiers* blancs spathiques du Musée de Chambéry]; nous les avons retrouvés à la base du Lias (Rhétien?) au Pont Saint-Antoine et à Crey-Bodin, près des Chapieux et dans le massif de l'Aiguille de Mya, vers le col de la Seigne, où ils sont surmontés par une puissante série de schistes et de brèches mésozoïques polygéniques du *type mixte* que nous décrirons plus bas.

On a vu plus haut que l'on exploite, près d'Aigueblanche, des calcaires cristallins blancs, intercalés dans les assises du Lias calcaire. Il est probable que ces bancs, comme ceux de « l'Étroit du Ciex »[2], qui ont fourni quelques fossiles, sont les équivalents de notre horizon coralligène de Dorgentil.

Faune du Lias calcaire de Tarentaise.

On a recueilli de rares fossiles dans le « Lias calcaire » des environs de Moûtiers : *Arietites* sp. au Col du Golet (Ch. Lory), *Arietites ceras* Giebel, *Aegoceras* sp., *Belemnites* sp. et *Nautilus* sp. (W. Kilian), sur le flanc est du Niélard et *Rhacophyllites diopsis* Gemm. sp. en amont d'Aigueblanche.

Lias de Tarentaise (suite).

Dans toute la région nord-est de la Feuille d'Albertville de la Carte géologique détaillée, il est très difficile de distinguer le « Lias calcaire » du « Lias

[1] La disposition lenticulaire des calcaires cristallins du Lias, au milieu de calcaires schisteux noirs, de facies vaseux, est très nette dans cette région et particulièrement visible près du hameau des Plaines et vers la Pomblière dans un souterrain établi par la *Société « la Volta »*, ainsi que dans les tunnels de la nouvelle ligne de Moûtiers à Bourg-Saint-Maurice, près des Plaines.

La collection Alph. Favre à Genève contient d'intéressants échantillons de la brèche de Villette montrant des Bélemnites et des *galets perforés par des Pholades*.

[2] Des calcaires blancs identiques, exploités pour la construction du chemin de fer, nous ont fourni des *Bélemnites*.

schisteux »; l'ensemble des assises prend une nature marno-calcaire et se montre de plus en plus métamorphique, on y a signalé quelques intercalations bréchoïdes; au Mont-Jovet, qui appartient à une zone plus interne encore, la schistosité s'accentue et la nature de la roche se rapproche du type « Schistes lustrés »; on remarque des bancs de *calcaires à Entroques;* d'autres rappellent le Flysch de l'Embrunais; cependant, ici encore quelques bancs de calcaires à Entroques et de brèche (du Télégraphe) s'y montrent intercalés, réalisant ainsi un « *type mixte* » notablement différent du Lias « briançonnais » et du Lias « dauphinois ».

En se dirigeant du Mont-Jovet, par Notre-Dame-du-Pré, à Villargerel, on voit donc tour à tour se succéder de l'Est à l'Ouest :

1° Les Schistes lustrés du Mont-Jovet auxquels succède une zone anticlinale complexe allant jusqu'au Houiller;

2° Un Lias (du type mixte) à facies marno-calcaire avec schistes et *micro-brèches;*

3° Le facies des calcaires cristallins avec brèches et bancs ivoirins siliceux à la base (type intermédiaire);

4° Le facies bréchiforme;

5° Enfin le facies vaseux (type dauphinois) de la bordure orientale de la zone cristalline delphino-savoisienne.

Lias à facies intermédiaire en Savoie. — Maurienne (suite).

Un horizon zoogène avec quelques Polypiers se retrouve en Maurienne au Pas-du-Roc, où il est intercalé dans des calcaires marneux noirs, compris entre un banc fossilifère à *Avicula contorta* Portl. et les marnes schisteuses du Lias supérieur; on peut, à l'entrée du défilé, en venant de Saint-Michel et à droite de la route, voir se succéder les assises suivantes (avec pendage est) :

1. *Trias.* — Schistes bariolés (verts, lilas) alternant avec des calcaires dolomitiques bleuâtres, jaunâtres à l'extérieur; 15 mètres.

2. Calcaires noirâtres en petits bancs, avec nombreux débris de coquilles, *Avicula contorta* Port., *Entroques*, etc. (voir plus haut, p. 7, 8 et pl. VII).

3. Calcaires gris bleu, compacts à veines spathiques, *rognons de silex*, etc., exploités pour chaux hydraulique. On y a signalé des *Bélemnites*.

Puis vient une série de bancs de calcaire noir, de marbres alternant avec des lits plus marneux, rognonneux, vers le haut de laquelle on remarque l'intercalation de gros bancs de calcaire construit de teinte plus claire, *pétris de Polypiers et de débris de fossiles.* Cette couche, d'où provient sans doute le beau Polypier déjà cité et conservé au Musée de Turin, dans la collection Sismonda (pl. XII, fig. 2), affleure un peu en amont du passage à niveau, au-dessus d'un petit pré, le long de la route. A cet intéressant horizon succède une suite de calcaires schisteux noirs beaucoup plus argileux.

En continuant à suivre l'Arc, on trouve un anticlinal faisant réapparaître les gypses sur la rive gauche; puis les assises liasiques se montrent de nouveau. Sur la rive gauche de l'Arc, près de l'usine de Calypso et près d'un petit pont (non loin du mot « Culoz » de la carte d'État-Major), le calcaire coralligène présente un beau développement et l'on peut y voir de nombreuses et belles sections de Polypiers et d'Échinodermes (voir la carte fig. 13, p. 610, *Bull. Soc. géol. de Fr.*, 3e série, t. XIX).

Près de là, au Nord et sur la rive droite de l'Arc, se montrent aussi les intercalations zoogènes et les calcaires à Entroques et à Polypiers de la Serpolière et de Saint-Martin-de-la-Porte, dont il a été question plus haut.

Dans le massif de la Croix-des-Têtes et du Grand-Perron-des-Encombres, le Lias, très développé et affecté de plissements grandioses (voir le panorama pl. V, t. I du présent ouvrage), montre une *division inférieure* calcaire, très puissante, formée de **calcaires à silex**, de bancs zoogènes avec assises bréchiformes (Brèche du Télégraphe) et une *division supérieure* schisteuse qui occupe très nettement les replis synclinaux de la masse. La division inférieure devient moins massive au Nord du Perron, mais on y observe toujours des intercalations bréchoïdes. C'est à cette division qu'appartient notamment la « Grosse-Pierre des Encombres », qui a fourni une riche faune charmouthienne signalée par Stoppani, Sismonda et Alph. Favre (voir plus haut, p. 38) et contenue dans un calcaire subcristallin noir brunâtre donnant à l'attaque par les acides un résidu sableux et quartzeux étudié par Ch. Lory.

On retrouve ces deux divisions du Lias au col du Bonnet-du-Prêtre (fig. 30); entre le col de Varbuche et Saint-Jean-de-Belleville, des *calcaires à Entroques* se montrent dans le Lias calcaire.

Le niveau à Polypiers se retrouve entre Valloire et le tunnel du Télégraphe, dans les tranchées de la route (voir plus haut, fig. 27) et aussi dans des ouvrages fortifiés situés au-dessus de cette route, au S. E. du tunnel où il accompagne la brèche liasique. Il y est formé par une roche moins blanche. Il affleure également sur le chemin qui conduit d'Albanette à Valloire (flanc gauche de la vallée).

Le « Lias schisteux » est d'ailleurs nettement développé non loin de la sortie du tunnel.

A Albane, le Lias présente un caractère mixte, intermédiaire entre le type vaseux du Lias calcaire dauphinois et le type zoogène; on y remarque encore des couches à Polypiers. A la « Barrière des Pestiférés » et à Roche-Bernard entre Pratier et Bonnenuit, c'est un calcaire gris noirâtre, à débris d'organismes (*Pentacrinus*).

Enfin, sur le versant N. O. de Roche-Olvera, entre la Lozette et Bonnenuit, les calcaires liasiques se montrent pétris d'organismes et prennent une teinte

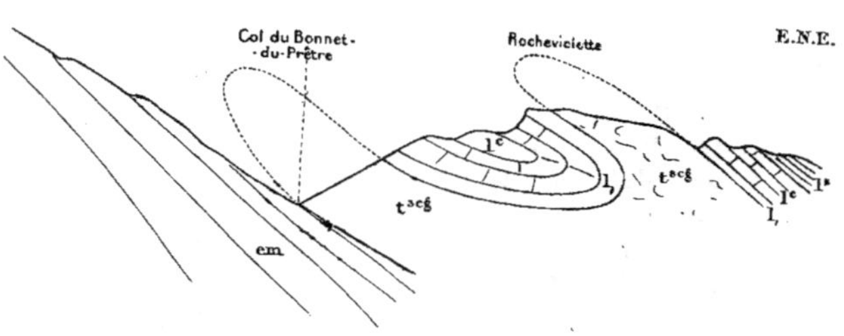

Fig. 3o. — Coupe du col du Bonnet-du-Prêtre (Savoie).

LÉGENDE.

t^3cg Cargneules du Trias. — l_1 Rhétien. — *lc* Lias calcaire. — *ls* Lias schisteux.
em. Grés et schistes éogènes.

plus claire; à la Lozette, ils sont même nettement oolithiques et zoogènes au microscope (*Échinodermes, Foraminifères*) [voir planche X, fig. 4]; cependant certaines assises liasiques de Roche-Olvera se rapprochent encore nettement du « type dauphinois » et rappellent le « Lias schisteux » de l'Oisans.

Il existe donc dans le voisinage du synclinal éogène des Aiguilles d'Arves, sur le bord occidental de la zone du Briançonnais, de Bourg-Saint-Maurice en Tarentaise, au Lautaret en Dauphiné, une bande liasique dans laquelle se montrent associés au type du Lias dauphinois des intercalations de brèches, des calcaires *à silex* et des assises de calcaires zoogènes cristallins et *oolithiques* d'un type très particulier.

Lias du «type intermédiaire» en Dauphiné. (Briançonnais et Hautes-Alpes.)

Il convient de signaler encore, sur ce même bord ouest de la bande éogène des Aiguilles d'Arves, la présence, au pied N. O. des escarpements rocheux des Aiguilles de la Saussaz, à l'Est du col de Martignare et sous les grès éogènes, de bancs épais de calcaires gris noirâtres et gris ou brunâtres à *Entroques,* associés à des *calcaires gris zoogènes* à gros *Polypiers* et à des brèches calcaires qui appartiennent au Lias. Cet affleurement occupe, à l'Est d'une importante *ligne de chevauchement,* une position absolument analogue à celle des calcaires et brèches du Niélard et de Dorgentil, en Tarentaise.

Briançonnais occidental.

Le « facies intermédiaire » se montre aussi dans la bande liasique qui court du Galibier vers le Monêtier, au-dessus de la route nationale de Grenoble à Briançon, sous forme de masses calcaires noyées au milieu de couches plus schisteuses; la nature *zoogène et oolithique* de ces calcaires noirâtres peut être facilement étudiée dans les talus d'éboulis traversant les sentiers forestiers (de reboisement), qui conduisent de la Madeleine à l'Alpe du Lauzet.

Dans le Briançonnais occidental, les calcaires se montrent encore remarquablement zoogènes et souvent pétris d'Entroques au-dessous de la Mandette, ainsi qu'au col de l'Eychauda (*Pentacrinus*); à Puy-Saint-Vincent (calcaire noir finement bréchoïde); dans les environs de Vallouise, au roc des Neyzets, etc., ils renferment fréquemment des zones et orbicules siliceuses et affectent souvent la forme de dalles; ce sont alors les **Calcaires de Vallouise** de M. Termier; nous y avons rencontré, en plusieurs endroits, des fossiles rares et peu déterminables : *Belemnites* sp., *Nerinea* sp., *Gastropodes* divers, *Pleurotomaria* sp., *Bivalves* (*Lima, Pecten, Ostrea*), *Brachiopodes, Entroques, Pentacrinus* sp., Radioles de *Cidaris, Polypiers* (abondants et relativement bien conservés). Nous avons dit plus haut qu'à la Lozette, près du Galibier, des calcaires, très riches en organismes, sont associés à des calcaires oolithiques également noirâtres et dont la structure microscopique (voir planche X, fig. 4) rappelle certains calcaires oolithiques du Jurassique moyen de la région jurassienne, et forment encore, à l'Ouest de la Mandette, une bande anticlinale qui va couper la route de Briançon près d'une maison cantonnière, en face du hameau de la Madeleine, où une tranchée a mis à nu de belles dalles riches en Polypiers, débris d'Échinodermes et organismes de toutes sortes.

Au Grand-Galibier et dans toute la chaîne qui domine à l'Est la vallée de la Guisane jusqu'au Grand-Aréa, le Lias est en revanche presque uniquement formé de *brèches;* il en est de même près de Briançon (Fort des Salettes).

IMPRIMERIE NATIONALE.

Calcaire de Vallouise (suite).

Plus au Sud encore, au col de l'Eychauda (*Pentacrinus*), au Nord-Ouest du Poët (Vallouise) et sur les pentes ouest du massif de la Condamine, ce sont des dalles à zones siliceuses, parfois *oolithiques* (voir la planche X, fig. 2, représentant les oolithes liasiques du Poët en Vallouise), d'un noir bleuâtre avec lits pétris de débris étirés et déformés de Bivalves, de Gastropodes et d'Échinodermes. Ce Lias calcaire, riche en organismes et très puissant, appartenant à notre « type intermédiaire », peut être observé également sur le versant ouest de la chaîne de la Condamine, en face de la vallée d'Ailefroide, où il se présente sous forme de dalles compactes d'un bleu noirâtre ou gris clair, à zones siliceuses et lumachelles de Bivalves alternant avec des schistes noirs. M. Termier a donné une bonne description de ce **Calcaire de Vallouise** qui avait été d'abord considéré comme éogène, mais dont cet auteur a définitivement établi l'âge liasique. Aux environs du village de Vallouise et vers les chalets de Nareyroux, on retrouve ces mêmes calcaires à traces d'organismes que divers auteurs ont considérés comme nummulitiques. Aux Vigneaux, ils contiennent des alternances répétées de brèches calcaires. Rappelons encore que nous y avons découvert des traces de l'horizon zoogène à peu de distance de la gare de l'Argentière-La-Bessée (Hautes-Alpes), sur la nouvelle route de Ville-Vallouise, où l'on relève une succession rappelant beaucoup celle du Pas-du-Roc (voir plus haut, p. 7 et 8), et où un banc coralligène est intercalé dans des couches comprises entre deux bancs de brèche calcaire (Brèche du Télégraphe).

Un bloc de calcaire coralligène fossilifère d'un blanc rosé, trouvé par nous en amont de Vallouise, sur le chemin du col de l'Eychauda, permet de supposer que le niveau de Dorgentil existe également dans le massif qui sépare ce vallon de la vallée de la Guisanne.

Autres parties du Briançonnais.

Dans le bassin de la Durance, près de Saint-Crépin, le Lias se présente sous forme de calcaires noirs bien lités, avec quelques bancs de brèche; on peut l'étudier également près de la Roche-de-Rame, sur la rive droite.

Dans la région même de Briançon, c'est-à-dire entre les vallées de l'Arc et du Guil, le Lias présente également, d'après M. Termier [1], plusieurs facies.

[1] Termier, Les nappes de recouvrement du Briançonnais (*Bull. Soc. géol. de France*, 3ᵉ série, t. XXVII, *1899*, *loc. cit.*, p. 53) et surtout : Id. Les montagnes entre Briançon et Vallouise Mémoires p. serv. à l'Expl. de la Carte géol. détaillée de la France (Ministère des Travaux publics), 1903.

Tantôt il est à l'état de *brèche calcaire* ou de conglomérat, à ciment calcaire, tantôt il est constitué par des *calcaires noirs,* à veines spathiques, alternant avec des bancs schistoïdes ou même avec de vrais schistes argileux, enfin à Vallouise, comme nous venons de le dire, on observe des *calcaires à Entroques* qui en font un type spécial pour cette partie du massif.

Plus à l'Est encore, non loin de Névache, entre le col de la Grande-Tempête et le lac Blanc, non loin du Col de l'Étroit du Vallon, règne un «*type mixte*» du Lias; le gendarme Laurent a recueilli, en 1891, dans les éboulis qui paraissent provenir de la bande synclinale de la Chirouze, remarquable par ses bancs des brèches liasiques, une Ammonite liasique : *Aegoceras circumdatum* Mart. sp. (voir *Bull. Soc. Géol. de Fr.,* 3e série, t. XIX, p. 616). Briançonnais oriental (type mixte du Lias).

Près de la frontière italienne au N.E. de Briançon, dans le massif des Grands-Becs, M. le capitaine Pussenot a trouvé d'autre part un échantillon très déterminable de *Schlotheimia angulata*, var. *thalassica* Quenst. sp. Nous (W.K.) avons eu l'occasion d'étudier en compagnie de cet excellent observateur, à la Pointe des Trois-Scies, les calcaires noirs hettangiens, à veines spathiques, et d'y constater nous-même la présence de *Schlotheimia.* L'Infralias et le Lias sont donc bien développés dans le «Synclinal du Chaberton» (flanc E. de cette montagne) où ils ont été d'ailleurs étudiés par M. S. Franchi[1], ainsi que le Rhétien, près du Clos des Morts et à la Rocca-Charnier, c'est-à-dire dans la portion italienne du massif des Trois-Scies. Cet auteur y signale des *calcaires coralligènes,* des calcaires compacts, des lumachelles, etc. Il y a rencontré : *Pentacrinus scalaris* Goldf., *Gryphaea arcuata* Lamk., *Ostrea* (*Alectryonia*), cf. *Electra* d'Orb., *Cardinia* sp. cf. *Philea* d'Orb. et un *Pecten.* Nous reviendrons plus loin à propos des «Calcaires du Briançonnais» sur les citations erronées, faites par Michelotti, Gastaldi, Suess, Diener, Gregory et Davies, de fossiles siluriens et crétacés mentionnés comme provenant du Clos des Morts et du Col du Chaberton. Il est d'ailleurs *absolument certain,* ainsi que nous avons pu nous en assurer avec évidence, qu'il n'existe en ces points que des assises du Jurassique inférieur et du Trias. Il est probable en outre que ce même «Lias à type mixte» occupe des noyaux synclinaux dans la chaîne des Trois-Mages et vers le col de la Roue.

[1] S. Franchi, Il Rhetico nell'alta valle di Suza (*Boll. R. Comit. geol d'Italia,* t. XVI, 1910 [nº 2], p. 306), et Rapport sur la campagne 1911 (*Boll. Comit. geol. d'Italia,* t. XLII, 1912).

Lias à facies intermédiaire du bassin de l'Ubaye.

Ajoutons enfin qu'au Sud de la Durance, le massif du Morgon, formé de nappes charriées venant de l'Est, offre de bons exemples de calcaires liasiques massifs du « type intermédiaire » à structure zoogène et, par places, *oolithique* (plateau culminant du Morgon, non loin de la « Croix d'Ubaye »). Ce type est là associé à des calcaires à Entroques noirs et à des calcaires **à silex** noirs remplis de *Gryphaea arcuata* Lam. (voir pl. XIII, fig. 1-3) rappelant le facies des environs de Digne (Basses-Alpes). Un véritable récif de Polypiers (voir pl. XIII, fig. 4) y a été observé par l'un de nous.

Le Lias à *Gryphaea arcuata* Lamk., *Pentacrinus tuberculatus* Mill., etc., existe également à l'état de masse charriée sur la rive droite de la Durance, près de Saint-Apollinaire, où il avait été déjà remarqué par Ch. Lory.

On retrouve un Lias **à silex** et à Gryphées dans d'autres masses de recouvrement de la région de l'Ubaye : au col de Famouras, dans le massif du Caire, aux Siolanes et au Chapeau-de-Gendarme (Olan ou Lan); le Lias de cette région a fourni : *Gryphaea cymbium* Lam. var. *gigantea* d'Orb. (Col de Famouras); *Arietites* sp. (Le Piz, grand exemplaire encastré au-dessus de la maison Arnaud, à Barcelonnette et représenté pl. XII *bis*, fig. 1), *Belemnites* sp.; *Gryphaea arcuata* Lam. (Grande-Siolane, Chapeau-de-Gendarme); *Panopaea* sp., *Pholadomya ambigua* Sow., *Terebratula punctata* Sow., *Rhynch. furcillata* Theod., *Spiriferina rostrata* Schloth. sp. (col de Famouras); *Pentacrinus tuberculatus* Mill. (beaux échantillons de Riou Chanal, Grande-Siolane, Pra-Loup, etc.), Polypiers, etc.

Haute-Ubaye.

Dans la région du col de Larche, près du col des Monges et dans le vallon de Rouchouze, ce sont des calcaires noirs subspathiques et zoogènes avec quelques *Bélemnites* et des lumachelles de Bivalves avec *Pentacrinus;* on retrouve des assises identiques dans les masses de recouvrement du col de Restefond où affleurent des calcaires oolithiques foncés, *zoogènes, avec Bivalves* et Gastropodes. (Voir Hovelacque et Kilian, Album de Microphot. de roches sédim., Paris, Gauthier-Villars, 1900, pl. II, fig. 1; pl. IV, pl. V, fig. 2, et pl. VI.)

Faune du Lias à type intermédiaire. (Grosse Pierre des Encombres.)

Il existe donc, comme nous venons de le dire, à l'Ouest et à l'Est de la bande synclinale des Aiguilles d'Arves, une zone dans laquelle les divisions du Lias calcaire et du Lias schisteux, quoique parfois encore reconnaissables (Encombres, Pas-du-Roc, Valloire) ne se présentent plus avec les mêmes caractères que dans la partie occidentale de notre champ d'études.

C'est à cette bande de *facies intermédiaire* qu'appartiennent les calcaires fossilifères des Encombres (Lias moyen). Comme nous l'avons dit, dans le premier volume de ce Mémoire (p. 228), c'est en amont de Genouillet et dans la plaine avoisinant le torrent que se trouve un bloc volumineux pétri de fossiles, et connu sous le nom de GROSSE PIERRE DES ENCOMBRES. Ce bloc consiste en un calcaire marneux gris noirâtre, **à silex**, dans lequel on trouve surtout : *Belemnites elongatus* Miller, *Lytoceras fimbriatum* Sow. sp., *Amaltheus margaritatus* Montf. sp., *Deroceras Davœi* Sow. sp., *Liparoceras Henleyi* Sow. sp., des *Ægoceras* (*Aeg. planicosta* Sow. sp.), *Gryphaea cymbium* Schloth., *Cardinia Philea* d'Orb., de nombreux Gastropodes, des Lamellibranches et Brachiopodes, etc., etc. (Voir plus haut, p. 38, et à la fin de ce chapitre, la liste complète des fossiles de ce point, d'après les collections Sismonda et Alphonse Favre)[1]. On sait que ce gisement a été découvert en 1847 par Sismonda et qu'il fut visité par de nombreux savants, mais c'est Alphonse Favre qui l'étudia de façon plus spéciale, et c'est à lui que l'on doit les données les plus exactes sur cette intéressante localité.

Résumé relatif au Lias du type intermédiaire.

Le Lias calcaire du « type intermédiaire » offre les accidents coralligènes et zoogènes que nous venons d'étudier et que nous avons cités à Calypso, Dorgentil, Albane, les Vigneaux, aux Aiguilles de la Saussaz, etc., où des parties oolithiques (Lozettes, Sud de la Mandette), des calcaires cristallins (Le Bois, Étroits-du-Ciex, la Pomblière, Bourg-Saint-Maurice, les Chapieux), des masses de brèches à ciment calcaire et à galets se cassant avec le ciment et formés de débris de grès houillers (très rares), de dolomies jaunâtres (Trias), de quartzites sériciteux (rares), de calcaires ivoirins, de calcaires à Entroques, de calcaires zoogènes, oolithiques ou noirs et compacts (Lias) (Niélard, Aigueblanche). Ces *brèches liasiques*[2] peuvent être étudiées aux environs de Moûtiers, à gauche de la route d'Aime (où elles se montrent parfois étirées et schisteuses), près de Saint-Jean-de-Belleville, de Fontaine, d'Aigueblanche, au col de la Bailletaz et dans le massif du Dôme, près de Val-d'Isère, au Grand Galibier, au fond de l'Alpe près de Saint-Crépin, dans le Briançonnais, à la montagne de Prorel; on les retrouve au Mayentzet, dans le Val de Bagnes et dans la

[1] On peut voir, dans cette dernière collection, au Musée de Genève (Suisse), une série intéressante de fossiles bien conservés et notamment *Amaltheus margaritatus* Montf. sp.

[2] On rencontre assez fréquemment des blocs de ces brèches dans les dépôts morainiques du Pleistocène subalpin, en particulier près de Rives (Isère) et de Méry-sur-Aix (Savoie).

Combe de Lâ (Suisse). Près de Villette en Tarentaise, des brèches à Bélemnites violacées d'un type spécial alternent avec des calcaires cristallins (voir plus haut, p. 75-78).

Des *calcaires compacts noirs* se rencontrent fréquemment : Saint-Michel, Mont-Denis, Pas du Roc, Valloire, Villarly, Ceillac, au Sud du col de Bramousse (*Pentacrinus*), aux Achards et à Champcella, à Réotier, au Col Girardin; on trouve des *calcaires à Entroques* aux Chalets de l'Alpe du Lauzet, à Serpolière, au Lautaret, au Mélez et près de Bardonnèche; des calcaires noirs *zoogènes* et oolithiques se voient aux Lozettes (Galibier), à la Mandette, à l'Est du Lautaret, à l'Ouest du Galibier, aux Aiguilles de la Saussaz, au Col Lombard, à la Barrière des Pestiférés, près de Valloire (*Pentacrinus*), enfin au Col de Terres-Blanches, dans l'Embrunais, où ils forment un lambeau de recouvrement sur le Flysch à 2,009 mètres d'altitude; à la Clapière près Ceillac et à Dormillouze, etc.

Le Lias schisteux est assez irrégulièrement développé dans ce type intermédiaire (Saint-Jean-de-Belleville, Lauzière, Cime Noire, Nord de Valloire) et présente parfois (Saut-de-la-Pucelle en Tarentaise) [d'après M. Gignoux] des bancs de microbrèche.

Le facies bréchiforme ne se présente toutefois sans mélange que dans le voisinage immédiat de la zone houillère (Sétaz, Galibier), dans les *synclinaux* de cette zone maîtresse, ou plus à l'Est encore dans la bande Briançon-les-Salettes-la Chirouze, il constitue alors le « type briançonnais » que nous avons décrit plus haut. Plus à l'Est vient le « *type mixte* » auquel succède enfin le « *type piémontais* » (Schistes lustrés).

Sur la feuille Briançon de la Carte géologique détaillée, on a réuni provisoirement, sous une même teinte et sous le symbole L J, le Lias bréchiforme et le Malm schisteux contenus dans des synclinaux étroits déjà indiqués par l'un de nous (W. K.), et où M. Pussenot a récemment reconnu d'une façon précise des représentants des assises du Rhétien, du Lias, du Jurassique moyen (Bathonien) et du Jurassique supérieur [1]. Les *lacunes* stratigraphiques y sont fréquentes; on constate notamment l'absence du Bajocien et de l'Oxfordien.

Quant au *type dauphinois*, décrit dans le paragraphe précédent et qui précède à l'Ouest le type intermédiaire, c'est surtout dans le voisinage de la

[1] C. R. Collab. Carte géol. de France, 1909 (1910) à 1911 (1912), *in Bull. Serv. Carte géol. de Fr.*, t. XX, n° 126, p. 189, et t. XXI, n° 132.

zone cristalline delphino-savoisienne et à l'Ouest d'une ligne Roselend-Aiguebelle-Saint-Jean-de-Maurienne qu'il règne en maître. Il présente une remarquable uniformité, en particulier dans le « pays des Arves » près du Col des Prés-Nouveaux, dans la vallée de l'Olle et dans l'Oisans, ainsi qu'au Nord de la Chambre près de Montaymont et du Col de la Madeleine.

Dans la sous-zone des Aiguilles d'Arves des *passages ménagés* (les Vigneaux, Col de l'Eychauda, Nord-Est du Villard d'Arène) relient le Lias dauphinois au type briançonnais et constituent le type intermédiaire que nous venons d'étudier : calcaires oolithiques et zoogènes noirâtres, alternant avec des marno-calcaires noirs, des bancs bréchiformes et parfois des calcaires cristallins. Les fossiles déterminables y sont rares; cependant on a recueilli *Pentacrinus tuberculatus* Mill. au Lautaret et au Col de l'Eychauda.

Importance du facies coralligène.

La constatation d'un **horizon coralligène** dans le Lias à type intermédiaire des Alpes françaises permet d'intéressants rapprochements. En effet, cet horizon est analogue aux couches du même âge des Alpes orientales étudiées par M. Wæhner, qui contiennent souvent des Polypiers et des Entroques. MM. Schmidt et Steinmann ont aussi signalé aux environs de Lugano des assises récifales qui appartiendraient au même niveau, ce qui complète l'analogie des couches jurassiques inférieures de cette région avec celle de nos zones intra-alpines.

D'autre part, M. Scalia [1] a décrit en Sicile la faune du calcaire blanc cristallin de la montagne del Casale, dans la province de Palerme, connu déjà par les travaux de Gemmellaro, Carapezza et Tagliarini. Ce calcaire, remarquable par les nombreux Gastropodes et Lamellibranches qu'il contient, a fourni des Polypiers (*Astrocoenia*), des Pentacrines, des Diadémopores, etc. Les espèces connues qu'il renferme (*Phylloceras cylindricum*, Sow. sp., *Rhacophyllites stella* Sow. sp., des *Arietites* et des *Schlotheimia*) lui assignent un niveau voisin de l'Hettangien et du Sinémurien.

On comprendra facilement l'intérêt qu'il y a à constater dans nos Alpes l'existence de ce facies à une époque où des couches récifales, coralligènes ou subcoralligènes, du même genre, se formaient dans les Alpes centrales et orientales, l'Apennin, la Sicile, la Kabylie et l'Andalousie. Ce FACIES N'AVAIT PAS

[1] S. SCALIA, Sopra alcune nuove specie di fossili del calcare bianco cristallino della montagne del Casale, in provincia di Palermo (nota preliminare) [*Boll. Accad. Givenia di sc. nat.* in Catania. Fasc. LXXVI, marzo 1903].

ENCORE ÉTÉ RENCONTRÉ dans notre pays avant nos explorations dans le Jurassique inférieur du bassin delphino-provençal, et nous ne connaissons aucune région de la France où le Lias se présente sous cette forme.

IV. TYPE MIXTE ET TYPE PIÉMONTAIS DU LIAS.

(SCHISTES LUSTRÉS.)

Définition des types « mixte » et « piémontais » du Lias. — Historique.

Nous ne ferons que mentionner ici, à la suite des facies que nous avons appelés types *dauphinois, intermédiaire* et *bréchiforme* ou *briançonnais* du Lias, l'aspect et la composition spéciale que prennent les dépôts liasiques, dans la partie tout à fait orientale des Alpes franco-italiennes, et notamment dans la zone du Piémont, réservant, pour une autre occasion, l'étude des « *Schistes lustrés* » (Schistes calcaréo-talqueux ou « Calcschistes ») dont ce « *type piémontais* » (S. Franchi) du Lias contribue à former une portion importante. Nous avons d'ailleurs résumé, dans la partie historique du présent ouvrage[1], les discussions auxquelles a donné lieu jadis cette formation si développée dans les Alpes italiennes et indiqué la part prépondérante qu'y ont prise Ch. Lory, Marcel Bertrand, MM. Zaccagna, Mattirolo et S. Franchi. Depuis lors, on doit à M. l'ingénieur Franchi d'avoir apporté des arguments décisifs[2] en faveur de l'attribution au Lias *d'une grande partie de ces Schistes lustrés,* et d'avoir montré que leur base est parfois postérieure aux représentants les plus nets

[1] Voir tome I, chap. v et vi, notamment p. 560, 569, 587, 595, 599, 605, 603, 607 et 626, et tome II, chap. 1er, p. 268 et 301.

[2] On consultera notamment les ouvrages suivants :

S. FRANCHI, Sull'eta mesozoica della zona delle pietre verdi nelle Alpe occidentali [*Boll. R. Com. geol.*, t. XXIX (série III, vol. IX), 1898, nos 3 et 4]. — S. FRANCHI e G. DI STEFANO, Sull'eta di alcuni calcari e calcscisti fossilifere delle Valli Grana e Maira, nelle Alpi Cozie (ID., t. XXVII, serie III, t. VII), 1896, p. 171.

S. FRANCHI, I terreni secondari a facies piemontese, etc. [*Boll. R. Com. geol. d'Italia*, t. XL. (Serie IV, vol X), 1909, p. 549-550].

S. FRANCHI, Il Retico quale zona di transizione fra la Dolomia principale ed il Lias a « facies piemontese », etc., nell'alta valle di Susa (*Boll. R. Com. geologico d'Italia*, t. XLI, série V, vol. I, 1910, n° 2, p. 306).

TARAMELLI e PARONA, Sull'eta da assegnare alla zona delle pietre verdi nella Carta geologica delle Alpi occidentali. (Relazione al R. Comitato geol. *Boll. del R. Comitato geologico d'Italia*, t. XLII, chap. I, 1911.)

S. FRANCHI, La zona delle pietre verdi fra l'Ellero e la Bormida e la sua continuita fra il Gruppo di Voltri e le Alpi Cozie (*Boll. R. Com. geol. d'Ital.*, 1906).

S. FRANCHI, Bibliografia ragionala dei principali lavori concernenti la cronologia dei terreni a

de l'étage rhétien, tandis qu'ils reposent en d'autres points sur la « Dolomie principale » du Trias à *Worthenia solitaria*. Cependant, en Tarentaise, M. Bertrand a d'autre part signalé à la montagne de Pichery, près de Val d'Isère, un passage latéral *très net* de la partie inférieure de ces mêmes Schistes lustrés aux calcaires phylliteux du Trias moyen, équivalents des « Cargneules inférieures » du Briançonnais, passage latéral que nous avons pu récemment encore constater avec *une grande évidence* (en compagnie de MM. P. Lory et M. Gignoux).

Les Schistes lustrés n'apparaissent, en effet, pas toujours brusquement et sans transition à l'Est de la zone du Briançonnais, et il est des points privilégiés dans nos Alpes où l'on peut observer, ainsi que l'un de nous l'a montré en collaboration avec MM. P. Lory et S. Franchi, puis avec M. Ch. Jacob, un passage graduel du « facies briançonnais » au facies piémontais du Lias, réalisant un facies particulier qui constitue ce que nous appellerons le « *type mixte* » du Lias. Notre confrère italien désigne les Schistes lustrés par le terme de « *Lias à facies piémontais* »; il est, en effet, indéniable qu'une grande partie de cette formation schisteuse appartient certainement à ce terrain, mais si elle englobe en certains points de la Tarentaise (Grande-Sassière) une partie du Trias, elle comprend aussi, outre une partie certainement liasique, des représentants schisteux du Dogger, du Jurassique supérieur et l'équivalent des « Marbres en plaquettes » du Briançonnais. L'auteur italien semble, en revanche, avoir fait une légère confusion lorsqu'il parle du « Lias à *facies dauphinois* » du Rio Secco[1], près de Clavières, qui appartient en réalité à notre type briançonnais, le terme de *facies dauphinois* ayant été

« facies piemontese » (zona dell pietre verdi, Schistes lustrés, Bündnerschiefer, Schieferhülle) [*Boll. R. Com. geol. d'Ital.*, vol. XL, n° 4, p. 552-591].

S. Franchi, W. Kilian et P. Lory. Sur les rapports des Schistes lustrés avec les facies dauphinois et briançonnais du Lias. C. R. des Coll. pour 1907 (*Bull. serv. Cart. géol. Fr.*, n° 119, 1908).

W. Kilian et Ch. Jacob (*C. R. Ac. des Sc.*, t. CLIV, p. 802 [1913]).

W. Kilian et Ch Pussenot, Sur l'Âge des Schistes lustrés des Alpes franco-italiennes (*C. R. Ac. des Sciences*, t. CLV, p. 887 [4 nov. 1912]).

W. Kilian, Les Marbres en Plaquettes et la géologie du Briançonnais (*C. R. somm. séances Soc. géol. de France*, 1913, n° 5, p. 38).

J. Boussac, Études stratigraphiques sur le Nummulitique alpin (*Mém. Expl. Carte géol. dét. de la France*, 1912). — [*Passim.*]

[1] Ces couches comprennent d'ailleurs, entre le pic du Lauzin et le col de l'Alpet, une série d'assises dans lesquelles nous avons pu reconnaître, avec M. Pussenot, des représentants du Rhétien, des marbres zonés appartenant au Jurassique supérieur [T. de la Carte géologique détaillée (feuille de Briançon)], des équivalents des Marbres en plaquettes suprajurassiques et peut-être même du Flysch éogène.

créé par M. Haug pour les dépôts vaseux du Lias de l'Oisans et du Gapençais, que les couches du Rio Secco ne rappellent que de très loin[1].

Non-coïncidence des zones isopiques avec les zones tectoniques.

—

Brèches des Chapieux.

Il nous semble utile d'insister encore une fois, à ce propos, comme l'un de nous l'a fait en 1908, et après M. Argand, sur l'*obliquité* que présentent dans les Alpes *les limites des facies et des zones isopiques, par rapport à celles des zones tectoniques.* Le facies des Schistes lustrés dans le Lias, qui demeure cantonné à l'Est de la zone houillère, au Sud de l'Arc, n'est pas en effet plus au Nord limité à la zone du Piémont, et son extension ne coïncide pas avec les limites de cette zone; il s'avance vers le Nord-Ouest en Tarentaise, et atteint, par l'intermédiaire de ce que nous avons appelé le « facies mixte », sorte de marge transitionnelle au facies briançonnais (remarquable par le développement de BRÈCHES POLYGÉNIQUES du type de la « Brèche des Chapieux »), le bord frontal de la « nappe du Grand Saint-Bernard », vers la vallée transversale des Chapieux, dans la vallée du Versoyen et au col de Broglie. Dans le Valais, le facies des Schistes lustrés se montre même *dans les nappes plus extérieures encore du Simplon.* De même les gneiss permocarbonifères, ne formant plus au Sud que la moitié orientale du massif du Ruitor, gagnent, dans la vallée de Bagnes et d'Entremont, le front même de la nappe, pour arriver, encore plus au Nord-Est, à régner exclusivement sous le Trias, dans les nappes d'origine encore plus externe de la région du Simplon.

Type mixte du Lias et passage au type piémontais. (Schistes lustrés.)

Tout à fait analogue est également la zone de passage décrite par M. Pussenot au Lasseron et au Col de l'Alpet près de Briançon, entre la « zone des Schistes lustrés » et celle du facies briançonnais proprement dit qui comprend des assises du Lias, du Dogger et du Malm (Jurassique supérieur); cette zone de passage montre également l'apparition *tout à fait graduelle* « du facies piémontais » (Schistes lustrés) dans les synclinaux qui se succèdent à l'Est de Briançon (Gondran, l'Enlon, Pic du Lauzin, Chaberton), et offre des **intercalations réitérées de bancs de brèche** dans des Schistes lustrés, accompagnés de « Pietre Verdi », qui reposent sur un Trias formé de calcaires dolomitiques, de quartzites et d'anagénites. Ces faits ont été représentés par MM. Kilian et Pussenot dans un diagramme inséré dans le *Bulletin de la Société géologique de France* (4ᵉ série, t. XIII, p. 30, 1912).

[1] Voir W. Kilian et Ch. Pussenot (*C. R. Ac. des Sc.*, 4 nov. 1912).

Ainsi, de la haute Isère au Valais, on voit se présenter, intérieurement à la bande du Lias à facies dauphinois de la zone du Mont-Blanc, une *zone transitionnelle* à « facies mixte » qui montre des intercalations bréchoïdes et que suit immédiatement à l'Est le type piémontais du Lias avec un grand et *exclusif* développement de « Schistes lustrés »; ce *type mixte* du Lias confine d'autre part, vers le Sud-Ouest, au facies briançonnais. Le facies « Schistes lustrés » est d'ailleurs très développé extérieurement à la zone houillère, du Petit Saint-Bernard à la frontière suisse; il se montre là encore en connexion étroite avec les autres facies du Lias : par ce que nous avons appelé le *type mixte*, qui s'associe intimement au facies briançonnais et même se propage, atténué, jusqu'en plein domaine du type dauphinois. On voit donc que le processus spécial de sédimentation et de métamorphisme qui a déterminé les caractères des « Schistes lustrés » s'est réalisé *à la fois dans plusieurs zones tectoniques de nos Alpes.*

Nous rappellerons que MM. Kilian et P. Lory[1] ont montré, en deux notes successives[2], que les unités stratigraphiques reconnues dans la zone intra-alpine de Savoie se continuent nettement jusqu'en Valais le long de ce que M. Argand a appelé le « bord pennique frontal », par le col de la Seigne, les Vals Ferret, la région du col de Fenêtre et le tronçon inférieur des vallées d'Entremont et de Bagnes[3]. Entre la zone du Mont-Blanc et la sous-zone du Permo-houiller, on retrouve dans le Lias, malgré des lacunes importantes produites par les étirements et les chevauchements qui limitent la zone des Aiguilles d'Arves, les principaux facies définis par l'un de nous (M. Kilian) en Maurienne et en Tarentaise. Comme dans ces dernières régions, et lorsqu'on s'écarte des massifs cristallins extérieurs pour se diriger vers le Sud-Est, on voit *au facies dauphinois se substituer les calcaires cristallins à Entroques de Sembrancher et de Châtel, et divers autres éléments caractéristiques des facies*

(1) Voir Franchi, Kilian et Lory, *loc. cit.*

(2) Sur l'existence de brèches calcaires et polygéniques dans les montagnes situées au Sud-Est du Mont-Blanc (*C. R. Acad. Sc.*, 5 février 1906) et Feuille du Grand Saint-Bernard (*in* C. R. Collabor. pour 1905, *Bull. Cart. géol. Fr.*, t. XVI, n° 110, mai 1906).

(3) La structure de la bande étudiée est celle d'une *zone de racines*, où vraisemblablement doit être cherchée l'origine d'une partie au moins des nappes à brèches exotiques des zones externes des Alpes. Cette opinion est également celle de M. Haug et de M. le professeur Schmidt, tandis que M. Termier envisage cette zone comme formée d'un « paquet de nappes » et de « fausses racines »; M. Argand la considère comme faisant partie de la partie frontale renversée de sa *nappe pennique*.

intermédiaire et briançonnais; c'est ainsi, en particulier, qu'à des calcaires cristallins analogues à ceux du Ciex, et à des schistes, souvent lustrés, viennent s'associer des *brèches,* les unes calcaires, identiques à la « brèche du Télégraphe »[1] (le Mayentzet, Combe de Lâ), les autres (chaîne du Crammont, les Chapieux) POLYGÉNIQUES, contenant notamment des galets de roches cristallines anciennes, à ciment en partie siliceux, comme le sont d'ailleurs aussi les calcaires où elles se développent; MM. Kilian et Lory se sont demandé si ces dernières brèches ne seraient pas éogènes, car elles offrent la plus grande ressemblance avec celles qui en Tarentaise ont été reconnues comme tertiaires. Dans la vallée de Bagnes le Lias possède un facies *presque entièrement lustré* et séricitenx, avec bancs de calcaires cristallins.

Région au S. E. du Mont-Blanc.

Pour mieux élucider les questions relatives à ces brèches et aux facies du Lias dans le Nord de la zone intraalpine, la région la plus favorable était celle des montagnes comprises entre le Petit-Saint-Bernard et Courmayeur. Ch. Lory l'avait déjà spécialement citée et sa coupe du Bonhomme au Petit-Saint-Bernard[2] figure l'énorme épaisseur qu'atteignent là les Schistes lustrés, alternant avec des calcaires micacés, des brèches et des nappes de « roches diallagiques ». M. Franchi avait fait connaître en 1898 et 1902[3] les principaux caractères stratigraphiques de ce massif : notamment il signalait la présence, au vallon du Breuil, de *Bélemnites dans les Schistes lustrés,* ce qui établit nettement l'âge liasique de ceux-ci, d'ailleurs disposés en synclinal dans le Trias; il précisait aussi l'existence de brèches et de *roches vertes* dans le même complexe, et montrait son identité de constitution lithologique avec certaines parties de la zone des *pietre verdi* sur le versant piémontais des Alpes Cottiennes et Maritimes : identité qui, notait l'auteur, confirme l'âge secondaire des *roches vertes,* démontré déjà par d'autres arguments.

En parcourant, avec MM. Franchi et P. Lory, une partie de la chaîne du Crammont et du Val-Veni, l'un de nous a pu coordonner dans un travail

[1] Marcel BERTRAND avait indiqué déjà très justement (légende de la feuille *Albertville*) que les brèches du Télégraphe et de Villette « se continuent jusqu'au delà de Courmayeur ».

[2] *B. S. G. F.*, 2e sér., t. XIII, p. 495, pl. X, fig. 4.

[3] FRANCHI, Nuovo località con fossili mesozoici nella zona delle pietre verdi presso il Colle del Piccolo S. Bernardo (*Boll. R. Comit. géol.*, 1902). — On consultera aussi avec fruit : S. FRANCHI, Relazione sulle excursioni in Valle d'Aosta (12-13 settembre 1907), della Società geologica italiana (*Boll. Soc. geol. italiana*, t. XXVI [1907], p. CLVIII), où se trouve une coupe coloriée très instructive et détaillée de toute cette région (Mont Assaly-Mont-Blanc), par M. Franchi.

commun avec ces derniers auteurs[1] toutes les observations antérieures. Les représentants des divers facies énumérés plus haut s'y montrent, en effet, dans des rapports extrêmement instructifs :

Dans le Val-Veni règne le *facies dauphinois;* il offre, sous le Mont Frély par exemple, une division inférieure plus calcaire (Lias calcaire), une assise schisteuse (Lias schisteux), et de nouveau des couches calcaires pouvant appartenir au Bajocien (?) d'après MM. W. Kilian et P. Lory. Cependant, dans cette série vaseuse de roches noires et mates, apparaissent déjà, notamment sur la route du Val-Veni, en amont de Purtud, quelques intercalations de feuillets schisteux *lustrés* et de lits calcaires cristallins, indices d'un passage au facies suivant.

Ce passage s'accentue brusquement au Sud-Est d'une LIGNE DE CHEVAUCHEMENT importante, courant des Pyramides calcaires à la Saxe, sur le flanc est de l'anticlinal étiré que jalonnent les noyaux éruptifs (porphyriques, microgranulitiques) du Chétif, de la Saxe et de Tête-Bernauda. Le Lias qui les enveloppe présente, d'après M. Franchi, notamment à la base[2], des *calcaires à Entroques* (Pra-Neiron, Nord-Est de la Saxe) et plus haut les couches *lustrées* y sont prédominantes. L'un de nous a pu étudier également de beaux calcaires à Entroques à Chécoury dans le massif du Chétif.

La chaîne du Mont-Favre ou Bério-Blanc et du Crammont (Mont-Fortin, Mont-Brisé), avec sa structure monoclinale, ses crêtes en grandes dalles, ses cols de schistes, représente une masse fortement refoulée vers le Nord-Ouest; elle est constituée par un énorme ensemble continu dont l'âge jurassique est directement prouvé par la découverte qu'a faite M. Franchi d'une *Bélemnite* dans un banc de brèche associé à la base des Schistes lustrés du fond de l'Allée-Blanche[3].

Ce Lias possède ici son *facies mixte* fort différent du facies dauphinois, dont — grâce au chevauchement mentionné plus haut — on est cependant à si peu de distance. On y voit notamment, en alternances multiples, des couches de calcaires cristallins identiques à ceux de la moyenne Tarentaise[4],

(1) FRANCHI, KILIAN et P. LORY, *loc. cit.*

(2) Nous n'avons pas retrouvé le « conglomérat de la Saxe » de MM. Duparc et D. Mrazec. Au point où leur carte le figure dans le Massif du Mont-Blanc, on ne voit, entre les affleurements du Trias et du Lias, *qu'une brèche de pentes manifestement moderne.*

(3) Voir les Panoramas et Planches du Mémoire de MM. FRANCHI, KILIAN et P. LORY (*loc. cit.*).

(4) Légende des feuilles *Albertville* et *Tignes* de la Carte géologique de France, par MM. BERTRAND et TERMIER.

des bancs de brèches, des lits typiques de schistes lustrés calcarifères (calc-schistes); de petites assises de schistes noirs luisants, conservant encore à peu près le type dauphinois, s'y intercalent, notamment au col de l'Arp. Les calcaires peuvent offrir des bancs à Entroques, par exemple près de Pré-Saint-Didier (d'après M. Franchi); ils présentent en outre souvent des feuillets phylliteux et des *zones siliceuses*. Il y a des calcaires siliceux qui prennent par altération un aspect gréseux et d'ailleurs certaines de leurs couches sont réellement gréseuses. Les **brèches** ont un intérêt spécial. Elles se présentent en intercalations nombreuses, parfois très serrées, constituées par des bancs d'épaisseurs très diverses. Leur variabilité est très grande aussi quant à la proportion et à la grosseur des éléments clastiques; il y a ainsi des calcaires cristallins et des schistes lustrés avec rares galets, et d'autre part des brèches pauvres en ciment. On remarque également des *microbrèches*, qui peuvent ressembler beaucoup à certains types éogènes des environs de Moûtiers en Savoie, et qui sont caractérisées par l'abondance des mêmes débris de calcaire jaune triasique. Le ciment peut être simplement calcaire et alors les bancs un peu grossiers rappellent vivement la Brèche du Télégraphe. Mais le plus souvent il se montre, surtout au contact des galets avec le ciment, des enduits satinés ou même nettement micacés qui peuvent être développés au point de donner de véritables schistes lustrés bréchoïdes, à l'aspect laminé[1]. Parfois, quelques rares galets cristallins s'associent aux éléments calcaires; lorsque c'est dans les brèches lustrées, ils achèvent de leur donner une ressem-

[1] M. P. Termier a bien voulu examiner au microscope quelques échantillons de ces roches, voici le résultat de ses observations :

1° *Intercalation cristalline dans les calcaires lustrés de la chaîne du Mont Fortin.* — Il n'y a guère que de la Calcite. Çà et là quelques plages de Quartz et quelques grains d'Ilménite. La Calcite est largement cristallisée et à mâcles multiples; mais cette large cristallisation englobe des *morceaux de calcaire, à grain plus ou moins fin et quelquefois à grain très fin.* La séparation est brusque de ces morceaux de calcaire et de la Calcite qui les entoure. Leur contour est quelquefois irrégulier, d'autres fois coupé par le plan de la plaque suivant une ligne presque droite. Ces individus calcaires semblent *des témoins, incomplètement recristallisés, d'un ancien calcaire.*

2° *Zones quartziteuses et séricitenses des mêmes assises.* — L'une des préparations porte sur une petite *zone quartziteuse.* Fine mosaïque de Quartz, avec rares grains d'Albite, un petit cristal de Tourmaline, et très peu d'Ilménite (extrêmement fine). Quelques gros cristaux de Calcite, bien formés, englobant beaucoup de grains de Quartz.

L'autre porte sur une *zone séricitense.* C'est le Schiste lustré typique. Mélange de Calcite à mâcles multiples et de Mica blanc contourné. Avec le Mica blanc il y a un peu de Mica noir. Çà et là, grains de Quartz et d'Albite. Beaucoup de petites aiguilles de Rutile et d'Ilménite, fort irrégulièrement réparties. Un gros Rutile.

blance apparente avec les brèches éogènes de Tarentaise. Mais *toutes ces brèches font partie intégrante du complexe jurassique;* cela nous paraît démontré avec évidence — malgré l'opinion émise par M. Jean Boussac qui les attribue au Tertiaire dans un mémoire récent sur le Nummulitique alpin (*Mém. Expl. Carte géol. détaillée de la France,* 1913) — par toutes les coupes de la chaîne, comme celle du Mont Fortin au Mont Favre déjà étudiée par M. Franchi et celle du lac de Chécoury à la Tête de l'Arp.

Vers le Sud-Ouest, le même ensemble, qui englobe peut-être aussi le Jurassique moyen et supérieur, se poursuit en France sans discontinuité, formant la Montagne de la Seigne et ses contreforts méridionaux : il comprend notamment les **brèches des Chapieux,** où les galets cristallins deviennent plus fréquents, brèches qui, par conséquent, appartiennent aussi aux « Schistes lustrés », comme Ch. Lory l'avait déjà signalé (*l. c.*), et que, contrairement aux interprétations de M. Boussac, nous considérons comme *mésozoïques.*

Dans cette puissante série, Marcel Bertrand (*C. R. des Coll. Serv. Carte géol.* pour 1895 [1896]) avait distingué trois termes :

1° Des Schistes lustrés inférieurs (lt) : schistes noirs principalement, à cheval sur le Trias et le Lias;

2° Des calcaires et brèches (l^2);

3° Des Schistes lustrés supérieurs (ll), en grande partie constitués par des bancs minces de calcaire spathique et correspondant au Lias supérieur et peut-être même à des termes plus élevés du Jurassique.

Cette division ne correspond pas toujours à une réalité précise; les schistes noirs, s'ils existent, surtout dans l'assise inférieure, se répètent jusque bien plus haut (col de Youla); la brèche se montre dès l'extrême base et réapparaît, comme il vient d'être dit, *à de multiples reprises,* rendant singulièrement indécise la limite de l'assise supérieure d'où elle est absente. Enfin tout le complexe repose manifestement sur des calcaires cristallins massifs, identiques à ceux du Châtelard, près Bourg-Saint-Maurice, et du Ciex, en Tarentaise, qui appartiennent certainement au *Lias* et passent à Villette (voir plus haut, p. 176) aux brèches classiques du type de la « brèche du Télégraphe ».

L'abondance des brèches témoigne qu'il existait, dans la région de dépôt de ces assises ou à son voisinage, des *reliefs* livrés à l'érosion. Un autre indice de mouvements et d'émersions est la *transgressivité,* avec traces de ravinement, des brèches et des schistes liasiques sur les calcaires et quartzites triasiques : ce fait, observable par exemple au Mont-Brisé, à Crey-Bettex en Tarentaise et aux environs de Roselend (d'après M. Ch. Pussenot), est d'ailleurs à assimiler à la transgressivité de la *brèche du Télégraphe* dans le Briançonnais (W. K.).

Un régime géanticlinal régnait, on le voit, sur l'aire de dépôt du *Lias à facies mixte ;* ce dernier constitue d'ailleurs une bande fortement refoulée vers le N. O. qui s'étend de la vallée du Rhône, en amont du coude de Martigny, jusqu'au S. E. du Mont-Blanc, en passant par le débouché du Val de Bagnes, le Six-Blanc, la combe de Lâ, le mont Ferret, les pentes du chaînon Grand Golliaz — Grande Rochère — Mont Colmet, sur le Val Ferret italien, le chaînon Crammont — Tête de l'Arp — Mont Fortin — Mont Percé, le vallon des Chapieux.

Elle continue encore dans le massif du Roignais, où elle a été récemment étudiée par MM. Gignoux et Pussenot, et si les couches lustrées disparaissent ensuite graduellement, la présence de quelques galets cristallins dans la brèche liasique de la cluse de Moûtiers (W. K. P. L.) montre la persistance jusqu'en ce point d'un des caractères les plus remarquables de la brèche des Chapieux. Près du col du Coin, M. Gignoux a observé, en 1913, dans ce complexe des intercalations *identiques* à la *brèche de Villette*, avec des Bélemnites Ce même géologue a publié (*Bull. Serv. Carte géologique de la Fr.*, n° 133; *C. R. des Collaborateurs pour la campagne de 1912*) d'intéressants détails sur les brèches de la Tarentaise, et M. Ch. Pussenot a établi depuis l'âge rhétien ou liasique de la plupart des formations bréchoïdes existant au Nord de Moûtiers et d'Aime.

Type piémontais au S. E. du Mont-Blanc.

En continuité complète avec le Lias à « facies mixte », les « Schistes lustrés » constituent, sous leur facies classique, le revers méridional du chaînon du Mont-Favre et la région frontière Breuil-Versoyen-Petit-Saint-Bernard. Dans cette dernière, ils sont accompagnés de leurs *Roches vertes* habituelles, très développées sous leurs types classiques (Gabbros, Serpentines, Prasinites). Ici encore, l'âge, au moins en très grande partie jurassique de la masse, est établi par les *Bélemnites* que M. Franchi a rencontrées en plusieurs points des environs du Petit-Saint-Bernard au col de la Seigne (comme dans le Val Grana[1], à

[1] S. Franchi, La zona delle pietre verdi fra l'Ellero et la Bormida e la sua continuità fra il gruppo di Voltri e le Alpi Cozie (*Boll. R. Comit. geol.*, 1906).

la Grande Hoche, près de Beaulard et en plusieurs points du Piémont); le même auteur a signalé dans les Schistes lustrés des intercalations de Calcaires à Entroques (Grande Hoche) et de couches à Radiolaires (Cézanne).

Type mixte de la région des Chapieux.

Nous retrouvons le « *type mixte* » du *Lias* vers Bourg-Saint-Maurice, dans la Haute Tarentaise, dans la vallée des Chapieux, où l'un de nous l'a étudié en collaboration avec M. Ch. Jacob [1]. On peut faire là les observations suivantes (voir fig. 31 et 32, p. 107) :

A. 1. De Bourg-Saint-Maurice au pont de Bonneval on traverse une épaisse série isoclinale de schistes liasiques typiques, qui est renversée sous la bande de cargneules triasiques du Petit-Saint-Bernard, et dans laquelle pointe, au Chatelâ (ou Châtelard), une tête anticlinale de calcaires cristallins gris blancs du Lias inférieur, identiques aux « marbres du Ciex » en Tarentaise. En amont du Chatelâ, les schistes liasiques comportent une intercalation de ROCHE VERTE (amphibolite, anorthosique), connue depuis longtemps et décrite en 1893 par MM. Kilian, Révil et Termier; cette roche serait, d'après M. Termier, un mélaphyre recristallisé.

Lorsqu'on dépasse le pont de Bonneval, les schistes deviennent siliceux, d'aspect gréseux, parfois microbréchiformes, et passent [2] **insensiblement** à des « Schistes lustrés » typiques. Dans le fond de la vallée du Versoyen, près du col de Breuil, de nombreuses masses de *roches vertes* (serpentines, gabbros, amphibolites) forment des intercalations dans ces schistes. En approchant de Crey-Bettex, on voit apparaître des lits subordonnés de **brèches polygéniques**, à ciment silicéo-calcaire, cristallin, séricíteux, inséparables des Schistes lustrés.

2. Au-dessus des lacets de la route en aval de Crey-Bettex, les Schistes lustrés et les brèches subordonnées **reposent sur des dolomies et des quartzites triasiques**, qui sont supportés à leur tour par des schistes et grès houillers, nettement visibles en contre-bas de la route.

3. Entre Crey-Bettex et le pont de Saint-Antoine, on retrouve les Schistes lustrés, mais avec des intercalations plus abondantes de **brèches polygéniques** à ciment luisant.

4. Légèrement en aval du pont de Saint-Antoine, l'ensemble des brèches et des schistes repose sur des **calcaires blancs, ivoirins et cristallins** rappelant certains bancs de marbres liasiques du Ciex; puis viennent des dolomies et des quartzites triasiques, sans toutefois que le thalweg atteigne le Houiller.

5. Du pont de Saint-Antoine aux Chapieux, on a de nouveau des brèches et des Schistes lustrés, mais qui passent vers la base à de nouvelles brèches calcaires, plus

[1] KILIAN et JACOB, in *C. R. Acad. des Sc.*, 25 mars-1er avril 1912.

[2] Il n'y a ici aucune trace de la ligne de discontinuité qui devrait exister ici où les Schistes lustrés faisaient partie, comme le veulent certains auteurs, d'une nappe plus interne *refoulée* sur le complexe des brèches.

IMPRIMERIE NATIONALE.

voisines du type de la brèche liasique du Télégraphe (brèche des Chapieux, de MM. Kilian et Lory), celles-ci reposant elles-mêmes sur les **marbres liasiques** gris blanc (type du Ciex) de Crey-Bodin.

B. Au delà du torrent de Chapieux, les assises qui constituent le massif de Mya plongeant toujours au Sud-Est sont couchées, en discordance, sur l'ensemble C (fig. 30); elles se montrent nettement étirées vers le bas des pentes pour s'épanouir vers les crêtes et y comporter du Sud-Est au Nord-Ouest les éléments suivants : calcaires en plaquettes et schistes scoriacés noirâtres du Rhétien, près des Chapieux; calcaires triasiques typiques du type des « calcaires francs » de la Vanoise et des calcaires dits à Gyroporelles du Briançonnais (voir plus haut, fasc. II, p. 190); épaisse série de quartzites avec schistes verts de la pointe de Mya, affectés d'un repli synclinal secondaire; calcaires triasiques du type Briançonnais; schistes calcaréo-siliceux; *calcaires cristallins liasiques* (type du Ciex); schistes calcaréo-siliceux; bancs étirés et laminés du Trias, avec, sur une faible épaisseur, des quartzites, des cargneules, des *schistes multicolores*, etc.

Ainsi, à l'époque liasique, le géanticlinal Briançonnais, avec ses profondeurs faibles et variables, se continuait vers le N.-E. jusqu'au Rhône, et ses dépôts ont donné la bande de Lias avec brèches qui s'intercale entre la zone du facies dauphinois et celle des Schistes lustrés typiques. Il est à remarquer toutefois qu'un chevauchement considérable, mis en évidence par MM. Kilian et Jacob (v. fig. 31 et 32), masque probablement ici toute la partie externe de la zone du Briançonnais.

Une coupe du Petit-Saint-Bernard au massif du Mont-Blanc traverse ces diverses bandes. Voici la succession qu'y a observée M. Franchi en se dirigeant du S. E. au N. O. (voir S. Franchi, W. Kilian et P. Lory, *loc. cit.*).

1. Houiller.
2. Trias : cargneules et gypses, peu puissants; en quelques points (la Touriasse), quartzites et calcaires.
3. Schistes lustrés à *Bélemnites* avec intercalations de calcaires cristallins clairs et de calcaires dolomitiques (Ricovero n° 31), et un peu de prasinite (Lias).
4. Schistes lustrés avec *Bélemnites* (Alpe Verney).
5. Schistes lustrés avec quelques grosses lentilles de micaschistes et gneiss (pointe Rousse) et nombreuses masses de *pietre verdi* à l'Aiguille de l'Hermite, au col du Breuil, etc.
6. Schistes lustrés du Mont-Léchaud et du Mont-Percé, se poursuivant jusqu'à un banc de **brèche** associée à du calcaire et à des lits schisteux, au col de la Seigne : dans ce banc M. Franchi a trouvé une **Bélemnite**. (C'est le « type mixte » du Lias.)
7. Petite assise de schistes noirs lustrés qui va s'appuyer à la base des larges dalles des « Pyramides calcaires » de l'Allée Blanche.

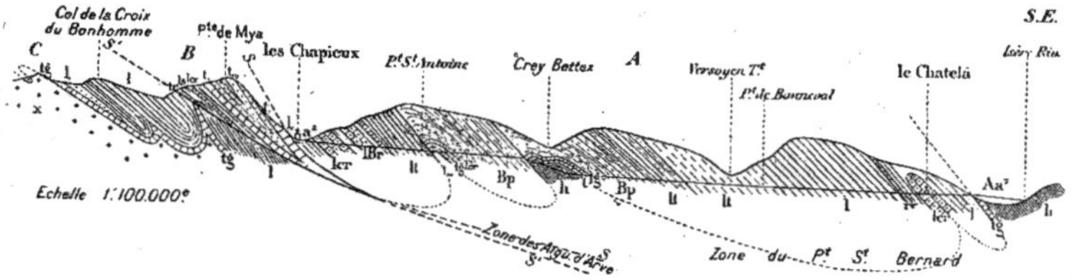

Fig. 31. — Coupe S. E.-N. O. de l'Isère au Col du Bonhomme (d'après MM. Kilian et Jacob).

LÉGENDE.

A et *B* **Massifs du Versoyen et de la Pointe de Mya.** — h **Houiller.** — tg Dolomies et Cargneules triasiques. — t_{III} Quartzites et schistes verts. — t Calcaires triasiques du type des Calcaires à Gyroporelles. — $l_{,}$ Calcaires Schistes rhétiens. — lcr Marbres du Ciex (Lias cristallin). — lBr Brèches du Télégraphe. — l Schistes liasiques. — ls Schistes siliceux liasiques. — rv Roches vertes. — lt Schistes lustrés. — Bp Brèches polygéniques. — a^2 et Aa^2 Alluvions et cônes de déjections. — *C* **Région du Bonhomme** : x Schistes cristallins. — tg Dolomies capucins. — $l_{,}$ Grès singuliers et calcaires fossilifères rhétiens. — l Lias à facies dauphinois. — *S* et *S'* Contacts anormaux (Surface de charriage).

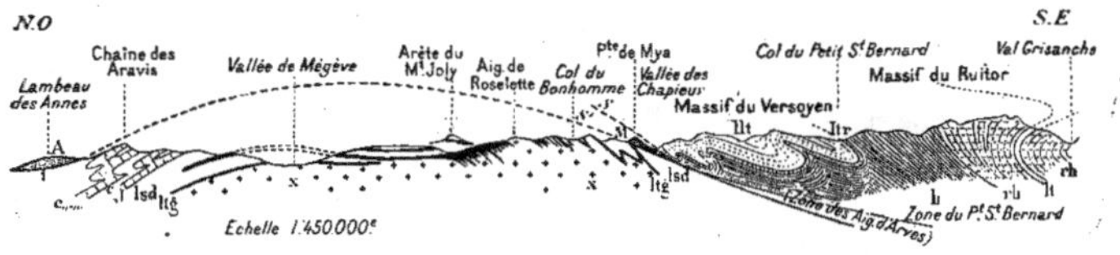

Fig. 32. — Coupe théorique S. E.-N. O. du Val Grisanche au lambeau des Annes (d'après MM. Kilian et Jacob).

LÉGENDE.

1° **Massifs du Ruitor et du Versoyen** : rh Gneiss permocarbonifères. — h Houiller. — lt Schistes lustrés. — ltr Trias et Lias calcaire de base. — llt Série mésozoïque du Versoyen : Schistes, Schistes lustrés, roches vertes, brèches polygéniques, etc. (type mixte du Lias). — 2° **Massif de Mya** : M. — 3° **Massif du Mont-Blanc et Plis couchés du Mont Joly** : x Schistes cristallins. — ltg Trias et Lias calcaire. — lsd Lias schisteux et Dogger. — J Jurassique supérieur. — c et c_{II-III} Néocomien et Urgonien. — t Flysch tertiaire. — 4° **Lambeau des Annes** : A. — SS' Contacts anormaux.

N. B. La moitié occidentale de la coupe est empruntée à M. E. Ritter, 1897 (à partir du Col du Bonhomme).

8. Cargneules représentant le *Trias* anticlinal des Pyramides calcaires, en *contact mécanique* avec le Lias dauphinois.
9. Lias à *facies dauphinois*, schisteux avec intercalations calcaires à la base [1].
10. Roches cristallines du massif du Mont-Blanc.

Il est particulièrement intéressant de constater dans les régions voisines du Mont-Blanc, et malgré la présence d'une importante ligne de chevauchement et de *discontinuité*, la juxtaposition, avec *passages latéraux*, dans un espace aussi restreint, d'une *série de facies du Lias* si différents par leurs conditions de dépôt et leur degré de métamorphisme. C'est une disposition homologue de celle que M. Franchi a mise en évidence pour les représentants du Trias et du Lias des deux côtés de la grande zone permo-houillère dans les Alpes Cottiennes méridionales et les Alpes liguriennes aux environs de Mondovi. Dans les premières, on rencontre un Lias à facies dauphinois à Sambuco, sur le côté externe de la zone permo-houillère, et sur son côté interne, dans la Valle Granda, à 8 kilomètres seulement de là, un Lias cristallin avec Schistes lustrés, brèches et « *pietre verdi* », l'un et l'autre bien caractérisés par la présence d'*Arietites* et de *Bélemnites*. Aux environs de Mondovi, c'est pour le Trias que l'on voit développés dans un même synclinal à peu de kilomètres l'un de l'autre, et avec des passages qui les relient l'un à l'autre, d'une part le type dolomitique ordinaire, de l'autre un *type mixte*, cristallin, avec Schistes lustrés et calcaires dolomitiques. On voit combien est grande l'analogie de cette disposition avec ce que nous venons de décrire dans le Lias de la région de Courmayeur.

Lias du Type mixte au Mont-Jovet.

Il en est à peu près de même dans une autre partie de la Tarentaise, au *Mont-Jovet :* dans le bas des pentes occidentales de ce massif, les plis déjetés vers l'Ouest montrent des bandes de Lias à facies intermédiaire (calcaire cristallin des Plaines) et Briançonnais, tandis que les parties hautes, sans doute constituées *par une nappe plus interne*, offrent de puissantes assises du « *type mixte* » se rapprochant du facies Schistes lustrés, avec intercalations de calcaires à Entroques et de bancs de brèches observées par Marcel Bertrand.

Type mixte du Lias à l'Est de Briançon.

Au Sud de la Savoie, des passages du Rhétien et du Lias à type « Briançonnais » au facies « Schistes lustrés » ou « *piémontais* », qui rappellent d'une façon

[1] Plus à l'Est, le Lias dauphinois est séparé des roches cristallines par un peu de Trias et par des schistes bréchoïdes spéciaux, d'âge indéterminé. Vers le col des Fourgs, le Jurassique débute par les « *Grès singuliers* » (voir plus haut, p. 22).

frappante la série que nous venons de décrire aux environs de Courmayeur, ont été observés en outre par MM. Franchi [1] et Pussenot à l'Est de Briançon, dans la chaîne du Chaberton (Ravin du Rio Secco, Clavières, Col de la Mulatière, Col de la Grande Hoche ou Pas de l'Ours des cartes françaises), et au S. E. dans celle du Lasseron. Ils n'ont encore fait l'objet d'aucune description détaillée, mais correspondent bien à notre « *type mixte* » défini plus haut.

V. AUTRES TYPES DU LIAS DANS LE VOISINAGE DES ALPES OCCIDENTALES.

Il convient de rappeler, en terminant cette revue des différents types du Lias dans la région alpino-rhodanienne française, que M. Haug a distingué dans les régions marginales, qui limitent le Géosynclinal dauphinois à l'Ouest, au Nord et au Sud, une bordure néritique caractérisée par des dépôts moins vaseux et moins puissants, mais plus riches en fossiles et surtout en Lamellibranches, en Brachiopodes et en Gastropodes, par la présence de sédiments détritiques et littoraux et parfois de minerais de fer. Cette bordure, qui encadre pour ainsi dire à l'O., au S. O., au N. O. et au Nord la région occupée par les différents types du Lias que nous venons de décrire dans les Alpes, comprend ce que M. Haug a appelé les *facies « provençal »*, *« rhodanien »* et *« jurassien »*. La description de ces types extra-alpins sortirait du cadre de la présente étude; nous nous bornerons à renvoyer, en ce qui les concerne, aux travaux stratigraphiques et paléontologiques dont ils ont fait l'objet de la part de Dieulafait, Hébert, Jaubert et de M. Collot pour la Provence, de Ledoux, Dumortier, Toucas, Fabre et de M. Riche pour la région cévenole et rhodanienne (et la Montagne de Crussol), de Dumortier, Falsan, Locard, et de MM. Riche, de Riaz et Roman pour le Mont d'Or Lyonnais et le Jura Méridional [2]. Des traces de transgressions et des *lacunes stratigraphiques* fréquentes se montrent notamment sur la bordure du Massif Central.

Dans le Var, des couches particulièrement riches en Brachiopodes dans le Lias moyen et le Lias supérieur rappellent le type que M. Choffat a désigné en Portugal sous le nom de *« facies espagnol »* du Lias; elles font en ce moment l'objet des recherches de M. Antonin Lanquine.

[1] S. Franchi, Il Retico quale zona de transizione, etc. (*loc. cit.*).

[2] Il y a lieu de citer notamment l'ouvrage fondamental de Dumortier : Études paléontologiques sur les terrains jurassiques du Bassin du Rhône. Lyon.

RÉSUMÉ ET CONCLUSIONS.

(Voir le schéma, planche A, et la carte, planche B.)

Transgression progressive. — Rhétien et Lias.

De la description qui précède, il résulte que la partie inférieure du système jurassique (Rhétien et Lias) des Alpes françaises nous révèle les traces d'une *transgression* lente et progressive débutant avec les couches à *Avicula contorta* et succédant, notamment dans l'Ouest de la région, au régime lagunaire du Trias supérieur; au début, cette *transgression infraliasique* amène une remarquable uniformité dans les dépôts : partout elle a laissé des calcaires, souvent couverts de petites coquilles marines dont l'*Avicula contorta* est la plus connue; le caractère général de la faune accuse cependant une différence sensible entre la région occidentale où règne le type *souabe* (Champ, Digne) et la région orientale (intra-alpine), où domine le type karpathique à *Terebratula gregaria*. Grâce aux *mouvements antérieurs* que nous avons signalés (voir, *ante*, fasc. I, p. 312) ces dépôts reposent parfois, comme près de La Mure, en discordance angulaire sur le Houiller.

L'on remarque également qu'alors que ce début est marqué à l'Est (schistes lustrés inférieurs) par des dolomies jaunâtres succédant aux calcaires triasiques, la transgression n'a atteint, d'après M. P. Lory, certains *îlots émergés* (massif de la Mure, etc.) que pendant le cours des époques sinémurienne, charmouthienne et même toarcienne (Beaumont).

En même temps, s'effectuait une extension vers l'Ouest du géosynclinal mésozoïque, qui était limité à l'époque triasique aux régions intra-alpines et qui comprend maintenant toute la zone delphino-savoisienne; il s'accidente bientôt par la surrection du bombement briançonnais et se décompose en deux géosynclinaux secondaires; à l'Ouest, le Géosynclinal dauphinois, et à l'Est, le Géosynclinal piémontais [1], reconnus et définis par M. Haug et par l'un de nous.

Les dépôts jurassiques reposent en concordance sur le Trias, formant, avec ce dernier, dans la zone cristalline delphino-savoisienne, un système discordant sur les terrains plus anciens (Houiller et Schistes cristallins) affectés par les mouvements hercyniens.

L'*effort orogénique* ne se traduit plus pendant cette période que par des mouvements lents et de vaste amplitude affectant surtout le Géanticlinal brian-

[1] Haug et Kilian, *Bull. Soc. géolog. de Fr.*, 4e série, t. V, p. 858.

GEOLOGIE DES ALPES

Planche A.

Schéma représentant la répartition des faciès du Lias dans les Alpes françaises, par W. KILIAN

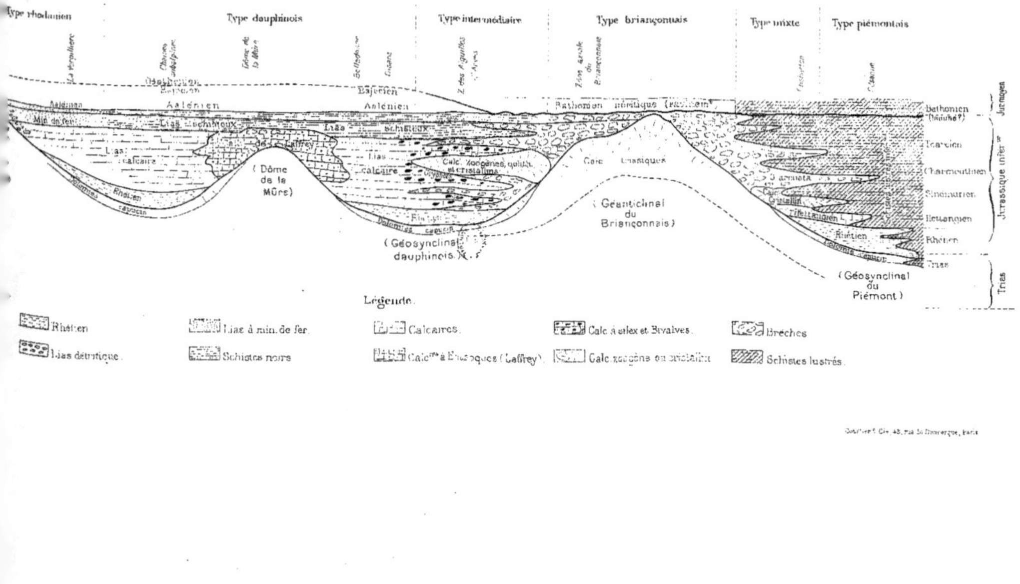

Courtier & Cie, 43, rue St-Dominique, Paris

çonnais et quelques régions limitées comme le dôme de la Mure. Des traces d'une *transgression aalénienne* comme celle que Renevier a signalée dans les Alpes vaudoises n'ont nulle part été reconnues avec précision.

Conditions bathymétriques

Les mouvements du sol ont eu pour effet, après l'affaissement général qu'a marqué la transgression rhétienne (ainsi qu'en témoignent les gisements du Briançonnais, du Pas-du-Roc en Maurienne, de Champ, près Vizille, et de Chateaubourg sur le bord du Massif central), et à partir du Sinémurien, d'une part la formation graduelle et l'approfondissement (mouvement de *descente*) du Géosynclinal dauphinois, la submersion graduelle des « dômes » du Mont Blanc, de la Mure et du Beaumont, et d'autre part la *surrection* du Géanticlinal briançonnais.

Vers les bords de la mer liasique delphino-alpine, les types rhodanien, provençal et jurassien formaient une *marge* de facies néritique, tandis qu'à l'emplacement des hauts-fonds déterminé par les dômes de la Mure et le Géanticlinal briançonnais se déposaient des calcaires à Entroques (calcaire de Laffrey), des boues à Foraminifères (calcaires zoogènes) ou des formations bréchoïdes (Brèche du Télégraphe) qui atteignent leur maximum le long de la zone axiale du Briançonnais et se relient au type bathyal dauphinois par des calcaires à silex, des formations oolithiques et coralligènes et des calcaires à Gryphées, qui constituent notre « *type intermédiaire* », tandis qu'à l'Est, un « *type mixte* » les reliait aux dépôts du géosynclinal piémontais déjà indiqué à l'époque triasique (voir, *ante*, fasc. I, fig. 25, p. 319); ces derniers dépôts ont été transformés ultérieurement en « schistes lustrés ». Au Nord, ce dernier géosynclinal s'élargit en empiétant sur des zones plus externes (région du Petit-Saint-Bernard), et, par la région du Simplon, gagne les Grisons et les Alpes orientales.

Il est particulièrement intéressant de constater les modifications survenues dès l'époque liasique dans la bathymétrie de la mer jurassique du Sud-Est de la France, car il semble que ces mouvements ont servi, en quelque sorte, de *prélude aux plissements alpins* dont ils indiquent déjà les directions principales (voir la carte des facies, planche *B*).

Phénomènes éruptifs.

Les dernières *éruptions* mélaphyriques (spilites) se produisent à l'Ouest (Bassin du Drac) pendant l'époque rhétienne et au début des temps liasiques. Mais ce ne sont là que les dernières manifestations des coulées basaltiques du Trias supérieur.

Facies divers. — Leur répartition (voir les planches A et B).

Au point de vue des *facies*, les dépôts liasiques des Alpes françaises montrent une assez grande variété : les sédiments sableux, de nature franchement littorale ou arénacée, comme ceux de la bordure du Massif central (environs de Privas) font complètement défaut dans les Alpes, mais, dans les zones intérieures de la chaîne, et surtout au voisinage du Géanticlinal briançonnais, les sédiments brèchoïdes (littoraux?) alternent avec diverses formations néritiques (calcaires nettement oolithiques, calcaires à Bivalves et à Entroques, etc.); ils contrastent d'une part avec les sédiments vaseux du Géosynclinal dauphinois et de l'autre avec ceux du Géosynclinal piémontais, plus ou moins modifiés ultérieurement par le métamorphisme régional (Schistes lustrés) et par des intrusions éruptives basiques (roches vertes) probablement bien postérieures.

A l'époque liasique, un axe géanticlinal, rappelant l'*Ile Pennine* d'O. Heer, apparaît à l'Est, la mer continuant à occuper l'espace compris entre elle, le Plateau Central et une autre terre émergée méridionale (Maures et Estérel). Cette disposition des terres et des mers a été mise en lumière surtout par l'étude détaillée des facies : les résultats en ont été retracés, dès 1892, d'une façon très instructive par M. Haug. Dans sa zone axiale, la dépression marine, qui a reçu le nom de Géosynclinal subalpin, présente des dépôts d'eaux assez profondes, vaseux et à Céphalopodes : c'est le facies dauphinois. Près des régions émergées que nous venons d'énumérer, au contraire, les dépôts ont un caractère plus ou moins littoral (facies rhodanien, provençal); dans la zone du Briançonnais, ils sont en partie formés par une brèche (appelée par nous Brèche du Télégraphe), dont l'extension correspond à celle de la zone où s'accumulaient les débris arrachés au Géanticlinal briançonnais.

La mer qui baignait en ce moment nos Alpes était en communication avec la mer de l'Europe centrale par le Jura et la Bourgogne, avec le bassin méditerranéen par le Piémont et la Ligurie et avec le Languedoc par la région rhodanienne. Elle était vraisemblablement limitée à l'Ouest par la région littorale du Massif central, passant notablement à l'Ouest du Mont d'Or lyonnais, de Vernoux, Chateaubourg, Crussol, les Ollières, Privas et la région du Gard (environs d'Alais); au Sud, par le massif probablement émergé des Maures et de l'Esterel. Les rivages de ces masses continentales sont approximativement indiqués par l'existence de marges néritiques (facies rhodanien et provençal d'E. Haug) parfois riches en minerais de fer, entourant l'important Géosynclinal dauphinois qui régnait sur l'emplacement du Pelvoux, de la chaîne de Belledonne et d'une portion de la zone subalpine et qu'accidentaient quelques hauts-fonds (Dôme de la Mure et du Beaumont). Une région moins profonde et un axe *géanticlinal* (Géanticlinal du Briançonnais), qui nous ont laissé les formations néritiques de notre « type intermédiaire » et les brèches détritiques du Briançonnais, séparaient le Géosynclinal dauphinois du Géosynclinal piémontais situé plus à l'Est et dans lequel se formaient ces puissants sédiments qui sont devenus les Schistes lustrés (voir fig. 33, 34).

Ce Géosynclinal piémontais situé à l'Est du Géanticlinal briançonnais correspond exactement au Sud de l'Arc et de Bardonnèche et à la zone tectonique du Piémont, mais au Nord de Bonneval et vers le Mont Blanc, dans la région du Petit-Saint-Bernard, sa limite extérieure ne coincide plus avec les limites de cette zone tectonique qu'il déborde vers le Nord-Ouest

Types du Lias dans les Alpes occidentales. — Récapitulation.

L'analyse que nous venons de faire, des dépôts liasiques dans les Alpes françaises, nous montre qu'ils se groupent naturellement en plusieurs types décrits plus haut et nettement caractérisés par leur facies et par leur répartition géographique; ce sont :

— A. *Le type rhodanien,* magistralement défini par M. Haug dès 1892, avec ses *lacunes* stratigraphiques multiples, l'absence fréquente du Rhétien, de l'Hettangien, du Sinémurien et du Lias moyen (Crussol), la réduction de certaines assises (Toarcien de Crussol), ses transgressions littorales (Crussol, Vernoux, Pranles), ses facies détritiques et grossiers (Lias à galets de quartz des environs de Privas, etc.), ou ferrugineux (minerais de fer de la Verpillière, de Villebois, de Crémieu, etc.), rappelle le type classique du Lias du Morvan et de l'Auxois. Il se montre à peu près complet dans le Mont d'Or Lyonnais et se relie par le Bugey au type jurassien moins littoral; il a été illustré par les travaux de Dumortier, de Falsan et Locard, de MM. Attale Riche et Roman; il reproduit le type terrigène du minerai de fer de Lorraine. Ce type rhodanien occupe sans doute en profondeur une portion de l'emplacement de chaînes subalpines du Bas-Dauphiné; il se continue sur la bordure du Massif central de la France dans l'Ardèche (environs d'Aubenas) et le Gard (environs d'Alais, Mialet, etc.).

— B. Au Sud-Est, à partir de Castellane, le *type provençal,* également défini par M. Haug, représente un facies néritique marginal parfois riche en Brachiopodes, comme dans le Var, correspondant au littoral des Maures; l'absence du Lias aux environs de Grasse paraît être en relation avec la même ligne de rivage.

IMPRIMERIE NATIONALE.

Ces deux premiers types du Lias se montrent en dehors de notre champ d'études et leur description sort du cadre du présent travail.

— C. Le *type dauphinois* (Haug, 1892), caractérisé par la grande épaisseur, la monotonie et le facies bathyal des dépôts, la présence presque exclusive des Céphalopodes dans leur faune, et accidenté de quelques accidents néritiques très localisés, ne comprend que deux divisions lithologiques : le « Lias calcaire » et le « Lias schisteux »; il s'étend des environs de Digne (type de transition au type provençal) à la vallée de Chamonix en Haute-Savoie, sur l'emplacement actuellement occupé par les massifs cristallins de la zone delphino-savoisienne dont ses dépôts « forment l'enveloppe sédimentaire », notamment dans les massifs du Pelvoux, des Grandes-Rousses, de Belledonne et du Mont-Blanc où l'ont décrit, après Ch. Lory, MM. Kilian, Termier, P. Lory, Ritter, Duparc, etc. (voir fig. 33 et 34, 35 et 36).

Il se montre presque entièrement schisteux dans une partie de l'Oisans.

Plusieurs saillies anticlinales ou hauts-fonds (Massifs de la Mure, du Beaumont, etc.) devaient rompre l'uniformité de cette sorte de fosse et nous ont laissé des sédiments néritiques comme le calcaire néritique à *Pentacrines* de Laffrey[1], de Villard-Notre-Dame, les brèches et calcaires à Entroques du Beaumont (P. Lory), etc. — Le type dauphinois est développé entre Gap et Digne et dans la série autochtone de l'Ubaye, au Sud de Jausiers. Autour du massif cristallin du Mercantour à Pourriac, dans les Alpes-Maritimes septentrionales, se présente cependant un retour du facies néritique, où *Gr. arcuata* se montre associée à des Céphalopodes.

— D. Le *type intermédiaire* (Kilian, 1912), riche en facies variés, forme la transition entre le type vaseux dauphinois et le type briançonnais qui s'annonce ici par des intercalations bréchiformes; il comprend des formations récifales à Polypiers, des calcaires zoogènes à Foraminifères, oolithiques ou à silex [La Mandette (Lautaret), Calypso en Maurienne, le Niélard, Varbuche (Tarentaise)], des brèches (brèche de Villette, brèche du Télégraphe) pas-

[1] Ces dernières assises ont été placées par M. P. Lory à la base du Lias moyen. Ce géologue a également étudié les Marbres de Laffrey et du Peychagnard, les couches de Nantison, à *Galets de Quartz*, les brèches dolomitiques de Laffrey, l'Hettangien à *Schl. angulata* de la Motte d'Aveillans, le Charmouthien de la Roizonne, les couches à *Hild. bifrons* de Saint-Arey, du Majeuil, de Villard-Julien, les assises à *Haugia variabilis* de Saint-Michel-en-Beaumont et l'Aalénien inférieur du Drac moyen (*C. R. des Coll. pour 1912* in *Bull. Serv. Carte géol. de Fr.*, t. XXII, n° 133) et Notice expl. Feuille Vizille (2ᵉ éd., 1914).

RÉPARTITION DES DIFFÉRENTS TYPES DU LIAS
DANS LES ALPES FRANCO-ITALIENNES

Par W. Kilian

1914

Planche B.

Légende

Facies néritique
- Types rhodanien et jurassien.
- Type provençal et type des environs de Digne; (lacunes fréquentes au SE où le Rhétien seul est constant.)

Facies bathyal
- Type dauphinois (facies bathyal)
- Type dauphinois avec «grès singuliers» à la base.

Facies néritique
- Accidents néritiques du type dauphinois.
- Type intermédiaire (Lias néritique, à silex, zoogène, etc.)
- Type bréchoïde, ou briançonnais (lacunes fréquentes)
- Type mixte (Schistes avec brèches, calc. cristallins, etc.)

Facies bathyal
- Type piémontais (Schistes lustrés) Facies bathyal et métamorphique.

Limites des zones isopiques (hypothétiques)

Limites des masses de recouvrement et lignes de contact normal.

— Lorsque l'érosion à fait ... toute trace de dépôts ... (Vanoise etc.) et qu'il ... pas de présomptions suf... pour indiquer le type des ... disparus, on n'a porté ... guré.

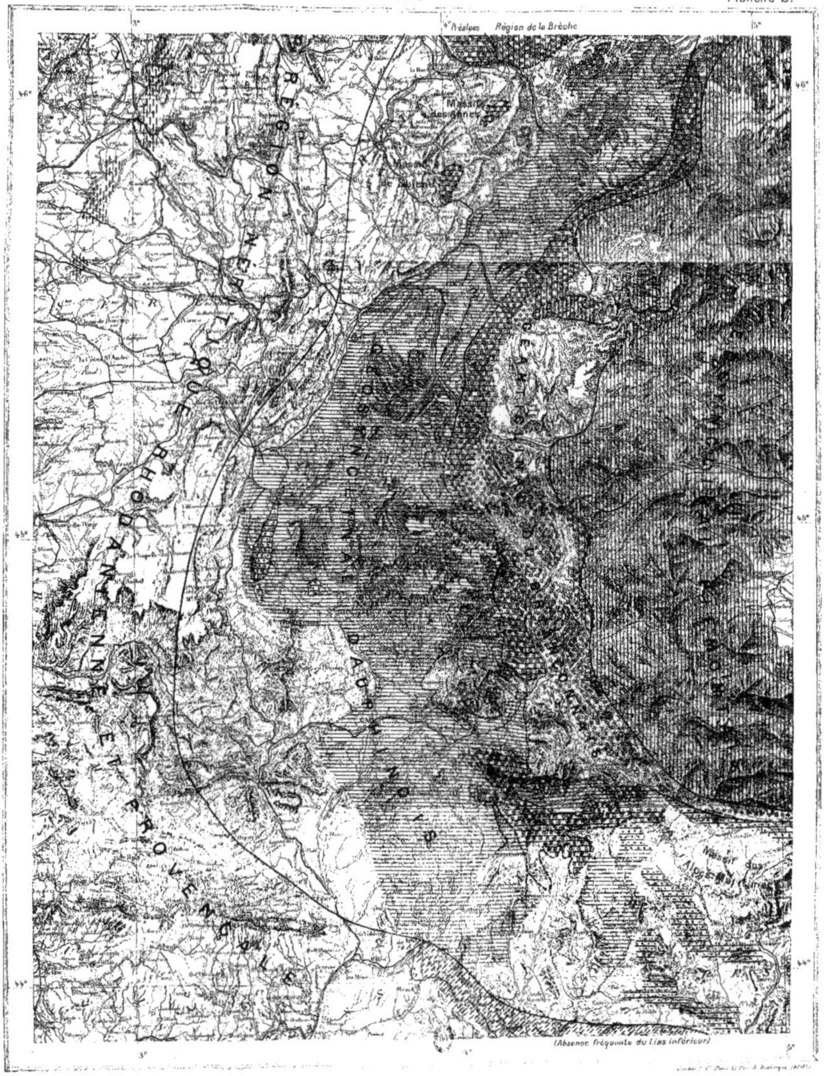

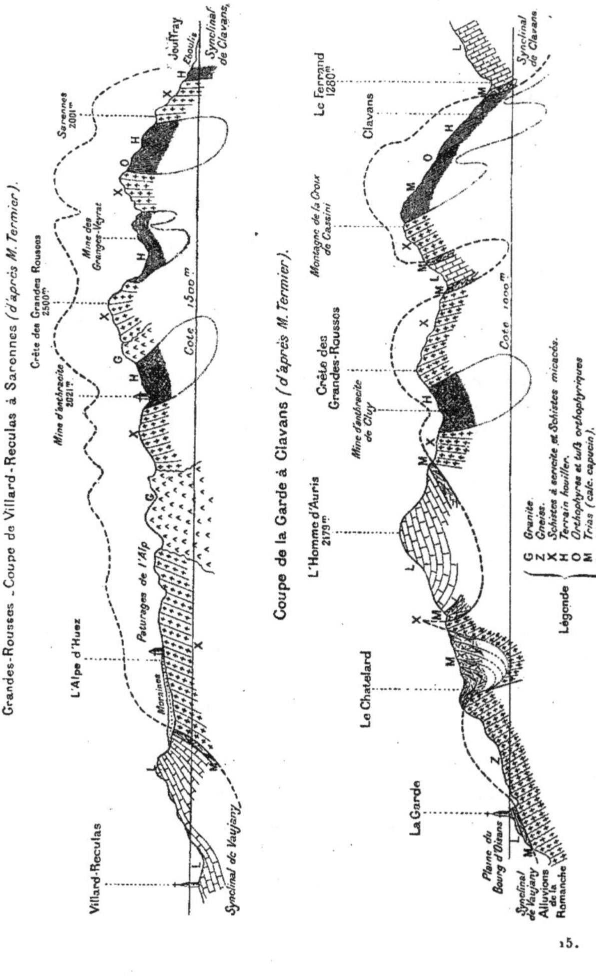

(Échelle : environ 1/60.000e.)

Fig. 33 et 34 montrant l'allure et la répartition des assises liasiques du *type dauphinois* dans les Grandes-Rousses, d'après M. Termier.

sant à de véritables conglomérats à galets perforés par des Pholades (Villette), et des assises puissantes de calcaires cristallins; à la partie supérieure, le Lias schisteux est souvent nettement développé (Encombres).

Il demeure réservé à de nouvelles et minutieuses recherches de délimiter avec plus de précision encore l'extension de la succession de ces divers éléments dans le Briançonnais occidental (zone des Aiguilles d'Arves), d'essayer de découvrir la cause des remarquables différences dans les dépôts du Jurassique inférieur que nous venons de signaler et de bien les séparer, dans chaque cas particulier, des formations calcaires plus anciennes du Trias.

Ce type, dont une faune néritique à Pélécypodes (Gryphées) et à Brachiopodes et des calcaires à silex sont les éléments les plus caractéristiques, se retrouve dans les masses charriées de l'Ubaye et de la Haute-Savoie (le Môle près Bonneville, Sulens, etc.). Des récifs de Polypiers s'y montrent en divers points (Dorgentil, Maurienne, Morgon, etc.).

— E. Le *type briançonnais* (Haug, 1892), essentiellement bréchiforme, est localisé dans le voisinage de la zone dite axiale du Briançonnais. Distingué par M. Haug, il a été plus spécialement défini par l'un de nous (W. K.) et a fait l'objet particulier de nos recherches; il se fait remarquer par d'énormes masses de conglomérats bréchiformes (Brèche du Télégraphe) *ravinant* leur substratum et par l'érosion de la partie terminale du Trias et du Rhétien qui ont généralement disparu.

Il est difficile de dire à quel horizon du Lias appartiennent ces brèches qui n'ont pas partout fourni des fossiles et dont l'épaisseur se réduit rapidement vers l'Est; c'est ainsi qu'à la Cochette, près de Briançon, elles sont limitées à quelques mètres que surmontent directement les dépôts fossilifères du Bathonien à Brachiopodes. On connaît ce facies jusqu'en Tarentaise (Val d'Isère, Col de la Leysse, etc.); l'on retrouve des témoins de ce Lias bréchoïde briançonnais dans le Valais (Chable) et dans certaines masses de charriage des Alpes suisses, notamment dans celles qui dépendent de la « nappe de la brèche ».

— F. Le *type mixte* (Kilian, 1912), bien développé dans les massifs du Chaberton [1] et de Rochebrune (Hautes-Alpes) d'une part, et de l'autre en Tarentaise (vallon des Chapieux et base du Mont-Jovet) et dans l'Allée Blanche, au Sud du Mont Blanc, forme une transition entre le type briançonnais et

[1] S. Franchi, L'età e la struttura della synclinale piémontese (*Boll. R. Com. geol. d'Italia*, t. XLII, 1911, 2, p. 171).

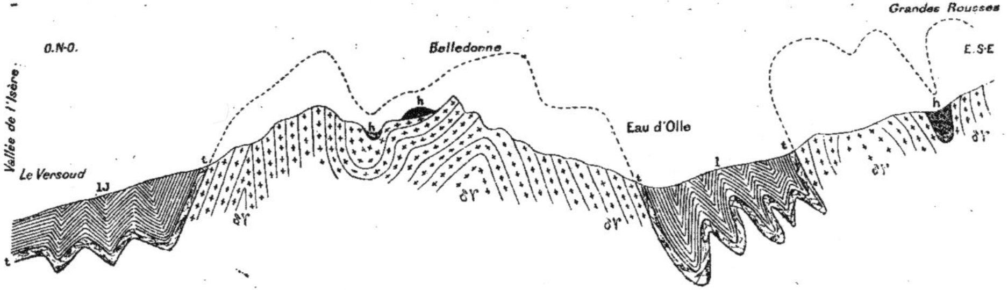

Grandes-Rousses.– Coupe de la chaîne de Belledonne, (du Versoud à Oz)
d'après M. Termier.

Légende
- δγ *Schistes cristallins (amphibolites, Gneiss etc.) antehouillers*
- h *Terrain houiller (Stéphanien).*
- t *Trias*
- l et J *Lias et dogger* (l) (J)

Extrémité N. du Massif du Pelvoux.

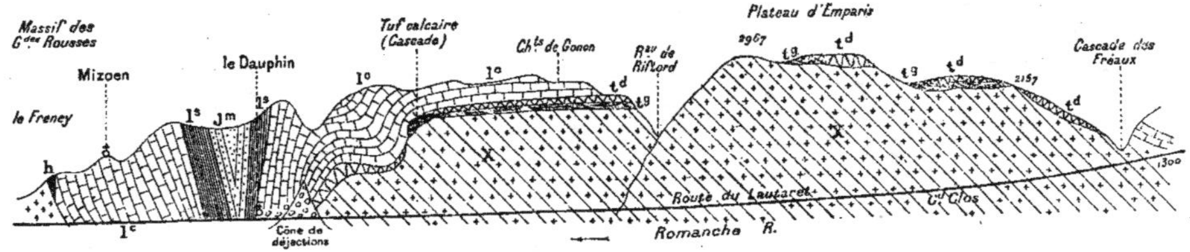

Coupe de la région N. du massif du Pelvoux, parallèle à la Romanche.

Légende
- X *Schistes cristallins (Gneiss)*
- h' *Grès houillers.*
- tg *Grès triasiques.*
- td *Dol. et Cargneules. (Trias)*
- lc *Lias calcaire.*
- ls *Lias schisteux*
- Jm *Dogger.*

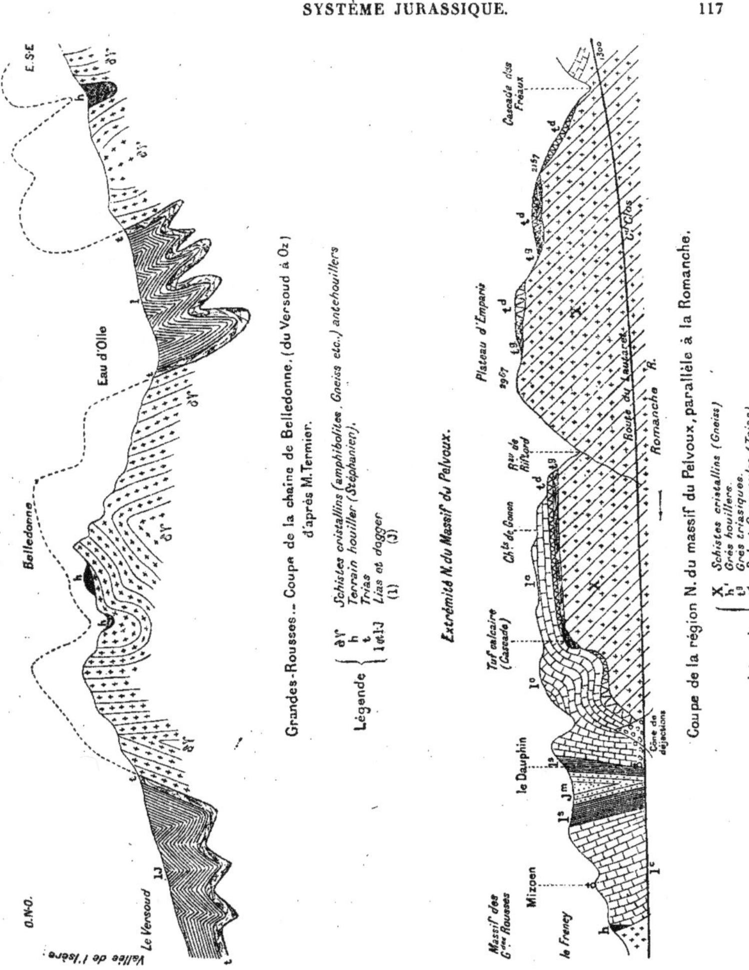

Fig. 35 et 36 montrant l'allure du Lias du *type dauphinois* sur la bordure de la chaîne de Belledonne, d'après M. Termier, et à l'extrémité nord du massif du Pelvoux, d'après M. W. Kilian.

les Schistes lustrés du type piémontais; il est caractérisé par l'alternance de bancs de brèches parfois *polygéniques* (Les Chapieux) avec des microbrèches, des schistes lustrés et des calcaires cristallins qui parfois (comme en Tarentaise) sont localisés à la base du complexe.

— G. Le « *type piémontais* » (Franchi) est formé de schistes lustrés dont une partie représente, d'après les recherches de M. Franchi et les travaux récents de l'un de nous, en collaboration avec M. Ch. Pussenot [1], la série liasique, tandis que d'autres portions de la masse schisteuse appartiennent au Trias (Pichery en Tarentaise) et à divers horizons mésozoïques (Bathonien, Malm, Marbres en plaquettes suprajurassiques), la série schisteuse ne débutant pas partout au même niveau; au col de la Mulatière, par exemple, le facies schisteux ne commence à se montrer qu'au sommet du Rhétien, tandis que, dans le voisinage de la Grande Sassière, il se montre à partir du Trias moyen.

Les belles recherches de M. Franchi ont établi qu'une grande partie de ces « Schistes lustrés » appartiennent cependant incontestablement au Lias, comme le prouve la présence de *Bélemnites* dans ces schistes et leur superposition à des calcaires à *Loxonema*, d'un niveau triasique élevé. Cette formation très altérée par le métamorphisme représente, avec les intercalations éruptives (*Pietre verdi*) [vert de Polcevera] qu'elle contient, un dépôt formé dans un Géosynclinal piémontais, faisant pendant à l'Est du Géanticlinal *briançonnais* au Géosynclinal *dauphinois*, situé à l'Ouest de ce dernier.

Zones isopiques et zones tectoniques.

Si ces divers types se succèdent régulièrement de l'Ouest à l'Est, entre la vallée du Rhône et Briançon, si, dans cette région, leurs limites respectives suivent à peu près la direction des grandes lignes des Alpes occidentales, et si *leur répartition coincide approximativement avec les zones tectoniques* au Sud de l'Arc, il n'en est pas de même au Nord de la Maurienne et en Tarentaise, où le type mixte et le type piémontais se montrent au Sud du Mont-Blanc, dans la zone axiale, où ils remplacent le facies bréchiforme du Briançonnais. Le type piémontais s'avance au mont Jovet [2], où il est refoulé sur une zone

[1] W. Kilian et Ch. Pussenot, Sur l'âge des Schistes lustrés des Alpes franco-italiennes (*C. R. Ac. des Sc.*, t. CLV, n° 19, p. 887, 4 novembre 1912).

[2] De Petit-Cœur au Mont-Jovet, on rencontre, en allant du Nord-Ouest au Sud-Est, la série des types énumérés ci-dessus, savoir : le type dauphinois (Petit-Cœur), le type intermédiaire (Moutiers; Montgirod) et briançonnais, le type mixte (Saut de la Pucelle) et le type piémontais (Jovet).

du type intermédiaire; on le retrouve au Nord du col du Petit-Saint-Bernard avec ses « roches vertes », succédant dans le vallon des Chapieux à une zone du type mixte, elle-même refoulée contre le massif du Mont-Blanc.

Dans les Alpes suisses[1], les divers types que nous venons d'énumérer sont également représentés, comme nous le montrerons plus bas, mais la présence de nappes de charriage multiples, dont quelques-unes sont séparées de leurs racines, rend leur répartition et leur succession moins nettes. C'est ainsi que le type briançonnais paraît être représenté par la nappe de la brèche, le type intermédiaire dans les Préalpes et le type piémontais dans le massif du Simplon.

Il en est de même dans les Alpes orientales, où le type piémontais (Schistes lustrés) apparaît, d'après les belles recherches de M. Termier, dans les « fenêtres » de l'Engadine et des Hohe-Tauern, alors qu'au-dessus de lui les nappes austro-alpines montrent des facies néritiques et bathyaux variés, dans lesquels le type méditerranéen s'accentue notablement.

Facies zoogènes.

Un caractère très frappant du Lias intra-alpin est en outre l'apparition des facies coralligène, zoogène et oolithique dans notre « type intermédiaire »; ces formations affectent, en certains points (d'Orgentil, Encombres, Morgon), une allure véritablement *récifale* dont il n'existe pas d'analogue dans d'autres parties de la France.

CARACTÈRES PALÉONTOLOGIQUES.

Caractères paléontologiques du Lias des Alpes delphino-savoisiennes.

L'analyse des faunes liasiques des Alpes françaises[2] met en évidence une grande analogie avec les faunes de même âge de l'Europe centrale, mais permet toutefois de reconnaître, en ce qui concerne les zones intra-alpines, à côté d'un grand nombre de types banals (*Gryphaea arcuata, Arietites, Amalthei*, Brachiopodes) répandus en Souabe et dans le bassin du Rhône, la présence de quelques éléments isolés étrangers à cette province ou dénotant des affinités indéniables avec la province méditerranéenne.

C'est ainsi que, dans le Rhétien, la fréquence de *Terebratula gregaria* Suess et de quelques autres espèces (voir plus haut), celle de *Megalodon* et de

[1] Cf. HAUG, Traité, p. 976.

[2] Voir le tableau complet de la Faune liasique des Alpes françaises à la fin du présent volume

Conchodon, ainsi que l'abondance des Polypiers (*Rhabdophyllia*) et l'analogie de la faune du Pas-du-Roc et du Briançonnais oriental avec celles de Lombardie sont très significatives et contrastent avec les faunes de même âge de la région rhodanienne.

Dans les étages plus élevés, il y a lieu de signaler en Maurienne et en Tarentaise l'apparition des *Rhacophyllites* rappelant les faunes liasiques de l'Italie méridionale et celles de l'Aveyron[1], ainsi que l'abondance relative des *Lytoceras* et celles des *Phylloceras* à Saint-Colomban-des-Villards et dans le bassin du Drac.

La fréquence des Polypiers et des calcaires construits est également significative pour la zone des Aiguilles d'Arves.

Le caractère méditerranéen, qui s'accentuera beaucoup avec le Jurassique supérieur, se manifeste donc, dans le Jurassique des Alpes françaises, dès l'époque liasique.

Subdivisions.

Les subdivisions de la série liasique sont en général moins nettes que dans les régions intra-alpines; le Rhétien est bien caractérisé lorsqu'il existe; les zones plus élevées ont fourni des fossiles caractéristiques dans des points isolés, mais sont rarement différenciées d'une façon nette au point de vue lithologique; le Lias supérieur, dont la plupart des zones d'Ammonites ont été signalées, se confond habituellement en une masse schisteuse unique avec une partie de Charmouthien et avec l'Aalénien (Bassin du Drac, Gapençais), tandis que les assises inférieures (Charmouthien inférieur, Sinémurien, Hettangien) constituent le « Lias calcaire » dans une grande partie de la région.

VI. COMPARAISON AVEC LA SÉRIE LIASIQUE DES PORTIONS AVOISINANTES DE LA CHAÎNE ALPINE.

Il est intéressant, nous semble-t-il, d'examiner maintenant de façon un peu plus précise les rapports que présente le Lias de notre champ d'études avec celui des régions des Alpes françaises qui n'ont pas fait l'objet spécial de nos

(1) Les *Rhacophyllites* et notamment *Rh. libertus* Gemm., *Rh. diopsis* Gemm., associés aux *Phylloceras* du groupe de *Ph. frondosum* Reynès sp., comptent parmi les éléments les plus caractéristiques du Lias méditerranéen; on les connaît depuis l'Anatolie jusque dans l'Aveyron (voir notamment, à ce sujet: E. Meister, *Ueber den Lias in Nordanatolien, etc.* [Neues Jahrb. für Min., etc., Beilage-Band XXXV, 1913]).

recherches, et même avec celui d'autres contrées alpines (Alpes suisses, Alpes orientales, etc.). Cet exposé sera fait brièvement en mettant à contribution les travaux de nos devanciers et de nos confrères en géologie alpine.

Alpes françaises.

Lias de la Savoie et de la Haute-Savoie. — Facies divers.

Savoie et Haute-Savoie. — La bande liasique du « type dauphinois » des environs d'Allevard et de la Rochette, qui présente un si beau développement sur le versant occidental de la chaîne de Belledonne (« bord subalpin »), se continue au Nord en Savoie et en Haute-Savoie par la dépression qui relie la vallée de l'Arly à celle de l'Arve. Les caractères lithologiques s'y poursuivent avec une remarquable constance; M. Hollande attribue une épaisseur de 600 mètres au Lias de cette région. En Haute-Savoie, le Lias « dauphinois » forme plusieurs bandes; il s'étend de Servoz au col d'Anterne, du Fayet au Mont-Joly et jalonne le synclinal de Chamonix; on peut l'étudier facilement aux Houches et aux Contamines.

M. Haug[1] a fait remarquer que dans la Haute-Savoie le « Lias schisteux » est mieux caractérisé que le « Lias calcaire »; c'est ainsi qu'aux environs de Sallanches et de Servoz les formations calcaires font à peu près totalement défaut. Le Lias du cirque des Fonds, près Sixt, rappellerait, d'après notre confrère, le Lias à facies dauphinois, tandis que celui du « Fer à Cheval » et du fond de la vallée du Giffre se rapprocherait plutôt du Lias à facies rhodanien; nous considérons ce dernier comme appartenant à notre « *type intermédiaire* » (voir plus haut). Les fossiles sont très rares dans toute la dépression liasique reliant la vallée de l'Arve à celle de l'Arly; M. Hollande a cité *Ammonites serpentinus* Rein. et *Belemnites acutus* Mill. des environs de la Giettaz. Quant à M. Haug, il n'a rencontré dans cette région que des fragments de Bélemnites[2].

En outre, des calcaires à **silex** rubanés, très différents du type dauphinois proprement dit, ont été signalés par M. Hollande[3] dans les montagnes

[1] Haug. Études sur la tectonique des hautes chaînes calcaires de Savoie (*Bull. Serv. Carte géologique*, t. VII, p. 12, 1895).
[2] E. Haug, *loc. cit.*, p. 13.
[3] D. Hollande, Étude stratigraphique des montagnes jurassiques de Sulens et des Almes, situées au milieu des Alpes calcaires de la Haute-Savoie (*Bull. Soc. géol. de France*, t. XVII, p. 690-718, 1889).

Imprimerie nationale.

de Sulens et des Annes (masses *charriées* isolées au milieu des chaînes extérieures ou subalpines) et il y a trouvé de petits individus de *Gryphæa arcuata* Lam. ainsi qu'*Am. Hartmanni* Opp. et *Am. Kridion* Hehl. Viennent ensuite des calcaires plus compacts qui couronnent le tout et ne présentent comme fossiles que des Bélemnites appartenant au Charmouthien et au Toarcien.

D'autre part, on sait que Maillard a pu distinguer les principaux étages de la série jurassique [1] en Haute-Savoie et dans une région comprenant le plateau d'Anterne, le Buet et le Grenairon. Au Sambey et au « Fer à Cheval », cette série débute par des schistes ardoisiers à *Cardinies* présentant une grande épaisseur (Hettangien). Ils sont surmontés de calcaires et de schistes sans fossiles ou avec quelques rares *Gryphées* (Sinémurien); on trouve ensuite un ensemble d'assises pouvant être rapportées au Dogger, à l'Oxfordien et au Malm, qui, en certains points, sont assez fossilifères, et que nous étudierons plus loin.

Région du Mont-Blanc (type dauphinois).

Le Lias de la bordure S. O. du Mont Blanc présente, d'après M. Ritter [2], une grande extension. Il est également du *type dauphinois* et constitué par des calcaires à la base et par des schistes à la partie supérieure. On a dans le Lias calcaire : 1° des schistes noirs, lités en plaquettes succédant aux « grès singuliers » et localisés à l'extrémité méridionale du Mont Blanc; 2° des bancs calcaires en plaquettes, spathiques et à débris de Crinoïdes, dans lesquels l'un de nous (M. Révil) a trouvé, au col du Bonhomme, *Arietites* cf *ceras* Giebel sp. du Sinémurien [3]. A cette assise succèdent des calcaires compacts spathiques en gros bancs à patine jaune, sans stratification, qui sont bien développés dans les chaînes qui dominent le vallon de Roselend ainsi qu'au Mont-Joly. Le Lias supérieur consiste en une série d'une grande épaisseur de schistes noirs, fissiles et assez bien lités, et à surface rendue miroitante par la présence de paillettes de séricite.

La formation liasique présente des caractères absolument analogues dans le massif même du Mont-Blanc où elle a été étudiée par MM. Duparc et

[1] G. Maillard, Note sur diverses régions de la feuille d'Annecy (*Bull des Serv. de la Carte géologique*, t. III, juillet 1891, *loc. cit.*, p. 24).

[2] E. Ritter, La bordure S.-O. du Mont-Blanc, etc., *loc. cit.*, p. 97.

[3] J. Révil, Note sur le vallon de Roselend et le col du Bonhomme (*Bull. Serv. Carte géologique France*, t. VIII, 1896).

Mrazec[1] qui ont reconnu qu'elle est très développée dans les synclinaux de Chamonix et de Courmayeur. Toutefois la division en « Lias calcaire » et « Lias schisteux » est moins nette dans ce dernier synclinal.

Gisements fossilifères de la Haute-Savoie (types divers).

De nombreux gisements de fossiles liasiques ont été d'ailleurs signalés dans les montagnes de la Haute-Savoie par Alphonse Favre[2] qui a été le premier à citer les localités de Meillerie sur les bords du Léman (Lias moyen et supérieur), de Vuaz (Lias moyen), du Grammont, de Pelliouaz (Sinémurien), de la montagne de l'Armône (Lias supérieur), de celle du Môle, et, dans les chaînes plus intérieures, celles de Prazon (vallée de Sixt) (*Gryphaea arcuata* Lamk.), du mont Joly, du Val d'Onion (Lias supérieur, à *Hild. bifrons* Brug. sp.), du col du Bonhomme, etc., contenant des espèces du Sinémurien, du Charmouthien et du Toarcien. Ces gisements appartiennent à des facies divers se rapportant aux types « dauphinois » et « intermédiaire ».

Chablais.

Dans le Chablais, le Lias, dont le type s'écarte notablement du type dauphinois et rappelle notre « *type intermédiaire* », ne peut, d'après M. Lugeon[3], être subdivisé qu'en deux groupes : le groupe inférieur calcaire et le groupe supérieur schisteux. Le premier comprend plusieurs facies dans les Préalpes médianes. Dans les chaînes extérieures, il est constitué par des calcaires à **silex** avec *Arietites* (*Asteroceras*) *Turneri* Sow. sp., *Ægoceras planicosta* d'Orb. sp. (= *capricornu* Schl. sp.), rappelant notre « type intermédiaire » de la zone des Aiguilles d'Arves et de l'Ubaye ; dans les plis plus internes par des calcaires à Entroques (semblables aux calcaires d'Arvel des Alpes vaudoises) et enfin plus à l'intérieur encore (Hautes-Chaînes) par des calcaires à Gryphées. Entre les Bains de Morgins et le lac du même nom, M. Hollande a observé des calcaires à *Gryphaea arcuata* Lamk. L'Hettangien et le Sinémurien ont été signalés aux Tours-Salières et aux Cornettes de Bize. Quant au Lias supérieur, il est *transgressif* dans la zone intérieure des Préalpes et repose souvent directement sur la cargneule du Trias. Le « Lias calcaire » noir existe sur la route de Taninges aux Gets ; des *Bélemnites* ont été recueillies à la base de la Pointe de Marcely. Un gisement fossilifère des couches de ce niveau existe

(1) Duparc et Mrazec, Recherches géologiques et pétrographiques sur le massif du Mont-Blanc. (*Mémoires Soc. physique et hist. nat. Genève*, t. XXIII), 1898.
(2) A. Favre, *Recherches géologiques*, *loc. cit.*, t. III.
(3) M. Lugeon, *La région de la Brèche du Chablais*, *loc. cit.*, p. 63.

entre Bois-Dessus et Saint-Innocent (massif de la Pointe d'Orchex), et M. Lugeon cite de cette localité :

Phylloceras heterophyllum Sow. sp.,	*Harpoceras Allioni* Dum. sp.,
Harpoceras opalinum Rein. sp.,	*Grammoceras striatulum* Sow. sp.,
Harpoceras (Pleydellia) Aalense Zieten. sp.,	*Inoceramus dubius* Sow.

La collection A. Favre, à Genève, contient d'autre part *Tropidoceras bipunctatum* Rein. sp. (= *Valdani* d'Orb. sp.) et *Spiriferina rostrata* Schloth. sp. de la Pointe d'Orchex; on a cité en outre *Tropidoceras Maugenesti* d'Orb. sp. et *Polymorphites Regnardi* d'Orb. sp. de ce même gisement.

Brèche du Chablais.

D'après MM. Renevier et Lugeon, une partie de la **Brèche du Chablais**, considérée comme éocène par MM. E. Favre et Schardt, serait liasique, comme le pensait déjà Alph. Favre. Ce serait, d'après M. Lugeon[1], la base des *Schistes inférieurs* et de la *Brèche inférieure* qui devrait être attribuée au Lias supérieur; la *partie supérieure* de ces deux niveaux correspondrait au Dogger, les *Schistes ardoisiers* à l'Oxfordien et la *Brèche supérieure* au Malm. On voit que **la brèche inférieure serait donc l'homologue exact de notre brèche du Télégraphe** (décrite plus haut, p. 66). Ce type du Lias prend une grande puissance au voisinage du contact de la zone du Chablais et des Hautes-Alpes calcaires; près de Taninges, il présente des bancs de brèches à éléments triasiques et même liasiques. On sait qu'il s'agit d'une *nappe charriée* dont M. Lugeon a démontré la nature « exotique ».

Montagne du Môle.

La montagne du Môle a fait l'objet, en 1893, d'une remarquable monographie du regretté Marcel Bertrand[2]. D'après ce savant confrère, presque toute la masse en est formée par des *calcaires à silex délitables*, importants au point de vue du relief par les croupes arrondies auxquelles ils donnent naissance. Ces calcaires ont une épaisseur considérable. Alph. Favre en faisait du Lias et Jaccard du Dogger. Pour M. Bertrand les calcaires foncés et compacts à *Pentacrinus* qui s'y observent près du sommet seraient du Lias inférieur ou moyen; le Lias supérieur y serait représenté par des schistes plus feuilletés et le Dogger y existerait sous forme de calcaires marneux avec alternance de

(1) M. Lugeon, *loc. cit.*, p. 81.

(2) M. Bertrand, Le Môle et les collines du Faucigny (Haute-Savoie) [*Bull. Serv. Carte géol. France*, t. IV, 1902, p. 4].

petits bancs de marnes et de calcaires. Quant aux **silex**, ils se trouveraient à tous les niveaux. Cette attribution est confirmée par la présence, au niveau des calcaires à *Pentacrinus*, d'un gisement fossilifère exceptionnellement riche en espèces du Lias inférieur et du Lias moyen, déjà indiqué par A. Favre (*loc. cit.*, § 280) et retrouvé par M. Bertrand à l'extrémité N. O. du cirque de Champfleury. La partie supérieure est constituée par un banc pétri de *Bélemnites;* au-dessous un lit rempli d'Ammonites et à la base un calcaire plus marneux avec Bivalves pouvant représenter l'Hettangien. [Le Rhétien à *Avic. contorta* Portl. et *Terebratula gregaria* Suess. existe également dans le cirque de Champfleury.] Marcel Bertrand cite parmi les Ammonites recueillies les espèces suivantes :

Polymorphites Jamesoni Sow. sp.,
Deroceras Venarense Opp. sp.,
Echioceras Nodotianum d'Orb. sp.,
Arietites spiratissimus Quenst. sp.

Alph. Favre avait d'ailleurs publié [*loc. cit.*, t. I, p. 452] une liste de 45 espèces sinémuriennes et charmouthiennes de cette même localité [1].

Le Lias existe aussi à Saint-Jeoire; Alph. Favre cite *Gryphœa arcuata* Lamk. de la vallée de Sixt et le même auteur a donné une liste de fossiles liasiques du Grammont.

Il est important de noter que, pas plus au Môle que dans le Chablais, le Lias n'offre le facies dauphinois, mais qu'il se rapproche plutôt de nos types *intermédiaire* et *briançonnais*, ce qui confirme l'hypothèse du charriage et de l'origine intra-alpine des montagnes du Faucigny et du Chablais.

Lias de la Vallée de l'Arly (environs de Flumet et de Mégève).

Dans une étude consacrée au Jurassique de la Haute-Savoie et parue en 1889, M. Hollande [2] a donné une coupe des environs de Flumet dans laquelle il a signalé des calcaires bleus appartenant au Lias (*type dauphinois*) et succédant aux formations triasiques. Il a indiqué, à l'Ouest de Mégève, les montagnes de Tête-de-Toréaz, séparant cette localité de la Giettaz, comme étant constituées par des dépôts appartenant au « Lias alpin » ayant une épaisseur d'au moins 600 mètres. Entre Ormaret et Combloux, il a

(1) On trouvera dans la liste générale, à la fin de ce chapitre, l'énumération complète des espèces citées par Favre dans les divers gisements de la Savoie et de la Haute-Savoie.

(2) D. Hollande, Étude stratigraphique des montagnes de Sulens et des Almes situées au milieu des Alpes calcaires de la Haute-Savoie (*Bull. Soc. géol. de France*, 3e série, t. XVII, p. 690, 1889).

décrit des assises liasiques imprégnées d'une asphalte poisseuse, assises qu'il dit avoir encore observées, près de Belleville, à l'Ouest du lac de la Girottaz.

D'après cet auteur, les collections de l'École préparatoire à l'Enseignement supérieur de Chambéry contiendraient, de cette région :

Belemnites paxillosus Schloth.,
Belemnites acutus Mill.,
Schlotheimia Charmassei d'Orb. sp.,
Arietites Conybeari d'Orb. sp.,
Arietites bisulcatus Brug. sp.,
Arietites Hartmanni Opp. sp.,
Arietites Kridion Hehl. sp.,
Magellania numismalis Lamk. sp.,
Harpoceras serpentinum Rein. sp.,
Pecten liasianus Nyst.,
Posidonomya Bronni Voltz.

Il y a lieu de mentionner, en outre, d'après M. Hollande, le Lias à *Arietites* et Bélemnites de la vallée de l'Arly, les marbres à Bélemnites de la Pointe d'Aiton, les calcaires à Crinoïdes et les Schistes noirs à *Posidonomya Bronni* Voltz de la Pallud-sur-Arly, enfin les Schistes noirs de Reningez, près de Sallanches. A Nanchard, près de la Giettaz, ainsi que dans les carrières situées le long de l'Arondine, le même auteur a recueilli *Harpoceras serpentinum* Rein. sp., *Pecten liasianus* Nyst. (?) et *Belemnites acutus* Mill.

Dans toute cette région voisine de l'Arly et formant la bordure occidentale de la zone cristalline, le *type dauphinois* règne donc exclusivement.

Lias à type intermédiaire des Klippes de la Haute-Savoie.

Mais nous avons vu (p. 121 et suiv.) que le facies des dépôts liasiques se montre assez différent du type dauphinois en quelques autres points de la Haute-Savoie, par exemple au Mont Lachat, à Sulens, aux Annes; au Môle et dans le Chablais se montrent (v. plus haut) des calcaires *à silex* et des brèches; tous ces dépôts, *qui contrastent si nettement avec les assises vaseuses* de la vallée de l'Arly et des environs de Chamonix, font partie de **massifs charriés** (exotiques) dont les racines doivent être recherchées dans les zones intra-alpines où règnent ce que nous avons appelé les *types intermédiaire et briançonnais* du Lias.

C'est ainsi qu'au Mont Lachat (versant E.), Maillard a observé au-dessus d'un Rhétien fossilifère des calcaires sinémuriens à **rognons siliceux** et *Arietites*, puis des calcaires à *Trochus* et grosses Térébratules.

Aux Almes et à Sulens, on voit succéder au Trias, d'après notre confrère, des calcaires grisâtres en rognons, assez fossilifères, reconnus par Maillard, où se rencontrent : *Avicula contorta* Portl., *Myophoria inflata* Emm.; *Plicatula intusstriata* Emm., etc. Viennent ensuite des calcaires en petits bancs, puis des calcaires gris à **silex** *rubanés* dans lesquels M. Hollande a signalé *Gryphaea arcuata* Lamk., *Arietites Kridion* Hehl sp. ainsi que des couches à *Ægoc. capricornu* Schl. sp. (= *planicosta* d'Orb. sp.) reconnues également par M. Hollande. Enfin, des calcaires plus compacts alternent avec des lits marneux et renferment de grosses Bélemnites appartenant au Liasien et au Toarcien.

Le massif de Sulens a été étudié postérieurement, au point de vue tectonique, par MM. Haug et Lugeon[1] qui y ont reconnu des plis couchés et charriés. — Quant au massif des Almes dans la région du Grand Bornand — que l'un de nous (J. Révil) a eu l'occasion de visiter — il représente également un lambeau en recouvrement, car on y observe, succédant aux assises du Flysch, des cargneules et des marnes bariolées du Trias supérieur. Cette « Klippe » a fait l'objet d'une étude de M. Ch. Sarasin[2] qui a donné quelques indications sur la stratigraphie du Lias. Ces indications ont été complétées par M. Lugeon[3] : ce dernier a distingué au-dessus du Rhétien :

a. Des calcaires à **silex** représentant le Lias inférieur;

b. Des calcaires représentant le Lias moyen;

c. Des assises marneuses appartenant au Lias supérieur.

On trouvera d'ailleurs dans la thèse de M. Révil[4] (Grenoble-Chambéry, 1911) un aperçu intéressant des formations liasiques de la Savoie occidentale et d'une partie de la Haute-Savoie.

Lias de la région delphino-provençale.

RÉGION DELPHINO-PROVENÇALE. — Le Lias des Hautes et Basses-Alpes a fait l'objet de nombreux travaux; il convient de citer les détails instructifs donnés à ce sujet par d'Orbigny (Cours élémentaire, Prodrome), les recherches de Rozet, Ch. Lory, Hébert, Dieulafait, Garnier, les études plus récentes de MM. Goret et Kilian et plus spécialement le très complet et magistral exposé

[1] E. HAUG et LUGEON, Note préliminaire sur la géologie de la montagne de Sulens et de son soubassement (*Bull. Soc. hist. nat. de Savoie*, 2e série, t. I, p. 246, 1896). — Voir aussi : HAUG et LUGEON, Synclinal de Serraval et montagne de Sulens (*Bull. Carte géol. de France*, t. IX, p. 394-400).

[2] Ch. SARASIN, Quelques observations sur la région des Vergys, des Annes et des Aravis (*Eclogæ geol. helv.*, t. VII, p. 321-331, et *Archives de Genève*, t. XIV, p. 480).

[3] M. LUGEON, A propos de la communication de M. Sarasin sur la région des Annes (*Eclogæ geol. helv.*, t. VII, p. 334, et *Archives de Genève*, t. XIV, p. 480).

[4] Voir J. RÉVIL, Géologie des chaînes jurassiennes et subalpines des environs de Chambéry (thèse d'Université), Grenoble-Chambéry, 1911. (Trav. Lab. Géol. de l'Université de Grenoble, t. IX, 3e fasc.).

de M. E. Haug[1], qui a jeté un jour nouveau sur l'histoire de la période liasique dans les Alpes occidentales.

Dans les chaînes subalpines situées entre Gap et Digne, notre savant confrère a distingué et défini trois types différents : le Lias à FACIES PROVENÇAL à l'O. et au S. de Digne, le Lias à FACIES DAUPHINOIS, au N. E. et au S. E. (région de Gap-la Javie), le Lias à FACIES BRIANÇONNAIS au N. E. et dans les régions intra-alpines; la répartition, à peu près parallèle aux grandes lignes de l'orographie alpine, de ces trois types a été représentée par lui (*loc. cit.*, p. 56) dans un schéma très instructif qui est devenu aujourd'hui classique et qui figure à la page 973 de son beau Traité de Géologie.

Type mixte des environs de Digne.

Dans les Basses-Alpes, aux environs de Digne, s'observe un type spécial « TYPE MIXTE » (Haug non Kilian) du Lias, très calcaire et puissant, dans lequel des Gryphées, des Pectinidés et autres Lamellibranches, des Brachiopodes et des Crinoïdes s'associent aux Céphalopodes; ce type, qui se rapproche plus du type provençal que du type dauphinois, comprend, au-dessus du Rhétien à *Avicula contorta* décrit plus haut et des calcaires **hettangiens** (30 à 50 mètres, devenant dolomitiques à l'Est et s'amincissant vers le N. O.), — dans lesquels on distingue les zones à *Psiloceras planorbis* Sow. sp. (avec *Ps. Johnstoni* Sow. sp., d'Orb. sp.) Hyatt, *Cardinia Listeri* Ag., *Lima Valoniensis* Defr. et *Ostrea sublamellosa* Dunk.) et *Schlotheimia angulata* Schloth. sp. (avec *Ostrea irregularis* Münst., *Zeilleria perforata* Piette sp., *Rhynchonella gryphitica* K. u. D.), — des calcaires noirs **sinémuriens** bien lités avec schistes argileux intercalés et renfermant *Gryphaea arcuata* Lamk., *Pecten* (*Chlamys*) *Hehli* d'Orb. sp., *Pholadomya corrugata* K. u. Dunk., *Lima gigantea* Sow., *L. Herrmanni* Ziet., *Oxytoma Sinemuriensis* d'Orb. sp., *Spiriferina Walcotti* Sow., *Pentacrinus tuberculatus* Sow., *Arietites liasicus* d'Orb. sp., *Arietites Bucklandi* Sow. sp., *Ar. semicostatus* Young (=*geometricus* Opp.), *Ar. Kridion* Hehl. sp. (au sommet), *Belemnites acutus* Mill. Le Sinémurien (140 mètres) se termine par des calcaires bréchiformes à *Agassiceras personatum* Simps.

Vient ensuite le **Charmouthien** subdivisé en *quatre* zones par Garnier : 1° Calcaires marneux à *Oxytoma cygnipes* d'Orb. sp. et *Aegoceras Valdani* d'Orb.

[1] E. HAUG, Les chaînes subalpines entre Gap et Digne (*Bull. Services Carte géol. de France*, t. III, 1891, *loc. cit.*). V. aussi HAUG, *Traité de Géologie*, p. 973-974. — M. Haug parle des «calcaires rhétiens inconnus jusqu'ici dans la zone du Lias dauphinois», mais nous avons montré depuis que ces calcaires existent à l'Alpe d'Arsine sur le bord est de cette zone.

sp. (*Cycloceras binotatum* Opp. sp.); 2° Calcaires compacts avec gros bancs **à silex** avec *Gryphæa cymbium* Lamk., *Spiriferina pinguis* Ziet. sp., nombreuses Bélemnites (*B. elongatus* Mill.), *Æegoc. capricornu* Schloth. sp. (*planicosta*), *Liparoceras striatum* Rein. sp.; 3° Marnes et marno-calcaires micacés à *Amaltheus margaritatus* Montf. sp., avec les corps problématiques décrits par Dumortier sous le nom de *Tisoa siphonalis* Dum. (120 mètres); 4° Calcaires gréseux à *Amaltheus spinatus* Brug. sp. (Domérien), présentant au sommet une *surface corrodée* avec nombreuses Bélemnites.

Quant au **Toarcien** (200 mètres), il commence par des marnes grises grumeleuses alternant avec des bancs de marno-calcaires noduleux portant à la surface des « coups de balai » et que surmonte un cordon de calcaire ferrugineux à rognons aplatis consistant généralement en Ammonites encroûtées [1]. Ce cordon de nodules est recouvert par des calcaires gris et des marnes schisteuses constituant la zone la plus élevée du Lias supérieur. M. Haug y a reconnu plusieurs subdivisions : 1° zone à *Harp.* (*Hildoceras*) *serpentinum* Rein. sp.; 2° zone à *Hild. bifrons* Brug. sp.; 3° zone à *Harp.* (*Grammoceras*) *striatulum* Sow. sp. et *Lyt. jurense* Qu. sp. avec banc à *Turbo* (*Eunema*) *capitaneus* Münst. sp.; 4° zone à *Harp. opalinum* Rein. sp. et *Harp.* (*Pleydellia*) *Aalense* Ziet. sp.

En quelques points, et notamment à Chasteuil, dans le voisinage du facies provençal, on observe une grande réduction d'épaisseur de la série liasique.

Type dauphinois des Basses-Alpes.

Le Lias de la région à FACIES DAUPHINOIS étudiée par M. Haug, succédant à des Gypses triasiques et à des Mélaphyres (spilites) et remarquable par l'épaisseur considérable et l'uniformité de ses assises noirâtres où dominent les Céphalopodes avec quelques Posidonomyes, possède un type exclusivement vaseux. Il s'observe au Nord d'une ligne dirigée du N. E. au S. O. des environs de Gap à la Javie, à l'E. de Seyne. La partie inférieure (500 à 600 mètres) consiste en une masse puissante et monotone de calcaires noirs compacts, à cassure conchoïde. Les seuls fossiles rencontrés sont des *Bélemnites* et quelques fragments de gros *Arietites*. Les *Gryphées* qui existent dans le type intraalpin du Lias et dans celui des environs de Digne *font défaut* au Nord d'une ligne allant du Brusquet à Barles, Bayons, Faucon et la Saulce (elles ont encore été signalées à la Saulce). La partie supérieure est

[1] E. HAUG, *Les Chaînes subalpines, loc. cit.*, p. 38. Cette assise a fourni notamment *Hildoceras bifrons* Brug. sp., *Hild. Levisoni* Simps. sp., *Phylloceras Nilssoni* Héb. sp., *Belemnites tripartitus* Schloth.

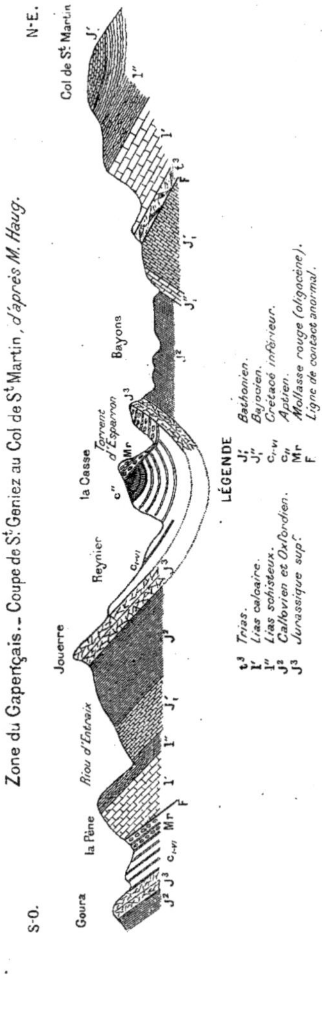

Fig. 37. — Disposition des assises liasiques dans la zone du Gapençais, d'après M. Haug.

représentée par des schistes plus ou moins calcaires à schistosité tantôt très accusée, tantôt presque nulle. Ces schistes (600 à 800 mètres) correspondent à la partie moyenne et supérieure du Charmouthien [on remarque l'absence du niveau calcaire (Domérien) à *Amaltheus spinatus* Brug. sp. des environs de Digne] et au Toarcien. On peut les étudier à la Javie, Gigors, Valserres, Remollon, Théus; la limite supérieure qui les sépare de l'Aalénien est difficile à préciser; les points fossilifères sont rares; M. Haug cite cependant les localités de Rousset et de la Chaux, la Bréole, Seyne, où ont été trouvées les espèces suivantes :

Belemnites elongatus Mill.,
Phylloceras Sturi Reyn. sp.,
Lytoceras fimbriatum. Sow. sp. — Forme à citer également de Rambaud, près Digne (Coll. Univ. Grenoble),
Amaltheus margaritatus. Montf. sp.,
Dactylioceras Mortilleti. Men. sp.,
Deroceras Davœi Sow. sp.,
Liparoceras Bechei Sow. sp. (= *L. striatum* Rein. sp. = *L. Henleyi* Sow. sp. non d'Orb.). — Bel exemplaire de grande taille de la Chaux de la Bréauté (Coll. Univ. de Grenoble),
Cycloceras arietiforme Opp. sp.,
Harpoceras retrorsicosta Opp. sp.,
Harpoceras Algovianum Opp. sp.,
Harpoceras Boscense Reynès sp.,
Harpoceras Kurrianum Opp. sp.,
Oxytoma Sinemuriensis d'Orb. sp.

Au Nord de la Durance, le Lias supérieur du type dauphinois est plus fossilifère et *Posidonomya alpina* pullule dans certains bancs. Notre confrère a pu réunir les espèces suivantes :

Lias à facies dauphinois entre Gap et Digne. (Suite.)

Belemnites tripartitus Schloth. — Combe de Bayons,

Belemnites exilis d'Orb. — Sud du Grand-Lara, près Gap,

Belemnites cf. *stimulus* Dum. sp. — Sud du Grand-Lara, près Gap,

Phylloceras sp. ind. — La Palud, près Gap,

Lytoceras cf. Trautcholdi Opp. sp. — La Palud près Gap,

Lytoceras cf. *Trautscholdi* Opp. sp. ind. — La Combe de Bayons,

Lillia Erbaensis Haug. sp. — La Combe de Bayons,

Harpoceras (*Haugia*) *variabilis* d'Orb. sp. — La Combe de Bayons,

Harpoceras (*Grammoceras*) *fallaciosum* Bayle. — La Combe de Bayons,

Harpoceras fallaciosum var. *Wrighti* Haug. — La Combe de Bayons,

Harpoceras (*Grammoceras*) *Thouarsense* d'Orb. sp. — La Combe,

Harpoceras (*Grammoceras*) *Aalense* Ziet. sp. — Rambaud,

Harpoceras (*Grammoceras*) *fluitans* Dum. sp. — Rambaud,

Harpoceras (*Grammoceras*) *Lotharingicum* Branco. — Rambaud,

Hammatoceras Leonciæ Dum. sp. — La Palud, près Gap,

Posidonomya alpina A. Gras. — Très abondante.

Le Lias à FACIES BRIANÇONNAIS se rencontre dans les environs de Savines et dans l'Ubaye :

Lias à facies briançonnais (et intermédiaire) des Basses-Alpes.

A Saint-Apollinaire, près Savines, où il a été étudié par Ch. Lory, puis par l'un de nous (W. K.), il consiste en calcaires à *Gryphæa arcuata* Lamk., avec Brachiopodes et Bélemnites.

Dans la région de l'Ubaye le Lias inférieur du Morgon (v. plus haut p. 92) est représenté, d'après M. Haug, par des calcaires noduleux noirs (Goret a cité dans des calcaires à silex *Gryphæa cymbium* Lamk., *Pecten æquivalvis* Sow., *Zeilleria cornuta* Sow., sp. *Amaltheus spinatus* Brug). Nous avons vu plus haut que ces déterminations sont à rectifier.

Le Lias supérieur consiste en schistes noirs contenant *Lucina Muivielensis* Dum., des Ammonites, des Bélemnites et de nombreuses Térébratules.

Aux environs de Barcelonnette (Siolanes, Pain de Sucre, Terres-Plaines) le Lias présente les mêmes caractères. Au Chapeau-de-Gendarme, MM. Haug et Kilian ont constaté la présence, au-dessus du calcaire à Gryphées, d'un calcaire bréchoïde contenant des Bélemnites (v. *ante*, p. 92).

Une localité très fossilifère du Lias briançonnais est celle du vallon de Pourriac, dans la haute vallée de la Stura. Elle a été étudiée, il y a quelques

Lias de Pourriac.

années par M. Sacco [1]. Des calcaires gris jaunâtres, représentant probablement l'Infralias, sont surmontés de calcaires gris bleuâtres très fossilifères, où ont été récoltées des espèces appartenant aux trois étages de la formation. Le Lias inférieur est d'une grande richesse, les Ammonites y sont associées à des Gryphées, des Pectinidés, des Brachiopodes, des Crinoïdes; il y a une analogie évidente entre ces assises du facies briançonnais et celles du facies provençal. (Voir plus bas, p. 134 et 152.)

Types divers du Lias des Basses-Alpes et de la Provence.

La partie inférieure du terrain jurassique est encore bien représentée dans la région N. E. du massif de Lure et principalement aux environs de Saint-Geniez, de Clamensanne et d'Authon [2]. A l'Ouest de Clamensanne, *Schlotheimia angulata* Schl. sp. se montre dans des marnes et calcaires associées à d'autres espèces : *Pleuromya Galathea* d'Orb. sp., *Mactromya liasina* Ag. (Lamk.) *Ostrea sublamellosa* Dunker. Près de Nibles, on trouve au-dessous des calcaires à *Gryphæa arcuata* des couches remplies de *Pleuromya Galathea* d'Orb. sp.

Le Lias inférieur se présente, près de Saint-Geniez, sous la forme d'un calcaire compact grisâtre, à rognons de silex noirs dans lequel on trouve : *Gryphæa arcuata* Lamk sp., *Pecten Hehlii* d'Orb., *Pentacrinus tuberculatus* Miller. D'autre part, le Lias supérieur s'est montré au Trénom et près d'Authon, caractérisé par les fossiles suivants : *Harpoceras striatulum* Sow. sp., *Harpoceras radians* Rein. sp., *Cœloceras crassum* Phil. sp.

Si des environs de Digne, on se dirige vers le Sud, on voit le Lias présenter certaines modifications qu'il est utile de faire connaître. Sur la route de Norante à Chaudon, les couches marneuses du Charmouthien sont très réduites et les couches calcaires considérablement développées. Le Lias supérieur est formé de schistes noirs alternant avec des bancs de calcaire marneux rempli d'Ammonites de la section des *Grammoceras*. Aux environs de Castellane, le Lias moyen et le Lias supérieur sont très réduits. A Chasteuil, le Lias inférieur fait défaut et il en est de même à Chabrières, localité bien connue des environs sud de Digne.

Dans les environs d'Aix, le Lias présente une ressemblance frappante avec celui des environs de Digne [3], tandis que dans les environs de Marseille et de

[1] G. Sacco, Studio geologico-paleontologico sur le Lias dell'alta valle di Cuneo (*Boll. de R. Comit. géol. d'Italia*, vol. XVII, p. 1886).
[2] W. Kilian, *Description géologique de la Montagne de Lure*, Paris, G. Masson, éditeur, 1889.
[3] L. Collot, *Description géologique des environs d'Aix-en-Provence*, Montpellier, 1888.

Toulon[1] il rappelle celui des environs de Castellane. M. P. Gourret distingue trois niveaux dans le Lias moyen : couches à *Am. fimbriatus* Sow., à *Am. margaritus* Montf. et *Pecten æquivalvis* Sow. Le Lias supérieur consiste en un calcaire gris avec bancs dolomitiques. Deux niveaux y ont été distingués (couches à *Am. bifrons* et couches à *Am. Aalensis*).

Lias autochtone de l'Ubaye.

A Terres-Plaines, près de Jausiers, M. Haug a décrit, au-dessus de calcaires et de schistes à *Avicula contorta* Portl., des calcaires à Gryphées sinémuriens, des calcaires **à silex** et des marnes schisteuses à *Lucina Murvielensis* Dum. Ce type, bien qu'autochtone, se rapproche de notre « type intermédiaire » décrit plus haut; il semble « annoncer » en quelque sorte le facies du Lias à Gryphées décrit un peu plus à l'Est, au col de Pourriac, par M. Sacco (voir plus bas p. 134).

Lias des Alpes-Maritimes septentrionales.

Dans les hautes vallées du Var et de la Tinée, le facies dauphinois n'est pas représenté d'après M. Léon Bertrand[2], le Sinémurien se montrant dans cette région à l'état de calcaire spathique presque uniformément formé de Crinoïdes. « Les deux bandes à facies provençal et facies briançonnais », écrit notre confrère, « semblent se réunir avant d'arriver à la limite occidentale des Alpes-Maritimes, en contournant l'extrémité de la zone à facies dauphinois. »

Dans la chaîne du Gourdon et du Mont-Vial séparant le bassin moyen du Var de celui de l'Esteron, l'Infralias présente, toujours d'après le même auteur, un certain développement, et les couches rhétiennes (plaquettes à *Avicula contorta* Portl. et dolomies) sont fossilifères, en beaucoup de points (village de Rimplas, Pradastié dans la vallée de Cians, près du Pas de Saint-Raphaël, etc.). Des *lignites* ont été exploités, à ce niveau, sur le chemin d'Ascros à Toudon. Par contre, au voisinage de Saint-Martin-Vésubie, le Sinémurien repose directement sur le Trias. Il est généralement fossilifère et se retrouve dans toute la partie de la région située à l'Ouest de la Vésubie et au Nord du Var moyen. Le fossile le plus abondant est *Gryphæa arcuata* Lamk associé à *Pentacrinus tuberculatus* Mill. et à des Ammonites des genres *Arietites*, *Arnioceras*, etc.

[1] P. Gourret, Recherches sur les Lias et l'Oolithe des environs de Marseille et de Toulon (*Bull. de l'École des Hautes Études. Sc. nat.*, t. XXXIII, n° 7, 1886).

[2] L. Bertrand, Études géologiques du Nord des Alpes-Maritimes (*Bull. des services de la Carte géol.*, n° 56, 1898).

Si le Lias inférieur est ainsi fossilifère il n'en est plus de même pour les étages supérieurs (Charmouthien et Toarcien). M. L. Bertrand pense néanmoins qu'ils doivent être représentés à peu près dans tous les points où existe le Sinémurien, car il ne paraît pas y avoir, dit-il, discontinuité dans la sédimentation entre ce dernier étage et le Jurassique supérieur. Il a d'ailleurs rencontré dans la vallée de la Roudoule de nombreuses Bélemnites paraissant se rapporter à *Belemnites tripartitus* Schloth., ainsi qu'un radiole de *Cidaris armata* Cotteau et, dans le soubassement du mont Raja, *Cœloceras Raquinianum* d'Orb. sp. du Toarcien.

Préalpes maritimes.

Dans les « Préalpes maritimes » (régions de Grasse et de Saint-Vallier) si bien étudiées par M. Adrien Guébhard, le Jurassique inférieur paraît se réduire au seul Rhétien argileux avec lumachelles d'*Av. contorta* Portl., surmonté de *masses dolomitiques* qui englobent peut-être le Lias proprement dit, ce dernier n'ayant pas été signalé dans cette région.

Alpes-Maritimes italiennes.

Ajoutons encore que dans la continuation vers le S. E. des Alpes-Maritimes italiennes, le Lias, constaté au col de Pourriac par M. Sacco (1° Calcaire hettangien; 2° Calcaire à *Gryphaea arcuata* Lamk., *Arietites Bucklandi* Sow. sp., *Psiloceras planorbis* Sow. sp. et *Echioceras raricostatum* Ziet sp., *Oxynoticeras oxynotum* Qu. sp.; 3° Couches à *Aegoceras planicosta* d'Orb. sp.; 4° Toarcien à *Cœloceras commune* Sow. sp. et *Bel. acuarius* Schloth.), a été retrouvé en un certain nombre d'autres points (Région du col de Tende, etc.) par MM. Baldacci, Franchi, etc. Partout il présente un facies néritique (Ammonites, Gryphées, Brachiopodes et Crinoïdes), contenant quelquefois des Ammonites et des Bélemnites et paraît représenter dans le voisinage du massif du Mercantour, l'homologue de notre « type intermédiaire ».

Type provençal du Lias.

Nous n'étudierons pas ici le Lias à *facies provençal* qui s'annonce, aux environs d'Aix-en-Provence et au Sud de Digne (v. plus haut, p. 132) vers Castellane, par un changement de facies caractérisé dès 1892 par M. Haug; on y remarque, ainsi que nous l'avons dit plus haut, l'absence du Lias inférieur (Chabrières) et la réduction d'épaisseur (Chasteuil) des autres étages. Ce facies se montre très développé dans le département du Var; il comprend des calcaires du Lias moyen à *Lytoceras fimbriatum* Sow. sp., *Amaltheus margaritatus* Montf. sp., *Aequipecten aequivalvis* Sow. sp., et des assises néritiques à *Brachiopodes*, rappelant ce que M. Choffat a appelé en Portugal le « *facies espagnol* », et un Toarcien à *Harp. bifrons* Brug. sp. *Harp. Aalense* Ziet sp. M. Antonin Lanquine prépare une importante monographie sur ce sujet; nous rappellerons donc simplement que dans toute cette région et notamment près de Solliès-Toucas, de Brignoles, de Cuers, le **Lias inférieur fait défaut**, ce qui semble indiquer le voisinage d'une zone littorale au Sud de la Basse Provence.

Alpes Suisses. — Généralités.

En ce qui concerne les Alpes Suisses, les belles séries du musée de Berne et notamment la collection Ooster [1] permettent de se faire une idée très complète des faunes infrajurassiques des divers massifs.

On y remarque en particulier :

A. — Des séries *rhétiennes* du Schwartzlosen-Graben (C. de Koessen à *Spirigera oxycolpos* Emm., *Waldheimia Norica* Suess, *Gervilleia praecursor* Qu. sp., *Pecten cloacinus* Qu.), de la chaîne de Stockhorn, de la Wallopalp (Simmenthal), de la Spiezfluh et des Alpes fribourgeoises (Broc, Plan-Falcon, Grévalets), comprenant de nombreux Bivalves, des Myophories, des *Placunopsis*, des *Ditremaria*, *Terebratula gregaria* Suess, des *Cidaris*, etc., et rappelant d'une façon très nette le facies paléontologique des dépôts rhétiens du Pas-du-Roc en Maurienne et du Briançonnais. Il est intéressant de remarquer que cette analogie est favorable à l'hypothèse qui place dans la zone du Briançonnais les « racines » des Préalpes Suisses.

B. — Des fossiles *hettangiens* (*Cardinia*) des Alpes vaudoises et de nombreuses *Bélemnites* tronçonnées de divers points.

C. — Des calcaires à *Gryphaea arcuata* Lamk. de Bex (Vaud), du Dundenhorn, de Stachelberg, de la Chaîne du Stockhorn (Blumensteinallmend, Langeneckgrat). [Calcaire noir, néritique, à *Gryphées*, Brachiopodes et Ammonites, rappelant notre « type intermédiaire » de Maurienne (Encombres)], de Bodmi (Sigriswylergrat) et de la Wallopalp (Simmenthal), des calcaires à Gryphées d'Oberferdenalp, du Ferdenrothorn, de Nufenen et de Raron (Valais) recueillis par E. de Fellenberg au pied sud du Balmhorn (*Schloth. angulata* Schloth. sp., *Arietites* sp., *Nautilus striatus* Sow., *Plagiostoma giganteum* Sow., *Gryphaea arcuata* Lamk.).

[1] L. Rollier, Bericht ueber die palaeontologischen Sammlungen des Naturhistorischen Museums in Bern. (*Sep. Mitth. Naturf. Gesellsch. in Bern*). Bern (K. J. Wyss), 1891.

D. — Des séries du LIAS SUPÉRIEUR et de l'AALÉNIEN des Alpes fribourgeoises (les Hugonins, Vic de Neyrive près Albeuve, Charmey), et en particulier les fossiles à *test blanc* (comme ceux de Boll en Wurtemberg), de Teysachaux (Dejatzo) avec *Ichthyosaurus tenuirostris* Ow., des Poissons (*Lepidotus*), des Crustacés (*Eryon*, etc.), des *Aptychus*, un *Loligo* et de nombreuses Ammonites; on peut y voir, notamment : *Am.* (*Hildoceras*) *bifrons* Brug., *Am.* (*Grammoceras*) *serpentinus* Rein., *Am.* (*Lytoceras*) *cornucopiae* Young. a. B., *Am.* (*Ludwigia*) *opalinus* Rein., *Am.* (*Ludwigia*) *Murchisonae* Sow., de la Chaîne du Stockhorn (Oberwerteneren, Langeneckschafberg, Neunenenfall, Fallbach près Blumenstein), de Bex (Vaud), *Am. opalinus* Rein. du Dundenhorn, etc., dus en partie aux récoltes de Cardinaux.

E. — Des calcaires rouges d'Arzo (à l'O. de Mendrisio) d'un type très spécial, inconnu dans les Alpes occidentales, avec nombreuses Rhynchonelles, Terebratules, *Spiriferines*, et quelques Ammonites.

D'après ce qui précède, l'on voit que les divers types du Lias que nous venons de décrire se retrouvent dans les Alpes Suisses bien que les zones isopiques y soient plus difficiles à suivre que dans les Alpes françaises, par suite de la disposition des assises en *nappes* successives, parfois isolées de leurs racines et de provenances probablement lointaines. C'est ainsi que :

a. Le *type dauphinois* est très peu développé [1], au N. E. de la région de Sixt et de Chamonix-Martigny, et vraisemblablement caché par le chevauchement des nappes plus internes;

b. Le *type intermédiaire*, avec Lias schisteux au sommet, est très répandu; il se montre aux environs de Bex, dans les Alpes vaudoises, dans les Préalpes, dans la chaîne du Stockhorn, le Simmenthal, les environs du lac de Thoune, dans une partie du Chablais (Préalpes médianes) où il présente, d'après M. Lugeon, à sa base, près de Matringe, un Rhétien à *Megalodus* et *Ter. gregaria* Suess, très fossilifère, se rapprochant, comme celui de la Maurienne, du type carpathique dans le Valais (Raron, Ferdenrothorn), les Klippes du lac des Quatre-Cantons, le Loetschberg, les Alpes calcaires centrales et une partie des Alpes glaronnaises. — Sur la bordure des massifs cristallins des Alpes bernoises règne un facies néritique encore plus accentué;

[1] V. HAUG, Traité, p. 976.

c. Le type *bréchoïde ou briançonnais* a son homologue dans la brèche du Chablais;

d. Le *type mixte* pénètre en Suisse par le massif de la Grande Golliaz et celui du Grand Saint-Bernard;

e. Le facies *Schistes lustrés* ou *piémontais* se retrouve dans le massif du Simplon, au col de Nufenen (où des schistes à Grenats et à Bélemnites ont fourni récemment à M. Salomon un *Arietites* bien reconnaissable) et dans les Grisons où il jalonne la continuation du Géosynclinal piémontais replié ici vers le Nord en une série de plis couchés;

f. Enfin, un *type spécial* se montre dans une partie de l'Engadine, au Val Solda près du lac de Côme, à Arzo près Mendrisio, au lac d'Isco à Saltrio et comprend également les environs de Lugano; il est caractérisé par des *couches à Brachiopodes* et des accidents néritiques et semble appartenir au bord méridional du Géosynclinal piémontais.

Il demeure réservé à des travaux ultérieurs de préciser la répartition de ces bandes isopiques par rapport aux nappes et aux « racines [1] » qui ont été reconnues dans ces dernières années et de montrer comment se continuent dans les Alpes helvétiques les traces du *Géanticlinal briançonnais* que nous avons suivies jusque dans les environs du Grand Saint-Bernard (Col de Fenêtre) et qui séparait si nettement plus au Sud dans les Alpes franco-italiennes le Géosynclinal dauphinois du Géosynclinal piémontais.

Les exemples qui suivent donneront une idée des divers types que présentent les dépôts liasiques des Alpes suisses.

Bordure sud du Mont-Blanc.

RÉGION AU SUD DU MONT-BLANC. — Dans les chaînes qui bordent au S. E. le massif du Mont-Blanc (Val Ferret, Orsières, Sembrancher) et dans les montagnes qui confinent à l'O. au Grand Saint-Bernard et au Val de Bagnes, le Lias présente des changements de facies intéressants; on y distingue, en allant du N. O. au S. E. :

1° Une bande à *facies dauphinois* (Entrèves, Val Veni, Mont Catogne, Sembrancher) avec dalles de calcaire cristallin noirâtre et schistes noirs faisant

[1] HAUG, Traité, p. 975-976.

IMPRIMERIE NATIONALE.

partie de la bordure sédimentaire du Mont-Blanc. Dans cette bande, M. Graeff a signalé, près de Praz-de-Fort et d'Amône, des schistes à chloritoïde contenant des *Bélemnites* et passant, près d'Entre-Deux-Chaux, à des quartzites noirs;

2° Une bande à *type intermédiaire*, formée de schistes silico-calcaires avec dalles de calcaire cristallin (Orsières);

3° Une bande à *facies bréchoïde*, formée de calcaires cristallins et de schistes d'aspect lustré, avec développement typique de la *Brèche du Télégraphe* (Col de Fenêtre, Combe-de-Là, Mont-Brisé) et représentant notre *type briançonnais*.

4° Une bande de *Schistes lustrés* avec *Pietre verdi* (Col de Broglie) et *Bélemnites*, étudiée par M. S. Franchi, et se poursuivant en France par la vallée du Versoyen (équivalent de notre *type piémontais*).

Au Sud de Courmayeur, l'un de nous a démontré, en collaboration avec MM. S. Franchi et P. Lory (v. plus haut, p. 99 et suiv.), que les dépôts liasiques prennent, dans la continuation sud de la bande 3, dans la chaîne du Crammont, du Mont Fortin et du Bério-Blanc, et au Col de la Seigne, un « *type mixte* » caractéristique qui présente à la fois certains caractères lithologiques du Lias dauphinois, et d'autres de notre *type intermédiaire* de Tarentaise (calcaires cristallins), avec des intercalations de **brèches polygéniques** (Brèche des Chapieux), rappelant le facies briançonnais, et de Schistes lustrés du type piémontais (ces derniers, accompagnés de « Pietre verdi », prennent d'ailleurs un développement exclusif *dans une zone plus interne* (zone n° 4), près du col du Broglie et du Petit Saint-Bernard). La (zone n° 3) où apparaît ce **type mixte** appartient au « bord pennique *frontal* » de M. Argand et se montre *refoulée*, près des Chapieux, sur la bande 1 à facies dauphinois; elle se continue en haute Tarentaise (v. *ante*, p. 104-105) dans les massifs du Roignais et de Pierre-Menta, où MM. Gignoux et Pussenot l'ont étudiée récemment.

Hautes-Alpes calcaires vaudoises.

Le remarquable mémoire du regretté professeur Renevier[1] sur les Hautes-Alpes calcaires et les Préalpes du canton de Vaud fournit, d'autre part, une

[1] E. Renevier, Monographie géologique des Hautes-Alpes vaudoises et des parties avoisinantes du Chablais (*Matériaux carte géologique suisse*, liv. XVI (XXII), 1890. — 1 carte, 6 planches et 128 clichés dans le texte.

importante contribution à la stratigraphie du Jurassique inférieur dans les massifs extérieurs des Alpes romandes. L'auteur y a récolté dans les formations liasiques de nombreux fossiles qui lui ont permis d'y reconnaître les divers étages des régions classiques.

Le *Rhétien* des Alpes vaudoises rappelle celui de la Maurienne; il a les plus grandes affinités avec l'Hettangien et se sépare nettement du Trias. Dans la vallée de la Grande-Eau, la partie inférieure est formée surtout de schistes à *Cardita Austriaca* Hau., *Avicula contorta* Portl., *Terebratula gregaria* Suess., *Bactryllium striolatum* Heer., tandis que les lumachelles à *Placunopsis alpina* Winkl. sp. en occupent la partie supérieure. Les espèces recueillies sont au nombre de 28, provenant notamment d'Aigle, d'Arbignon et de Vuargny.

L'*Hettangien* n'a été constaté jusqu'à présent que dans les Préalpes. Il consiste dans la vallée de la Grande-Eau en calcaires compacts à intercalations marneuses renfermant 48 espèces très caractéristiques pour cet étage et notamment :

Psiloceras planorbis Sow. sp.,
Psiloceras Longipontinum Opp. sp.,
Cardinia regularis Terq.,
Pecten Thiollieriei Mart.,
Ostrea sublamellosa Dunk.,
Zeilleria perforata Piette.,
Rhynchonella plicatissima Qu. sp.,
etc., etc.

Le *Sinémurien* est formé de calcaires compacts bleuâtres avec *couches* **à silex**, calcaires à Entroques, calcaires gréseux et marnes schisteuses plus foncées. Il a été observé dans la vallée de la Grande Eau, dans la région salifère de Bex et au pied de la Dent de Morcles (Arbignon). Les espèces recueillies y sont au nombre de 91, parmi lesquelles nous citerons :

Belemnites acutus Mill.,
Ammonites (Arietites) bisulcatus Brug.,
Ammonites (Arietites) spiratissimus Qu.,
Ammonites (Arietites) Turneri Sow.,
Ammonites (Arietites) Kridion Hehl.,
Ammonites (Schlotheimia) Charmassei d'Orb.,
Ammonites (Schlotheimia) lacunatus Buckm.,
Ammonites (Schlotheimia) Moreanus d'Orb.,
Pleuromya Galathea d'Orb.,
Lima (Plagiostoma) gigantea Sow. sp.,
Lima (Plagiostoma) Hermanni (Münst.) Goldf.,
Pecten Hehlii d'Orb.,
Gryphæa arcuata Lam.,
Ostrea sublamellosa Dunk.,
Spiriferina alpina Opp.,
Rhynchonella belemnitica Quenst. sp.,
Rhynchonella plicatissima Qu. sp.,
Terebratula punctata Sow.,
Pentacrinus tuberculatus Mill., etc., etc.; des *Chondrites* et des Fucoïdes.

Dans les *Préalpes vaudoises,* on a décrit d'autre part, sous le nom de « calcaire du Mont-Arvel », des calcaires à Entroques liasiques assez semblables aux calcaires de Laffrey dans les Alpes dauphinoises et contenant, comme eux, des Brachiopodes.

Le Charmouthien Toarcien, formé de schistes marneux et feuilletés (200 à 300 m.), est représenté par 40 espèces provenant des affleurements des Ormonts, de Truchenoire près Bex, du Chamossaire, de la Gryone et du Pillon.

Les principaux fossiles sont :

Belemnites tripartitus Schloth.,
Ammonites (*Hildoceras*) *bifrons* Brug.,
Ammonites (*Grammoceras*) *radians* Rein.,
Ammonites (*Dumortieria*) *undulatus* Ziet.,
Ammonites (*Lytoceras*) *fimbriatus* Sow.,
Ammonites (*Amaltheus*) *margaritatus* Montf.,
Nucula Hammeri Defr.,
Hinnites (*Semipecten*) *velatus* d'Orb.,
Plantes terrestres, etc., etc.

L'Opalinien (Aalénien p. parte), qui a livré 32 espèces, ne se distingue pas pétrographiquement de l'étage ci-dessus et est composé de schistes marneux friables à *Posidonomya Bronni* Voltz, ou terreux et quelquefois séríciteux comme aux Diablerets, sur le bord septentrional des Alpes vaudoises, on observe une lacune. Les espèces les plus fréquentes sont :

Ammonites (*Ludwigia*) *Murchisonæ* Sow.,
Ammonites (*Hammatoceras*) *insignis* Schübl.,
Ammonites (*Ludwigia*) *opalinus* Rein.,
Lucines, etc., etc.

Les échantillons d'*Harpoceras* (*Ludwigia*) *Murchisonæ* Sow. sp. ont été recueillis dans des rognons calcaires très abondants, en certains points, au milieu des marnes schisteuses, et représentant sans doute l'Aalénien inférieur.

D'autre part, M. A. Jeannet[1] a publié un profil détaillé de l'Infralias des environs de Corbeyrier. De plus, cet observateur a découvert, dans des couches de cette chaîne, qui avaient été rapportées au Dogger, deux niveaux fossilifères : l'un supérieur, à *Terebratula punctata* Sow., *Waldh.* (*Magellania*) *cornuta* Sow. sp., représentant le Pliensbachien (Charmouthien) et l'autre à *Arietites* (*Echioceras*) *raricostatus* Quenst. sp., appartenant au Sinémurien.

[1] A. Jeannet, Quelques faits nouveaux de stratigraphie préalpine (*Eclogae geol. helv.*, t. X, p. 743, *Archives de Genève*, t. XXVIII, p. 470, 1909).

(Entre le Dogger à *Zoophycos* des chaînes plus externes et le Dogger à *Mytilus* de la zone des Gastlosen, la chaîne des Tours d'Aï se caractériserait par l'absence du Jurassique moyen [1]).

MM. de Fellenberg, Kissling [2] et Schardt ont étudié, au point de vue stratigraphique, le Jurassique de la chaîne du Löetschberg. Ils ont établi deux subdivisions dans le Lias : Chaîne du Loëtschberg et Nord des Alpes Bernoises.

a. Calcaires schisteux, parfois bréchiformes, 50 à 100 mètres.

b. Brèche composée de débris de quartz et de dolomies, riche en *Bélemnites*, remplacés localement par des grès quartzitiques gris ou verdâtres.

Dans le Nord des Alpes bernoises règne un facies analogue.

M. Heim a signalé près du lac de Wallenstadt, un Lias gréseux à Gryphées, Cardinies et *Pectens*. Lac de Wallenstadt.

M. Tobler [3] s'est occupé des Klippes de la région du lac des Quatre-Cantons. Lac des Quatre-Cantons.

(1) Tout récemment (1912-1913) M. Jeannet, dans la première partie de sa très remarquable monographie géologique des Tours d'Aï et des régions avoisinantes (Préalpes vaudoises), a étudié en détails aux points de vue stratigraphique et paléontologique dans les «Matériaux pour la carte géologique de la Suisse» (Nouvelle série, n° XXXIV) le Jurassique inférieur des Préalpes médianes.

Il décrit et analyse la faune : 1° d'un Rhétien à facies alpin (association des facies souabe et karpathique) avec *Brachiopodes* et *Polypiers*, qu'il a soumise à une revision critique très intéressante sur laquelle nous aurons l'occasion de revenir plus bas ; 2° d'un Hettangien riche en Gastropodes et Bivalves et dont le type rappelle à la fois celui du bassin du Rhône et celui du versant méridional des Alpes ; 3° d'un Sinémurien à *Ariétites*; 4° d'un Pliensbachien à Brachiopodes et Lamellibranches ; 5° d'un Lias supérieur à *Zoophycos* (*Cancellophycus*), pauvre en fossiles.

Les localités intéressantes décrites par M. Jeannet sont notamment Plan-Falcon, la Grande-Eau, la Tinière et la Tour d'Aï.

La série étudiée par M. Jeannet rappelle notre «*type intermédiaire*» de la zone des Aiguilles d'Arves.

On trouvera d'ailleurs dans le mémoire de M. Jeannet qui a paru pendant l'impression du présent ouvrage de très intéressantes comparaisons avec les dépôts liasiques des autres parties des Alpes, que nous regrettons vivement de ne pouvoir reproduire ici. — (*Note ajoutée pendant l'impression.*)

(2) Von Fellenberg, Kissling und H. Schardt, *Lötschberg u. Wildstrubel-Tunnel.* (*Geolog. Exp.*).

(3) August Tobler, *Vorlaüfige Mittheilung über die Geologie der Klippen am Vierwaldstättersee.* (*Eclogæ geol. helv.*, vol. VI, n° 1, juin 1899.)

Dans la zone externe comprenant le Buochserhorn, le Stanzerhorn et le Rothspitz, la série jurassique est bien développée. Elle débute par des alternances de bancs calcaires et de lits de schistes noirs, à *Avicula contorta* Portl., très riches en fossiles et que surmonte, au Brandgraben, une dalle dolomitique couverte de *Terebratula gregaria* Suess. L'Hettangien consiste en un calcaire oolithique brun à *Pecten Valoniensis* Defr. et *Pecten Thiollieriei* Mart. Le Sinémurien est représenté par une brèche à débris d'Echinodermes, le Charmouthien par une « brèche échinodermique » (calcaire à Entroques) noire ou rouge, par places, avec *Aegoceras capricornu* Sow. sp., *Liparoceras Bechei* Sow. sp., *Amaltheus margaritatus* Montf. sp., *Magellania* (*Zeilleria*) *numismalis* Lamk. sp., etc. Enfin, le Lias supérieur consiste en un calcaire rouge ressemblant à celui de la région d'Iberg.

M. Fr. Trauth[1] s'est occupé, d'autre part, de l'étude des fossiles recueillis dans le Lias des Klippes du lac des Quatre-Cantons par Stutz et par M. Tobler.

Au Stanserhorn, le Lias comprend, d'après cet auteur, au-dessus des assises rhétiennes :

1° Grès à *Psiloceras planorbis* Sow. sp., contenant une riche faune de Bivalves : *Pinna Hartmanni* Ziet., *Lima gigantea* Sow. sp., *L. exaltata* Terq., *Pecten Valoniensis* Defr., *Pecten Hehlii* d'Orb., *Pecten textorius* Schl., etc. ;

2° Calcaires gréseux, parfois oolithiques et bréchiformes à *Pecten Valoniensis* Defr., *Pect. Schmidti* Tr., *Polypiers*, etc. (Hettangien supérieur) ;

3° Calcaires spathiques de teinte brunâtre à *Pecten Hehlii* d'Orb. (Sinémurien) ;

4° Calcaires spathiques brunâtres du Charmouthien à *Rhynchonella variabilis* Schl., *Dumortieria Jamesoni* Sow. sp., *Amaltheus margaritatus* Montf. sp. ;

5° Schistes argileux foncés à *Posidonomya Bronni* Voltz., *Inoceramus dubius* Sow., etc. (Toarcien).

Dans la Klippe de l'Arvigrat, le Lias n'est représenté que par des « calcaires échinodermiques » **à silex**, correspondant probablement au Charmouthien Au Buochserhorn les calcaires « échinodermiques » du Sinémurien sont très fossi-

[1] Uber den Lias der exotischen Klippen am Vierwaldstättersee (*Mittheil der geol. Ges.-Wien*, t. I, 1908, p. 413).

lifères, particulièrement en Céphalopodes (*Arietites*). Le Toarcien y est représenté par des schistes argileux à Posidonomyes et par des calcaires marneux à *Dactylioceras commune* Sow. sp., ainsi que par des calcaires rouges rappelant les calcaires toarciens des Klippes d'Iberg.

En résumé, l'auteur fait remarquer que les faunes récoltées dans le Lias des Klippes suisses se rattachent aux faunes correspondantes de l'Europe centrale et ne comportent comme celles de nos chaînes delphino-savoisiennes qu'un petit nombre d'éléments méditerranéens.

Enfin, M. E. Gerber [1] a fourni encore quelques données nouvelles sur les gisements liasiques et rhétiens du Lattigwald entre Spiez et Wimmis. Il a publié notamment une coupe détaillée de couches argilo-calcaires mesurant environ 20 mètres qu'il attribue au Rhétien, y ayant découvert deux exemplaires de l'*Avicula contorta* Portl.

Alpes calcaires centrales suisses.

M. Tobler [2] a livré à la publicité, en 1897, un mémoire où sont donnés les résultats des recherches de M. H. Stutz *sur la Stratigraphie des Alpes calcaires centrales*. Il résume ces résultats en neuf coupes, que Stutz avait relevées avec un soin particulier, en récoltant les fossiles couche par couche. Ces études ont plus spécialement trait à la nappe sédimentaire du revers septentrional du massif de l'Aar, de part et d'autre de la Reuss.

Le Lias s'y superpose au « Rötidolomit », mais il est peu épais. Il consiste en un calcaire à Entroques, dit « échinodermique », qui représente probablement cette formation en entier, à en juger par les fossiles rencontrés, qui appartiennent aux trois étages de la série liasique. Ailleurs la série manque totalement et le Jurassique **commence par l'Aalénien** et repose directement sur le Trias (*transgression aalénienne*). Dans la chaîne des Windgällen et à la Sandalp, le Dogger fait même défaut.

Dans son ensemble, le Lias ne dépasse pas, dans cette région, 1 mètre d'épaisseur. Parmi les espèces recueillies on peut citer : *Am.* (*Grammoceras*) *costula* Rein.; *Am.* (*Pleydellia*) *Aalensis* Ziet, *Pholadomya glabra* Ag. *Cardinia crassiuscula* Sow., *Lima* (*Plagiostoma*) *punctata* Sow. sp.; *Pecten Hehlii* d'Orb.; *Pecten* (*Chlamys*) *priscus* Schl.; *Rhynchonella variabilis* Schl., etc., etc.

(1) Ed. Gerber, Ein neuer Rhätaufschluss am Lattigwald bei Spiez (*Mittheil. Naturf. Gesell.* Bern, 1908).

(2) A. Tobler, Ueber die Gliederung der mesozoischen Sedimente am Nordrand des Aarmassivs (*Verh. naturf. Gesellsch. Basel*, 1897, XII, 25-107, 1 pl.).

Alpes de Glaris.

Dans les *Alpes de Glaris,* M. Rothpletz [1] a distingué trois régions : *la région du facies « souabe »*, qui se trouve au Nord de la chaîne du Rhin antérieur, la région du facies des schistes d'Allgäu au Sud de cette chaîne, enfin une troisième région *privée de dépôts liasiques*, séparant les deux précédentes.

Le facies SOUABE est formé de calcaires siliceux, de calcaires bréchiformes et de brèches échinodermiques alternant avec des schistes. Le Rhétien, l'Hettangien et le Sinémurien ont livré des fossiles caractéristiques; d'autres espèces indiquent les niveaux supérieurs, dont les assises n'ont pas été suffisamment distinguées.

Le facies « d'ALLGÄU » est formé de schistes chargés en séricite; les calcaires siliceux et les brèches y font défaut. Parmi les fossiles provenant de Mundaun et de l'Alpe Sernatschga, nous citerons : *Belemnites paxillosus* Schl.; *Cardinia Listeri* Sow., *Astarte* cf. *Eryx* d'Orb., *Gryphaea cymbium* Lamk., *Terebratula punctata* Sow., *Pentacrinus angulatus* Opp., *P. psilonoti* Qu., *P.* cf. *basaltiformis* Mill. Ce sont, en majeure partie, des formes de l'Europe centrale.

Engadine.

ENGADINE. — Mœsch [2] a découvert, dans le Lias de l'Alpe Laret près Saint-Moritz (Engadine), des calcaires rouges à *Pentacrinus*. Ce facies, inconnu jusqu'alors dans les Alpes grisonnes, correspond probablement au facies de Hierlatz des Alpes orientales.

Vers la limite E. des Alpes suisses et dans le voisinage immédiat des Alpes orientales, M. H. Hoek [3] a consacré une importante monographie aux massifs de Plessur et d'Arosa. Les formations jurassiques y sont décrites avec soin; elles sont représentées par du Lias et du Malm, le Dogger paraissant manquer dans toute la région étudiée. Le Rhétien comprend des marnes foncées avec intercalations de calcaires à teinte claire; on y cite : *Pentacrinus propinquus* Mun., *Cidaris verticillata* Stopp., *Terebratula gregaria* Suess., etc., etc.

Le Lias fait défaut dans la chaîne Strela-Amselfluh; par contre, il est représenté, dans le massif Tschirpen-Weisshorn de Parpan, par des calcaires compacts, rosés, d'une faible épaisseur, qui s'intercalent entre le Rhétien et le

[1] ROTHPLETZ, *Das geotectonische Problem der Glarner Alpen.* — Iena, Verlag. v. G. Fischer, 251 p. 8° et atlas 1° 10 pl., 1 carte.

[2] *C. R. Soc. helv. Sc. Nat.-Engelberg*, 1897 (*Archives de Genève*, IV, 473).

[3] H. HOEK, Geologische Untersuchungen im Plessurgebirge um Arosa. (*Ber. der Naturf. Gesellsch. zu Freiburg i. Br.*, B XIII, 1903.)

Malm ; à la base se montre une *brèche* à éléments triasiques, rappelant la brèche liasique de l'Ofenpass.

Au Nord et au N. O. d'Arosa, le développement du Lias est différent ; il est constitué par des schistes calcaires, marneux, argileux ou siliceux, avec intercalation de grès et conglomérats *polygéniques* (rappelant notre « *type mixte* » du col de la Seigne et des Chapieux). Par places, on trouve des débris de *Crinoïdes* et des *Bélemnites*. Les fossiles sont habituellement rares, et il est souvent difficile de distinguer les schistes liasiques de ceux du Flysch, avec lesquels ils présentent de grandes analogies lithologiques.

(Rappelons à ce propos que l'Hettangien inférieur à *Conchodon infraliasicum Stopp.* est encore fossilifère beaucoup plus au Sud, au Sasso degli Stampi et au golfe de la Spezia, où il a été décrit par M. Capellini [1862] et possède également un type néritique. L'Hettangien supérieur a été étudié par Canavari [1882-1888] à la Spezia; il présente là une FAUNE PYRITEUSE à *Ammonites* bien différente de celui de l'horizon sus-jacent, des calcaires rouges ammonitiques et des schistes à *Posidonomya Bronni* Voltz.) [La Spezia près Gênes.]

Les terrains jurassiques de la *Région du lac d'Iseo*, dans les Alpes tessinoises, ont été étudiés par M. Baltzer [1], qui y a reconnu un certain nombre de niveaux. Le Lias lui a fourni la coupe suivante : Alpes tessinoises. — (Environs de Lugano, de Côme, d'Iseo, etc.)

a. Calcaire gris, compact ou finement cristallin et Dolomies à *Arietites geometricus* Opp. sp.

b. Calcaire gris compact avec *Platypleuroceras Salmojraghii* Par., *Liparoceras Bechei* Sow. sp.

c. Calcaire compact gris, avec quelquefois des taches ou des traînées foncées, contenant *Harpoceras Algovianum* Opp. sp., *Harp. retrorsicosta* Opp. sp., *Harp. Boscense* Opp. sp., *Harp. Bertrandi* Kil., *Cœloceras Mortilleti* Megh. sp., *Amaltheus margaritatus* Montf. sp., etc.

d. Calcaires marneux compacts, rouges ou gris, avec des Harpocératidés et des Brachiopodes toarciens.

Ce type du Lias se rapproche de celui de la Lombardie.

D'autre part, M. von Bistram [2] a indiqué, dans une note préliminaire, la

[1] A. BALTZER, Geologie der Umgebung des Iseosees (*Geol. u. Pal. Abhandl. von E. Koken, Neue Folge, B. V.* H. 2, 1901.

[2] A. V. BISTRAM, Uber geologische Aufnahmen zwischen Luganer und Comer See (*Centralblatt f. Min. geol. u. P.* 1901, p. 737-740).

IMPRIMERIE NATIONALE.

Géologie des environs du lac de Lugano, la présence au Monte-Bolgia et au Monte-Bre, sur la dolomie rhétienne, de calcaires marneux gris bleuâtres bien stratifiés, dont les bancs inférieurs contiennent une faune de fossiles silicifiés : *Schlotheimia angulata* v. *exoptycha* Wähn., *Aegoceras tenerum* Neum., *Aeg. Naumanni* Neum., *Plicatula* (*Dimyopsis*) *intusstriata* Emm. sp. On trouve encore des Gastéropodes, des Lamellibranches, des Polypiers et une grande abondance de débris de Radiolaires et de Foraminifères. Cette faune est hettangienne.

En 1903, le même auteur [1] a consacré une intéressante monographie à la formation siliceuse du Lias inférieur du Val Solda dans les Alpes de Côme, faune remarquable par le grand développement qu'y prennent les Spongiaires siliceux (Monactinellides, Tetractinellides et Hexactinellides) accompagnés de Radiolaires et de Foraminifères.

Ces assises reposent sur la dolomie rhétienne sans aucune trace de discontinuité ; elles accusent un facies néritique très net.

Les Alpes tessinoises méridionales, dans les environs de Lugano, ont fait l'objet d'études de MM. C. Schmidt [2] et Steinmann.

D'après ces auteurs, les couches de Lias inférieur de la région du lac de Côme jusqu'au lac de Lugano représentent une formation abyssale presque sans fossiles, qui succède aux formations alternativement coralligènes et d'eau profonde du Rhétien.

Il en est autrement à l'Ouest du lac de Lugano, où, au-dessus d'un Rhétien coralligène (à *Lithodendron*), l'on trouve des formations **bréchoïdes et récifales,** les calcaires d'Arzo, Saltrio (étudiés par M. Parona et Viggiù), calcaires gris jaunâtres, à grain fin ou oolithiques, non sans analogie avec notre « type intermédiaire » de Tarentaise et se subdivisant, du bas en haut, en :

a. Calcaires à Ammonites (*Nautilus striatus* Sow., *Arietites bisulcatus* Brug. sp., *Ar. stellaris* Sow. sp., etc.).

b. Calcaires à Bivalves et Gastropodes (*Gryphæa arcuata* Lamk., *Pleurotomaria expansa* d'Orb., *Cardinia hybrida* Ag., etc.).

c. Couches à Brachiopodes, dont la faune a été décrite par M. Parona.

[1] A. V. Bistram, *Ber. der Naturforsch. Ges. in Freiburg in Br.*, t. XIII, 1903.

[2] C. Schmidt, *Allgemeine Darstellung der geolog. Verhältnisse der Umgegend von Lugano Eclogæ geol. helv.*, 1890, t. II, 5 49. — V. aussi Schmidt u. Steinmann (*ibid.*, 1889-1890), t. II, n° 1, p. 26.

Schistes lustrés du Petit St-Bernard, du Simplon et des Grisons.

Interprétations diverses.

En ce qui concerne la répartition du type « *Schistes lustrés* » (notre facies piémontais) dans les Alpes suisses, M. Haug a attiré en particulier l'attention sur la zone schisteuse qui se poursuit sans interruption de la Tarentaise, par derrière le Mont-Blanc, par les deux Val-Ferret, puis par Sion, Brigue, les cols de Gries et de Scopi, jusque dans les Grisons (Schistes des Grisons inférieurs). Cette zone a fourni quelques *Bélemnites* ainsi que quelques rares masses intrusives de « Pietre Verdi »; elle présente un facies voisin des « Schistes lustrés », équivalent de notre type piémontais. Le métamorphisme est parfois considérable (Schistes à disthène de Scopi) dans ce complexe, surtout à l'Est de Brigue. M. Haug considère cette bande schisteuse comme distincte de celle des Schistes lustrés du Piémont, et appartenant à un autre géosynclinal qui aurait été séparé du Géosynclinal du Piémont par le « *Géanticlinal du Grand Saint-Bernard* », qui aurait constitué le prolongement vers le Nord-Est de celui du Briançonnais.

D'après l'éminent professeur de la Sorbonne, les deux masses de schistes correspondant à la zone du Simplon et à celle du Piémont coexisteraient dans les Grisons, où on les aurait même observées, en superposition, mais elles seraient alors séparées par des nappes dans lesquelles le Lias posséderait le facies briançonnais. Dans cette conception, notre « type dauphinois » passerait donc directement au Sud du Mont-Blanc aux Schistes lustrés de la plus externe des bandes précitées.

Nous croyons, pour notre part, que les Schistes lustrés du Petit Saint-Bernard appartiennent à une zone plus interne, et que la succession des facies du Lias au Sud du Mont-Blanc est plus complexe que ne semble le penser M. Haug.

On voit, en effet, se succéder sur le versant italien, en s'éloignant de l'axe cristallin (voir plus haut, p. 100 et suiv.) :

a. Une bande de *Lias dauphinois* (Mt Fréty) représentant le reste de la couverture du massif cristallin et réduite dans l'Allée Blanche à une zone relativement étroite, limitée au Sud-Est par une ligne de contact anormal.

b. Une bande de Lias du *type mixte* séparée de la précédente par une importante *ligne de chevauchement* (Chapieux, Col de la Seigne, Pyramides calcaires, lac Combal, versant ouest de la Montagne de la Saxe), reconnue et précisée par les travaux de Ch. Jacob et de l'un de nous [1], et coïncidant avec la disparition au Nord-Est des Chapieux de la sous-

[1] Kilian et Jacob (*C. R. Académie des Sciences*, 25 mars-1er avril 1912).

zone des Aiguilles d'Arves, sous-zone qui est cachée en profondeur et chevauchée par la bande (*b*) qui disparaît vers le Valais.

Cette bande à type mixte qui représente un *facies de transition du type briançonnais au type piémontais* a été étudiée par MM. S. Franchi, P. Lory et W. Kilian (1); elle comporte des assises schisteuses, des marbres cristallins, des brèches et des microbrèches polygéniques ainsi que des bancs de Schistes lustrés sans intercalations de « Pietre Verdi ». Elle continue au Nord-Est la bande de Lias à « facies mixte » de Tarentaise par le Col de la Seigne, le Crammont et la Grande Golliaz vers le Col de Fenêtre, la Combe de Lâ, le Six-Blanc et le Valais.

c. Les *Schistes lustrés* du Col de Broglie et du Petit Saint-Bernard avec intercalations de « Roches Vertes » et dans lesquels M. Franchi a signalé des *Bélemnites;* ils se poursuivent vers la vallée d'Aoste.

C'est cet ensemble complexe dont M. Haug a fait ressortir la continuité par le Valais et le col de Scopi vers les Grisons. Il est probable que vers le Nord-Est le facies « Schistes lustrés qui, au Sud du Mont-Blanc, n'en occupe que le bord interne, devient de plus en plus prédominant. En tous cas, ce complexe **est séparé de la zone dauphinoise par un contact anormal** et continue nettement au point de vue tectonique la partie externe de la zone axiale du Briançonnais *qu'envahit de plus en plas vers l'Est le facies piémontais.*

Il ne semble donc pas que les Schistes lustrés du Petit Saint-Bernard appartiennent à un géosynclinal différent de ceux du Piémont, mais c'est à *l'obliquité des « zones isopiques »* des facies par rapport aux *zones tectoniques* que paraît être dû cet empiètement du facies piémontais à « Pietre Verdi » sur la zone axiale du Briançonnais, au Nord de la Tarentaise.

En conséquence, nous sommes plutôt enclins à considérer la superposition observée dans les Grisons comme n'ayant aucun rapport avec notre Lias dauphinois et absolument comparable à celle que nous venons de rappeler au Sud du Mont-Blanc, c'est-à-dire équivalent à notre « TYPE MIXTE » du Lias sur lequel seraient refoulées des assises du « type piémontais ». Ces dernières, (« Schistes lustrés »), réapparaissent dans les « fenêtres » de la Basse Engadine et des Hohe-Tauern.

Dans la nappe du Mont-Bonvin, M. Jeannet signale d'ailleurs également (d'après M. Lugeon) un passage graduel du Lias, au type « Schistes lustrés ».

(1) S. Franchi, P. Lory et W. Kilian, Sur les rapports des Schistes lustrés avec les facies dauphinois et briançonnais du Lias (*Bull. Serv. Carte géolog. de France* et Trav. Lab. géol. Univ. de Grenoble, t. IX, 1, p. 191).

M. Haug admet aussi l'existence, dans la continuation vers le Nord-Est du Géosynclinal dauphinois, d'un « Géantyclinal médian » secondaire, ayant déterminé les facies néritiques très répandus dans le Lias des Alpes suisses.

Des facies analogues à notre « type intermédiaire » (avec Lias schisteux au sommet) s'observent en effet sur la bordure du Massif de l'Aar dans le soubassement de la Dent de Morcles, au Toedi, dans les nappes helvétiques et lépontines, dans les Préalpes médianes (où l'on a décrit [v. plus haut] des calcaires *à silex* (FACIES CHABLAISIEN de M. Haug) rappelant ceux des Annes et de Sulens en Haute-Savoie).

Le *type briançonnais* est réalisé dans la nappe de la Brèche et de la Hornfluh, dont les racines paraissent bien devoir être recherchées un peu en arrière de la continuation de la zone des Aiguilles d'Arves, qui est, comme nous l'avons dit plus haut, en partie cachée au Nord-Est de la Tarentaise par le chevauchement du « bord pennique frontal » de M. Argand.

ALPES ORIENTALES ET ITALIENNES. — SICILE.

Alpes orientales et méridionales.

Les divers facies du Lias dans les *Alpes orientales* et *en Italie* ayant été décrits récemment d'une façon remarquablement synthétique dans le beau traité de Géologie de M. Haug (p. 977 à 986 et liste bibliographique, p. 1142-1143), nous nous dispenserons d'entrer ici dans de longs détails à ce sujet. Nous nous bornerons à faire remarquer que dans ces régions ce terrain affecte des types très divers : à côté de *facies néritiques* à Lamellibranches, Brachiopodes et Ammonites parmi lesquelles on remarque notamment les « couches de Gresten » étudiées par M. Trauth (bord septentrional des Alpes orientales) qui rappellent notre « type intermédiaire », on rencontre des *types à Brachiopodes* [Gozzano près du Lac d'Orta en Lombardie, dont il existe de belles séries au Musée de Turin, Arzo, Préalpes lombardes, etc., Schafberg dans la nappe de Bavière, Calcaires de Hierlatz dans la nappe du Dachstein]; le *facies à Ammonites* est réalisé notamment dans les calcaires rouges d'Adneth, les calcaires d'Enzesfeld[1], le « Medolo » (calcaire marneux à silex), le Calcare Am-

[1] Les calcaires bigarrés d'Enzesfeld, de facies bathyal, comprennent : 1° Une zone à *Psiloc. calliphyllum*, correspondant à la zone à *Psiloc. planorbis*; 2° Une zone à *Psiloc. megastoma* et *Arietites proaries*, qui est marquée par le début des *Schotheimia* et des *Arietites*; 3° Une zone à *Schlotheimia marmorea*, correspondant à la zone à *Schloth. angulata*; 4° Une zone à *Arietites rotiformis*.

monitico rosso (du Lias supérieur et de l'Aalénien); enfin un *type à Spongiaires* existe à l'entrée du Valsesia.

Au point de vue paléontologique, les affinités méditerranéennes se manifestent, pour les facies à Céphalopodes, par la présence de *Phylloceras*, de *Lytoceras* et de *Rhacophyllites*, rappelant, avec quelques *Harpoceratidés* spéciaux (*Harp. Algovianum*, nombreux *Hildoceras*), le type aveyronnais du Lias (Val, Trompia, Medolo, Ammonitico rosso de Lombardie, Nappes de Bavière, Nappe du Dachstein, etc.) et pour les facies néritiques par l'abondance de certains Brachiopodes du groupe des *Pygope* (*P. Aspasia* Opp. sp., *P. Euganeensis* Cat. sp.) [Arzo, Préalpes Lombardes, Hierlatz] spéciaux aux régions méditerranéennes.

Nappe de Bavière.

Dans les ALPES DE BAVIÈRE et dans un ensemble de terrains que M. Haug[1] considère comme charriés et formant une nappe désignée par lui sous le nom de *Nappe bavaroise*, le Rhétien est bien représenté (*Spirigera oxycolpos* Emm. sp., *Terebratula gregaria* Suess.). Il témoigne d'un passage insensible entre le Trias et le Lias (couches à *Choristoceras rhaeticum* Guemb. et à *Psiloceras planorboides* Guemb. des environs de Saltzbourg). Les sédiments marneux y prédominent, constituant les célèbres « *couches de Kœssen* » à *Avicula contorta* Portl. A côté de ce facies, il s'en développe d'autres, caractérisés soit par des Lamellibranches, soit par des Coralliaires ou des Céphalopodes. Dans le massif de l'Osterhorn, au S. E. de Saltzbourg, la variété des facies est très grande, et E. Suess a pu décrire une coupe où six facies de l'étage se trouvent en superposition sur une même verticale.

Avec le Lias, la mer s'est approfondie et les facies à Céphalopodes prédominent; on y a distingué (voir Haug, traité p. 979) une série de zones paléontologiques. Toutefois, les calcaires à Crinoïdes et Brachiopodes du type du Hierlatz n'y font pas entièrement défaut. Les couches inférieures sont constituées soit par des calcaires bigarrés, rouges, bruns ou gris, soit à Crinoïdes et Brachiopodes (Schafberg), soit à Céphalopodes (calcaire bathyal d'Enzesfeld) [*Psiloceras, Arietites, Schlotheimia*], soit par des calcaires rouges à Céphalopodes rappelant l'« Ammonitico rosso » d'Italie (*calcaires d'Adneth*), ou par des calcaires et marnes à Spongiaires (*Fleckenmergel*). Enfin, les couches supérieures sont presque toujours marneuses (couches de l'Allgäu).

[1] HAUG, Les nappes de charriage des Alpes calc. septentr. (*Bull. Soc. géol. de Fr.*, 4e série, t. VI, p. 359, 1906, et *Traité*, p. 876 et suiv.).

Dans une autre nappe, la *Nappe du Sel*, superposée à la précédente, se rencontrent des terrains triasiques et liasiques affectant des facies particuliers. Le Rhétien de la Fischerwiese, près Aussee, est remarquable par une faune riche en Zoanthaires associés aux Lamellibranches de la zone à *Avicula contorta* Port. L'Hettangien consiste en marnes grises à Céphalopodes, caractérisées par *Psiloceras calliphyllum*. Quant aux niveaux supérieurs du Lias inférieur, ils sont aussi représentés par des couches fossilifères. Au Lias moyen, appartiennent des marnes rouges, affleurant au voisinage de la mine de sel de Hallstatt. M. Haug y a trouvé : *Deroceras Davœi* Sow. sp., *Phylloceras Capitanei* Cat. sp. et des *Harpoceras*. Viennent ensuite les calcaires marneux du Dogger. Nappe du sel.

Dans la *Nappe du Dachstein*, les termes supérieurs du Lias inférieur reposent directement sur les *calcaires du Dachstein*, moulant toutes les irrégularités de leur surface et prennent la forme des *calcaires de Hierlatz*, célèbres par leur faune de Crinoïdes, de Brachiopodes, de Gastropodes et de Céphalopodes. Nappe du Dachstein.

Nous ne dirons que peu de mots du Lias des Alpes italiennes, dont nous avons déjà parlé plus haut. Alpes italiennes.

Outre le *facies piémontais* représenté par une partie[1] de la puissante formation des « Schistes lustrés » dans lesquels M. Franchi a signalé des *Bélemnites* et des *Arietites* à plusieurs reprises et qui occupent la plus grande partie des Alpes piémontaises, reposant sur des calcaires triasiques à *Loxonema* (équivalents du « Hauptdolomit ») qui forment des pointements anticlinaux au milieu des schistes, il y a lieu de rappeler le gisement fossilifère du col de Pourriac (voir plus haut, p. 134, 152) étudié par MM. Sacco et Portis, ainsi qu'un certain nombre d'autres points signalés par MM. Baldacci, S. Franchi et par d'autres auteurs (calcaire à Gryphées [*Gr. arcuata* Lamk] des Alpes maritimes, Monte Autes et Santa Anna [vallée de la Stura]). Partout dans cette continuation

[1] Kilian et Pussenot (*C. R. Académie des Sciences*, novembre 1912).

F. Sacco, Studio geopaleontologuo sul Lias dell' alta valle della Stura di Cuneo. Roma, 1886 (*Boll. R. Com. géol.*, 1886, 1-2).

S. Franchi (*Boll. R. Comitato géol.*, 1894).

S. Franchi et G. di Stefano, Sull' eta di alcuni calcari e calescisti fossiliferi delle Valle Grana e Maira nelle Alpi Cozie (*ibid.*, 1896, n° 2).

Fucini, Cefalopodi liasii del Monte di Cetona I (*Paleont. italiana*, t. VII, 1901. Pisa).

sud-est de la zone du Briançonnais, le Lias possède un facies néritique (Gryphées, Rhynchonelles et Pentacrines) contenant toutefois des Ammonites et des Bélemnites (Pourriac) de l'Hettangien (*Psil. planorbis* Sow. sp.), du Sinémurien (*Arietites Bucklandi* Sow. sp., *Oxynoticeras oxynotum* Qu. sp., *Echioceras raricostatum* Qu. sp.), du Charmouthien (*Aegoceras planicosta* Sow. sp.) et du Toarcien (*Cæl. commune* Sow. sp., *Bel. acuarius* Schloth., *Bel. exilis* d'Orb.) et se rapproche de ce que nous avons décrit dans les Alpes françaises sous le nom de « Type intermédiaire ».

Sicile.

Il est enfin intéressant de rappeler que M. Merciai a décrit les Pelecypodes du Lias d'Italie (*Bull. Soc. géol. ital.*, t. XXIII) et que M. Scalia[1] a étudié en Sicile une curieuse faune du calcaire blanc cristallin de la Montagne del Casale dans la province de Palerme connue déjà par les travaux de Gemmellaro, Carapezza et Cagliarini. Ce calcaire remarquable par les nombreux Gastropodes et Lamellibranches qu'il contient a fourni aussi des Polypiers (*Astrocoenia*), des Pentacrines, des *Diademopsis*, etc. Les espèces connues qu'il renferme (*Phylloceras cylindricum* Sow. sp., *Rhacophyllites stella* Sow. sp., des *Arietites* et des *Schlotheimia*) lui assignent un niveau voisin de l'Hettangien et du Sinémurien et un facies voisin de celui des calcaires liasiques des environs de Moûtiers et de Dorgentil en Savoie (voir plus haut).

Nous rappellerons aussi qu'en Andalousie et en Kabylie[2] on a décrit des facies coralligènes du Lias qui peuvent être également rapprochés de nos calcaires cristallins de Tarentaise. Il en est de même aux îles Baléares.

Le tableau ci-joint (p. 152 *bis*) résume le parallélisme qu'il est possible d'établir entre les diverses formations liasiques des Alpes occidentales et quelques-uns de leurs équivalents des régions voisines.

[1] S. Scalia, Sopra alcune nuove specie de fossili del calcare bianco cristallino della Montagna del Casale in Provincia di Palermo (Nota preliminare) (*Boll. Acc. Gioenia di Sc. nat. in Catania*, Fasc. LXXXVI. Marzo, 1903).

[2] Voir les Travaux de MM. Bertrand et Kilian et de M. Ficheur.

n, p. 152.

TABLEAU DES DIVERSES FORMATIONS LIASIQUES DES ALPES OCCIDENTALES ET DES RÉGIONS VOISINES.

NOTE. — En ce qui concerne les Basses-Alpes, le bassin du Drac et le Gapençais, qui ne figurent pas dans ce tableau, on se reportera aux travaux détaillés de MM. E. Haug et P. Lory. (Voir ci-dessus, p. 116 à 132.)

II Zone cristalline : [illegible] (Type dauphinois.)	III Savoie et Haute-Savoie. (Type dauphinois.)	IV Alpes-Maritimes et [illegible] (Type intermédiaire.)	V Zone du Briançonnais, [illegible] (Type intermédiaire.)	VI Haute-Savoie. (Type intermédiaire.)	VII [illegible] (Type intermédiaire.)	VIII Zone du Briançonnais, [illegible] (Type briançonnais.)	IX Zone orientale [illegible] (Type briançonnais.)	X Zone du Piémont. [illegible] (Type mixte.)	XI Régions marginales. (Types [illegible])	XII [illegible] (Types divers.)	XIII Alpes orientales, [illegible]	Étages.
[illegible]	[illegible]	[illegible]	[illegible]	[illegible]	[illegible]	[illegible]	[illegible]	[illegible]	[illegible]	[illegible]	[illegible]	Aalénien inférieur.
[illegible]	[illegible]	[illegible]	[illegible]	[illegible]	[illegible]	[illegible]	[illegible]	[illegible]	[illegible]	[illegible]	[illegible]	Toarcien.
[illegible]	[illegible]	[illegible]	[illegible]	[illegible]	[illegible]	[illegible]	[illegible]	[illegible]	[illegible]	[illegible]	[illegible]	Domérien.
[illegible]	[illegible]	[illegible]	[illegible]	[illegible]	[illegible]	[illegible]	[illegible]	[illegible]	[illegible]	[illegible]	[illegible]	Pliensbachien.
[illegible]	[illegible]	[illegible]	[illegible]	[illegible]	[illegible]	[illegible]	[illegible]	[illegible]	[illegible]	[illegible]	[illegible]	Lotharingien.
[illegible]	[illegible]	[illegible]	[illegible]	[illegible]	[illegible]	[illegible]	[illegible]	[illegible]	[illegible]	[illegible]	[illegible]	Sinémurien.
[illegible]	[illegible]	[illegible]	[illegible]	[illegible]	[illegible]	[illegible]	[illegible]	[illegible]	[illegible]	[illegible]	[illegible]	Hettangien.
[illegible]	[illegible]	[illegible]	[illegible]	[illegible]	[illegible]	[illegible]	[illegible]	[illegible]	[illegible]	[illegible]	[illegible]	Rhétien.

C. Médio-jurassique ou Dogger.

[*Section moyenne du système jurassique* ou *Médio-jurassique;* Dogger (partie moyenne et supérieure); Jura brun (*p. parte*) de Quenstedt; Terrain ou groupe oolithique inférieur. Étages Aalénien (*p. parte*)[1], Bajocien et Bathonien; « Calcaires de Corenc » (Ch. Lory) et « Schistes à Lucines » (*p. parte*) Gueymard.]

GÉNÉRALITÉS.

Généralités sur le Jurassique moyen des Alpes françaises.

Le Lias n'est pas le seul représentant du Jurassique dans les chaînes intra-alpines. Le Jurassique moyen, dont les affleurements ont été étudiés dès 1892 près du col du Lautaret à Arsine et à Villard-d'Arène (Hautes-Alpes), par M. Haug, — et dont les fossiles ont été recueillis en outre par Ch. Lory et par nous aux cols Lombard et de la Madeleine, et par M. Termier à l'Alpe d'Arsine — avait en effet été confondu pendant longtemps avec le

(1) **Note sur l'Aalénien.** — Nous conservons dans ce Mémoire les limites classiques du Lias supérieur et du Bajocien inférieur quoique divers auteurs, et notamment M. Haug, aient préconisé avec quelque raison l'établissement d'un **étage aalénien** rattaché au Lias supérieur et comprenant les zones à *Dumortieria Levesquei* d'Orb. sp., *pseudoradiosa* Branco sp. et *Harpoceras opalinum* Rein. sp. rattachées jusqu'ici par la plupart des géologues français au Lias supérieur, et les zones à *Harpoceras Murchisonæ* Sow. sp. et *Harpoceras concavum* Sow. sp. considérées habituellement comme bajociennes. Il convient de faire remarquer que *dans peu de régions cette nouvelle division serait aussi parfaitement justifiée* que dans les Alpes delphino-savoisiennes, soit au point de vue pétrographique, soit en ce qui concerne les faunes d'Ammonites et leurs rapports. Aussi bien dans les environs de La Grave que sur la bordure occidentale de la chaîne de Belledonne (Pinet d'Uriage, La Tailla, La Table, Notre-Dame des Millières) et à l'extrémité Sud du Mont Blanc (Roc Marchand, Mont Joly, etc.), ainsi qu'au Sud, dans le Champsaur et le Gapençais, l'**Aalénien forme un ensemble marno-schisteux très homogène** contenant souvent des niveaux à **miches** et caractérisé par une suite de formes d'Harpocératidés et notamment par *Tmetoceras scissum* Ben. sp. et *Erycites fallax* Ben. sp. (voir P. Lory, C. R. somm. Soc. géol. de France, mai 1913). En résumé, il y a lieu de reconnaître que la division de cet ensemble naturel en une partie toarcienne et une portion bajocienne, nécessitée par la notation employée par le Service de la Carte géologique de France et adoptée dans le présent mémoire, est souvent fort difficile et absolument artificielle.

La partie supérieure de l'*Aalénien* qui est décrite dans le présent chapitre fait donc suite à l'*Aalénien* inférieur qui a été traité dans le chapitre consacré au « Lias schisteux » et en est parfois pétrographiquement inséparable.

IMPRIMERIE NATIONALE.

Jurassique inférieur [1], mais son existence dans les massifs centraux est maintenant nettement établie. Depuis lors, nos recherches personnelles ainsi que celles de MM. P. Lory, V. Paquier, E. Ritter, P. Termier, Ch. Pussenot, ont fait voir que les représentants du Dogger sont assez nombreux dans les Alpes françaises et, quoiqu'il ne soit pas toujours possible de constater avec précision l'existence des différents étages qui constituent ce terrain, on peut désormais affirmer qu'une notable partie de la région, en particulier la zone cristalline delphino-savoisienne, et la partie orientale de la zone du Briançonnais, ont reçu les dépôts de cet âge, de facies bathyal (Oisans) ou néritique (Briançonnais).

Il convient de rappeler cependant que les dépôts du Jurassique moyen se présentent aux environs de Chambéry, où M. Révil les a étudiées en 1888 au Mont du Chat et dans le Bas-Dauphiné (Ile Crémieu), où ils ont fait l'objet des belles recherches de M. Attale Riche, avec un facies entièrement différent de celui des régions alpines. On trouvera dans le récent Mémoire de M. Révil : *Géologie des chaînes jurassiennes et subalpines de la Savoie* (Thèse pour le doctorat, Grenoble, 1911, et Trav. Lab. géol. Université de Grenoble, t. IX) sur le Dogger de cette région, des détails qui nous dispensent de décrire ici le type « JURASSIEN » que prend le Jurassique moyen dans une partie de la Savoie.

Facies bathyal.

Quoique leur teinte soit, dans la région alpine, uniformément foncée et noirâtre [2], la nature de ces assises est assez variée; au Nord de la Romanche,

[1] Une partie du Jurassique moyen des Alpes françaises se trouve comprise dans les « schistes à Lucines » décrits en 1830 par Gueymard. Ch. Lory a fait connaître cette formation dans une série de localités, tout en admettant encore son absence dans une foule de régions où elle a été découverte depuis et où cet auteur la confondit avec le Lias dont elle possède souvent les caractères lithologique (Allevard, la Grave, etc.).

Les travaux de d'Orbigny, d'Hébert, de Garnier, de Dieulafait, de Goret et de M. W. Kilian pour les Basses-Alpes, ceux de d'Orbigny, de Ch. Lory (1875) pour le Gapençais ont fait faire de grands progrès à la connaissance de ce terrain dans nos Alpes, puis vinrent les magistrales et érudites études de M. Émile Haug, si remarquables par la précision avec laquelle cet éminent géologue distingue les zones paléontologiques et par les vues d'ensemble sur le Jurassique moyen du Sud-Est qui y sont énoncées. Enfin, nos connaissances ont été complétées, pour la région située au Nord de la Durance et à l'Est du Gapençais, par les recherches plus récentes de MM. V. Paquier, W. Kilian, J. Révil, E. Ritter, et surtout par celles de M. P. Lory pour le bassin du Drac.

[2] Il est intéressant d'attirer à ce propos l'attention sur la coloration *foncée, noirâtre*, que prennent dans la région alpine la plupart des sédiments mésozoïques et à laquelle n'échappe même pas en Suisse le calcaire *urgonien* qui conserve encore dans nos chaînes subalpines méridionales sa teinte claire et blanchâtre alors qu'à partir de la Haute-Savoie et surtout dans la Suisse centrale il présente une teinte de plus en plus foncée.

ce sont des schistes noirs à « *miches* » calcaires, avec *Posidonomya alpina* A. Gras et *Harpoceras* aff. *Murchisonæ* Sow. sp. [1], près du Lautaret, des marno-calcaires avec gros bancs bleuâtres à fossiles bajociens; à l'Alpe d'Arsine des calcaires marneux jaunissants, avec riche faune : *Stepheoceras Freycineti* Bayle sp., *S. Humphriesianum* (Sow., non d'Orb.), *Parkinsonia Parkinsoni* Sow. sp., *P. Wurtembergica* Opp. sp., *P. Neuffensis* Opp. sp., quelques *Phylloceras, Lytoceras tripartitum* Rasp. sp. [2] et des Oursins intéressants (*Pygomalus Kiliani* Lambert). Au glacier de l'Eychauda, on rencontre des schistes noirs avec *Bélemnites* canaliculées (*Belemnopsis*); en Bas-Valgaudemar des calcaires et des schistes à *Harpoceras concavum* Sow. sp., puis à *Sonninia corrugata* Waag. sp. et à *Cosmoceras* (*Garantiana*) *Garantianum* d'Orb. sp., et enfin les marnes schisteuses de Mandaty à *Posidonomya alpina* A. Gras avec *Lytoceras tripartitum* Rasp. sp., à la base (d'après M. P. Lory).

La séparation du Bajocien d'avec le Toarcien est toujours difficile et les deux étages n'ont pas toujours pu être délimités sur la carte.

Facies néritique et piémontais.

Dans une grande partie de la zone du Briançonnais, l'existence du Dogger reste souvent douteuse : lorsqu'il existe (calcaires noirs ou bancs foncés à Entroques), il a été réuni sur les cartes à la brèche liasique qui joue dans cette région un rôle si prépondérant. Enfin, à l'Est de Briançon, au Sud-Est de Guillestre et dans la Haute-Ubaye, la *portion supérieure seule* du Dogger est représentée par des calcaires noirs fossilifères (avec *Alectryonia costata* Sow. sp., *Rhynchonelles*, etc.) à faune littorale [3] ou néritique. Ce Bathonien prend, à l'Est de la Clarée (Pas de la Mulatière), le facies schisteux et se fond dans le complexe des « Schistes lustrés »; c'est alors le facies *piémontais*.

[1] En ce qui concerne la synonymie et la répartition de *Posidonomya alpina* A. Gras, voir : W. Kilian, Montagne de Lure (1888), p. 83, et W. Kilian, Études paléont. sur les terrains second. et tertiaires d'Andalousie (Mém. présentés par divers savants à l'Acad. des Sc. de l'Institut de France, t. XXX), 1889, p. 62. Cette espèce est très fréquente dans le Bajocien des Basses-Alpes et dans le Callovien du Dauphiné. — Les citations de *Harp. Murchisonae* se rapportent en général à des Ammonites plus ou moins voisines de cette espèce; la forme type elle-même est extrêmement rare dans les Alpes occidentales.

[2] Sur le niveau et la répartition de cette espèce, consulter Kilian, *Montagne de Lure*, p. 83.

[3] On lira avec beaucoup d'intérêt les lignes consacrées par M. Haug (*loc. cit.*, p. 166, 189, etc.) à la distribution des facies des terrains secondaires dans le bassin du Rhône, et notamment ce qui a trait aux déplacements successifs du « Géosynclinal subalpin ». On verra d'ailleurs que l'ingénieuse hypothèse de notre confrère rend parfaitement compte de toutes les particularités observées par nous et décrites dans le présent travail.

Note sur le Dogger des Préalpes.

Le Dogger des Préalpes vaudoises, fribourgeoises et bernoises étudié par MM. Renevier, Gilliéron, Jaccard, Hans Schardt, E. Favre et Maurice Lugeon, se présente sous trois facies différents, alignés parallèlement à la direction des chaînes. Ce sont : 1° le facies pélagique des chaînes extérieures (Dogger normal à *Zoophycos*); 2° le facies à dépôts subcoralligènes désignés sous le nom de « Couches à Mytilus »; 3° le facies pélagique des chaînes intérieures.

Les dépôts à facies pélagique du bord externe présentent des caractères analogues à ceux des chaînes subalpines de la Savoie, de l'Isère et des Basses-Alpes. Ils se distinguent également par la présence des *Cancellophycus* et des *Posidonomya* (*Posidonomya alpina* A. Gras).

Le Bajocien et le Bathonien y ont été confondus sous le nom de « couches de Klaus », mais on pourrait, dit justement M. Haug[1], y distinguer une zone à *Cosmoceras bifurcatum* Ziet. sp. et une zone à *Oppelia fusca* Quenst. sp. M. Renevier a, en effet, recueilli dans les Préalpes vaudoises :

Belemnites (*Belemnopsis*) *canaliculatus* Schloth.,
Witchellia Romani Opp. sp.,
Parkinsonia Parkinsoni Sow. sp.,
Cosmoceras (*Strenoceras*) *Garantianum* d'Orb. sp.,
Lytoceras tripartitum Rasp. sp.,
Sphæroceras Brongniarti Sow. sp.
Stephoceras Baylei Opp. sp.,
Phylloceras heterophyllum Sow., etc.
Posidonomya alpina A. Gras.,
Pecten pumilus Lamk. (= *personatus* Ziet) sp.,
Rhynchonella varians Schloth.,
Crinoïdes divers,
Cancellophycus scoparius Thioll.

Les dépôts pélagiques (de facies bathyal) des chaînes internes sont analogues à ceux des chaînes externes et M. Renevier les a étudiés au Nord de la Dent-de-Morcles.

Quant aux « couches à *Mytilus* », elles constituent un **facies néritique** formant une bande médiane dans laquelle le Bajocien n'a pas encore été signalé, que M. de Loriol a rapportée définitivement au Bathonien et qui était jadis considérée comme Kimeridgienne. M. H. Schardt[2], auquel on en doit une étude stratigraphique détaillée, y a distingué les niveaux suivants (de haut en bas) :

5. Niveau supérieur à *Modiola*.
4. Niveau à Myes et Brachiopodes.
3. Niveau à *Modiola* et *Hemicidaris*.
2. Niveau à fossiles triturés et Polypiers.
1. Niveau à matériaux de charriage.

[1] E. Haug, *Les chaînes entre Gap et Digne* (*loc. cit.*), p. 90.

[2] Favre et H. Schardt, Description géologique des Préalpes du canton de Vaud et du Chablais jusqu'à la Drance (*Mat. Cart. géol. de Suisse*, 22e livraison).

Les principaux fossiles de ce facies sont *Modiola imbricata* Sow., *Ostrea (Alectryonia) costata* Sow., *Ceromya concentrica* Morr. a. Lyc., *Pholadomya texta* Ag., *Rhynchonella Orbignyana* Opp., *R. spathica* Lamk. *Hemicidaris alpina* Ag.

Nous verrons plus loin que les formations analogues, contenant une faune très voisine, se rencontrent dans la portion orientale de la zone du Briançonnais (L'Enlon, le Gondran, la Lozette), dans le massif de Font-Sancte et dans celui du Chambeyron.

Les mêmes facies se retrouvent dans le Chablais, d'après M. Lugeon. En quelques points, et d'après les fossiles recueillis, on a pu le diviser aussi en Bajocien et en Bathonien; *Lytoceras tripartitum* Rasp. sp. a été recueilli près de Saint-Gingolph. Les gisements les plus intéressants des « couches à Mytilus » sont ceux de Doarbon, du Mont Chauffé et de Combre, dans les Cornettes de Bise. Leur substratum est ordinairement le Trias ou le Rhétien.

Aux Tours-Salières, les calcaires du Dogger sont gris foncé. Près de Taninges, on y remarque des brèches à éléments empruntés au Lias et au Trias.

A la montagne du Môle, d'après M. Marcel Bertrand, on trouve, au-dessus de « calcaires à silex délitables », des calcaires marneux en petits bancs formant de véritables schistes avec moules d'Ammonites indéterminables, pouvant appartenir au groupe de *Perisphinctes* cf. *Backeriæ* d'Orb. sp. On y trouve aussi *Posidonomya alpina* A. Gras et des empreintes de *Concellophycus*. A. Favre y cite, en outre, le *Phylloceras viator* d'Orb. sp.

Nous allons maintenant examiner rapidement les principaux affleurements du Jurassique moyen des Alpes françaises.

A. Régions situées au Nord de l'Isère.

Dogger au Nord de l'Isère.

L'un de nous (M. Révil), et après lui M. Ritter, ont constaté, dans la région située entre l'Isère et la terminaison méridionale du massif du Mont-Blanc, l'existence de couches qui doivent être rapportées au Bajocien ou du moins à l'Aalénien supérieur. Ce sont, dans le vallon de Naves et au-dessous du Roc Marchand, des schistes noirs argileux veinés de quartz avec *Posidonomya alpina* A. Gras et *Harpoceras* cf. *Murchisonæ* Sow. sp., directement en contact, par un pli-faille, avec le Lias calcaire [1]. Ces assises se continuent au Nord du Cormet d'Arèches, pour se retrouver dans la combe de Roselend et se poursuivre vers le col du Bonhomme; elles forment le noyau des synclinaux secondaires qui accidentent les masses liasiques du pli principal [2].

[1] J. Révil, Note sur le vallon de Naves et sa prolongation vers le Nord. (*C. R. Collaborateurs* Serv. Carte géol. de Fr. *pour 1894*, p. 140).

[2] J. Révil, Note sur le vallon de Roselend et le col du Bonhomme (*C. R. Collaborat.* Serv. Carte géol. de Fr. *pour 1895*, p. 188).

Ce qui caractérise le Dogger de ces régions, c'est un développement particulier de nodules calcaires ou « *miches* », renfermant fréquemment une Ammonite au centre. M. Ritter a communiqué à l'un de nous, du Chalet du Beurre, près Notre-Dame de Bellecombe, *Lioceras falcatum* Quenst. sp. (= *concavum* Sow. sp.), recueilli par M. Morris, et *Posidonomya alpina* A. Gras[1]. Alph. Favre cite sur le versant nord du Mont Joly, dans des schistes et calcaires à Belemnites : *Am.* (*Strenoceras*) *Niortensis* d'Orb. et *Am.* (*Tmetoceras*) *scissus* Benecke, mais *Harpoceras Murchisonæ* Sow. sp. a encore été trouvé, à Lancraty, sur le versant de la même montagne. Cette dernière forme a été signalée aussi à Notre-Dame-de-Bellecombette[2]. Ce facies à miches prend, au Nord, d'après M. Ritter, une extension bien plus considérable encore : on le retrouve au Buet et sur le versant méridional de la pointe de Tanneverge[3].

Des couches pouvant, d'après M. Haug, encore être rapportées au Dogger, existent également dans le massif du Haut-Giffre, dans le soubassement du massif de Platé et sur le versant sud-est de la chaîne des Aravis[4]. De plus, quelques localités fossilifères ont encore été indiquées en Haute-Savoie par A. Favre et d'autres auteurs : Haut Chambet (*Am. Parkinsoni* Sow.), Sagerou (Vallée de Sixt), Tête de Peruaz, Fleuriers, les Aravis, montagnes de la Giettaz, montagne de la Rippone, Magland, col d'Anterne, le Bouchet, col et pointe de Tanneverge, Talloires, pied du mont Lachat, Sambet, etc. Enfin, les recherches plus récentes de M. Ritter ont confirmé celles de ces divers auteurs. D'après ce géologue, on voit sur les flancs de la chaîne des Aravis et dans le soubassement de Platé les schistes du Lias passer aux schistes à « miches » du Bajocien; on y exploite parfois des *ardoises*.

Ajoutons que Maillard a pu distinguer dans une région, comprenant le plateau d'Anterne, le Buet et le Grenairon, les principales divisions du Jurassique. Il a observé, notamment, au-dessus du Lias, des calcaires esquilleux spathiques bleu foncé ou noir qui renfermaient des *Bélemnites*, parmi lesquelles il a pu reconnaître (Col d'Anterne) *Belemnites* (*Megateuthis*) *giganteus*[5] Schloth.

[1] Ritter, La bordure du Mont-Blanc, etc. (*loc. cit.*), p. 104.

[2] A. Favre, *Recherches en Savoie*, t. III, p. 165.

[3] M. Bertrand, *La montagne du Môle*, etc. (*loc. cit.*).

[4] E. Haug, *Tectonique des Hautes chaînes calcaires de la Savoie* (*Bull. Serv. carte géol.*, n° 47, t. VII), p. 15 (221).

[5] L. Duparc et L. Mrazec, Recherches géologiques et pétrographiques sur le massif du Mont-Blanc (*Mém. Soc. phys. et hist. nat. Genève*, t. XXXIII, n° 1, p. 192), 1898.

Alph. Favre signale *Am. Murchisonae* Sow. dans des schistes noirs à nodules au village du Mont près de Servoz et l'on rencontre dans le synclinal de Voza comme aussi sur quelques points de la bordure sédimentaire de la vallée de Chamonix des couches pouvant également être rapportées au Dogger. Ce sont notamment, d'après MM. Duparc et Mrazec, des calcaires et des schistes brunâtres qui succèdent, près d'Argentières, aux schistes noirs liasiques [1]. On les retrouve au S. O. des Houches.

Au Nord-Ouest, d'autre part, le long de la chaîne des Aravis, on voit, d'après M. Ritter, les assises liasiques passer aux schistes à miches du Bajocien. Ces « miches » augmentent à la partie supérieure de l'étage et arrivent à former une série de bancs calcaires rognoneux. Ces bancs, d'après le même auteur, passent même à des abrupts calcaires qu'il croit « représenter spécialement la partie supérieure du Dogger »[2].

On nous a communiqué des schistes ardoisiers de Notre-Dame-des-Millières près Frontenex, au S. O. d'Albertville, un échantillon de *Ludwigia* cf. *Lucyi* Buckman qui indiquerait l'existence sur la rive gauche de l'Isère, au pied de la zone cristalline de Belledonne, de la zone à *Harp. concavum* Sow. (Aalénien supérieur).

M. Hollande a signalé l'absence du Jurassique moyen près de Sulens, mais à Talloires ce terrain est représenté par des calcaires noirs.

Au Nord de l'Isère, A. Favre, Hollande, Maillard ont donné une série d'indications sur diverses localités où ont été trouvés des fossiles du Jurassique moyen. Le premier de ces auteurs donne la liste suivante de fossiles bajociens recueillis par lui dans les chaînes intérieures[3] :

Cœloceras (*Stepheoceras*) sp. (Sallanches),
Parkinsonia Parkinsoni Sow. sp. (La Giettaz, Le Buet, Tête de Peruaz, Mont Chambet),
Strenoceras Niortense d'Orb. sp. (Mont Joly),
Harpoceras Murchisonæ Sow. sp. (Mont Joly, Servoz, Buet, col de la Madeleine),
Phylloceras viator d'Orb. sp. (col de Tanneverge),
Harpoceras opalinum Rein. sp. (col de la Madeleine),
Tmetoceras scissum Ben. sp. (Mont Joly [*échantillon déterminé par Oppel*], col de la Madeleine).

(1) L. Duparc et L. Mrazec, Recherches géologiques et pétrographiques sur le massif du Mont-Blanc (*Mém. Soc. phys. et hist. nat. Genève*, t. XXXIII, n° 1, p. 192), 1898.

(2) Ritter, *loc. cit.*, p. 105.

(3) A. Favre, *Recherches géologiques* (*loc. cit.*), t. III, p. 466.

M. Hollande a signalé, en outre, aux Chalets-de-Cœur, près Sallanches, et à la Crépinière, près la Giettaz: *Parkinsonia Parkinsoni* Sow. sp. et *Cœloceras* cf. *Humphriesianum* Sow. sp.[1]. Quant à Maillard, il indique au col d'Anterne un calcaire esquilleux spathique bleu foncé ou noir à Bélemnites (*Bel. giganteus* Schloth.)[2]. Nous citerons aussi *Posidonomya alpina* A. Gras du Mont Joly (recueilli par M. Steinmann en 1900).

Facies néritique du Val Ferret suisse.

A l'Est du Mont Blanc, dans le val Ferret suisse, le Jurassique moyen présente un facies tout différent et plus littoral que celui des environs de Chamonix; Greppin[3] y a en effet signalé, en 1876, à la montagne d'Amône, une faune **néritique** remarquable qui doit être attribuée au Dogger inférieur. Il cite les fossiles suivants :

Serpula socialis Goldf.,
Gervillieia Hartmanni Goldf.,
Pecten pumilus Lamk. (= *personatus* Ziet.),
Pecten Phillis d'Orb.,
Pecten (Chlamys) Devalquei Opp. (= *P. articulatus* d'Orb.),
Pecten (Aequipecten) æquivalvis Sow.,
Hinnites (Semipecten) abjectus Morr. a. L.,
Rhynchonella quadriplicata Ziet.,
Cidaris Zschokkei Des.,
Cidaris (?) *cucumifera* Ag.,
Montlivaultia cupuliformis E. et H.,
Thamnastræa fungiformis E. et H.

Il indique également :

Belemnites sp.
Pholadomya sp.
Lima sp.
Pentacrinus sp. ind.

M. Haug a montré, en 1892, tout l'intérêt qui s'attache à ces constatations; il est probable que le Dogger néritique de l'Amône appartient, comme le Lias des environs d'Orcières, à la zone du Briançonnais qui serait ici refoulée par contact anormal, contre le Mont-Blanc (bord pennique frontal de M. Argand).

B. Col de la Madeleine.

Aalénien du col de la Madeleine.

Au Sud de l'Isère, le Bajocien occupe une bande synclinale au milieu des dépôts liasiques du col de la Madeleine.

[1] Hollande in Haug (Alpes calcaires), p. 15.
[2] Maillard (*Bull. Serv. Carte géol.*, n° 22), p. 24.
[3] J.-B. Greppin, Fossiles bajociens dans les mines de pyrite ferrugineuse du val Ferret (*Berichte der Naturforschenden Gesellschaft*, Basel, 1875-1876) et Haug (*loc. cit.*), p. 89.

Les assises fossilifères qui affleurent dans le voisinage de ce col ont été étudiées par de nombreux géologues; en particulier par L. de Buch, de Mortillet, Sismonda, A. Favre. Le premier de ces auteurs[1] indique de ce gisement : *Ammonites Bucklandi* Sow., *Am. depressus* Schloth., *Am. Murchisonæ* Sow., *Posidonomya Bronni* Voltz, c'est-à-dire un singulier mélange de formes appartenant à différents étages du Lias et au Bajocien; nous en avons parlé plus haut à propos du Lias (p. 48).

Historique; erreurs et confusions.

G. de Mortillet signale, d'autre part, les espèces suivantes, toutes liasiques :

Ammonites Comensis de Buch ou *A. Thouarsensis* d'Orb.,
Ammonites Normannianus d'Orb.,
Ammonites aff. *Collenoti* d'Orb.[2].

Quant à Sismonda, il mentionne de cette localité des formes du Lias et du Jurassique moyen : *Ammonites bisulcatus* Brug., *A. Thouarsensis* d'Orb., *A. Murchisonæ* Sow., *A. Backeriæ* Sow.[3].

Cependant Alphonse Favre (*loc. cit.*, tome II) affirme avoir pu déterminer avec certitude : *Ammonites Murchisonæ* Sow., *Am. Sowerbyi* Miller, *Am. scissus* Benecke, *Posidonomya* sp.[4]. Ce géologue fait d'ailleurs remarquer, à juste titre, que la dernière de ces Ammonites se trouve dans les Alpes bavaroises et tyroliennes ainsi qu'en Galicie, à la partie inférieure de l'étage bajocien.

Comme il est facile de le voir par ces citations, les anciens observateurs ont probablement confondu, en une seule liste, des *fossiles recueillis à plusieurs niveaux* dans les assises à teinte uniformément foncée qui représentent, au col de la Madeleine, la série des dépôts compris entre le Rhétien et le Bajocien moyen.

Quoi qu'il en soit, le sous-étage aalénien est représenté dans cette localité. Nous y avons recueilli, nous-mêmes, dans des rognons calcaires renfermés dans des schistes noirs, les formes suivantes : *Lioceras concavum* Sow. sp., *Harpoceras* cf. voisin de *Murchisonae* Sow. sp., *Posidonomya alpina* A. Gras (nombreux échantillons), *Inoceramus* sp., mais il nous a été impossible de

Constatations récentes.

[1] *Atti della Ottava riunione*, etc., *tenuta in Genova*, settembre 1846.
[2] G. de Mortillet, *Minéral. et géol.*, p. 196.
[3] *C. R. Acad. sc.*, 1857, XLV, p. 947.
[4] A. Favre, *Recherches géologiques*, III, p. 233.

IMPRIMERIE NATIONALE.

retrouver toutes les espèces signalées par les anciens auteurs. La collection Ch. Lory et le musée de Chambéry renferment, d'ailleurs, de ce gisement, de jeunes *Ludwigia* que nous avons étudiées et qui se rapportent probablement à *Ludw. rudis* Buckm. ou à *L. tolutaria* Dum. sp. Ces fossiles sont contenus dans des schistes noirs à *miches calcaires;* on peut les recueillir entre le Col et la Bergerie dans une localité connue sous le nom de « La grande Montagne ».

Dans toute cette région, et jusqu'à Quarante-Planes, les schistes papyracés d'un bleu noirâtre, associés à des calcaires bleuâtres, rappellent vivement le Bajocien de la route du Lautaret (kilomètre 17); on y remarque de nombreuses *Bélemnites.*

Ajoutons que la collection Alph. Favre, à Genève, contient une série de fossiles aaléniens du col de la Madeleine, notamment :

Belemnites sp.
Harpoceras tolutarium Dum. sp. (étiqueté *Am. Murchisonæ* Sow.),
Sonninia cf. *Sowerbyi* Mill. sp. (plusieurs exemplaires).
Harpoceras cf. *concavum* Sow. sp. (étiqueté *Am. opalinus* Rein).
Tmetoceras scissum Ben. sp. (dans un nodule noirâtre).
Ammonites sp. (indéterminable).
Posidonomya alpina A. Gras.

Cette faunule est celle de l'Aalénien supérieur.

Synclinaux bajociens de la Maurienne et des environs de la Grave.

Cet horizon intéressant se retrouve plus au Sud, à Côte-Longe, près de la Grave, dans le Dauphiné. Le synclinal isoclinal (isosynclinal) jurassique dans lequel est situé le col de la Madeleine se poursuit, en effet, sans aucune interruption au Sud jusque dans l'Oisans, d'une part par la Chambre et Saint-Sorlin-d'Arves et de l'autre par Mont-Pascal, Hermillon, Saint-Jean-de-Maurienne, Montrond et le col Lombard (voir plus bas). Comme sur plusieurs points de ce dernier parcours (à Hermillon [Schistes noirs à empreintes de *Perisphinctes* sp. ou *Cœloceras* de la collection Pillet, à Chambéry], Montrond, col Lombard) des Ammonites bajociennes ont été rencontrées, on est autorisé à supposer, avec beaucoup de vraisemblance, qu'un synclinal occupé par le Dogger occupe d'un bout à l'autre l'axe de la bande liasique. Nous avons reconnu d'ailleurs qu'une zone à peu près continue de ce terrain traverse du Sud au Nord la feuille de Saint-Jean-de-Maurienne, et qu'en plusieurs points cette bande unique se dédouble en plusieurs synclinaux secondaires séparés par des zones anticlinales liasiques.

C. Vallon de la Chambre.

Vallon de la Chambre.

Si nous examinons avec soin la plus occidentale des deux bandes dont il vient d'être question et qui se poursuit vers le Sud, à l'Ouest des saillies cristallines du Rocheray et des Grandes-Rousses, nous constatons que les couches du Bajocien se continuent dans le vallon de la Chambre jusqu'au ravin de Chamboran.

Au-dessus des schistes argileux du Toarcien on observe, en effet, dans ce vallon, et près de l'oratoire de Notre-Dame-de-Beaurevèze, des calcaires noirâtres compacts et quelque peu sublamellaires. Nous les attribuons au Bajocien, car ils se relient nettement aux assises qui affleurent à l'Est du col de la Madeleine et dans lesquelles ont été trouvés (voir plus haut) des fossiles caractéristiques de cet étage. Ils offrent comme caractère assez constant de renfermer, comme à la Madeleine et dans l'Isère, des rognons calcaires, ou « miches », qui permettent de les reconnaître assez facilement.

Au Sud du col du Glandon, ces assises n'ont pas été reconnues d'une façon positive; toutefois, l'un de nous (M. Kilian) a découvert, dans la forêt d'Oz, à peu près dans l'axe du synclinal Allemont-Vaujany, un horizon de *calcaires à miches*[1]. Il se peut que les couches de cette formation existent encore dans le massif des Grandes-Rousses, où M. Termier les a peut-être englobées dans le Lias schisteux. Cet auteur fait remarquer, en effet, qu'on voit succéder fréquemment à des schistes noirs argileux, souvent séricíteux sur les plans de clivage, et dont l'épaisseur ne semble pas dépasser 500 mètres, les calcaires à rognons, caractéristiques du Bajocien dauphinois[2].

D. Région du col de Rachas.

Région du col de Rachas.

A l'Est des grandes Rousses existe une vaste région ravinée, formée de schistes noirs jurassiques dans lesquels « *s'ennoient* », sur le bord nord du Plateau de Paris et près de la Grave, les anticlinaux et amygdaloïdes cristallins du massif du Pelvoux et qui se rattache au Nord au pays des Arves[3] par Saint-Sorlin; cette région comprend les alentours des cols des Prés-Nouveaux et

[1] Kilian in Termier (Massif des Rousses, *loc. cit.*, p. 66).

[2] Termier, Massif des Rousses, p. 66.

[3] Les couches à miches calcaires existent également près du col d'Arves.

de Rachas et où l'un de nous (M. Kilian) a pu se convaincre de l'existence d'une bande synclinale de schistes bajociens à miches qui lui ont fourni, près du col de Rachas, de beaux échantillons de *Posidonomya alpina*[1] A. Gras. Cette mince bande se poursuit au Sud, passe nettement à l'Est du village de Besse et va traverser la Romanche entre le Dauphin et Mizoen, pour se continuer sur la rive gauche de cette rivière (Cuculet, etc.) entre deux zones isoclinales de Lias schisteux (voir la feuille Briançon de la Carte géologique détaillée).

Quant à la branche est du synclinal de la Madeleine, elle contourne à l'Est le massif du Rocheray, traverse l'Arc en amont de l'Echaillon et se continue au Sud par les Albiez, Montrond, les cols Lombard et de Martignare. On y a signalé des fossiles bajociens à Montrond.

F. Cols Lombard et de Martignare.

Cols Lombard et de Martignare.

Les dépôts médiojurassiques des cols Lombard et de Martignare, sur la limite du Dauphiné et de la Savoie, au Nord de la Romanche et du massif du Pelvoux, continuent la ligne synclinale d'affleurement mentionnée plus haut et qui s'observe à Hermillon, Albiez et Montrond. Le Toarcien supérieur à *Harpoceras* (*Grammoceras*) *striatulum* Sow. sp., *Cœloceras subarmatum* Y. a. Bird sp., s'y trouve remarquablement développé ainsi que l'Aalénien et le Bajocien[2], sous forme de couches à nombreux *Harpoceras* aff. *Murchisonæ* Sow. sp.[3], et d'une assise à *Stepheoceras subcoronatum* Opp. sp., au voisinage du col Lombard.

Dans la région du col de Rachas, sur tout le plateau situé au Nord de la Romanche et sur les pentes du Goléon (Les Hières, Puy-Golèfre, col Lombard, Côte Longe, la Grave) on remarque, au-dessus du Lias schisteux et séparant cette assise des calcaires bleuâtres du Dogger, un ensemble de schistes feuilletés et papyracés renfermant des nodules et des « miches » calcaires à taches de limonite. Cette assise contient à Côte Longe des Ammonites (*Harpoceras tolutarium*[4] Dum. sp.) de l'Aalénien, associées à *Posidonomya*

(1) Pour la répartition et la synonymie détaillée de cette espèce, voir Kilian, Mission d'Andalousie (Mém. Ac. des Sc., t. XXX, n° 2), p. 621, et Montagne de Lure, p. 83.

(2) Kilian, *Bull. Soc. géol. de France*, 3e série, t. XXI, p. 273, 1893.

(3) Il s'agit, ainsi qu'il a été reconnu depuis, de *Harp. tolutarium* Dum. sp.

(4) *Harpoceras* (*Rhaeboceras*) *tolutarium* Dum. sp. est une espèce aalénienne qui joue, par son abondance, un rôle important dans les schistes à rognons du Bajocien inférieur (Aalénien) des environs de la Grave. Si l'on considère, en outre, que V. Pâquier cite cette espèce de la base

alpina A. Gras, *Mytilus* sp., *Inoceramus* sp., *Phylloceras* sp., *Ludw. rudis* Buckm. sp., *Aptychus* sp. (lamelleux), on peut l'étudier facilement au Lac de l'Étoile, près Villard-d'Arène); nous l'avons décrite plus haut.

Les calcaires schisteux gris bleuâtres et gris noirs, rappelant certaines assises liasiques qui recouvrent l'Aalénien, contiennent une faune intéressante dont nous avons recueilli quelques éléments au col de Martignare (*Belemnopsis* sp., *Aptychus* sp., *Parkinsonia Parkinsoni* Sow. sp., *Lytoceras tripartitum* Rasp. sp.[1], *Stepheoc.* cf. *macer* Quenst. sp., *Stepheoceras subcoronatum* Opp. sp., et de nombreux **Cancellophycus.** En outre, des recherches exécutées en 1893 d'après nos indications aux cols Lombard et de Martignare (à Côte Longe) par M. Laurent, gendarme à la Grave (Hautes-Alpes), et des récoltes de Ch. Lory étiquetées « Col Lombard au Sud des Aiguilles d'Arves » et conservées à la Faculté des sciences de Grenoble, ont fourni les espèces suivantes :

Phylloceras Circe Héb. sp.,
Perisphinctes procerus Seeb. sp.,
Perisphinctes Martinsi d'Orb. sp.,
Parkinsonia Wurtembergica Opp. sp.,
Parkinsonia Neuffensis Opp. sp.,
Parkinsonia Parkinsoni Sow. sp.,
Parkinsonia ferruginea Opp. sp. (in Schlippe),
Cœloceras (*Stepheoceras*) *Bayleanum* Opp. sp.,
Cœloceras (*Stepheoceras*) *macer* Qu. sp.,
Cœloceras (*Stepheoceras*) *Humphriesianum* d'Orb., non Sow., var. (= *cosmopoliticum* Moericke),
Teloceras Blagdeni Sow. sp.,
Sphaeroceras Brongniarti Sow. sp.,
Polyplectites linguiferus d'Orb. sp.,
Lytoceras tripartitum Rasp. (Coll. Ch. Lory),
Lima sp.,
Pentacrinus sp.

F. Environs de la Grave.

Environs de la Grave et Alpe d'Arsine.

La bande synclinale bajocienne du col de Martignare (voir les fig. 38 et 39) se poursuit vers la Grave, passe au Puy-Golèfre (fig. 38) et sur la route du Lautaret (près de la borne kilométrique 17) pour se retrouver dans le vallon

des schistes à rognons à *Harpoceras Murchisonæ* Sow. sp. du Haut Graisivaudan, on est amené à conclure que *Harpoceras tolutarium* paraît caractériser, dans toute la région dauphinoise, la partie inférieure des schistes aaléniens supérieurs (Aalénien moyen), c'est-à-dire une assise limite des zones à *Harpoceras opalinum et Murchisonæ* qui, sur les cartes géologiques, a été réunie, avec l'Aalénien inférieur, au *Lias schisteux* (Toarcien) dont elle prend les caractères lithologiques. — Dumortier cite cette espèce de la Verpillière (Isère) et M. Buckman de l'Aalénien d'Angleterre.

[1] En ce qui concerne la répartition stratigraphique de *Lytoceras tripartitum*, voir Kilian : Montagne de Lure, p. 79.

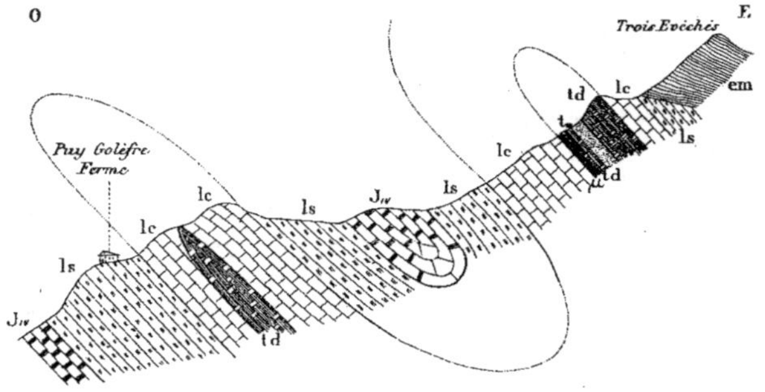

Fig. 38. — Coupe relevée sur la rive gauche du torrent de Prametier.

LÉGENDE.

lc Lias calcaire. — μ Melaphyre. — td Dolomies triasiques. — t_{q} Quartzites du Trias. (*Voir* aussi la légende de la fig. 39.)

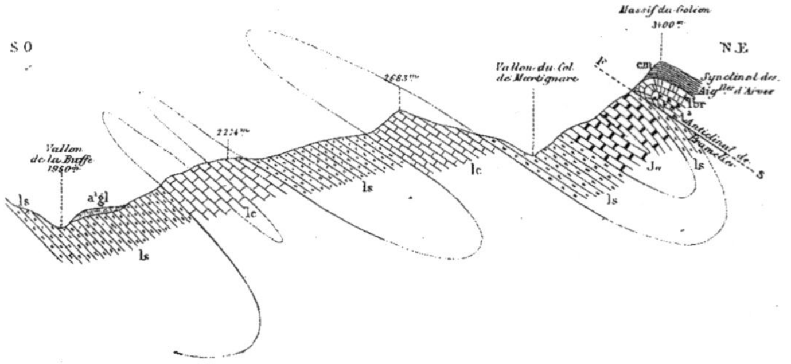

Fig. 39. — Coupe relevée au Nord de la Grave, près du col de Martignare.

LÉGENDE.

a¹gl Dépôts glaciaires. — em Grès et schistes éogènes. — J_{IV} Dogger. — lc Lias calcaire. — ls Lias schisteux. — lbr Brèche liasique. — ts Cargneules et gypses du Trias. — FS Ligne de contact anormal (limite O. de la zone des Aiguilles d'Arves).

d'Arsine. Plus à l'Ouest apparaît, au milieu du Lias, une autre bande de même direction qui passe à l'Est des Clots et à Ventelon et que traverse, au sortir de la Grave, le premier tunnel de la route du Lautaret. Cette bande franchit la Romanche à la Grave et va passer non loin des chalets de Chalvachère au-dessus desquels on a recueilli non loin du glacier de la Meije au lieu dit Vernoix un échantillon pyriteux de *Parkinsonia Parkinsoni* Sow. sp.,

Les environs de la Grave, de Villard-d'Arène et d'Arsine [1] ont d'ailleurs fourni un assez grand nombre de fossiles bajociens.

Gisements de l'Alpe d'Arsine.

L'un de nous a eu l'occasion, pendant l'été de 1908, d'explorer en détails la bande synclinale mésozoïque qui sépare l'un de l'autre, près de l'Alpe d'Arsine, les massifs cristallins (amygdaloïdes) de la Meije et de Combeynot si magistralement décrits en 1897, par M. Termier. Cette étude, motivée par la découverte faite par un élève de la Faculté des sciences de Grenoble, M. Wegele, à l'Alpe d'Arsine, d'oursins voisins des *Collyrites*, a fourni des résultats qui, par la constatation de l'existence du *Rhétien* et d'un *facies à Echinides* du Dogger, complètent singulièrement nos connaissances relatives aux dépôts mésozoïques de la région pelvousienne.

Lorsqu'on parcourt les environs immédiats du Refuge de l'Alpe d'Arsine, il est facile de constater que l'on se trouve sur le bord occidental d'une bande synclinale mésozoïque, déversée vers l'Ouest, et comprenant un peu de Trias, du Lias et du Dogger. Grâce aux ravinements qui entourent le refuge, il est facile, malgré l'encombrement des matériaux moraniques, de relever une coupe à peu près complète, en partant de la Romanche pour se diriger vers le N. E.; on y voit successivement (fig. 40) les assises suivantes :

TERRAINS ANTESTÉPHANIENS.

1° *Granite du Pelvoux,* passant au granite gneissique et affleurant à la descente du Chalet de l'Alpe vers la Romanche (chemin du Clot des Cavales) [γ de la fig. 40].

TRIAS.

2° Grès brunâtre, grossier, en gros bancs, parfois bréchoïdes, très quartzeux, avec débris de *feldspath;* rappelant un peu les grès houillers du Briançonnais, mais ne renfer-

[1] Voir le paragraphe suivant et W. KILIAN et J. LAMBERT, sur le gisement bajocien de Villard-d'Arène (Hautes-Alpes) et sur un Échinide nouveau du massif du Pelvoux. (Trav. Lab. Géol. Univ. de Grenoble, t. IX, p. 276, 1909.) *Bull. Soc. de Statistique, etc., de l'Isère*, nouvelle série, t. XI (1910).

mant pas de mica; ils forment le sous-sol du replat qui règne devant le chalet-refuge, à l'origine du sentier du Clot des Cavales; ne fait pas effervescence avec les acides (t^{gr} de la fig. 40).

3° Dolomies compactes en bancs réguliers, bleuâtres sur la cassure, mais montrant une *patine capucin* caractéristique dans les parties exposées à l'air (alentours du Refuge de l'Alpe.); ces bancs ont l'aspect habituel des dolomies du Trias des Grandes-Rousses, de Clos-Raffin près la Grave, du Pas-du-Roc, etc. (t^d de la fig. 40).

RHÉTIEN.

4° Assise très caractéristique, formée de petits bancs d'un brun chocolat avec *enduits noirs papyracés*, d'aspect scoriacé et **traces de petits Bivalves**; visible au S. E. du Chalet, sous les escarpements; cette couche est *identique* à certaines *assises rhétiennes* du Pas-du-Roc, en Maurienne, dont elle occupe exactement la position stratigraphique au-dessus des dolomies capucin (l^1 de la fig. 40);

LIAS.

5° Lias calcaire : bancs d'un calcaire rugueux, d'un bleu noirâtre, spathique, à Entroques, à patine brunâtre, très siliceux, renfermant des *Bélemnites* ainsi que *Arietites ceras* Gieb sp., *Gryphaea* sp. (de grande taille), *Lima gigantea* Sow sp. (l^2 de la fig. 38);

6° Schistes noirs peu épais, visibles dans le sentier qui va du Refuge de l'Alpe vers le Glacier d'Arsine; ce niveau schisteux correspond au Lias schisteux de l'Oisans (l^5 de la fig. 40).

DOGGER.

7° Calcaires marneux et marnes schisteuses d'un gris brunâtre et noirâtre, parfois satinés, formant une petite crête entre le sentier de l'Alpe et le ravin du torrent d'Arsine. On y trouve des fossiles assez nombreux : *Aptychus* sp. (lamelleux), *Phylloceras Circe* Hébert sp., *Stephoceras* cf. *Freycineti* Bayle sp., *Parkinsonia Parkinsoni* Sow. sp.[1] et, vers le sommet, des **Cancellophycus.** Cet horizon appartient incontestablement au Bajocien (J_{iv} de la fig. 38).

8° Marno-calcaires d'un gris jaunâtre, laminés, avec bancs grumeleux et rognonneux, nombreux moules de fossiles; *Lytoceras tripartitum* Rasp. sp., *Stepheoceras* sp., *Terebratula* sp., et assez nombreux échantillons déformés de **Pygomalus Kiliani** Lambert. — (Bathonien inférieur) (J_{II-III} de la fig. 40);

9° Schistes fibreux satinés, à rognons de Pyrite.

(1) C'est sans doute de cette assise que proviennent les Ammonites recueillies jadis en un point situé plus en amont par M. Termier et par le gendarme Laurent, que nous avons déterminées et que nous énumérons plus bas.

La coupe dont nous venons de donner le détail [1] montre que la série des dépôts mésozoïques conservés dans le synclinal légèrement asymétrique d'Arsine, en plein massif du Pelvoux, comprend un Trias de type réduit, le *Rhétien bien reconnaissable*, le Lias et une partie du Jurassique moyen. Il est particulièrement intéressant d'y avoir reconnu, dans le **Bathonien inférieur**, un facies à *Collyrites* inconnu jusqu'à ce jour et qui montre le *Pygomalus Kiliani* Lambert, associé à des Ammonites (*Lytoceras tripartitum* Rasp.) dans des assises grumeleuses, supérieures aux couches à *Stepheoceras Freycineti* Bayle sp et *Parkinsonia* du Bajocien (niveau de Bayeux).

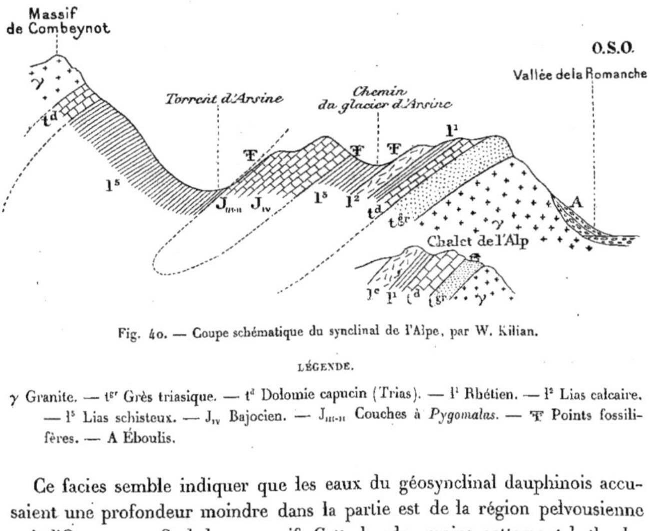

Fig. 40. — Coupe schématique du synclinal de l'Alpe, par W. Kilian.

LÉGENDE.

γ Granite. — t^{gr} Grès triasique. — t^{d} Dolomie capucin (Trias). — l^{1} Rhétien. — l^{2} Lias calcaire. — l^{5} Lias schisteux. — J_{IV} Bajocien. — J_{III-II} Couches à *Pygomalus*. — ₸ Points fossilifères. — A Éboulis.

Ce facies semble indiquer que les eaux du géosynclinal dauphinois accusaient une profondeur moindre dans la partie est de la région pelvousienne qu'à l'Ouest et au Sud de ce massif. Cette bande, moins nettement bathyale, est d'ailleurs située au voisinage de la zone du Briançonnais; elle paraît en

[1] Cette coupe diffère légèrement de celle publiée par M. Termier, en 1897 (*Bull. Soc. Geol. de Fr.*, t. XXIV, p. 740), dans laquelle le *Jurassique moyen n'est pas figuré*, et où sont représentés des plis secondaires que nous n'avons pas étudiés et qui sont visibles un peu plus loin.

IMPRIMERIE NATIONALE.

quelque sorte annoncer cette zone située un peu plus à l'Est, bien que séparée par une surface de charriage, où le Dogger très réduit offre un facies franchement néritique (calcaire à Entroques du Grand-Galibier; couches à *Alectryonia costata* Sow. sp. et Brachiopodes du Briançonnais, d'Escreins et du Lac des Neuf-Couleurs, etc.). Il semble donc qu'il y ait là une indication favorable à l'origine relativement rapprochée de cette dernière et une *raison de ne pas attribuer trop d'ampleur au charriage qu'elle a subi.*

Jurassique moyen des environs du Lautaret, de l'Alpe d'Arsine et de la Grave (suite).

Il est intéressant de donner maintenant un aperçu de ce que nous savons du Jurassique moyen de la région voisine du point où a été relevée la coupe ci-dessus.

Le Bajocien a été étudié pour la première fois près de Villard-d'Arène, à l'Alpe d'Arsine, en 1889 par M. Haug. Cet auteur a décrit des calcaires bleus alternant avec des lits marneux dans lesquels ce savant a trouvé [1] : *Stepheoceras Freycineti* Bayle sp., *Stepheoceras Balyeanum* Oppel sp., qui établissent sans aucun doute que la zone à *Sphæroceras* (*Emileia*) *Sauzei* existe dans cette région. Au-dessus des couches où se trouvent ces fossiles viennent, d'après M. Haug, des calcaires schisteux à *Lytoceras tripartitum* Rasp. sp. D'après notre confrère, le Bajocien du col d'Arsine est un calcaire bleu; il paraît être surmonté également par des calcaires schisteux à *Lytoceras tripartitum* Rasp. sp.; au-dessus règnent encore des schistes (probablement bathoniens supérieurs pour M. Haug) qui ont donné lieu aux grandes prairies du Lautaret. (Communication inédite de M. Haug.)

Un examen minutieux du vallon de Pramelier, situé au Nord de la Grave, une excursion aux Fréaux et une tournée fort instructive effectuée en la compagnie de M. P. Termier nous ont montré que, dans la haute vallée de la Romanche, le Lias présente une base calcaire et une partie supérieure schisteuse. Toutefois, la bande jurassique qui pénètre dans le massif du Pelvoux au Sud de la Grave et du Villard-d'Arène n'est pas un « fossé », comme l'a dit M. Haug, mais bien un pli synclinal étiré : M. Termier nous a fait voir, en effet, que le Lias calcaire, souvent disparu par étirement, en jalonne les bords et permet de reconnaître nettement la structure du synclinal.

Les schistes de l'hospice du Lautaret et du flanc S. O. de la montagne de Combeynot *ne nous semblent donc pas être oxfordiens* (comme l'a dit M. Haug,

[1] E. Haug, *Les Chaînes subalpines, loc. cit.*, p. p. ch. 87.

loc. cit., p. 88), ***mais bien toarciens*** et appartenir au flanc oriental du synclinal couché du Puy Golèfre. Au N. E. de Pramelier, on voit, en effet, apparaître au-dessus d'eux le Lias inférieur et le Trias. Nous avons recueilli, en outre, des échantillons de *Belemnites* (*Belemnopsis*) *canaliculatus* Schl., au kilomètre 17 de la route de la Grave au Lautaret, dans des calcaires d'un noir bleuâtre, alternant avec des bancs schisteux, qu'avec M. Haug nous rapportons au Bajocien.

Il résulte de toutes ces constatations que les schistes et calcaires noirs des environs de la Grave comprennent, outre le Lias et l'Aalénien, des horizons assez élevés du Bajocien.

Deuxième gisement de l'Alpe d'Arsine.

Au S. E. du Villard-d'Arène, il existe dans la bande mésozoïque synclinale qui sépare l'amygdaloïde cristallin de Combeynot de celui de la Meije un autre gisement de fossiles bajociens assez riche qui a été exploré par notre confrère et ami M. Termier; ce géologue a bien voulu nous communiquer une série d'Ammonites recueillies par lui sur le flanc gauche de la vallée *en amont des chalets* de l'Alpe d'Arsine dont nous avons parlé plus haut, et parmi lesquelles nous avons reconnu :

Cœloceras (*Stepheoceras*) *Bigoti* Mun.-Chalm. sp.;

Cœloceras (*Stepheoceras*), *Humphriesianum* Sow. sp. (var. à côtes un peu plus serrées que *Am. Humphriesianus macer* Quenstdt, Schw. Jura, pl. 65, fig. 11, non 10); (un grand échantillon et un autre plus petit identique à la figure type de Sowerby);

Cœloceras (*Stepheoceras*) groupe de *Cœl. Freycineti* Bayle ; (*Cœl. Humphriesianum* Quenst. Am. Schwaeb. Jura, pl. 65, fig. 15);

Cœloceras (*Stepheoceras*) sp. forme globuleuse indéterminable;

Perisphinctes Martinsi d'Orb. sp. (deux jolis échantillons);

Perisphinctes sp. indét. (un échantillon);

Parkinsonia sp., nombreux fragments, voisins de *P. Parkinsoni* Sow. sp.;

Parkinsonia Neuffensis Opp. sp. (trois échantillons);

Lytoceras tripartitum Rasp. sp. (deux petits échantillons);

Grosse ammonite (*Lytoceras*) indéterminable.

C'est sans doute du même gisement que proviennent des Ammonites que nous a remises M. Laurent de la Grave et qui appartiennent aux espèces suivantes :

Cœloceras (*Stepheoceras*) *Humphriesianum* Sow. sp. (Grand exemplaire étiré correspondant à la fig. 11, pl. 65 des Am. d. Schwaeb. Jura de Quenstedt);

Cœloceras (Stepheoceras) macer Kilian (= *Am. Humphriesanus macer* Quenst. Amm. Schwaeb-Jura, pl. 65, fig. 10, non 11) (Grands exemplaires); (VOIR PL. XIV, FIG. 1 DU PRÉSENT MÉMOIRE);

Cœloceras (Teloceras) Blagdeni d'Orb. sp.;

Parkinsonia Parkinsoni Sow. sp.;

Parkinsonia Neuffensis Opp. sp.;

Phylloceras sp.;

Lytoceras tripartitum Rasp. sp.;

Lytoceras Adelae d'Orb. sp.

Ces fossiles indiquent nettement la présence du Bajocien moyen (zone à *Witchellia Romani* Opp. sp.) qui surmonte donc l'Aalénien à *Harpoceras (Rhaeboceras) tolutarium* Dum. sp. très développé au N. E. de la Grave dans le synclinal Martignare-Puy-Golèfre-Arsine. (Voir plus haut, p. 164.)

La région de l'Alpe d'Arsine a fourni du reste une grande quantité de fossiles appartenant aux espèces ci-dessus, provenant notamment des environs du Lac de l'Étoile et du lieu dit « Lapierre ».

Environs de la Grave.

Il existe encore aux alentours de la Grave une série d'autres points fossilifères situés dans les bandes synclinales bajociennes que l'un de nous a pu délimiter au milieu du Lias. Nous avons rappelé plus haut qu'au lieu dit le Vernoix, non loin du Glacier de la Meije, le gendarme Laurent a recueilli un exemplaire pyriteux très reconnaissable de *Parkinsonia*, voisin du *P. Parkinsoni* Sow. sp., qui est actuellement déposé dans les collections de la Faculté des sciences de Grenoble. A Cote Longe, également près de la Grave, des schistes noirs aaléniens à rognons calcaires[1] renferment en abondance : *Harpoceras (Rhaeboceras) tolutarium* Dum. sp., qui est accompagné de *Phylloceras flabellatum* Zitt et d'*Inoceramus dubius* Sow. Cet Aalénien rappelle beaucoup les assises à rognons décrites par V. Pâquier au Pinet d'Uriage et près de La Rochette ainsi que les schistes également aaléniens à *Harpoceras tolutarium* Dum. sp., qui forment une bande continue entre la Grave et le col de l'Infernet.

Au col du lac Labarre (2.300^{m}) dans la commune de Valjouffrey (Isère) M. Biron a recueilli en 1886 un grand exemplaire de *Carl. (Teloceras) Blagdeni* d'Orb. sp. qui est déposé dans les collections de l'Université de Grenoble.

[1] Sur la feuille de Briançon, ces assises ont été, à cause de leur nature pétrographique, réunies au Lias schisteux (l^4). Il est probable qu'elles existent *dans l'intérieur du massif du Pelvoux* où, pour la même raison, et en l'absence de fossiles, elles ont été confondues avec le Toarcien.

En dehors de ces points[1], on n'a signalé nulle part dans le massif du Pelvoux de dépôts fossilifères du Jurassique moyen. Il convient cependant de noter que M. Termier a recueilli une Bélemnite à sillon (*Belemnopsis*), non loin du lac de l'Eychauda, vers le glacier du Séguret Foran, ce qui indiquerait l'existence, en ce point, d'assises supérieures au Lias schisteux et probablement bajociennes ou tout au moins aaléniennes.

G. Versant ouest de la chaîne de Belledonne.

Versant ouest de la Chaîne de Belledonne.

Le Bajocien inférieur ou Aalénien se montre sur la bordure occidentale de la zone cristalline dauphinoise avec le même facies (facies dauphinois) et la même faune que dans les régions que nous venons de décrire[2]. C'est ainsi qu'il a été rencontré en plusieurs points du versant ouest de la chaîne de Belledonne où il a été, il y a longtemps déjà, cité à la Table près La Rochette par L. Pillet[3], qui a recueilli dans des couches attribuées en 1860 au Lias par Ch. Lory, sur le vu des fossiles conservés au Musée de Chambéry, un certain nombre d'espèces bajociennes dont les déterminations ont été faites par Dumortier.

L'Aalénien serait également représenté, ainsi que nous l'avons dit plus haut, à Notre-Dame-des-Millières, sur la rive gauche de l'Isère, où a été recueilli par M. Pépin, qui l'a remis à l'un de nous (M. Révil), un très bon exemplaire de *Ludwigia* cf. *Lucyi* Buckm., espèce caractéristique de la zone à *Harpoceras concavum* Sow. sp.

Il existe encore aux environs d'Allevard, à la Tailla, où a été trouvé il y a une vingtaine d'années, d'après M. Reymond, ingénieur en chef de la Compagnie du Creusot, dans les schistes noirs qui avoisinent les mines de fer, un échantillon d'*Harpoceras Murchisonæ* Sow. sp. (Détermination de M. Douvillé). M. P. Lory, qui a étudié ce gisement, a pu y découvrir, avec *H. Murchisonæ* var. *falcata* Qu., des exemplaires de *Posidonomya alpina* A. Gras. Des « schistes à miches » du Bajocien ont été découverts par le même auteur[4],

[1] Voir Termier, Pelvoux, p. 735.

[2] Voir Termier, *Pelvoux*, p. 735.

[3] L. Pillet, Observations sur les fossiles de la Table (*Mém. Acad. de Savoie*, 2e série, t. XII, p. 11, 1872).

[4] P. Lory, Note sur la bordure occidentale du massif d'Allevard (*Annales de l'Enseignement supérieur de Grenoble*, t. V, n° 1, *loc. cit.*, p. 37 et Trav. Lab. géol. Univ. Grenoble).

en amont de Mont-Renard, sur le chemin de Saint-Pierre-d'Allevard au col du Barriot. Il y a recueilli *Phylloceras tatricum* Pusch. sp., *Lytoceras* sp., *Hyperlioceras discites* Waag. sp., *Posidonomya* sp. (probablement *alpina* A. Gras); *Phylloc. flabellatum* Neum. a été rencontré au pont de Mont-Renard près Saint-Pierre-d'Allevard par M. P. Lory.

Depuis lors, les travaux de MM. P. Lory [1] et V. Pâquier [2] ont fait voir, en outre, d'une façon indubitable, qu'une bonne portion des schistes noirâtres attribués au Jurassique inférieur par Lory et qui forment les collines situées entre Uriage et Chamousset appartiennent au Bajocien. V. Pâquier, en particulier, a revisé, dans un mémoire très documenté, les déterminations de Pillet et de Dumortier et a ajouté aux indications stratigraphiques de ces savants de nombreuses données nouvelles; c'est ainsi que sur le flanc de la colline de la Table, dans les schistes à rognons calcaires, d'âge bajocien, il a observé **un niveau à Entroques** et des calcaires massifs et signalé la présence de fossiles de la zone à *Ludwigia Murchisonæ* Sow. sp. [3] et de la zone à *Lioceras concavum* Sow. sp. Il a retrouvé en outre à Etable (*Harpoc. Murchisonæ* Sow. sp.), au Pinet d'Uriage et à la Combe de Lancey, ces mêmes schistes argileux luisants et fins à rognons (miches) calcaires et distingué les deux horizons précités. Les fossiles cités par M. Pâquier sont notamment *Phylloceras Nilssoni* Hébert sp., *Ph. vorticosum* Dumortier, *Harpoceras Murchisonae* Sow. sp. var. cfr. *costosum* Quenst. (recueilli en 1883 par Ch. Lory à la Table et déterminé par V. Paquier), etc.; la faune recueillie par lui et qui sera énumérée à la fin de ce chapitre se compose d'*Ammonites* et de *Lamellibranches;* parmi les Ammonites, conclut-il avec raison, les *Phylloceras* et les *Lytoceras* montrent que la région appartenait à la province méditerranéenne [4].

[1] P. Lory, 2e note sur la bordure occidentale du massif d'Allevard (*Annales de l'Enseignement supérieur de Grenoble*, t. VI, et Trav. Lab. géol. Univ. Grenoble).

[2] V. Pâquier, Contributions à l'étude du Bajocien de la bordure occidentale de la chaîne de Belledonne (*Annales de l'Enseignement supérieur de Grenoble*, t. VI, n° 1, et Trav. Lab. géol. Univ. Grenoble).

[3] La zone à *Harpoceras Murchisonæ* Sow. sp. est mal représentée au point de vue paléontologique dans nos Alpes; ce sont des calcaires noduleux et des marnes ou marno-calcaires à *Cancellophycus* et *Inoc. polyplocus* dans lesquelles l'Ammonite qui a donné son nom à la zone est fort rare. Il est probable que toutes les citations de *Harpoceras Murchisonæ* de divers points des Alpes occidentales ne se rapportent pas à des échantillons typiques de cette espèce qui est facile à confondre avec d'autres (*Ludwigia* [*Rhaeboceras*] *tolutaria*, Dum., etc.). En tous cas la forme type d'*H. Murchisonæ* Sow. paraît excessivement rare dans cette région.

[4] V. Pâquier, *loc. cit.*, p. 20.

La collection de l'Université de Grenoble renferme un grand *Cœloceras* (*Stepheoceras*) de Brignoud (donné par M. Biron en 1885) qui indique l'existence du Bajocien proprement dit sur la rive gauche de l'Isère, en amont de Grenoble.

Bord subalpin (Corenc).

Les schistes bajociens confondus par Ch. Lory avec le Lias se poursuivent d'Uriage vers l'Ouest par Montagney, le Saut-du-Moine, Vif et les collines qui séparent la Gresse du Drac. M. Kilian a constaté près de Vif, dans le bassin du Drac, l'existence d'une bande de Jurassique moyen (Dogger) formée de schistes et de calcaires marneux noirs. Cette bande suit le « bord subalpin » vers le Sud et non loin de Saint-Michel-les-Portes, à Chenicourt, notre confrère, M. Gevrey, a rencontré *Parkinsonia Parkinsoni* Sow. sp. (exemplaire pyriteux) très reconnaissable.

Aux environs immédiats de Grenoble et au Nord-Est de cette ville, sur le « bord subalpin », les affleurements bien connus de Bouquéron, découverts par Dumortier [1] et ceux de Corenc, signalés par C. Lory [2], marquent un notable changement de facies du Jurassique moyen qui, tout en conservant sa teinte foncée, est représenté par un « calcaire à Entroques » et à oolithes noires, veiné de calcite, formant des assises massives (Bathonien) et au-dessous duquel existent des schistes noirs argilo-calcaires bajociens dans lesquels Dumortier a cité *Phylloceras viator* d'Orb. sp., *Parkinsonia Parkinsoni* Sow. sp. — La collection de la Faculté des sciences de Grenoble possède, en outre de cette assise : *Cœloceras* (*Stepheoceras*) *Humphriesianum* Sow. sp., à côté de quelques espèces nettement calloviennes (*Macrocephalites macrocephalus* Sow. sp.: *M. Herveyi* d'Orb. sp., *Perisphinctes subbackeriae* d'Orb. sp.), provenant de Corenc et de Bouquéron, ainsi que des *Cancellophycus*, et qui doivent provenir d'une assise supérieure aux véritables calcaires (à Entroques) de Corenc; ces fossiles ont été pour la plupart récoltés en 1852 et 1875 par Ch. Lory.

Nous avons rencontré des fragments de *Parkinsonia* dans les calcaires de Corenc, et il existe dans les collections de l'Université de Grenoble une *Parkinsonia* de Domène. Un échantillon d'*Oppelia* (*Strigoceras*) *Truellei* d'Orb. sp. (bel exemplaire pyriteux) a été également recueilli aux environs de Grenoble. (Coll. Fac. des Sc. de Grenoble).

[1] Dumortier, Véritable niveau des *Ammonites viator et tripartitus* (*Bull. Soc. géol. de France*, 2e série, t. XXIX, p. 148).

[2] Ch. Lory, Description géologique du Dauphiné, § 142.

La localité de Corenc est le gisement le plus occidental du Dogger alpin que nous connaissions; elle est située à la limite extrême du facies dauphinois, car plus à l'Ouest et au Sud-Ouest, dans le Jura méridional et dans l'île Crémieu, apparaît un facies très différent appartenant au type jurassien. A Corenc, cette modification toutefois est annoncée par l'apparition du *facies à Entroques* que nous voyons aussi se montrer à la Table, près de la Rochette, localité également située à l'Ouest de la chaîne de Belledonne et sur la limite occidentale de la zone alpine [1]. Ce facies à Entroques paraît, à Corenc, embrasser le Bajocien supérieur, le Bathonien et peut-être la base du Callovien (calcaire oolithique de Ch. Lory à *Macrocephalites*).

Région jurassienne voisine des Alpes.

Le Dogger de la *région jurassienne* de la Savoie (chaîne du Mont-du-Chat) se présente avec une épaisseur d'environ 190 mètres et des caractères sub-littoraux nettement marqués et une allure fort différente de celle des dépôts alpins de même âge. Le Bajocien inférieur consiste en calcaires marneux fréquemment spathiques, où l'un de nous (M. Révil) a recueilli les fossiles caractéristiques de cet horizon : *Harpoceras* (*Ludwigia*), *Murchisonæ* Sow. sp., *Belemnites* (*Belemnopsis*) *sulcatus* Mill., *Pecten* (*Chlamys*) *Dewalquei* Opp., *Lima* (*Ctenostreon*) *proboscidea* Sow. (=*pectiniformis* Schloth. sp.), etc.; au-dessus, viennent des calcaires grenus, bleuâtres, à silex, à *Cœloceras* (*Stepheoceras*) cf *Humphriesianum* Sow. sp., puis des calcaires à Entroques (15 m.) avec *Terebratula perovalis* Sow., *Pentacrinus bajocensis* d'Orb.

Quant au Bathonien, qui est également fossilifère, il comprend à la base une lumachelle (6 m.) à petites huîtres (*Ostrea acuminata* Sow., *Alectryonia costata* Sow sp., etc.) correspondant à un facies de charriage, et que surmontent des couches vaseuses à *Ammonites*, *Pholadomyes* (*Ph. Murchisoni* Ag.), *Lima gibbosa* Goldf. (*L. helvetica* Opp.), *Echinides* (*Collyrites analis* Ag.) et *Brachiopodes* (*Ter. intermedia* Sow.), témoignant d'un régime plus profond [2]. Le tout est couronné par des calcaires bleu roux à silex avec *Perisphinctes procerus* Seeb. sp., *P. aurigerus* Opp. sp., *Sphaeroceras bullatum* d'Orb. sp. et *Rhynchonella varians* Schloth. sp., dans lesquels M. Hollande a signalé, près du Rhône, *Rhynch. decorata* Schloth sp.

(1) MAILLARD, Note sur diverses régions de la feuille d'Annecy (*Bull. Serv. carte géol. de France*, n° 22, t. III, 1891, *loc. cit.*).

(2) Pour les détails, voir J. RÉVIL, *Géologie des chaînes jurassiennes et subalpines de la Savoie* [Thèse et Trav. Lab. de Géol. Univ. de Grenoble, tome IX, 3e fasc. (1911)].

H. Bassin du Drac.

Jurassique moyen du bassin du Drac.

Au Sud de Grenoble, les récents travaux de M. P. Lory [1] ont révélé, pour les environs de la Mure (Mont-Simon, Nantison), la vallée moyenne du Drac, le Trièves (Collet de Mens, le Touages), Pellafol, le Champsaur, les environs du massif de Chaillol et le Nord du Dévoluy, la richesse et la variété, insoupçonnées jusqu'alors, de certains niveaux fossilifères du Jurassique moyen et, notamment, le grand développement qu'atteignent dans cette région les assises marno-schisteuses de l'**Aalénien.**

L'Aalénien (Lias supérieur *pro parte* et Bajocien inférieur : zones à *Dumortieria radiosa* Sow. sp. et *Catull Levesquei* d'Orb. sp. à *Harp. opalinum* Rein. sp., à *Harp. Murchisonae* Sow. sp. et à *Harpoceras concavum* Sow. sp.) est remarquable par sa nature marneuse; il rappelle par ce caractère celui des environs de La Grave. Il possède un développement très analogue à celui que M. Haug a signalé aux environs de Chorges et contient fréquemment *Inoceramus polyplocus* Roem.

Au Sud-Ouest et au Sud du massif du Pelvoux, dans le Champsaur et le Valgodemar, divers gisements fossilifères étaient, d'ailleurs, connus dès 1892 à la suite des recherches de MM. David-Martin et des beaux travaux de M. Haug. Dumortier avait en outre déjà indiqué antérieurement, d'après Ch. Lory, l'existence d'une faune bajocienne (*Am. Humphriesianus, Sowerbyi, Brongniarti*), à Entrepierres, dans le Bas Valgodemar.

M. P. Lory a étudié depuis tout spécialement ces niveaux à Poligny, Saint-Firmin, Barcillonnette; d'après ce géologue, le Jurassique moyen du bassin du Drac offre sensiblement les mêmes caractères que celui du Gapen-

[1] Voir Haug, thèse, p. 86-88, et en outre : P. Lory, *Livret-Guide*, Congrès géologique international de 1900, Excursion XIII^b; et plus spécialement : *C. R. des collab., Serv. carte géol. de France, 1910 à 1913.*

M. P. Lory a bien voulu nous communiquer en manuscrit la portion consacrée au Jurassique moyen du bassin du Drac, d'un mémoire en préparation. Nous lui exprimons ici toute notre affectueuse gratitude. Voir à ce sujet : P. Lory, *Recherches sur le Jurassique moyen entre Grenoble et Gap* [*Ann. Univ. de Grenoble*, t. XVII (1907, p. 127 à 158)], et en outre *C. R. Séances Soc. géol. de Fr.*, 4 mars 1912, et, plus récemment : C. R. des Collab. pour la campagne de 1912, in Bull. Serv. Carte géol. de France, n° 133 (tome XXII, 1912), p. 176 (Feuille Vizille) [publ. 1913.] Cette dernière note renferme sur le Lias quelques intéressants détails qui n'ont pu trouver place dans le chapitre précédent du présent mémoire.

IMPRIMERIE NATIONALE.

çais et des Basses-Alpes, si bien décrit par M. Haug. Ce sont des calcaires marneux et des marnes de couleur sombre, des couches à « miches » renfermant parfois des fossiles pyriteux et atteignant fréquemment, surtout dans le Trièves, une puissance considérable. La faune, caractérisée par la prédominance de *Posidonomya alpina* A. Gras, qui se montre de l'Aalénien au Callovien, et par la fréquence des Céphalopodes, accuse, d'autre part, par l'abondance des *Phylloceras* (*Phylloc. Kunthi* Neum. à Saint-Jacques en Valgodemar) et des *Lytoceras*, un type méditerranéen très net. Cependant le parallélisme avec l'Europe centrale, pendant le Jurassique moyen, peut se faire, *zone par zone*, grâce à l'existence, dans ce type bathyal, d'espèces de Céphalopodes communes avec les régions classiques de l'Angleterre, de la Normandie et de la Souabe.

Dans cette série uniforme de dépôts vaseux à facies dauphinois, dont les quelques variations et différenciations locales ont été étudiées avec soin, M. P. Lory distingue un grand nombre d'horizons assez riches en fossiles; ce sont notamment :

I. Aalénien (Toarcien supérieur *pro parte* et Bajocien inférieur). Des rognons et « miches » calcaires se montrent dans l'Aalénien supérieur développé, dans le Drac moyen, au-dessus des calcaires toarciens à *Hild. bifrons* Brug. sp., sous la forme de marnes à *Posidonomya alpina*, A. Gras, avec Ammonites parfois ferrugineuses;

Aalénien inférieur (= Toarcien; Lias supérieur) : *a*. Zone à *Dumortieria radiosa* Sow. sp. riche en Polymorphidées avec *Catulloceras Dumortieri* Thioll. sp. *Dumortieria* cf. *Levesquei* d'Orb. sp., *Phylloceras Nilsoni* Héb. sp. et *Inoceramus*. (Route de Saint-Michel, sur les Rioux de Prunières.)

b. Zone à *Harpoceras opalinum* Rein. sp. avec *Phylloceras vorticosum* Dum. sp., *Grammoceras fluitans* Dum. sp., *G. superbum* Buckm. sp., *G. costulatum* Ziet. sp., *G. subcomptum* Branco sp., *G.* (*Pleydellia*) *Aalense* Ziet. sp., *G. costula* Rein. sp., *Erycites fallax* Ben. sp., etc. (sur la Sausic, gorge sous Pellafol, etc.).

Aalénien supérieur (= Bajocien inférieur des auteurs) : *c*. Zone à *Harpoceras Murchisonæ* Sow. sp. avec absence du véritable *Harp. Murchisonæ* Sow. sp., mais à *Harp.* cf. *opalinum* Rein. sp., *Harp.* (*Ludwigia*) *Lucyi* Buckman sp., *Hammatoceras planinsigne* Vacek, *Erycites fallax* Ben. sp., *Tmetoceras scissum* Ben. sp.[1] (abondant) N. de Villard-Julien.

d. Zone à *Harpoceras concavum* Sow. sp. avec *Lioceras concavum* Sow. sp., *L. Bradfordense* Buckm., *Ludwigia rudis* Buckm.; marnes calcarifères à *Ludwigia subquadrata* Buckm.

[1] La présence de cette espèce, si caractéristique, est importante à signaler dans le Dauphiné.

et grands *Phylloceras* pyriteux (*Ph.* aff. *Kunthi* Neum.) Saint-Theoffrey. (Localités : Pellafol, Rioux de Prunières, Collet de la Motte, les Costes, les Préaux, Saint-Firmin.)

Ajoutons que dans le massif de la Mure, on a recueilli en outre *Phylloceras* cf. *ultramontanum* Zittel.

II. Bajocien proprement dit. — Calcaires gris noirâtres, marneux dans lesquels M. P. Lory distingue :

a. Zone à *Sphæroceras* (*Otoites*) *Sauzei* d'Orb. sp. — Calcaires marneux à *Sonninia*, calcaires et marnes noduleuses à *Phylloceras Circe* Héb. sp., *Sonninia Sowerbyi* Mill. sp., *Sonninia propinquans* Bayle sp., *S. corrugata* Sow. sp. (notamment de Mandaty), *Witchellia* (plusieurs espèces), *Sphæroceras* (*Emileia*) *polyschides* Waag (Poligny, près Saint-Bonnet), *Sphæroceras* (*Emileia*) *polymerum* Waag. sp., etc.

b. Zone à *Witchellia Romani* Opp. sp. — Calcaire rognoneux et calcaire à *Cancellophycus* avec *Stephanoceras* (*Teloceras*) *Blagdeni* Sow. sp., *Normannites Braikenridgi* Sow. sp., *Cœloceras* (*Stepheoceras*) *Humphriesianum* Sow. sp., *C.* (*Stepheoceras*) *Freycineti* Bayle sp., *C.* (*Stepheoceras*) *Bigoti* M.-Ch.; *C. cosmopoliticum* Moer., *C. subcoronatum* Opp. sp., *Posidonomya alpina* Gras. (Touages, Saint-Jean-d'Hérans.)

Les *Cœloceras* (*Stepheoceras*) du groupe *Humphriesianum* Sow. sp. atteignent parfois une très grande taille, ainsi que le montrent des échantillons recueillis aux environs de la Mure par M. de Renéville en 1907 (Coll. Univ. de Grenoble).

c. Zone à *Cosmoceras* (*Garantiana*) *Garantianum* et *subfurcatum* Ziet. sp. — C'est dans cette région le niveau principal de *Posidonomya alpina* A. Gras; cette zone contient parfois des fossiles pyriteux : *Patoceras annulatum*, *Cœloceras* (*Normannites*) *Braikenridgei* Sow. sp., *Parkinsonia Parkinsoni* Sow, sp., *Phylloceras viator* d'Orb. sp., *Lytoceras pygmæum* d'Orb. sp., *Perisphinctes Martinsi* d'Orb. *Belemnopsis* (Localités : Côte-Folle et Combevinouse près Gap, Massif de la Mure[1], Nantison, Trièves [collet de Mens], entre Touages et Villard-de-Touages, Lalley, Entrepierres, Mandaty (*Park. Parkinsoni* Sow. sp., recueilli en 1877 par Ch. Lory [Coll. Univ. de Grenoble]), les Costes dans le Valgodemar, Poligny dans le Champsaur, Barcillonette-de-Vitrolles dans le Sud-Ouest de Gap.— Marno-calcaires gris à rares *Parkinsonia* du Haut Drac et d'Ambel.

III. Bathonien. — *Zone à Lytoceras tripartitum*[2] *et Parkinsonia ferruginea.* — Marne à lits calcaires pauvres en fossiles; cet étage n'offre d'intéressant que le remarquable développement à Mandaty, près Aubessagnes (Hautes-Alpes), d'une faune **seminéritique** à *Lamellibranches* et *Echinides* (*Prototiara Loryi* Lambert, voisin de *Prot. Jutieri* Lamb. Coll. Univ. Grenoble, Ch. Lory, n° D. 7916), Brachiopodes, Rhynchonelles, caractérisée par *Rhynchoteuthis*, *Posidonomya alpina* A. Gras, *Patoceras* sp., *Phylloceras* sp., *Lytoceras tripartitum* Rasp. sp.; à Mandaty et dans le Trièves, il est représenté par des calcaires et marnes schisteuses noires, dont la partie inférieure constitue une zone.

[1] Kilian et P. Lory (*C. R. collab. carte géol. de France*, 1894).

[2] Ce niveau appartient peut-être encore au Bajocien supérieur.

Quant à la ZONE à *OPPELIA ASPIDOIDES*, aucun fossile ne la distingue des schistes calloviens-oxfordiens si développés dans le Champsaur et dans le Trièves.

Dans la région du Drac moyen, les schistes marneux avec lits de marno-calcaires à *Posidonomya alpina* A. Gras avec rares *Parkinsonia* occupent, d'après M. P. Lory, la place du Bathonien et du Callovien inférieur; ils supportent des marno-calcaires à *Stephanoceras coronatum* Brug. sp., *Perisphinctes subbackeriae* d'Orb. sp. (=*funatus* Opp., des bancs grenus à *Reinekeia Greppinir* Steinm., puis des schistes marneux qui supportent les marnes oxfordiennes ou miches calcaires (le Braconnet).

I. GAPENÇAIS ET BASSES-ALPES.

Gapençais et Basses-Alpes

M. Haug a décrit en 1892 d'une façon tout à fait magistrale le Jurassique moyen, à facies vaseux, des chaînes subalpines situées entre Gap et Digne. Complétant très notablement les recherches anciennes de Dieulafait, de Jaubert et de Garnier, il a pu y distinguer, à de légères modifications près, les niveaux paléontologiques classiques établis par Oppel et qui se retrouvent dans toutes les régions où la série est complète[1].

Cette région offre, comme la précédente, un développement remarquable de l'AALÉNIEN sous forme de schistes noirs se reliant au Lias supérieur par leur base.

La ZONE À HARPOCERAS MURCHISONÆ est mal caractérisée; elle renferme, aux environs de Gap, *Inoceramus polyplocus* Rœm.; *Belemnites Munieri* Desl. (Côte-Folle, près Gap); *Phylloceras tatricum* Pusch. Elle est moins fossilifère près de Digne (Empreintes de *Cancellophycus*).

Quant à la ZONE À HARPOCERAS CONCAVUM (Aalénien supérieur), longtemps confondue avec la précédente, elle est très nettement caractérisée et très riche en espèces comme l'a montré M. Haug. On sait que ce sont les études de MM. Buckman et Hudleston[2] sur l'Oolithe inférieure de l'Angleterre qui ont établi que les couches séparant la zone à *Harpoceras Murchisonæ* de celle à *Sphæroceras* (*Otoites*) *Sauzei* étaient caractérisées par *Harpoceras concavum* Sow. sp. et que c'est faussement que cette zone avait été appelée zone à

[1] HAUG, *Les chaînes subalpines*, etc., *loc. cit.*, p. 61.

[2] S. S. BUCKMAN, *A Monograph of the inferior Oolite Ammonites of the British Islands.* — W. H HUDLESTON, *A Monograph of the British Jurassic Gasteropoda.*

Ammonites Sowerbyi (la vraie *Am. Sowerbyi* Mill. sp., se trouvant dans la zone à *Sphæroceras Sauzei*). Cette zone posséderait, d'après M. Haug, une assez grande extension sur le continent, et la lacune présumée par M. Buckman, en Europe, ne serait pas générale [1]. Quoi qu'il en soit, elle est bien développée dans les chaînes subalpines alphino-provençales: à Truyas, près Digne, à Saint-Mens et Sainte-Marguerite, près Gap, etc., où ont été recueillis entre autres :

Belemnites Munieri Desl.
Phylloceras Nilssoni Héb. sp.
Phyll. ultramontanum Zitt.
Phyll. Velaini Mun.-Ch. sp.
Harpoceras (*Lioceras*) *concavum* Sow. sp.
Harpoceras (*Ludvigia*) *cornu*. S. Buckm.
Harpoceras (*Hyperlioceras*) *Walkeri* S. Buckm.
Hæplopleuroceras subspinatum S. Buckm.
Erycites fallax Ben. sp.

La ZONE À SPHÆROCERAS (OTOITES) (EMILEIA) SAUZEI présente dans la région qui nous occupe un assez beau développement. Elle a été indiquée aux environs de Digne [2], par Garnier et aux environs de Sisteron, par l'un de nous (W. Kilian) [3]; à Digne, ce sont des « calcaires bleus » très compacts, alternant avec des couches schisteuses; aux environs de Nibles (W. Kilian), ces mêmes calcaires affleurent sur la rive droite de la Sasse. Cette zone existe aussi près de Gap. Citons parmi les espèces récoltées à ce niveau, à côté de nombreux *Phylloceras* (*Ph.* cf. *connectens* Zitt., *Ph. Circe* Héb. sp.) :

Sphæroceras (*Emileia*) *polyschides* Waag. sp.,
Sonninia Sowerbyi Mill. sp.,
Sonninia propinquans Bayl. sp.,
Sonninia corrugata Sow. sp.,
C. (*Stepheoceras*) *Baylei* Opp. sp.,
Cœloceras (*Skirroceras*) *Bigoti* Mun.-Chalm. sp. (commun),
C. (*Stepheoceras*) *Humphriesianum* Sow. sp.,
Sphæroceras (*Otoites*) *Sauzei* d'Orb. sp.,
Sphæroceras meniscus Waag. sp., etc.

La ZONE À WITCHELLIA ROMANI Opp. sp. (= Zone à *Cæl. Humphriesianum* des auteurs) est représentée dans les Basses-Alpes par les **couches à petites Ammonites ferrugineuses de Beaumont,** près de Digne. Près de Gap, ce sont des bancs calcaires à *Stephanoceras* (*Teloceras*) *Blagdeni* Sow. sp.;

[1] HAUG, *loc. cit.*, p. 63.
[2] Société géologique de France, Réunion extraordinaire à Digne (*Bull. Soc. géol. de France*, 2e série, t. XXIX, p. 597-747, 1872).
[3] KILIAN, *Description géologique de la Montagne de Lure*, p. 74.

C. (*Normannites*) *Braikenridgei* Sow. sp.; *Sphæroceras Brongniarti* Sow. sp. M. Haug fait remarquer que dans les coupes des Dourbes et de Chaudon ces deux dernières espèces occupent un niveau un peu supérieur à celui des Ammonites ferrugineuses[1]. Cette dernière faune, d'après le même auteur, compte dix-huit espèces dont deux seulement sont propres à la zone : *Witchellia Romani* Opp. sp. et *W. pinguis* Rœm. sp.[2]; les *Phylloceras* y abondent (*Ph. disputabile* Zitt., *Ph. Diniense* Honn. sp., *Ph. Circe* Héb. sp., *Ph. Velaini* Mun.-Chalm., ainsi que *Lyt. pygmæum* d'Orb. sp., *Pæcylomorphus cycloides* d'Orb. sp. et les *Cæloceras* (*C.* [*Stepheoceras*] *Baylei* d'Orb. sp., *C.* [*Stephanoceras*] *Humphriesianum* d'Orb. sp., *C.* [*Stemmatoceras*] *subcoronatum* Opp. sp.).

Citons également *Stephanoceras* (*Beloceras*) *Tlagdeni* Sow. sp., de Riboux (Var) [Coll. Univ. de Grenoble, d. p. M. Coste], ainsi que de grands *Stepheoceras* de Villevieille et des Auches, près Seynes (Coll. Arnaud).

Les COUCHES À COSMOCERAS (STRENOCERAS) SUBFURCATUM Ziet., *Sphaeroceras polymeram* Waag. sp., désignées souvent (Oppel 1856) sous le nom de « zone à *Am. Parkinsoni* » et parfois rattachées au *Bathonien*, sont représentées à Norante, à Chaudon, à la Clape, aux Dourbes, par des calcaires marneux noirs, très fossilifères. Aux environs de Gap, à Sainte-Marguerite, ce sont des *marnes à Ammonites ferrugineuses*. Nous indiquerons parmi les principales espèces déterminées par M. Haug[3] :

Belemnites (*Belemnopsis*) *canaliculatus* Schloth.,
Belemnites (*Belemnopsis*) *helveticus* May,
Lytoceras pygmæum d'Orb. sp.,
Phylloceras disputabile Zitt.,
Phylloceras mediterraneum Neumayr[1],
Phylloceras viator d'Orb. sp.,
Oppelia (*Strigoceras*) *Truellei* d'Orb. sp.,
Oppelia subradiata Sow. sp.,
Cosmoceras (*Baculatoceras*) *baculatum* Quenst. sp. (caractéristique),
Cosmoceras (*Strenoceras*) *subfurcatum* Ziet. sp.,
C. (*Garantiana*) *Garantianum* d'Orb. sp.,
Stephanoceras (*Teloceras*) *Blagdeni* Sow. sp.,
St. (*Stemmatoceras*) *plicatissimum* Qu. sp.,
Cadomites (*Polyplectites*) *linguiferus* d'Orb. sp.,
Parkinsonia Parkinsoni Sow. sp.,
Parkinsonia ferruginea Opp. sp.,
Perisphinctes Martinsi d'Orb. sp.,
Perisphinctes Lucretius d'Orb. sp.,
Patoceras Orbignyanum Baug. et Sauzé sp., etc., etc.

[1] HAUG, *loc. cit.*, p. 70. Voir aussi HAUG, Traité de géologie, p. 971 et 1023.
[2] HAUG, *loc. cit.*, p. 72.
[3] V. HAUG, *Bull. Soc. géol. de France*, 3ᵉ série, t. XVIII, p, 328, pl. IV.

Ajoutons que les couches supérieures de ce niveau renferment souvent *Posidonomya alpina* A. Gras, en très grande abondance.

Les deux zones à Céphalopodes du BATHONIEN peuvent également se distinguer dans les Basses-Alpes. La plus inférieure, ou ZONE À OPPELIA FUSCA Quenst. sp., est bien représentée aux environs de Digne, où elle est connue depuis longtemps par les travaux de Jaubert, d'Edm. Hébert et de Garnier. Aux environs de Castellane (les Blaches, la Jabie), aux Dourbes, à la Clape, mais surtout au Bas-Auran près Chaudon et près de Gap, ce sont des schistes noirs et des calcaires marneux noirs où les espèces les plus abondantes sont :

Lytoceras tripartitum Rasp. sp. (commun),
Phylloceras disputabile Zitt.,
Cœloceras rectelobatum Hauer. sp.,
Morphoceras polymorphum d'Orb. sp.,
Zigzagoceras zigzag d'Orb. sp.,
Parkinsonia Neuffensis Opp. sp.,
Perisphinctes procerus Seeb. sp., etc. (particulièrement abondant au Bas-Auran près Chaudon),
Strigoceras Truellei d'Orb. sp.,
Oppelia fusca Quenst. sp.,
Oppelia subdiscus d'Orb. sp.

L'un de nous (W. Kilian) a recueilli ces mêmes espèces près d'Authon. Par contre, dans la région située entre Gap et la Durance, M. Haug [1] dit n'avoir jamais trouvé les espèces caractéristiques de cette zone.

La ZONE À OPPELIA ASPIDOIDES Opp. sp. est aussi nettement caractérisée. A Archail, aux Dourbes, à Bédéjun et à Chaudon, elle consiste en schistes marneux noirs se reliant intimement aux schistes calloviens, remplis de *Posidonomya alpina* A. Gras, et contenant exceptionnellement seulement à la base des Ammonites ferrugineuses :

Phylloceras Chantrei Mun.-Chalm. sp.,
Phyll. biarcuatum Mun.-Chalm. sp.,
Phylloceras n. sp.,
Cosmoceras Julii d'Orb. sp.,
Cosmoceras contrarium d'Orb. sp.,
Harpoceras (?) *retrocostatum* Gross.,
Harpoceras cf. *lunula* Rein. sp.

C'est le niveau décrit par M. Collot de Saint-Marc, près d'Aix [2], et dont la faune mériterait une description monographique spéciale.

(1) HAUG, *loc. cit.*, p. 79.
(2) HAUG, *ibid.*, p. 82.

J. Bassin du Buech.

Jurassique moyen de la vallée du Buech.

V. Pâquier [1] a décrit à Montrond, près de Serre, un pointement anticlinal où se présentent des calcaires en bancs de 0 m. 10 à 0 m. 20, séparés par des lits marneux. Il y a constaté la présence de *Cœloceras* (*Normannites*) *Braikenridgi* Sow. sp., indiquant un niveau déjà élevé dans le Bajocien, et cite en outre comme fossiles recueillis dans cette localité :

Belemnopsis sp.,
Phylloceras viator (?), d'Orb., sp.,
Cœloceras (*Stemmatoceras*), cf. *plicatissimum* Qu. sp.,
Cœl. (*Stepheoceras*) *sp.* gr. de *C. Humphriesianum*, Sow. sp.,
Inoceramus polyplocus, F. Rœmer.

La collection de l'Université de Grenoble renferme un *Stephanoceras* cf. *cosmopoliticum* Moer. sp. des environs d'Eyguians (carrière de la Barque), provenant de la collection Jaubert.

K. Ubaye.

Jurassique moyen (autochtone) de la région de l'Ubaye.

Dans la région de l'Ubaye, le Jurassique moyen à facies vaseux et à Céphalopodes est bien développé dans le *substratum* des masses charriées — (ces dernières sont de type briançonnais et ne contiennent **pas de représentants du Dogger**). — D'après M. Haug [2], le Bajocien s'y présente d'une manière tout à fait identique à celle des environs de Digne et de Gap. Il paraît être, le plus souvent, dépourvu de fossiles; cependant, à Villevieille, près Seyne, c'est-à-dire à peu de distance des limites du bassin de l'Ubaye, on a rencontré de grands *Stepheoceras* (Coll. Arnaud) du groupe de *Steph. Bigoti* Mun.-Chal. sp., la collection de l'Université de Grenoble contient, en outre, un bel échantillon de *Belemnites alpinus* Ooster, recueilli en 1884 par Ch. Lory, près du village d'Ubaye.

D'autre part, les environs d'Enchastrayes, près de Barcelonnette, offrent un Bathonien noir, grumeleux, d'un type très intéressant, à **Spongiaires**, avec *Lytoceras tripartitum* Rasp sp., *Morphoceras polymorphum* d'Orb. sp., *Par-*

[1] Pâquier, *Recherches géologiques dans le Diois*, etc. (Thèse), p. 43.
[2] Haug, *Les chaînes subalpines*, etc., *loc. cit.*, p. 86.

kinsonia Parkinsoni Sow. sp., *Belemnites, Rhynchonella Dumortieri* Kil. (=*Rhynch Furstenbergensis* Dumortier [non Quenst], forme identique à une espèce de la Clapouze, près La Voulte, (Ardèche), dont Dumortier a décrit tout un groupe de variétés), et des Térébratules (Coll. Arnaud et Coll. Kilian, à l'Université de Grenoble), dont les assises sont couvertes de Ripple-Marks. Ces derniers dépôts, tout en rappelant le facies dauphinois qui règne du reste encore en maître dans cette région (Terres-Pleines, vallon de Restefond), y accusent cependant un *épisode plus néritique* et moins profond, annonçant en quelque sorte le facies néritique de la zone du Briançonnais, situé plus à l'Est. — D'une façon générale, d'ailleurs, le Dogger *en place* des environs de Barcelonnette contraste vivement avec les masses charriées qui le recouvrent et dans lesquelles le Jurassique moyen ne paraît pas être représenté.

L. Nord des Alpes-Maritimes.

Jurassique moyen dans le Nord des Alpes-Maritimes.

Dans la portion nord-est des Alpes-Maritimes, on sait par les travaux de M. Léon Bertrand [1] que le Jurassique moyen se compose de calcaires marneux très développés mais peu fossilifères (haute vallée du Var) contenant des *Posidonomya* et des Ammonites (*Phylloceras* et *Lytoceras*) qui rappellent nos dépôts à facies dauphinois. Dans la vallée de la Tinée, des Brachiopodes (Térébratules et Rhynchonelles) apparaissent dans des calcaires noirs, qui ne sont pas sans analogie avec le Dogger du Briançonnais oriental et qui continuent, avec une teinte plus claire, aux environs de Sospel (v. plus bas).

M. Région de Castellane et Basse-Provence.

Région de Castellane et Basse-Provence.

Aux environs de Castellane, le type du Médio-jurassique rappelle encore vivement celui de la région de Digne, si bien analysé par notre ami, M. E. Haug. Mais à mesure que nous approchons de la Provence, nous assistons à des changements graduels de facies : à partir des environs de Castellane [2] le *Bajocien* comprend des calcaires marneux mais assez résistants ; les niveaux fossilifères des environs de Digne ne s'y retrouvent plus avec netteté ; on y

[1] L. Bertrand, Étude géologique du Nord des Alpes-Maritimes (*Bull. Serv. carte géol. de France*, t. IX, 1898).

[2] Légende de la feuille de Castellane de la Carte géologique détaillée au 80 millième, par M. Zürcher (Ministère des Travaux publics).

IMPRIMERIE NATIONALE.

rencontre toutefois : *Sphæroceras* (*Emileia*) *polyschides* Waag. sp., *Sph.* (*Otoites*) *Sauzei* d'Orb. sp., *Cosmoceras* (*Strenoceras*) *Niortense* d'Orb. sp. L'épaisseur de ces couches diminue rapidement vers le Sud; réduites à la Jabie, elles présentent encore le facies vaseux au Sud-Ouest vers Marseille, à Septèmes et à Aix, mais, comme l'a montré M. Haug, dès 1892, elles passent bientôt à des calcaires plus durs avec silex qui servent de transition aux calcaires et aux dolomies **à silex** du facies provençal que l'on rencontre dès Chabrières et la « clue » de Chasteuil ainsi que dans toute la contrée située au Sud de Castellane.

Au-dessus viennent des calcaires marneux contenant à Norante et à Chaudon *Parkinsonia Parkinsoni* Sow. sp., *Perisphinctes procerus* Seeb. sp., *Lytoceras tripartitum* Rasp. sp.; au S. O., ces couches revêtent une teinte plus claire; enfin au S. E. l'assise est représentée par d'épaisses **dolomies.**

Le *Bathonien* moyen et supérieur consiste en une grande épaisseur (120 mètres) de marnes noires ne contenant guère que des Posidonomyes (*Pos. alpina* A. Gras). Au Sud, cette assise est constituée par des calcaires compacts roux, souvent remplis d'Entroques, contenant *Rhynchonella decorata* Schloth. sp., et souvent envahies en tout ou en partie par le facies dolomitique.

Ces modifications s'accentuent dans le voisinage des Maures, sur la feuille de Draguignan[1], et au Sud de Puget-Théniers où le Bajocien comprend des **calcaires à silex** inférieurs (Aalénien) à *Lima* (*Plagiostoma*) *Hersilia* d'Orb. (=*heteromorpha* de certains auteurs), une zone ferrugineuse à *Sonninia Sowerbyi* Mill. sp. (Solliès, Salernes), des calcaires marneux à *Cancellophycus*, *Phyll. viator* d'Orb. sp. et *Cœloceras* (*Stepheoceras*) *Humphriesianum* Sow. sp.; toutes ces assises passent vers l'Est à des calcaires à silex, parfois dolomitiques, à Brachiopodes (*Magellania Waltoni* Dav. sp.) et Échinides (*Stomechinus bigranularis* [Lamk.] Des.). Le Bathonien, est, dans cette région, de composition variable et souvent dolomitisé; à la base, on observe des calcaires marneux à *Cancellophycus*, passant entre Salernes et Flayosc aux dolomies de Draguignan, puis un niveau grenu (région S.O.) marneux à Brachiopodes (*Eudesia Niedzswiedskii* Szajn. [Desl.] sp.) et Oursins (*Cidaris Schmidlini* Desor.); enfin, au sommet des calcaires compacts à débris d'Encrines et *Rhynchonella decorata* Schl. sp., *Rh. Hopkinsi* M'Coy' (N. E. de Draguignan); près de Montserrat l'étage est entièrement calcaire; entre Ampus et Aups, il est COMPLÈTEMENT DOLOMITIQUE.

[1] Légende de la feuille de Draguignan de la Carte géologique détaillée (Ministère des Travaux publics), par M. Zürcher.

Plus au Sud encore, dans la région de Grasse et de Draguignan ainsi que dans le voisinage du massif des Maures, le facies se modifie considérablement et se rapproche de celui de la Provence. Nous assistons là à l'envahissement du Jurassique moyen par le *facies dolomitique* pauvre en fossiles et à l'apparition d'assises oolithiques (environs de Saint-Vallier et Thiey). Les niveaux fossilifères sont relativement rares; vers Grasse, dans les «Préalpes maritimes [1]», le type provençal existe seul : le Bajocien est composé de calcaire et de dolomies à silex presque dépourvu de fossiles (*Stomechinus* sp., *Ter. sphæroidalis* d'Orb., etc.) que surmonte une série de puissance variable (80-100 mètres) fréquemment dolomitisée ou constituée par des calcaires roux grenus à débris d'Entroques ou oolithiques avec niveaux à *Anabacia orbulites* Lamour., *Pholadomya Murchisoni* Sow., à *Rhynchonella decorata* Schloth. sp., *Rhynch. subdecorata* Dav., *Rhynch. Hopkinsi* M'Coy, des *Pectens*, et *Ostrea* (*Alectryonia*) *costata* Sow.; près de Grasse un banc de marnes rouges et grises apparait et devient gypseux à *Valbonne* (Feuille d'Antibes); plus à l'Est encore, près de Sospel, l'un de nous a signalé la présence de *Rhynchonella Hopkinsi* M'Coy dans des calcaires dolomitiques, traversés par le souterrain du col de Braus. **Il est intéressant de remarquer que nous retrouverons les principaux éléments de cette faune néritique plus au Nord, dans le Briançonnais oriental.**

Dans le Var, le Bajocien à silex a un caractère sublittoral accentué, il est caractérisé, nous l'avons dit plus haut, par de gros bivalves (*Lima* [*Plagiostoma*] *Hersilia* d'Orb.); près de Solliès et de Salernes[2], une assise ferrugineuse contient *Sonninia Sowerbyi* Mill. sp. et d'autres Céphalopodes; au sommet une assise marneuse à *Phylloceras viator* d'Orb. sp. représente le dernier vestige du facies dauphinois. Quant au Bathonien, il est constitué par des **dolomies** qui, à l'Est du Var, envahissent tout l'étage et se continuent vers la frontière italienne par les calcaires brunâtres dolomitiques à *Rhynch. Hopkinsi* M'Coy du souterrain de l'Escarène-Sospel (v. plus haut), par des cal-

[1] Voir les travaux de MM. A. Guébhard, Kilian, Cossmann, Koby et Lambert réunis en un intéressant volume sur *Les Préalpes Maritimes*, par M. Guébhard, en 1906 (Paris-Nice), et, en outre : W. Kilian, Sur le Bajocien du Var (*Bull. Soc. géol. de Fr.*, 3ᵉ série, t. XIX, 1892). — W. Kilian, Ph. Zürcher et A. Guébhard, Notice géologique sur les environs d'Escragnolles (Alpes-Maritimes) [*Bull. Soc. géol. de France*, 3ᵉ série, t. XXIII, 1876]. — Pour les environs de Sospel, voir W. Kilian, in C. R. somm. Séances Soc. géol. de France, 19 janvier 1914.

[2] Légende de la feuille de Castellane de la Carte géologique détaillée, par M. Zürcher (Ministère des Travaux publics).

caires à Polypiers, des calcaires à Nérinées et à *Rhynchonella decorata* Schloth. sp., de teinte claire, qui ne rappellent en aucune façon les schistes et marno-calcaires foncés des environs de Digne; ce n'est qu'à la base, à l'Ouest de Draguignan, que des couches marneuses à *Ammonites* et *Cancellophycus* présentent quelque analogie avec le Bathonien des environs de Digne. La richesse en Échinides du Bathonien de Toulon[1] bien connu par les récoltes de Michalet et de M. Ph. Zürcher, les argiles à *Lamellibranches* des environs d'Antibes, les lignites de Clausonne dénotent également un régime moins profond que dans le Dauphiné.

Les dépôts médio-jurassiques de cette région doivent, du reste, faire prochainement, de la part de M. Antonin Lanquine, l'objet d'une étude monographique à laquelle nous renvoyons le lecteur.

N. Zone du Briançonnais.

Dogger de la zone du Briançonnais.

L'existence du Jurassique moyen dans la zone intraalpine du Briançonnais a été mentionnée pour la première fois, *avec doute*, par Ch. Lory, en 1883, non loin de Guillestre[2]. Cet auteur crut pouvoir classer à ce niveau des « poudingues avec petites couches charbonneuses » et Gastropodes, de caractère littoral, placés entre des calcaires qu'il rapportait au Lias et des marbres roses qu'il considérait comme oxfordiens.

Depuis lors, l'un de nous (W. K.) a reconnu avec certitude, en plusieurs points, entre les calcaires du Jurassique supérieur (calcaires de Guillestre) et les brèches du Lias, la présence de *calcaires noirs* caractéristiques, à structure parfois zoogène, particulièrement riches en débris de Foraminifères, d'Hydrozoaires, de Pélécypodes et d'Échinodermes *qui représentent indubitablement le Jurassique moyen.* Cette intéressante assise existe notamment au Grand-Galibier et au Sud de notre région, près de Bramousse et du col Garnier, dans le Queyras inférieur (calcaires noirs à traces d'organismes), dans la vallée de Rioubel (Escreins), dans les massifs de Panestrel, de la Mortice (Lac des Neuf-Couleurs), près du col de Sérenne, de Fouillouze et d'Oronaye. Elle pos-

[1] Légende de la feuille de Draguignan de la Carte géologique détaillée, par M. Zürcher (Ministère des Travaux publics, 18.)

[2] Ch. Lory, Note sur deux faits nouveaux de la géologie du Briançonnais (*Bull. Soc. géol. France, 3e série*, t. XII, p. 117, 1883). Il y a lieu de remarquer que depuis lors ces assises ont été rapportées, d'ailleurs indûment, à l'Éogène (Nummulitiques) par Ch. Lory lui-même.

sède des caractères très différents de ceux que présente le Dogger de la zone autochtone située à l'Ouest de la sous-zone du Flysch et n'existe que sporadiquement, ayant été fréquemment détruite par les érosions qui ont dû, ainsi qu'en témoignent les brèches de base du Jurassique supérieur, précéder le dépôt des sédiments du Tithonique. Ses caractères sont nettement néritiques. Très fréquemment, et notamment dans la partie axiale de la zone du Briançonnais (Prorel), les formations de brèches calcaires (Brèche du Télégraphe) se continuent d'ailleurs sans interruption du Trias supérieur aux brèches de base des calcaires rouges du Jurassique supérieur et l'on peut se demander alors *si une partie de ces brèches ne représente pas le Jurassique moyen.* Les recherches du capitaine Pussenot ont depuis lors fait connaître l'extension, dans le Briançonnais oriental, d'une assise de calcaires noirs à Rhynchonelles qui est attribuable au Bathonien.

Quoi qu'il en soit, tous ces faits indiquent, pour la zone du Briançonnais pendant le Jurassique moyen, l'existence d'une mer peu profonde, accidentée de récifs et agitée, régime assez différent de celui qui régnait à l'Ouest dans le Géosynclinal dauphinois et à l'Est dans le Géosynclinal piémontais.

Nous allons maintenant décrire les principaux affleurements de ce Dogger Briançonnais.

a. Massif du Grand-Galibier[1]. — Nous rapportons au Jurassique moyen des dépôts qui affleurent dans un synclinal occupant la portion haute de ce massif, immédiatement à l'Est de la crête qui va du roc du Grand Galibier au pic de la Ponsonnière. Près d'un petit lac situé à environ 2.800 mètres d'altitude, à l'E. N .E. du pic Termier, on observe, entre la brèche rouge à débris de calcaire noir du Jurassique supérieur et la brèche liasique du Télégraphe, des **microbrèches** caractéristiques à petits débris de dolomiers jaunâtres et des **calcaires gris-brunâtres à Entroques,** de facies littoral; ces derniers ont une teinte bleuâtre et consistent en débris spathisés d'Échinodermes liés par un ciment à grain très fin. Nous n'avons pu y recueillir que des restes indéterminables: *Dents de poissons, Bélemnites, Nérinées, Huîtres,* débris *de coquilles bivalves voisines des Mytilus, Polypiers, radioles de Cidaris* et *articles d'Apiocrinus* usés. Ils offrent des surfaces de « rascle » ou « Lapiès » analogues à celles des calcaires urgoniens et ont une épaisseur d'environ 30 mètres. A leur Dogger du Galibier.

[1] Voir W. Kilian, Découverte du Jurassique supérieur dans les chaînes alpines (*Bull. Soc. hist. nat. Savoie*, t. V, p. 43, et *B. S. G. Fr.*, 3e série, t XIX, 1892).

partie supérieure, ils se montrent intimement liés et en quelque sorte *intriqués* avec les premiers bancs d'une brèche à ciment rouge qui, dans cette région, forme la base du Jurassique supérieur.

Dogger de la Mortice.

b. Lac des Neuf-Couleurs. — Une autre station plus fossilifère du Dogger intra-alpin a été retrouvée par l'un de nous dans le Sud du Briançonnais non loin du col de Sérenne, près du lac des Neuf-Couleurs[1] (Hautes-Alpes), station située au S. E. de Vars et au N. E. de Saint-Paul-sur-Ubaye, au pied de la Grande Mortice. — Ce sont des calcaires schisteux noirâtres très fossilifères qui séparent les calcaires roses à *Duvalia* (calcaires de Guillestre), très nets et très développés dans ces parages, des brèches liasiques (brèche du Télégraphe) également bien caractérisées. On y remarque, au Nord du lac, des bancs dés-

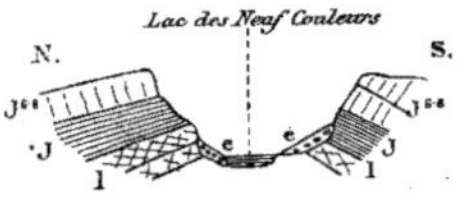

Fig. 41. — Coupe relevée au Lac des Neuf-Couleurs, près Saint-Paul-sur-Ubaye.

LÉGENDE.

1 Brèche du Télégraphe (Lias). — $J^{6\,8}$ Marbre de Guillestre (Jurassique supérieur).
J Calcaire noir à *Lopha* (*Alectryonia*) *costata* Sow. sp. — e Éboulis.

agrégés que domine un petit abrupt de Jurassique supérieur : ces bancs sont constitués par une véritable lumachelle de Pélécypodes et d'autres fossiles malheureusement très mal conservés. Nous avons pu y reconnaître : *Ceromya concentrica* Sow. sp., *Mytilus* sp., *Perna* sp., *Lopha* (*Alectryonia*) *costata* Sow. sp. (très abondant ici comme dans les « couches à *Mytilus* » des Alpes Vaudoises), *Terebratula* (groupe des *biplicatæ*), *Rhynchonella* sp. (voisin de *Rhynchonella concinna* Sow. sp.), *Cidaris Koechlini* Cott. (commun), *Pentacrinus* sp., autres débris de *Crinoïdes* (nombreux), enfin des débris de Polypiers.

Dogger du massif de Panestrel et du bas Queyras.

c. En étendant ses recherches dans les hautes régions situées au N. E. de la Mortice, l'un de nous a pu se convaincre nettement de l'extension des *calcaires noirs du Dogger* à débris d'Échinodermes, supportant le Jurassique supérieur

[1] Ne pas confondre cette localité avec le lac des Neuf-Couleurs de la carte de l'État-Major qui se trouve à l'Est de l'Ubaye, au pied du Brec de Chambeyron.

dans le massif de Panestrel et à la Clapière près de Ceillac. Ce sont des calcaires noirs à petits Gastropodes, débris de Pélécypodes, d'Échinodermes et d'organismes multiloculaires (visibles au microscope). Ils sont très développés et riches en débris de Bivalves sur les flancs orientaux des massifs de Font-Sancte et de Panestrel, sur le côté droit du haut vallon d'Escreins. Il existe dans ces localités, comme à Bramousse (vallée du Guil) et près de Saint-Crépin, dans la vallée de la Durance, *sous* les assises rougeâtres du Malm, un calcaire *noir* zoogène à nombreux débris de Bivalves et d'organismes variés (Foraminifères, Bryozoaires, Polypiers); nous l'attribuons au Dogger et nous l'assimilons à l'horizon des calcaires noirs à Bivalves du Lac des Neuf-Couleurs. Il renferme ici encore en abondance *Lopha* (*Alectryonia*) *costata* Sow. sp. accompagnée de nombreux Pélécypodes (*Pecten* sp.), de Brachiopodes (*Eudesia, Rhynchonella* du groupe de *Rh. concinna* Sow.); nous y avons trouvé un **Aptychus.**

Sur le flanc droit de la vallée du Guil, en aval des Escoyères, à 1 kilomètre au Sud du col Garnier, on retrouve ces mêmes calcaires noirs dans lesquels MM. P. Lory et M. Gignoux ont rencontré récemment *Rhynchonella Hopkinsi* M'Coy, *Lopha* (*Alectryonia*) sp., une *Belemnite* et des Polypiers dans une lumachelle zoogène, de teinte foncée.

d. Dans la région d'Oronaye, à l'E. N. E. de Larche, on retrouve cette même formation mais sans fossiles déterminables. Environs de Larche.

e. Elle existe également, toujours comprise entre les calcaires roses du Malm et le Lias bréchiforme, au N. E. de Fouillouze, sur le chemin du col de la Gippiera; il présente là les mêmes caractères que dans les stations précédemment décrites; outre *Lopha* (*Alectryonia*) *costata* Sow. sp., nous y avons recueilli une *Rhynchonella* du groupe *Rhynch. concinna* Sow. sp. Dogger du massif du Chambeyron.

Les caractères micrographiques de ces calcaires sont très constants: ils renferment de nombreux Foraminifères (*Haplophragmium*, etc.) et notamment une forme multiloculaire voisine des Orbitolines, qui semble spéciale à ce niveau et mériterait d'être étudiée dans ses détails. Ces organismes ont laissé des traces très nettes malgré la recristallisation parfois assez avancée du calcaire. On y remarque aussi fréquemment des restes de Polypiers, d'Échinides et des débris de Pélécypodes et de Gastropodes. Caractères micrographiques.

Ainsi qu'on vient de le voir, c'est dans les montagnes qui avoisinent le Guil, le Rioubel et la Haute Ubaye, dans la partie méridionale de la zone du Briançonnais que se montre avec le plus de netteté ce *facies néritique* et sublittoral du Jurassique moyen intraalpin.

Dogger du Briançonnais oriental.

f. En 1908, le capitaine Pussenot[1] découvrit, près de la Grande Maye, aux environs de Briançon ainsi qu'en divers autres endroits de cette même région (l'Olive, flancs du Gondran, l'Enlon), des gisements nouveaux d'assises bathoniennes à facies néritique, semblables à celles que nous venons de décrire d'après des observations faites par l'un de nous en 1893. Ces nouveaux gisements découverts par M. Pussenot se sont montrés notablement plus riches en fossiles que ceux que nous avions signalés quelques années auparavant dans le bassin du Guil. Ses patientes et minutieuses recherches ont notamment amené ce géologue à montrer la constance, dans le Briançonnais oriental, d'un horizon de calcaires noirs à Rhynchonelles (nous y avons reconnu *Rh. Hopkinsi* M'Coy, figurée, pl. XIV, fig. 2 *a-f* du présent mémoire); ces calcaires, qui présentent souvent une patine rouge caractéristique, sont accompagnés de gros bancs cristallins à *Polypiers* et Nérinées et de calcaires schisteux noirs à débris de Pélécypodes et d'Échinodermes; *ils débutent souvent* (l'Enlon) *par un banc de brèche ou de microbrèche* et reposent parfois directement sur le Trias. Au S. O. du Fort du Gondran, au Nord du village du Mont-Genèvre à l'Enlon, dans les massifs de la Grande-Maye et de la Lozette, ils se présentent avec une grande netteté et sont remarquables par la teinte foncée et l'allure massive de leurs bancs.

Cet intéressant horizon a fourni à M. Pussenot une série de fossiles parmi lesquels l'un de nous a reconnu[2] :

Gastropodes (Cérithes, Nérinées, *Natica*) indéterminables (très abondants),
Pholadomya texta Ag.,
Ceromya concentrica Sow.,
Isocardia cf. *subspirata* Goldf.,
Pleuromya (*Gresslya*) *truncata* Goldf. sp.
Mytilus Laitmairensis de Lor.,
Lima semicircularis Goldf.,
Lima Schardti de Lor.,
Pteroperna costatula Lycett.,
Ctenostreon pectiniforme Schloth sp.,
Semipecten abjectus Morr. et Lycett. sp.,

[1] Pussenot, Comptes rendus des collab. du Service de la Carte géol. de France, 1909, t. XX, n° 126, p. 109 (Paris, 1910).

[2] W. Kilian, Sur les couches à Mytilus du Briançonnais (*C. R. somm. séances Soc. géol. de France,* 16 déc. 1912).

Pecten (*Chlamys*) *articulatus* SCHLOTH.,
Lopha (*Alectryonia*) *Marshi* Sow. sp.,
Lopha (*Alectryonia*) *costata* Sow. sp. (commun),
Terebratula Ferryi DESL.,
Terebratula Philippsi Sow.,
Rhynchonella Hopkinsi M'COY (très abondant par places).

A ces formes, il faut ajouter **Plegiocidaris alpina** AG. sp. (forme considérée comme caractéristique des « couches à *Mytilus* » des Alpes Vaudoises), *Paracidaris Smithi* WRIGHT sp. (test et radioles), et *Trochotaria* sp. (déterminés par M. Lambert) assez abondants, ainsi que de nombreux *Polypiers* (notamment à l'Enlon près Briançon), formant parfois des massifs entiers. Ces calcaires fortement recristallisés contiennent, comme ceux de Panestrel (v. plus haut), des traces confuses d'organismes (Hydrozoaires?), et sont parfois nettement zoogènes.

Ces assises bathoniennes se montrent **transgressives sur le Trias** à l'Est de Briançon, à la Grande Maye, à l'Olive près de l'Enlon; elles débutent fréquemment par une mince couche de *brèche*. Il convient de leur rattacher les couches à Gastropodes [*Nerina* sp. longue espèce très mince, *Cerithium?*] et les conglomérats (brèches) décrits en 1884 par Ch. Lory à la Montagne de la Serre [1], près d'Escreins, et rapportées depuis avec doute au Nummulitique par ce savant (voir les collections de la Faculté des Sciences de Grenoble,

[1] Ch. LORY. Note sur deux faits nouveaux de la géologie du Briançonnais (*Bull. Soc. géol. de France*, 3e série, t. XII, p. 117, 5 nov. 1883).

L'éminent professeur de Grenoble décrit dans ce travail des « Conglomérats grossiers à éléments hétérogènes et à fragments roulés « des calcaires sous-jacents » semblables à ceux de la partie supérieure du Pic de Prorel (Descr. géol. du Dauphiné, § 225) qu'il attribue *avec doute* à un facies littoral du Nummulitique, tout en remarquant leur concordance avec les calcaires sous-jacents. Après avoir décrit des calcaires noirs alternant avec ces « poudingues grossiers » (dans lesquels on reconnaît aisément notre *brèche du Télégraphe*) et des marnes noires charbonneuses à Gastropodes (Cerithes?) qui les accompagnent, Lory se demande, toutefois, si ces assises ne pourraient pas représenter le Bajocien et le Bathonien.

Nous avons examiné les échantillons recueillis par Lory en 1860, et avons été frappé de la grande analogie qu'offrent ces calcaires noirs, un peu schisteux, à débris d'Ostracées et de Gastropodes, qui montrent au microscope une structure semiamorphe à restes d'Échinodermes, de Milioles et autres débris organisés, avec les calcaires à *Lopha* (*Alectryonia*) *costata* du lac des Neuf-Couleurs et de Font-Sancte, décrits plus haut.

La présence de plusieurs nappes ou *plis couchés superposés*, si nettement reconnue depuis lors par l'un de nous dans le vallon d'Escreins, avait en effet échappé à Lory, et c'est pour avoir vu dans ce vallon une voûte anticlinale simple que cet auteur est arrivé à interpréter d'une façon erronée la succession stratigraphique de cette région.

IMPRIMERIE NATIONALE.

les échantillons nos 641-642 recueillis en 1860 par Ch. Lory, à nombreuses sections de Nérinées).

Ainsi se confirme d'une façon remarquable l'analogie de faune mentionnée plus haut, mais qui avait été déjà indiquée en 1892 (Travaux du Labor. de Géol. de Grenoble, t. II, 1er fascic., p. 48 et 497) et 1903 (Congrès d'Angers, *A. F. A. S.*, p. 603 [1]), par l'un de nous (W. Kilian) pour les couches à *Lopha (Alectr). costata* Sow. sp., Céromyes, Brachiopodes et Échinodermes de la Mortice (lac des Neuf-Couleurs) et du fond du vallon d'Escreins, retrouvées plus tard (v. plus haut) à Fouillouse (avec *Rynch. concinna* Sow.) et Panestrel, entre le Dogger de la zone du Briançonnais et les « Couches à *Mytilus* » des Alpes Vaudoises.

Cette frappante similitude constitue d'ailleurs un argument de plus pour placer, avec M. Haug, dans le voisinage de la zone du Briançonnais, ou dans cette zone elle-même, les « racines » de la nappe des Préalpes médianes précisément caractérisée par les couches à *Mytilus* également *transgressives* sur leur substratum dans les Préalpes suisses.

Il y a lieu d'ajouter que ces calcaires noirs bathoniens forment, entre Arvieux et le Mont-Thabor, un horizon facilement reconnaissable, séparant le Lias du Jurassique supérieur et constituant ainsi un repère précieux pour l'étude de la tectonique si compliquée du Briançonnais, ainsi que l'un de nous (M. Kilian) a pu s'en assurer sous la conduite de M. Pussenot.

Les calcaires noirs du Dogger se poursuivent sans interruption et presque partout fossilifères, du col de la Roya au Sud de la Cerveyrette jusqu'à Névache; vers le Sud, ils paraissent s'étendre jusque dans le Queyras par le col des Ourdéis et, au Nord du Briançonnais, ils gagnent l'Italie par le versant occidental de la vallée des Thures; il est vraisemblable qu'ils existent plus au Nord encore, dans le massif des Trois Mages, et nous avons constaté en haute Tarentaise, près de Val d'Isère, des assises noires qui pourraient se rapporter à ce même horizon.

Passage latéral du Bathonien néritique aux Schistes lustrés.

Cependant, si ce Jurassique moyen n'existe que très exceptionnellement dans les zones intraalpines et paraît être étroitement *cantonné* dans *la portion orientale de la zone du Briançonnais*, il semble être représenté par un facies schisteux dans la masse des « Schistes lustrés » de la zone du Piémont, sur le bord occidental de laquelle nous avons pu le reconnaître au col de la Mulâtière

[1] Le Jurassique moyen dans les Alpes françaises; *A. F. A. S.*, congrès d'Angers, 1903, p. 606.

et au col de Fréjus près de Bardonnèche. On voit, en effet, très nettement le calcaire noir bathonien prendre vers l'Est un caractère schisteux (col de la Mulatière) et se fondre *graduellement* dans la masse des Schistes lustrés de la zone du Piémont; il paraît en être de même au col de Fréjus près de Modane.

Faciès néritique (suite).

Ajoutons que la faune que nous venons d'analyser rappelle singulièrement, malgré la teinte noire de la roche qui la contient, le Bathonien moyen des environs de Sospel et celui de la région de Grasse (Alpes-Maritimes) décrit par MM. Guébhard et Kilian [1]; alors que le facies bathyal et marno-calcaire du Bathonien inférieur se poursuit jusque dans le Var.

La continuité du Bathonien néritique, sous un facies assez voisin de celui des « couches à *Mytilus* des Préalpes », est désormais *hors de doute* dans les synclinaux jurassiques que l'un de nous (W. K.) avait indiqués aux environs de Briançon sur la Carte géologique au 80 millième [2]. Ces dépôts relient les assises médiojurassiques des Alpes-Maritimes à ceux des Préalpes romandes, en passant par la zone du Briançonnais; leur présence confirme l'origine intra-alpine des nappes charriées des Alpes romandes.

Absence fréquente du Dogger.

Il convient de remarquer, en outre, que pas plus que dans les masses de recouvrement de l'Ubaye venant de l'Est ou dans les anticlinaux de la partie avoisinante venant de la zone du Flysch, la présence du Dogger n'a été constatée avec certitude sur le versant italien de la zone du Briançonnais (vallées de la Maira, de la Stura, environs de l'Argentera). Il en est de même dans la region du col de Tende, où le Jurassique moyen n'a nulle part, à notre connaissance, été reconnu d'une façon certaine entre le Lias et le Malm qui y sont très fossilifères et bien développés (travaux de MM. Portis, Sacco, Franchi, di Stefano [3], etc.). Il y a tout lieu de supposer en tout cas qu'il est fort réduit et que cette région (sous-zone du Flysch ou des Aiguilles d'Arves) pouvait bien être émergée à l'époque du Dogger, avant d'être envahie de nouveau lors de la transgression tithonique par la mer jurassique.

(1) W. Kilian et A. Guébhard, Étude paléontologique et stratigraphique du système jurassique dans les Préalpes maritimes. *Bull. Soc. géol. de France*, 4e série, t. II, p. 737-828, 1905.

(2) Feuille de Briançon de la Carte géol. détaillée de la France, par MM. Termier et Kilian, Lugeon et P. Lory (M. Kilian pour la portion de l'Est de Briançon). Paris, 1901.

(3) Voir les indications bibliographiques concernant ces mémoires dans le chapitre suivant, relatif au Jurassique supérieur.

CONCLUSIONS.

Résumé relatif au Jurassique moyen.

L'étude que nous venons de faire du Jurassique moyen d'un bout à l'autre des Alpes françaises, où sa présence avait été longtemps méconnue et même niée en 1847 par Thiollière, qui déclarait « qu'entre les Cévennes et les Alpes l'Oxfordien reposait sur le Lias », nous a montré que ce terrain est largement représenté dans cette région. Sa puissance est variable et atteint environ 400 mètres au maximum dans certaines parties de nos montagnes.

Il présente des changements de facies qui permettent de distinguer *plusieurs types* dans la région située au Sud d'une ligne passant par Thonon-Annecy-Chambéry-Grenoble[1] (comparer avec les Pl. B, C et E); ce sont :

Types subalpin, jurassien et rhodanien.

a. **Le Type subalpin.** — Vers le bord externe de la région intra-alpine, le Dogger présente de notables modifications : conservant sa teinte foncée, il offre à Corenc près de Grenoble, à la Table et localement en Haute-Savoie, des intercalations de *calcaires à Entroques* assez semblables à la « brèche à Échinodermes » du Bajocien du bord du Massif de l'Aar, dans les Alpes suisses, et aux calcaires à Entroques décrits par M. Léon Bertrand au même niveau dans le voisinage du massif du Mercantour. Ces modifications préludent, à l'Ouest de la chaîne de Belledonne, à l'apparition du **type jurassien** qui est nettement caractérisé dès le Mont du Chat, aux environs de Chambéry, et rappelle déjà le type anglo-parisien du Jurassique moyen. Dans le voisinage du Massif central apparaît le **type rhodanien** avec ses calcaires à Entroques aaléniens (Mont-d'Or lyonnais), puis, plus au Sud, ses « couches de charriage » à fossiles remaniés, décrites par M. Attale Riche à Crussol, près de Valence, ses lacunes stratigraphiques, ses niveaux à Brachiopodes et Crinoïdes (La Pouza près La Voulte), ses calcaires à silex (les Ollières, le Mas de l'Air, près Villefort, Saint-Ambroix) dont les rognons remaniés dans l'argile à chailles miocène (Langogne, Fay-le-Froid, le Monastier) indiquent l'ancienne transgression sur le Massif central, enfin son Bathonien vaseux à Céphalopodes et à *Cancellophycus* et ses marnes à *Posidonomya alpina* A. Gras.

[1] Ch. Lory admettait l'absence fréquente du Jurassique moyen qu'il avait confondu avec le Lias et avec les « Schistes à Lucines » (Callovien) de Gueymard, aux environs de Vif et de Grenoble.

Type bathyal.

b. **Un type vaseux** ou *bathyal,* caractérisé par le facies dauphinois et la teinte foncée des dépôts, par l'abondance des empreintes connues sous le nom de *Cancellophycus* (« *Zoophycos* » des auteurs suisses), par l'abondance fréquente des *Posidonomyes* et, parmi les Ammonites, par l'association constante des *Lytoceras* et des *Phylloceras* méditerranéens à de nombreuses espèces communes avec le Dogger de l'Europe centrale. A côté de ces dernières, il convient de signaler particulièrement *Tmetoceras scissum* Ben. sp. et *Erycites fallax* Ben. sp. de l'Aalénien qui jouissent d'une extension géographique considérable et presque mondiale (Calvados, Portugal, Majorque, Baléares, Lombardie, Spezzia, Grèce, Daghestan, Amérique du Sud), les *Emileia* que l'on connaît en Souabe, dans le Tyrol (Osterhorn) à San-Vigilio, en Lombardie, dans les Baléares et jusque dans la Cordillière de l'Amérique du Sud, enfin *Posidonomya alpina* A. Gras, rare à Bayeux, mais plus abondante sur le bord du Massif central, en Lombardie, dans le Tyrol méridional, dans le Sahel d'Oran, etc.

Les fossiles rencontrés, dans la région spécialement étudiée dans ce mémoire, entre la chaîne de Belledonne-Aiguilles-Rouges, le Pelvoux et la zone du Briançonnais, permettent de supposer que les zones classiques à *Harpoceras Murchisonæ* Sow. sp., à *Harpoceras* (*Ludwigia*) *concavum* Sow. sp., à *Sphæroceras* (*Otoites*) *Sauzei* d'Orb. sp., à *Witchellia Romani* Opp. sp. et à *Cosmoceras subfurcatum* Ziet. sp. y sont représentées comme elles le sont dans le bassin du Drac, dans le Gapençais et dans les environs de Digne.

A la base, l'*Aalénien* schisto-marneux forme un niveau constant, parfois caractérisé par des « miches » calcaires, qui se confond par la partie inférieure avec le « Lias schisteux » et renferme dans sa partie inférieure de nombreux exemplaires de *Harpoceras* (*Ludwigia*) *tolutarium* Dum. sp., spécialement abondants dans la région.

A la Table (Savoie) Paquier a signalé *Harp.* (*Ludwigia*) *Murchisonæ* Sow. sp. var. *costosa* Quenst. [1].

Le niveau supérieur du Bathonien, formé des schistes marneux noirs, est peu fossilifère et se confond pétrographiquement avec les dépôts calloviens et

[1] Voir la récente monographie consacrée à cette espèce par M. Hoffmann, ainsi que les mémoires de MM. Horn, Wepfer et Maske sur les Ammonites du Dogger allemand. — En ce qui concerne le type néritique jurassien et sa faune, on consultera les belles recherches de M. Rollier (parues à Bâle chez Georg, en 1911). M. Rollier range dans le Dogger tous les dépôts postérieurs à la zone à *Lioceras opalinum* et antérieurs à la zone à *Peltoceras athleta*.

oxfordiens; il n'a fourni une faune caractéristique qu'aux Dourbes, dans les Basses-Alpes, où M. Haug l'a étudiée :

Types analogues des Alpes suisses.

Ces caractères se poursuivent des Alpes-Maritimes aux Alpes Bernoises.

Le Dogger à **facies dauphinois** existe également en Suisse, où il est riche en Céphalopodes et notamment en *Phylloceras* dans les Préalpes de Fribourg et la chaîne du Stockhorn [Sulzgraben, Rüfigraben, Suleck, la Lenk, Blattenheid et Hohmad, dans la chaîne du Stockhorn; Les Verreaux, Dent de Lys, Cergnaulaz, Cierne aux Bouches, Rosez près Rossinière, Salletaz, Moléson, Grand-Ganet et Petit-Ganet, la Raisa entre le Niremont et le Moléson, les Echines au Sud du Mont Aillon, Teysachaux (*Lyt. tripartitum* Rasp. sp.), Grand Caudon, Les Fares, Bez, Broc, Bulle, Chatel-Saint-Denis, dans les Alpes de Fribourg et de Vaud]. Les faunes recueillies dans ces gisements et dont le musée de Berne possède des séries tout à fait remarquables [1], provenant de la collection Ooster, rappellent beaucoup les associations d'Ammonites de notre Jurassique moyen de Villard-d'Arène, du bassin du Drac et des Basses-Alpes; nous citerons : *Cœloceras* (*Stephecoceras*) *Baylei* Opp. sp. (notamment du col de Lys), *Stepheoc. Humphriesianum* Sow. sp., spécialement abondant dans les Alpes de Fribourg, *Cadomites* (*Teloceras*) *Blagdeni* Sow. sp., *Cosmoceras Garantianum* d'Orb. sp., *Normannites Braikenridgi* d'Orb. sp., *Lytoceras tripartitum* Rasp. sp. (fréquent partout et caractéristique), *Phylloceras tatricum* Pusch. sp., *Phylloceras Demidoffi* d'Orb. sp., *Phyll. Viator* d'Orb. sp., *Phyll. Hommairei* d'Orb. sp., *Parkinsonia Parkinsoni* Sow. sp., *Morphoceras dimorphum* d'Orb. sp., *Perisphinctes Martinsi* d'Orb. sp., *Witchellia Romani* Opp. sp., de nombreux Pélécypodes, des *Posidonomya* et des *Inocerames*, des Brachiopodes et quelques Spongiaires.

Il y a lieu de citer, en outre, d'après la collection Ooster : *Polyplectites linguiferus* d'Orb. sp., *Polyplectites Deslongchampsi* Defr. sp., *Lytoceras Eudesianum* d'Orb. sp., *Phylloceras Kudernatschi* Hau. sp., *Lytoceras Linneanum* d'Orb. sp., *Lytoceras subobtusum* Kud. sp., *Chondroceras Geroillei* d'Orb. sp., *Morphoceras polymorphum* d'Orb. sp., *Sphaeroceras Brongniarti* Sow. sp., *Oppelia subradiata* Sow. sp., *Belemnites* (*Megateuthis*) *giganteus* Schl., *Bel.* (*Belemnopsis*) *alpinus* Ooster, *Bel.* (*Belemnopsis*) *baculoides* Ooster; enfin de belles séries de **Patoceras** recueillis par Meyrat en 1851 et décrits par Ooster (sub *Ancyloceras*) (*P. Sauzei* Oost. sp., *P. Meyrati* Oost. sp., *P. tuberculatum* Oost. sp.), des localités de Rüfigraben, Laegerli (Blattenheid), Untermentschelen, etc.

On trouvera, dans les beaux travaux de MM. Schardt et E. Favre pour les Alpes fribourgeoises, de Renevier pour les Alpes vaudoises, d'intéressants détails sur ces faunes qui sont également bien représentées au musée de Fribourg.

M. Ed. Renevier a cité, d'autre part, dans le Bajocien marno-calcaire des Préalpes Vaudoises : *Belemnites canaliculatus* Schl., *Parkinsonia Parkinsoni* Sow. sp., *Cosm. Garantianum* d'Orb. sp., *Stephecoceras Baylei* Opp. sp., *Sphaer. Brongniarti* d'Orb. sp., *Witchellia Romani*

[1] L. Rollier, Bericht ueber die palæntolog. Sammlungen des Naturh. Museum in Bern (*Mitth. Naturf. Gesellsch. in Bern*, 1891). Voir aussi les travaux classiques d'Ooster, et une notice de G. Sayn. (Trav. Labor. de Géol. Faculté des Sciences de Grenoble, t. II, p. 89, 1894).

Opp. sp., *Lytoc. tripartitum* Rasp. sp., *Phylloceras heterophyllum* Sow. sp., avec *Posidonomya alpina* Gras, *Pecten pumilus* Lamk, *Rhynch. varians* Schloth., des Crinoides et *Cancellophycus scoparius* Thioll.

M. Hugi[1] a étudié dans les Klippes également charriées de Giswyl un Dogger formé de calcaires foncés, schisteux et compacts, parfois bitumineux, renfermant des *Radiolaires* et dans lesquels on a trouvé, avec des empreintes de *Cancellophycus scoparius* Thioll., une série d'Ammonites parmi lesquelles nous relevons : *Lytoceras tripartitum* Rasp. sp., *Phylloceras tatricum* Pusch. sp., *Cœloceras* (*Stepheoceras*) *Freycineti* Bayle sp., rappelant la faune de notre type dauphinois.

M. Hugi distingue de l'*Aalénien* et du *Bajocien*, mais n'a pas rencontré de fossiles bathoniens.

Les géologues suisses ont d'ailleurs fréquemment réuni à tort, sous le nom de « *Couches de Klaus* », le Bajocien et le Bathonien du type vaseux dans lequel on peut discerner, comme dans notre type dauphinois, malgré une grande uniformité pétrographique, un certain nombre de zones paléontologiques, notamment la zone à *H. concavum* Sow. sp., la zone à *Cosmoceras bifurcatum* et la zone à *Oppelia fusca* (Meiringen).

Les gisements qui possèdent ce facies se rencontrent tous dans les nappes helvétiques, les « Préalpes » ou dans les chaînes dont M. Lugeon[2] admet l'origine « *charriée* », c'est-à-dire à des zones plissées dont les racines seraient à rechercher au Sud des régions subalpines. Au Wilfsgraetli (Wetterhorn) des couches ferrugineuses ont fourni notamment *Perisphinctes arbustigerus* d'Orb. sp. à M. de Fellenberg.

Il est donc probable que notre zone à facies dauphinois se continuait dans les Alpes suisses et s'y divisait en deux géosynclinaux secondaires séparés par une saillie géanticlinale; la branche méridionale passait probablement au Sud des Alpes bernoises sur un parcours qui reste à préciser.

Types mixtes du Jurassique moyen des Alpes suisses.

A côté de ce Dogger vaseux à Céphalopodes, qui se rapproche tant de notre « *type dauphinois* », il existe de nombreux gisements à **facies néritique ou ferrugineux** : calcaires à Entroques, dite « brèches à Échinodermes », oolithes ferrugineuses (« Alpiner Eisenoolith »), où les Céphalopodes sont associés à des Bivalves, Brachiopodes, etc., calcaires noirs bréchiformes à Entroques et *Belemnopsis* du Faldumrothorn et du Loetschenpass, signalés par M. de Fellenberg, couches néritiques des environs de Meyringen (Untervasserlamm) à Cardinies (*Arca*, *Lima Bernensis* Oost., Myacées, *Ceromya concentrica* Sow., *Belemnites giganteus* Schloth., *Parkinsonia Parkinsoni* Schloth. sp., *P. Wurtembergica* Opp. sp., *Cosm. Garantianum* d'Orb. sp., *Lytoceras Eudesianum* d'Orb. sp., *Ludwigia Murchisonae* Sow. sp., *Park. Neuffensis* Opp. sp.), Stufistein[3] (*Lytoceras tripartitum* Rasp. sp., *Pholadomya*

(1) Hugi, *Die Klippenregion von Giswyl*, 1906 (Bâle, Genève, Lyon).

(2) M. Lugeon, La région de la brèche du Chablais (*Bull. Serv. Carte Géol. de Fr.*, t. VII, 1896).

(3) Ce gisement de Stufistein se rapproche par sa faune d'Ammonites de notre type dauphinois (*Park. Parkinsoni* Sow. sp., *Cosmoc. Garantianum* d'Orb. sp., *Stepheoceras Humphriesianum* d'Orb. sp., *Lytoceras tripartitum* Rasp. sp.), malgré sa nature pétrographique différente et la présence

texta Ag., *Pecten*, etc.), Urbachthal (grand *Stepheoceras Baylei* Opp. sp., *Oppelia aspidoïdes* Opp. sp. et *Chondroceras. Gervillei* d'Orb. sp.), Hasliberg (*Ludwigia Murchisonae* Sow. sp.), etc., qui appartiennent à un type différent, provenant d'une zone bathymétrique distincte de la précédente. (Voir plus bas ce qui concerne les nappes de charriage des Alpes suisses.)

Ce qui caractérise ce type vaseux, c'est sa grande uniformité lithologique; on n'y remarque pas comme dans le bassin anglo-parisien, dans le Jura ou dans d'autres parties de l'Europe centrale de minerais de fer, de lignites, d'oolithes ferrugineuses, de calcaires à silex, de grès, d'oolithes, de calcaires à Polypiers, de marnes ou de calcaires marneux à Myacées, à Brachiopodes ou à Ostracées; on n'y rencontre ni formations lagunaires comme dans le Languedoc, ni formations récifales ou zoogènes, ni marbres à Brachiopodes. En outre, rien ne rappelle ni la « Malière » de Normandie, ni le « Fullers'earth », ni les assises oolithiques si variées de l'Angleterre ou du Jura. Tout au plus quelques niveaux à Ammonites ferrugineuses ou à nodules calcaires (« miches ») viennent interrompre la longue série de marno-calcaires et de marnes noirâtres qui constituent le Dogger dauphinois.

Se rapprochant dans une certaine mesure par la fréquence des Ammonites de certaines assises médiojurassiques de l'Ouest de la France et de la Souabe, notre type dauphinois se distingue par sa nature lithologique, par son épaisseur, par la fréquence des *Posidonomyes* et aussi par la présence de types méditerranéens (*Lytoceras* et *Phylloceras*) qui y sont associés, ainsi que nous l'avons dit, aux espèces de l'Europe centrale.

L'abondance de *Posidonomya alpina* A. Gras [1] et de certains Céphalopodes (*Phylloceras, Ph. viator* d'Orb. sp., *Phyll. flabellatum* Neum [près Saint-Pierre-d'Allevard (P. Lor)], *Lyt. tripartitum* Rasp. sp.) rappelle vivement les couches de Klaus près Hallstatt (*Posid. alpina* A. Gras, *Lytoceras Adelae* d'Orb., *Lytoc. tripartitum* Rasp. sp., *Oppelia subradiata* Sow. sp., *Opp. fusca* Qu. sp., *Terebratula curviconcha* Opp. et autres Brachiopodes), de Vils, de Sankt-Veit et de Brentonico dans les Alpes orientales, le Tyrol méridional et la Vénétie

d'éléments néritiques. Dans cette même localité de Stufistein se rencontre d'autre part une assise à *Oolithes ferrugineuses* et fossiles bathoniens (*Perisph. arbustigerus* d'Orb. sp., *Per. aurigerus* Opp. sp., *Per. Orion* Opp. sp., *Per. Moorei* Opp. sp.), associés à des espèces calloviennes et à des éléments néritiques (Pélécypodes); des assises analogues existent dans le massif de la Blümlisalp.

[1] Au sujet de la synonymie et de la répartition de cette espèce qui **persiste du Bajocien au Callovien**, voir W. Kilian, Descr. géol. de la Montagne de Lure, p. 83 et 96, et Kilian, Mission d'Andalousie (Mém. Acad. des Sc., t. XXX, p. 621).

(nappe du Dachstein), le Dogger de l'Apennin et de la Sicile. Toutefois, malgré ces analogies, notre type dauphinois se distingue cependant du « Médio-jurassique » des Alpes orientales par sa constitution lithologique, si différente, par exemple, des calcaires à silex et des couches à Radiolaires de la nappe de Bavière, ainsi que par l'absence ou la grande rareté des Brachiopodes caractéristiques du type oriental (Sette Communi) qui affecte, du reste, souvent un facies marbre (Vils) qui diffère beaucoup du nôtre. Ce n'est qu'à la Voulte, sur la rive droite du Rhône, et en dehors de notre région que l'on rencontre quelques Brachiopodes de ce type oriental (*Zeilleria bivallata* Opp., *Rhynchonella Voultensis* Opp.), dans des assises sublittorales de notre Dogger vaseux des Alpes occidentales.

La faune de notre Aalénien dauphinois (Drac, Gapençais) rappelle également par de nombreuses espèces (*Tmetoceras scissum* Benecke sp., *Erycites fallax* Benecke sp.) les dépôts de même âge de San-Virgilio sur le lac de Garde, cependant de nature lithologique très peu analogue.

Type néritique intraalpin.

c. **Un type néritique** à Entroques, Pélecypodes (*Lopha* [*Alectryonia*] *costata* Sow. sp.), *Brachiopodes* (notamment *Rhynch. Hopkinsi* M'Coy), représenté par des calcaires à débris, des marbres à Polypiers, des calcaires à Entroques et des brèches, forme à l'Est du facies vaseux, du Val Ferret à la Haute Ubaye, une bande continue qui correspond à une portion de la zone du Briançonnais et sépare le domaine occupé par le Dogger vaseux de la région des « Schistes lustrés » (voir plus haut p. 188, et voir Haug, Traité, p. 1026) :

Types analogues dans les Alpes suisses. « Couches à *Mytilus*. »

Ce type **néritique**, qui rappelle, dans une certaine mesure, le Bathonien de la Sardaigne, peut être rapproché du Jurassique moyen des Alpes centrales de la Suisse; en effet, M. Tobler [1] a décrit, en 1897, le Jurassique moyen du bord septentrional du massif de l'Aar, et il ressort des études du géologue bâlois que sa composition y est considérablement plus variée que dans notre type dauphinois; des calcaires à Entroques (« brèches à Échinodermes » de la Suisse orientale), des bancs de Polypiers et une oolithe ferrugineuse corallienne ainsi que la présence de nombreux *Pélécypodes, Gastropodes, Brachiopodes* et *Échinodermes* donnent à cet ensemble, malgré quelques Ammonites, un caractère nettement néritique.

M. Tobler [2] a décrit également dans les « Klippes » de la région du lac des Quatre-Cantons un Jurassique moyen à Ammonites, débutant par des calcaires marneux à

[1] Pour plus de détails voir : A. Tobler, Ueber die Gliederung der mesozoischen Sedimente am Nordrand des Aarmassivs (*Verh. der Naturforsch. Gesellsch. zu Basel*, t. XII, 1, 1897).

[2] A. Tobler, Vorlaüfige Mittheilung über die Geologie der Klippen am Vierwaldstättersee (*Eclogæ Geol. helv.*, vol. VI, nº 1, juin 1899).

IMPRIMERIE NATIONALE.

Ludwigia Murchisonæ Sow. sp. et *Stepheoceras Humphriesianum* Sow. sp. Il a pu reconnaître aussi les zones à *Parkinsonia bifurcata* et à *Oppelia fusca*. Quant au Bathonien supérieur, il consiste en un calcaire gréseux formant l'arête du Stanzerhorn et renfermant des restes de *Rhynchonelles*, des Bélemnites et des débris de plantes (*Zamites Kaufmanni* Heer.). Ces dernières assises sont analogues aux **«couches à Mytilus»** bathoniennes des Alpes vaudoises. Il est à remarquer, du reste, que le facies néritique à Entroques, Brachiopodes, *Lopha* (*Alectryonia*) *costata* Sow. sp., *Modiola imbricata* Sow., *Hemicidaris alpina* Ag., etc., de la zone du Briançonnais, ne peut être exactement assimilé à ces « couches à *Mytilus* » des Alpes vaudoises et du Chablais qui possèdent un facies plus marneux et ont, malgré quelques espèces communes, une faune notablement différente. E. Renevier distingue, dans ces « couches à *Mytilus* » qu'il attribue au Bathonien dans les Alpes vaudoises, plusieurs niveaux, notamment un horizon à Myes et Brachiopodes, un horizon à Modioles et *Hemicidaris* et un niveau à Polypiers. Les espèces les plus caractéristiques sont : *Pholadomya texta* Ag., *Ceromya concentrica* Sow., *Modiola imbricata* Sow., *Mytilus Laitmairensis* P. de Lor., *Lopha* (*Alectryonia*) *costata* Sow. sp., *Rhynch. Orbignyana* Opp., *Rh. spathica* Lamk., *Hemicidaris* (*Plegiocidaris*) *alpina* Ag. et des débris végétaux. On retrouve un facies analogue en Sardaigne.

Le Dogger et le Malm des Klippes suisses ont été également étudiés par M. J. Oppenheimer [1], d'après des notes manuscrites de M. A. Tobler.

Les fossiles rencontrés se répartissent en trois ensembles : *a.* Bajocien et Bathonien; *b.* Callovien; *c.* Jurassique supérieur.

a. Dogger. — Dans le Rübigarden affleurent des calcaires gréseux qui ont fourni un certain nombre d'espèces : *Phylloceras perplicatum* Gill., *Lytoceras polyhecticum* Böckh. sp., *Ludwigia Murchisonæ* Sow. sp., *Stepheoceras Humphriesianum* Sow. sp., *Posidonomya alpina* A. Gras.

Au Kohlgraben, dans la Klippe du Stanserhorn et à l'Arvigrat, des marnes schisteuses ont fourni un grand nombre de fossiles : *Belemnites canaliculatus* Schl., *Phylloceras viator* d'Orb. sp., *Cosmoceras Garantianum* d'Orb. sp., *Stepheoceras Humphriesianum* Sow. sp., *Perisphinctes Martinsi* d'Orb. sp., *Parkinsonia Parkinsoni* Sow. sp., etc.

Le Buochserhorn a son sommet constitué par des calcaires gréseux, qui existent également dans la Klippe du Stanserhorn et à la Musenalp. Ils appartiennent au Bathonien inférieur.

[M. Oppenheimer décrit, en outre de cette région, au-dessus du Dogger :

b. Callovien. — Cinq gisements de calcaires de cet âge se répartissant entre les Mythen, le Buochserhorn et l'Avrigrat, ont fourni de nombreuses espèces : *Bel. canaliculatus* Schl., *Phylloceras mediterraneum* Neum., *Ph. tortisulcatum* d'Orb. sp., *Hecticoceras hecticum lunula* Quenst., *Sphæroceras bullatum* d'Orb. sp., *Macrocephalites tumidus* Rein. sp., *Holectypus depressus* Leske.]

[1] J. Oppenheimer, Ueber den Dogger und Malm der exotischen Klippen am Vierwaldstättersee (*Mittheil. der geol. Gesell. Wien.*, B. I, 1908).

[*c. Jurassique supérieur.*— Les fossiles trouvés dans ce complexe appartiennent à divers niveaux, mais principalement à l'étage Kimeridgien, à la Muscnalp et à la Kleenalp; l'Oxfordien est dolomitique, parfois constitué par des calcaires spathiques à *Pecten vitreus* Roem. et *Waldheimia Mœschi* May. La partie supérieure de la formation jurassique consiste en un massif homogène de calcaire à Polypiers, le plus souvent sans trace de stratification (*Perisphinctes exornatus* Cat., *Belem. Pilleti* Pict., *Aptychus punctatus* Voltz, etc.).]

D'autre part, nous avons, après M. Haug, attiré l'attention sur le caractère essentiellement néritique du Jurassique moyen décrit dans le **val Ferret** par Greppin et qui rappelle davantage notre Dogger briançonnais; M. Graeff y a observé depuis des calcaires à débris d'Échinodermes. Ajoutons que, sur la **bordure septentrionale des Alpes bernoises**, les travaux de MM. Baltzer, Stutz, Heim, Mœsch, Bœhm ont mis en évidence un facies néritique et sublittoral des dépôts jurassiques moyens comprenant un calcaire à Entroques aalénien, supportant une oolithe ferrugineuse et des schistes à Brachiopodes; d'après Renevier le Bajocien de la Lizerne possède également des caractères littoraux (*Leda, Nucula, Pecten*, etc.).

Absence du Dogger dans certaines zones intraalpines.

Dans une partie des Alpes franco-italiennes, M. Zaccagna admet l'existence d'une *lacune stratigraphique* entre le Lias et le Tithonique; l'un de nous, M. Kilian, s'est rallié, pour certains points, à cette manière de voir. Cette lacune existe nettement dans les masses de recouvrement de l'Ubaye (Morgon, Siolane) et il semble qu'une portion de notre zone du Briançonnais et notamment la bande axiale houillère, caractérisée par la présence de brèches liasiques, recouvertes *directement* par le Tithonique, ait dû être émergée pendant cette période. Nous reviendrons d'ailleurs sur cette question à propos de la transgression tithonique.

Type provençal.

d. **Un type provençal** (Haug), remarquable par l'apparition de masses dolomitiques et la présence de faunes néritiques [Échinodermes, Brachiopodes, Pélécypodes, *Lima. Hersilia* d'Orb. (= *heteromorpha* autor.) pour le Bajocien], se développe graduellement entre Gréoux, Castellane et le Var, et se continue dans les « Préalpes maritimes » jusqu'aux environs de Grasse en constituant une sorte de ceinture néritique parallèle à la bordure du massif cristallin des Maures[1]; le Bathonien inférieur est bathyal jusque dans le Var (*Cosm. Garantianum*).

Les travaux de percement du souterrain du Col de Braus près de l'Escarène (Alpes-Maritimes), sur la ligne de Nice à Coni, ont fourni quelques fossiles des calcaires et dolomies jurassiques si puissants dans cette région. M. Cauvin, chef de section de la Compagnie des chemins de fer de Paris à

[1] Haug, *Traité*, p. 1021-1023.

Lyon et à la Méditerranée, a notamment soumis à l'un de nous (W. K.)[1] des Brachiopodes dans lesquels nous avons reconnu : *Rhynchonella Hopkinsi* M'Coy, forme très caractéristique et facilement reconnaissable, dont un échantillon a été recueilli à 800 mètres de la tête W. du souterrain (côté l'Escarène) avec une forme voisine de *Rhynch. concinna* Sow. Cette découverte confirme la PRÉSENCE DU JURASSIQUE MOYEN DANS LES MASSES CALCAIRES DE LA RÉGION DE LA BÉVERA, existence indiquée déjà en 1908 par l'un de nous (*C. R. des Collaborateurs*, t. XVIII, n° 119, p. 155 et suiv.) dans le ravin de Castès près de Sospel. — Il y a lieu de rappeler que *Rhynch. Hopkinsi* M'Coy est très abondante dans le le Bathonien des Préalpes Maritimes si bien explorées par le Dr Guébhard et que cette même espèce a été retrouvée par MM. Kilian et Pussenot dans le Briançonnais où elle constitue presque exclusivement la faune des calcaires noirs médiojurassiques de la Lozette et de l'Enlon. **Cette espèce doit donc être considérée comme une des formes les plus caractéristiques du Bathonien néritique des Alpes françaises.**

La découverte de ces fossiles près de l'Escarène montre en outre nettement que les masses de calcaires et dolomies jurassiques, qui jouent un rôle si important dans les bassins de la Bévera et de la Roya, comprennent, outre le Jurassique supérieur, une notable proportion du Dogger.

Type piémontais.

e. **Un type piémontais** (Kilian, 1814). Vers l'Est, il est probable qu'une partie de la puissante formation des « Schistes lustrés » correspond au Dogger ainsi que M. Bertrand l'a admis dès 1894 pour les Schistes du vallon des Chapieux en Tarentaise, mais il est difficile, vu l'absence de fossiles, d'affirmer rien de précis à cet égard; cependant, au col de la Mulatière et dans le massif du Gondran, près de Briançon, l'on voit les **Calcaires noirs du Bathonien néritique passer latéralement et d'une façon graduelle à des Schistes calcaires** qui se confondent avec la masse puissante des Schistes lustrés.

Bathymétrie des mers médiojurassiques dans la région alpine.

a. Alpes françaises.

La répartition de ces facies (voir le schéma, fig. 42) est assez analogue à celle que nous avons décrite pour le Lias; elle permet de délimiter une *aire centrale* dans laquelle ne se sont déposés que des sédiments vaseux à Céphalopodes (facies bathyal) d'une notable épaisseur; cette aire, qui occupait la portion des Alpes françaises située à l'Ouest de la zone du Briançonnais, n'est

[1] W. KILIAN, Présence du Dogger dans le Jurassique de la Bévera et de la Roya (*C. R. Séances Soc. géol. de France, 15 janvier 1914*).

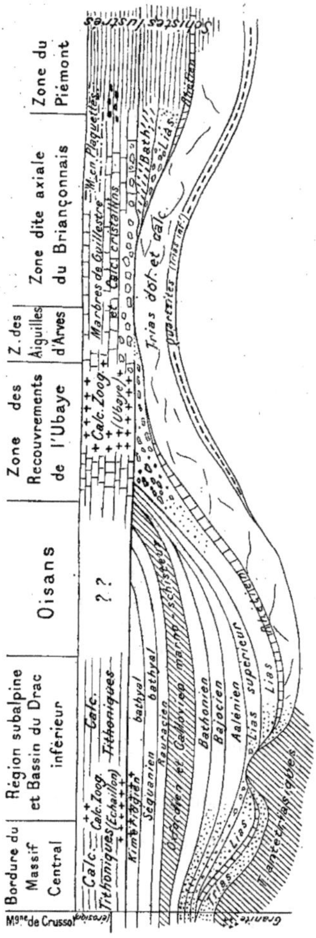

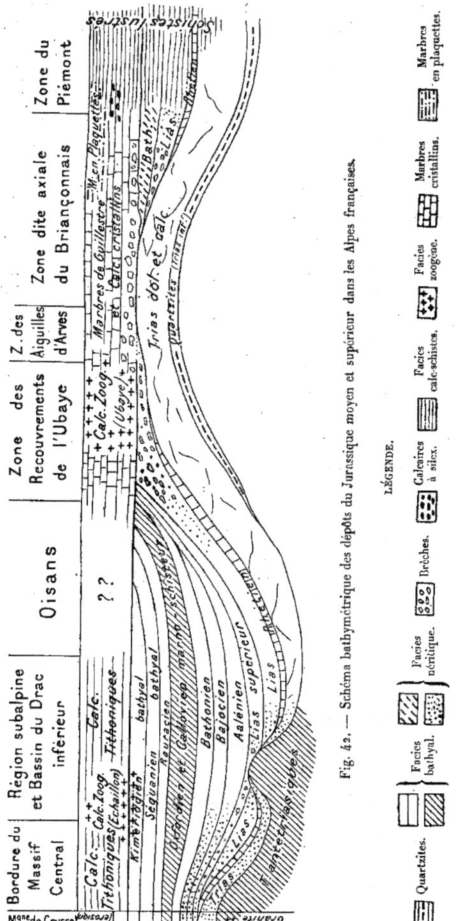

Fig. 42. — Schéma bathymétrique des dépôts du Jurassique moyen et supérieur dans les Alpes françaises.

LÉGENDE.

Quartzites. Facies bathyal. Facies néritique. Brèches. Calcaires à silex. Facies calc-schistes. Facies zoogène. Marbres cristallins. Marbres en plaquettes.

autre chose que le *Géosynclinal subalpin,* dont nous avons parlé à propos de la mer liasique et dont M. Haug a, dès 1892, indiqué le rôle et la signification (Traité de Géologie, p. 995 et suivantes). Lorsque l'on s'éloigne de cette aire centrale vers le Nord et le Nord-Ouest, les dépôts accusent des caractères tout différents de ceux qu'ils ont au centre. Ils deviennent oolithiques, présentent des bancs-limites et parfois des **lacunes** dues à des courants littoraux et prennent une faune néritique; parfois ils contiennent des minerais de fer (La Verpillère) et l'on passe ainsi graduellement aux facies si variés du Jura, du bassin de Paris et de l'Angleterre.

Enfin, sur une partie de l'emplacement actuel de la zone du Briançonnais, semble avoir existé, à l'époque du Jurassique moyen, un axe émergé ou tout au moins une ligne de hauts-fonds séparant le Géosynclinal subalpin du Géosynclinal piémontais et déterminant, entre la bande du Dogger à facies dauphinois et celle des Schistes lustrés, une *zone néritique* dont nous trouvons les traces dans les dépôts, à Entroques, Brachiopodes et à Ostracées, du Galibier, du Briançonnais oriental, du lac des Neuf-Couleurs et d'Escreins.

b. Alpes suisses.

Dans les ALPES SUISSES, le Jurassique moyen (groupe oolithique inférieur de M. Haug) offre également une série de facies différents : c'est ainsi que dans les Préalpes romandes on voit se succéder : 1° dans les Préalpes internes, le « Dogger à Zoophycos » (*Cancellophycus*) inférieur et supérieur; 2° dans les Préalpes médianes, *d'origine intraalpine* (nappe moyenne), les « couches à *Mytilus* » (voir plus haut), jadis attribuées au Kimméridgien, et 3° dans les Préalpes internes (nappe inférieure bathyale), le facies pélagique (facies dauphinois) à Ammonites (*Witchellia, Parkinsonia, Phylloceras*) et *Posidonomya alpina* A. Gras, analogue à celui des environs de Digne[1], dans les Basses-Alpes.

I. Le Géosynclinal dauphinois se continue vers la Suisse par Albertville, la vallée du Giffre et le synclinal de Chamonix; au N. E. du lac de Genève il se divise en deux et sa portion septentrionale (Géosynclinal vindélicien de M. Haug.) passe à Cheville (d'après E. Haug), sous la nappe des Diablerets; en même temps il s'accidente d'une saillie anticlinale médiane (*Géanticlinal*

[1] Il convient également de faire ressortir tout particulièrement la grande analogie que présente la série du Lias et du Jurassique moyen des Préalpes du Chablais avec celle des Basses-Alpes et de la zone du Gapençais. — Ajoutons que *Phylloceras viator* d'Orb. sp. a été signalé au Môle, *Lyt. tripartitum* Rasp. sp. à Saint-Gingolph dans le Dogger à *Cancellophycus*, en revanche le facies néritique à *Mytilus* existe aux Cornettes de Bise.

helvétique de M. Haug) [massif de l'Aar] que jalonne actuellement la bande à facies néritique de la Lizerne de la nappe des Diablerets et du bord du massif de l'Aar (Brèche à Échinodermes, oolithe ferrugineuse), au Sud de laquelle la *zone à facies vaseux* des Préalpes externes (Géosynclinal des nappes inférieures, Géosynclinal valaisan de M. Haug), refoulée postérieurement vers le Nord, bien en avant de sa racine, fait pendant à une *bande septentrionale de même facies* (Géosynclinal des Alpes vaudoises), en grande partie cachée par les nappes préalpines.

II. Le Géanticlinal briançonnais, avec sa bordure néritique, se poursuivait sans doute également vers le N. E. et l'Est; c'est à cette bordure qu'il convient de rapporter la « nappe moyenne » des Préalpes avec ses « Couches à Mytilus », dont la faune rappelle à un si haut degré le Dogger du Briançonnais oriental et celui des Alpes-Maritimes. La nappe de la brèche, supérieure aux précédentes (nappe lépontienne), serait également en rapport avec la continuation N. E. de notre Géanticlinal briançonnais.

III. Le Géosynclinal piémontais se continuerait aussi, selon toute probabilité, dans la zone des Schistes lustrés appartenant à la nappe du Grand-Saint-Bernard, bien qu'aucun représentant du Jurassique moyen n'y ait été signalé avec certitude.

c. Alpes orientales.

Dans les Alpes de Bavière, les facies du Dogger sont variés (voir Haug, Traité, p. 1027 et suiv.), mais il semble qu'on doive y reconnaître, malgré cette diversité, la continuation de plusieurs de nos zones isopiques, mais une pareille étude sortirait du cadre du présent travail; elle a d'ailleurs été en partie esquissée d'une façon remarquable par M. Haug[1]. Cet auteur distingue, dans cette partie de la chaîne, pour les temps secondaires : un Géanticlinal lombard, un Géosynclinal bajuvarien, un Géanticlinal carnique, un Géosynclinal juvavien, un Géanticlinal forojulien et un Géosynclinal illyrien; ces éléments doivent se manifester par le facies des dépôts, pendant le Jurassique moyen.

[1] Haug, Les Géosynclinaux de la chaîne des Alpes pendant les temps secondaires (*C. R. Acad. des Sc. Paris, 14 juin 1909*).

TABLEAU DU MÉDIOJURASSIQUE ET DE L'AALÉNIEN DANS LES DIFFÉRENTES ZONES DES ALPES.

ÉTAGES.	ZONES PALÉONTOLOGIQUES [GAPENÇAIS ET BASSES-ALPES]. [D'après M. Haug.]	BORD SUBALPIN ET BASSIN DU DRAC.	OISANS ET BASSE MAURIENNE.	ZONE DU BRIANÇONNAIS. Partie centrale et occidentale.	ZONE DU BRIANÇONNAIS. Partie orientale.	ZONE DU PIÉMONT.	RÉGIONS DIVERSES.
BATHONIEN.	Zone à *Oppelia aspidoides*. Schistes à *Posid. alpina* Gras (*p. parte*), avec niveaux ferrugineux à *Phyll. Chantrei* Mun.-Ch., *Cosm. contrarium* d'Orb. sp., etc.	Schistes à *Posidonomya alpina* A. Gras (partie inférieure).	Calcaires schisteux et schistes noirs [illegible] d'Aspres).	Lacune.	Calcaires noirs zoogènes à Gastropodes et Pélécypodes, à *Rhynch. Hopkinsi* M'Coy, *Lopha* (*Alectryonia*) *costata* Sow. sp., *Pleurocidaris alpina* Ag. sp., etc.	Schistes lustrés (partie moyenne) passant au Bathonien briançonnais à la Mulatière.	Couches à Ammonites pyriteuses de Saint-Marc près Aix (*Phyll. Chantrei* Mun.-Ch. sp.). Calcaires du Stanserhorn à Rhynchonelles, etc. Oolithe ferrugineuse de Stufstein. Kellowien à *Cancellophycus* de Crussol. Calcaires marbreux à Ammonites des Klippes suisses. Dogger à *Zoophycos* des Alpes suisses. Calcaires marneux à *Nérin. Brakenridgei* du Var. Niveau à Brachiopodes et à Crinoïdes des environs de la Voulte (la Pouza). Bajocien néritique de la Lisserne (Alpes vaudoises).
	Zone à *Oppelia fusca*. Schistes et calcaires noirs du bas Auran et des Dourbes, à *Lyt. tripartitum* Rasp. sp., *Morph. polymorphum* d'Orb., *Zigz. zigzag* d'Orb. sp., *Park. Neuffensis* Opp. sp., *Perisph. procerus* Seeb. sp. (Marnes de derrière le Roc de Castellane, à *Lyt. tripartitum* Rasp. sp. et **Spongiaires**. (W. Kilian.))	Niveau zoanthéritique de Mandaty à *Protoglaria Loryi* Lamb. Marno-calcaires foncés à *Lyt. tripartitum* Rasp. sp. et *Park. ferruginea* Opp. sp. (Trièves). **Calcaires à Entroques** de Corenc (*Park. Parkinsoni* Sow. sp., à Corenc). Niveau pyriteux à *Pabuceras* (bassin du Drac).	Calcaires noirs schisteux à *Lytoceras tripartitum* Rasp. sp., *Tygoceras* [illegible] Lamb.		Brèche de base (L'Enlon, Guédran, Loselle) dans le Briançonnais oriental (Escreins, Foullouse, etc.), dans les bassins du Guil et de la haute Ubaye.		Oolithe ferrugineuse et « Brèche à Échinodermes » du bord du Massif de l'Aar (Suisse).
BAJOCIEN.	Zone à *Cosmoceras Garantianum*, *Stephanoceras*, *Perisph. Martini* d'Orb. sp., *Perisph. Lucretius* d'Orb. sp., de Norante, Chaudon, Sainte-Marguerite (pyriteux), à *Belemnopsis canaliculatus* Schl. sp., *Lyt. pygmæum* d'Orb. sp., *Phyll. mediterraneum* Neum., *Phyll. viator* d'Orb. sp., *Strig. Truellei* d'Orb., *Oppelia subradiata* d'Orb., *Cosm. Garantianum* d'Orb. sp., *Park. Parkinsoni* Sow. sp., *Cosm. subfurcatum* Ziet. sp. Zone à *Witchellia Romani* et niveau pyriteux de Beaumont. Calcaire à *Tel. Blagdeni* Sow. sp., du Gapençais, *Phyll. Circe* Héb. sp., *Witch. Romani* Opp., *Stephanoceras* et *Sph. Brongniarti* d'Orb. sp., *Norm. Braikenridgei* d'Orb. sp. Zone à *Sonninia Sowerbyi*. Calcaires lités à *Sonninia propinquans* Bayle, *S. corrugata* Sow. sp., *Steph. Baylei* Opp. sp., *Stephanoceras* et *Sph. Sauzei* d'Orb. sp. Zone à *Witchellia laeviuscula*.	Série de zones d'Ammonites distinguées par M. P. Lory dans le bassin du Trièves. — Calcaires noirs à *Park. Parkinsoni* Sow. sp., du Trièves (Clemencières). Calcaires à *Cosm. subfurcatum* Ziet. sp., du Trièves. Calcaires marneux à *Phyll. viator* d'Orb. sp., *Park. Parkinsoni* Sow. sp., *Steph. Humphriesianum* Sow. sp., de Bouquéron (Isère). Calcaires marneux gris-noir à *Witchellia Romani* Opp. sp. (Saint-Jean-d'Hérans, le Touage, etc.). Aalénien moyen.	Calcaires noirs schisteux à *Parkinsonia Parkinsoni* Sow. sp., *Stephanoceras* [illegible] Quenst. sp. (Aspres). Calcaires à Belemnopsis, *Parkinsonia Parkinsoni* Sow. sp., *P. Neuffensis* Opp., *Lyt. tripartitum* Rasp. sp., *Stephanoc. subcoronatum* Opp. sp., *Stephanoc. Humphriesianum* Sow. sp., *Teloceras Blagdeni* Sow. sp., *Lioceras rellophyllum*, etc. (Alpe d'Huez, Col de Marlignaure, Col Lombard).				Couches de Klaus et Schistes à Brachiopodes des Alpes orientales (*Posid. alpina* Gras). « Couches à *Mytilus* » des Préalpes suisses.
AALÉNIEN SUPÉRIEUR.	Zone à *Harpoceras concavum* (Trigance, Sainte-Marguerite, La Palud, etc.). *Harp. concavum* Sow. sp., *H. cornu* Buckm., *Hoplopl. subspinatum* Buck., *Erycites fallax* Ben. sp., *Phyll. Velaini* Mun.-Ch., *Bel. Munieri* Desl. Zone à *Harpoceras Murchisonae*. Aalénien inférieur à *Inoceramus polyplocus* Roem., *Bel. Munieri* Desl.	Schistes marneux noirs et calcaires marneux à *Tmetoceras scissum* Ben. sp., *Erycites fallax* Ben. sp., *Ludwigia Loryi* Buck., *Harp. concavum* Sow. sp. (Villard, Julliens, etc.). Schistes ardoisiers à *Ludw. Loryi* Buck. sp. (Notre-Dame-des-Millières). **Calcaires à Entroques** de la Table. Schistes à « miches » à *Posid. alpina* Gras, *Harpoceras Murchisonae* Sow. sp. var. *costata* Qu., *Hyperl. discites* Waag. sp. Aalénien supérieur du Plant d'Uriage et de Saint-Pierre-d'Allevard (La Taillat, etc.).	Vaujany (Grandes-Rousses). — Partie supérieure du Lias schisteux. Couches à « miches » à *Harpoceras concavum* Sow. sp., *Tmetoceras scissum* Ben. sp., *Ludwigia* [illegible] Buck. (Col de la Madeleine). Schistes à « miches ».	Lacune.	Lacune.	Lacune?	Couches à *Erycites fallax* Ben. sp. et *Tmetoceras scissum* Ben. sp., *Hoplopl. subspinatum* Buckm., de Majorque (Baléares), de Portugal, Lombardie, Amérique du Sud, etc. Zone à *Harpoceras concavum* Sow. sp. et calcaires à Entroques du Mont-d'Or lyonnais, (de Val d'Amby (Isère) et partie terminale du minerai de fer de la Verpillière (Isère).
AALÉNIEN INFÉRIEUR.	Zone à *Harpoceras opalinum*. Zone à *Dumortieria Levesquei*.	Aalénien inférieur schisteux (Beaumont, Corps) et partie du Lias schisteux de la chaîne de Belledonne.	Aalénien inférieur à *Inoceramus* [illegible] Sow., *Posidonomya alpina* A. Gras, [illegible] *poceras toulotorum* Simi. sp. (Combe Longe, Col de Bachas).	[illegible] de la Brèche du Télégraphe?			Oolithes du cap San Vigilio (lac de Garde) et partie du minerai de fer de la Verpillière (Isère), à *Pleydellia Aalensis* Ziet. sp. ?
TOARCIEN.	Zones à *Lytoceras jurense*, *Dactylioceras commune* et *Harpoceras falciferum*.	Calcaires marneux à *Hildoceras bifrons* Brug. sp. (Saint-Jean-des-Vertus) et partie inférieure du Lias schisteux.	Partie inférieure du Lias schisteux.	Brèche du Télégraphe (*p. parte*).	Lacune?	Schistes lustrés.	Marno-calcaires noirâtres à *Hild. bifrons* Brug. sp., Saint-Quentin (Isère), *Ammonites* [illegible] d'Erin [illegible] *bifrons* Brug. sp., etc.

Vertical notes in the table: « Calcaires à Entroques à *Mytilus* et Nérinéides du Grand-Galibier. » (Briançonnais, partie centrale et occidentale); « Dogger à faciès dauphinois des Préalpes fribourgeoises et vaudoises, du Stockhorn et des Klippes. » and « Calcaires à *Rhynch. Hopkinsi* M'Coy des Alpes-Maritimes. » (Régions diverses).

D. Série suprajurassique.

(= Malm = Jurassique supérieur = Oolithique supérieur.)

(Groupes oolithiques moyen et supérieur [Haug].)

Le Jurassique supérieur a été longtemps considéré comme limité, dans nos Alpes, aux chaînes extérieures ou subalpines où il offre un développement classique et joue un rôle morphologique important.

En Savoie on n'avait pas décrit jusqu'en 1893, en dehors des chaînes subalpines, au Nord du Galibier, d'affleurements appartenant au groupe oolithique supérieur (Malm).

Nous laisserons complètement de côté ici le Jurassique supérieur des chaînes subalpines (voir pl. D), dont les caractères, la faune et les subdivisions ont fait l'objet de nombreuses publications[1] pour n'examiner que les représentants *intra-alpins* de ce terrain, c'est-à-dire ceux qui sont situés à l'Est de la ligne de massifs centraux : Aiguilles-Rouges-Belledonne et au Sud-Est de Gap et de la Durance, et dont la connaissance remonte à une époque relativement récente.

Jurassique supérieur intraalpin (généralités).

Ce n'est, en effet, qu'en 1892 que les assises de la série suprajurassique ont été signalées par l'un de nous (W. K.) dans les « Grandes Alpes », d'une part sur la lisière occidentale de la zone des Aiguilles d'Arves, au col Lombard — où l'on trouve des fossiles oxfordiens mais où les couches plus élevées ne sont pas représentées — et, d'autre part, à l'Est de cette zone, dans le massif du Galibier, où affleurent, en transgression sur leur substratum, des assises tithoniques semblables à celles qu'avait signalées Lory à

[1] Voir W. Kilian, Notes sur les couches les plus élevées du terrain jurassique et la base du Crétacé inférieur dans la région delphino-provençale (*Bull. Soc. Statist. de l'Isère*, 4ᵉ série, t. I, p. 1669, 1892).

J. Révil, Note sur le Jurassique supérieur et le Crétacé inférieur des environs de Chambéry (*Bull. Soc. hist. nat. Savoie*, 1ʳᵉ série, t. VI, p. 28, 1893).

V. Paquier, Contributions à la géologie des environs de Grenoble (*Bull. Soc. Statist. de l'Isère*, 1892).

W. Kilian, Note stratigraphique sur les environs de Sisteron, etc..... (*Bull. Soc. Géol. de Fr.*, 3ᵉ série, p. 159, 1896).

Guillestre. Nous ne sommes pas éloignés de croire que les calcaires de cet âge ont été parfois confondus dans certains massifs de la haute Maurienne, et en particulier dans celui de la Vanoise, avec les calcaires ou les marbres phylliteux du Trias dont les rapproche parfois une grande analogie, surtout lorsqu'ils ont subi l'effet du dynamométamorphisme. Il faut, d'ailleurs, dans ce cas, une grande habitude et le secours de l'examen microscopique pour les distinguer.

Nous avons reconnu, depuis lors, que les calcaires appartenant au Jurassique supérieur ou plutôt au Groupe oolithique supérieur — les représentants des étages Oxfordien, Argovien et Lusitanien paraissant constamment *faire défaut* dans les chaînes intra-alpines proprement dites — avaient, dans la zone du Briançonnais, une extension beaucoup plus grande qu'on ne le pensait avant nos explorations; c'est ainsi que l'on ignorait encore récemment l'existence du Jurassique supérieur bréchoïde (calcaire de Guillestre) à *Ammonites* et *Duvalia* dans un certain nombre de massifs du Briançonnais, du Queyras et de la Haute-Ubaye, considérés comme liasiques par Ch. Lory [1].

Calcaire de Guillestre.

Le Jurassique supérieur représenté à l'Est du massif de Piolit (Hautes-Alpes) par des marbres rouges bréchiformes ou plutôt « amygdalaires », que MM. Collot et Lory ont fait connaître sous le nom de «**calcaires de Guillestre** [2]», est cependant bien reconnaissable.

C'est dans les carrières de Guillestre que furent signalées par L. Collot et par Ch. Lory des Ammonites rapportées par ces auteurs à *Am. transversarius* Qu. et *Am. plicatilis* Sow., que nous avons étudiées à nouveau et dont il sera question plus bas : en 1880, L. Collot (Description géologique des environs d'Aix-en-Provence, Montpellier, Grollier, 1880, p. 149) mentionnait

[1] Nous avons découvert, en 1892, près du lac Blanc, entre le roc du Grand-Galibier et le col de la Ponsonnière, à une altitude de 2800 mètres, au milieu des névés, un affleurement de calcaire tithonique (Calc. de Guillestre), très riche en fossiles (*Duvalia lata* Blainv., *Aptychus punctatus* Voltz., *Ap. Beyrichi* Zitt., *Lytoceras* sp., *Crinoïdes*, etc.). Ce gisement a fait l'objet d'un travail spécial. Ainsi que l'a fait remarquer M. Haug, on ne connaissait, avant cette découverte, aucun lambeau de Jurassique supérieur dans les zones alpines au Nord de Guillestre et de la Durance.

[2] Lory, Note sur deux faits nouveaux de la géologie du Briançonnais (*B. S. G. Fr.*, 3e série, t. XII, p. 117 et suiv., 1883).

L. Collot, *Description géol. des environs d'Aix-en-Provence*, 1880, p. 149 (Thèse de Montpellier).

des Ammonites recueillies par M. de Lavalette, ancien intendant militaire, dans des calcaires rouges bréchoïdes; il les rapportait à *Am. transversarius* Qu. et à l'*Am. plicatilis* d'Ernest Favre (Oxf. des Alpes frib., Pl. IV, fig. 12.). En 1883, Charles Lory signalait à nouveau dans les calcaires de Guillestre, jusqu'alors confondus avec le Lias dans le vaste ensemble des « calcaires du Briançonnais » et qu'il distinguait pour la première fois d'une façon précise, ainsi d'ailleurs que les « conglomérats » de Prorel — que nous avons depuis décrits sous le nom de « brèche du Télégraphe » —, les quelques fossiles recueillis par M. de Lavalette et qu'il désignait par les termes suivants : « l'une d'elles était un *Perisphinctes* insuffisamment caractérisé; l'autre ressemblait à l'*Amm. transversarius.* » « Je la montrai, dit Ch. Lory, à M. Douvillé, qui était disposé à la considérer comme appartenant à cette espèce; d'autres paléontologistes, entre autres M. de Loriol, ne partageaient pas cette opinion et se tenaient dans une réserve absolue. Mais j'ai trouvé à Guillestre, chez M. de Lavalette, des fossiles plus facilement déterminables, *Belemnites hastatus* Blainv., *Belemnites latesulcatus* Voltz, *Aptychus laevis latus* Qu., qui ne pouvaient laisser aucun doute sur le caractère *oxfordien* de cette faune. »

— L'un de nous (W. K.) a examiné avec soin les échantillons mêmes, cités par Louis Collot et Ch. Lory et qui sont conservés dans les Collections du Laboratoire de géologie de l'Université de Grenoble auxquelles elles ont été offertes par M. de Lavalette. Les deux Ammonites en question se rapportent aux espèces suivantes :

Étude critique des Ammonites de Guillestre.

Berriasella Picteti Jacob sp., forme passant à *Perisphinctes Lorioli* Zitt. sp. (pl. XV, fig. 6 du présent mémoire). — Exemplaire médiocrement conservé, mais cependant suffisamment net pour constater que, dans l'âge moyen, cette ammonite présente une atténuation et même une interruption siphonale des côtes. D'ailleurs, le mode de bifurcation de ces mêmes côtes et leur légère inflexion sur la face siphonale ne peuvent être assimilés exactement à aucun des *Perisphinctes* oxfordiens ou argoviens et correspondent, au contraire, très nettement à ce qui s'observe dans le groupe de certaines *Berriasella* tithoniques encore très voisines des *Perisphinctes* (*s. stricto*), et notamment de la forme que Ch. Jacob a désignée sous le nom de *Berr. privasensis*, var. **Picteti** (= *Am Privasensis* Pictet. Mél. Pal., Pl. XVIII, fig. 2) [voir : W. Kilian, Ammonites du Jurassique supérieur et du Crétacé. A. F. A. S., Congrès de Lyon, 1906, p. 298].

L'échantillon de Guillestre se rapproche en outre de *Perisph. Lorioli* Zitt. du Tithonique supérieur; nous l'avons comparé avec le moulage du type de cette espèce provenant de Stramberg, mais il n'y a pas identité entre les deux formes. Quant à *Perisph.* cf. *plicatilis* E. Favre (Oxf. des Alpes fribourgeoises. Pl. IV, fig. 12), auquel Collot a rapporté ce même échantillon de Guillestre, il ne nous semble pas identique, malgré une très grande analogie dans le mode de bifurcation des côtes, et notre forme s'en distingue par la moindre épaisseur et la forme plus aplatie des tours, ainsi que par l'ouverture plus rectangulaire, l'allure de ses côtes sur la face ventrale, où elles se montrent localement atténuées et même interrompues sur la ligne siphonale sur une fraction des tours moyens; enfin, par une légère différence dans le mode d'inflexion des côtes sur la face ventrale.

Un exemplaire (Coll. Ch. Lory, Fac. des Sciences de Grenoble).

Peltoceras Fouquei Kil. (voir pl. XV, fig. 5 du présent mémoire). — Cet échantillon, cité par Ch. Lory et par L. Collot sous le nom d'*Am. transversarius,* bien que M. P. de Loriol ait élevé des doutes sur cette attribution (Ch. Lory, *loc. cit.*, p. 119), se rapporte nettement à *Pelt. Fouquei,* que l'un de nous a décrit et figuré d'Andalousie; elle diffère de *Pelt. transversarium* par ses côtes moins nettement dirigées en arrière et particulièrement épaissies dans le voisinage de la partie siphonale et par quelques autres caractères qui ont été indiqués dans la description de la forme d'Andalousie. L'échantillon de Guillestre se rapproche en effet beaucoup de *Pelt. Fouquei* Kil. (Mission d'Andalousie, pl. XXVI, fig. 2 a,b) dont nous possédons le moulage avec lequel nous l'avons comparé. — On sait que cette espèce a été retrouvée en Algérie par M. Welsch et dans le Tithonique de Séderon (Montagne de Lure) par l'un de nous.

Le « Calcaire de Guillestre » n'avait pas été, avant nos explorations, signalé en dehors de la vallée du Guil; l'un de nous (W. K.) a montré depuis qu'il affleure en de nombreux points du Briançonnais; il contient des Ammonites (Guillestre, Sérenne, la Condamine, etc.) et des Bélemnites du groupe des *Duvalia* (La Roche-de-Rame, Saint-Crépin, le Castellet). Des calcaires blancs et rouges, bien visibles au-dessus de Saint-Crépin, renferment *Belemnites* (*Duvalia*) cf. *latus* Blainv. et *Aptychus punctatus* Voltz. Près de la Roche-de-Rame (la Roche-sous-Briançon), des bancs analogues ont été également recon- Extension des calcaires de Guillestre.

nus par nous au-dessus de la gare et plus tard dans une foule de points des massifs de Furfande, de Pierre-Eyrautz, du Chambeyron, de la Grande-Manche et de Névache, à Notre-Dame des Neiges, près Briançon (MM. Ch. Pussenot et W. Kilian), puis enfin dans les masses charriées de l'Ubaye et, plus récemment, dans le Briançonnais oriental.

Nous avons énuméré [1] quelques-unes des localités où il nous a été possible de découvrir des affleurements de cette assise. Elle existe également à la Montagne de Montbrison près de Vallouise (*Duvalia* sp., *Perisphinctes* sp., *Aptychus punctatus* Voltz, Polypiers), à Serre-Chevalier (*Aptychus Beyrichi* Zitt.) et dans la Haute-Ubaye. Nous l'avons retrouvée ultérieurement au Grand-Aréa, à l'Est de la Guisanne [*Pygope janitor* Pict. a été rencontré par l'un de nous au lac de la Vie, près de l'Alpe du Lauzet (Hautes-Alpes)] et en divers autres points, toujours riche en *Duvalia* du groupe de *D. lata*, et nous avons décrit, en collaboration avec M. Ch. Pussenot, la TRANSFORMATION GRADUELLE DE CES CALCAIRES DE GUILLESTRE EN MARBRES À *ZONES SILICEUSES* QUI PASSENT EUX-MÊMES LATÉRALEMENT (Pas de la Mulatière, Haute Cerveyrette) À DES SCHISTES LUSTRÉS.

Divers types du Jurassique supérieur intraalpin.

Le Malm intraalpin est trop pauvre en restes organisés pour rendre possible l'établissement de zones paléontologiques. Sauf l'affleurement marneux du col Lombard, il se compose de masses calcaires coupées de quelques bandes schisteuses dans lesquelles on peut néanmoins distinguer deux *types* caractérisés par leur facies :

1° Dans les chaînes alpines proprement dites et dans le Briançonnais [2], à partir de la crête de Piolit, au N. E. de Gap, le Jurassique supérieur affecte un facies tout particulier; la structure amygdalaire et rognonneuse se généralise à l'Est, et la roche prend une teinte lie-de-vin caractéristique. C'est le type bien connu des *marbres de Guillestre* qui est accompagné, dans le Briançonnais oriental, de calcaires cristallins noirs ou blancs et marbres en plaquettes à *bandes siliceuses* (Ravin du Creuset, près Névache, etc.).

2° Au S. E. et en particulier dans les masses de recouvrement de l'Ubaye, on voit apparaître des calcaires blanchâtres *zoogènes* tout différents du type précédent.

[1] *B. S. G. Fr.*, 3e série, t. XIX, 1892.

[2] P. TERMIER (*Les nappes de recouvrement du Briançonnais*, 1899, p. 54) a donné une description très exacte de ces assises dans le massif de Prorel.

Nous étudierons donc successivement :

I. L'Oxfordien du col Lombard et les « terres noires » de l'Ubaye;

II. Les calcaires suprajurassiques parmi lesquels nous distinguerons :

a. Un type vaseux cristallin et amygdalaire, bréchiforme à la base (marbres de Guillestre et marbres du Briançonnais à bandes siliceuses);

b. Un type zoogène (nappes de l'Ubaye).

Ces deux derniers facies sont reliés entre eux, notamment à Méolans (vallée de l'Ubaye), par des passages latéraux.

I. OXFORDIEN DU COL LOMBARD.

Oxfordien du Col Lombard.

La seule localité intraalpine, en dehors du bord subalpin de la basse vallée de l'Ubaye et de l'Embrunais (Savines), où l'on ait rencontré des fossiles oxfordiens, est le col Lombard, *au pied des Aiguilles d'Arves.* (Voir la vue, Pl. XVI, fig. 1.) L'Oxfordien de cette localité, située immédiatement à l'Ouest du bord W. de la bande éogène des Aiguilles d'Arves, consiste en schistes noirs à nodules calcaires, renfermant des fossiles d'une conservation très satisfaisante; ce sont, entre autres :

Lytoceras polyanchomenon Gemm.,
Phylloceras Zignodianum d'Orb. sp.,
Phylloceras Riazi de Loriol,
Phylloceras (Sowerbyceras) tortisulcatum d'Orb. sp. (parfaitement conservé),
Perisphinctes consociatus Bukow.,
Perisphinctes promiscuus Bukow.,
Perisphinctes subtilis Neum. (abondant),
Perisphinctes Bernensis de Loriol,
Perisphinctes aff. *Wartae* Bukowsk.,
Perisphinctes aff. *Birmensdorfensis* Opp. sp.,
Hecticoceras (Seleniceras) pseudopunctatum Lahusen sp.,
Taramelliceras (Neumayria) pseudoculatum Bukow. sp.

L'Oxfordien n'avait pas encore été rencontré dans les chaînes alpines proprement dites. On voit qu'il possède ici la même nature et contient les mêmes fossiles que dans les régions autochtones de l'Ubaye (Barcelonnette) et de l'Embrunais, dans les chaînes subalpines du Diois et dans le Graisivaudan; sa faune est celle des marnes noires schisteuses des environs de Digne, de Savournon, de Sisteron et de Barcelonnette (Pissevin, Faucon) où la plupart des espèces citées ci-dessus se rencontrent assez fréquemment.

Le gisement du col Lombard rappelle également beaucoup, par son faciès lithologique et par le mode de conservation de ses fossiles, ceux de l'Axalp (Brunig) et d'Unterheid près Meyringen, dans les Alpes bernoises, à *Phylloceras tortisulcatum* d'Orb. sp., *Perisphinctes sulciferus* Opp. sp., *Cardioceras cordatum* Sow. sp., etc.

La faune des dépôts autochtones calloviens et oxfordiens de la région subalpine, de l'Embrunais (Savine), de l'Ubaye et de l'Oisans (Col Lombard) est très voisine de celle des couches de même âge de certaines parties des Alpes suisses (Meiringen) et de la Pologne autrichienne (Czenstochau). Il existait donc à ce moment une zone bathyale continue allant du Var en Pologne en passant par le Dauphiné et la partie septentrionale des Alpes suisses; en arrière de cette zone régnait une région moins profonde ou même exondée qui est actuellement remarquable par l'absence de dépôts calloviens et oxfordiens et qui ne fut submergée que par la *transgression tithonique;* cette région comprenait notamment les parties de la zone du Briançonnais (recouvrements de l'Ubaye, zone axiale, zone des Aiguilles d'Arves, etc.), que les charriages alpins ont refoulées à l'époque tertiaire sur les dépôts de la zone précédente, notamment sur le bord occidental de la zone des Aiguilles d'Arves, dans la région de l'Ubaye, dans les Préalpes suisses et dans les Karpathes.

I^bis. NOTE SUR LE CALLOVIEN ET L'OXFORDIEN DES CHAÎNES SUBALPINES DU GAPENÇAIS, DE L'EMBRUNAIS ET DU SUBSTRATUM AUTOCHTONE DE LA RÉGION DE L'UBAYE.

Callovien et Oxfordien des diverses régions des Alpes françaises.

Les schistes noirs callovo-oxfordiens du Col Lombard et de la vallée de l'Ubaye renferment une faune du même type que celle des Marnes oxfordiennes des chaînes subalpines et du Gapençais que nous ont fait connaître de nombreux travaux [1].

[1] Voir notamment les ouvrages suivants : W. Kilian, *Montagne de Lure* (*loc. cit.*), p. 112 et 412. — E. Haug, *Chaînes subalpines entre Gap et Digne*, p. 98 à 102. — V. Paquier, *Recherches géol. dans le Diois et les Baronnies orientales* (Grenoble, 1900), p. 44 à 51; — Kilian et Haug, *Esquisse de la struct. géol. des environs de Barcelonnette* (*Basses-Alpes*), Grenoble, 1895 (*Ann. Univ. de Grenoble*, 3e trim. 1895, p. 5). — J. Révil, *Géologie des chaînes jurassiennes et subalpines de la Savoie*, Chambéry, 1911.

Chaînes subalpines méridionales.

Cependant, malgré les nombreuses listes des fossiles publiées jusqu'à ce jour, le Callovien et l'Oxfordien des régions subalpines n'ont fait encore l'objet d'aucune monographie paléontologique spéciale. La collection Lambert à Veynes (Hautes-Alpes) et la collection Jaubert (Faculté des Sciences de Grenoble) contiennent des documents paléontologiques abontants et importants et de nombreuses formes inédites qu'il serait d'un grand intérêt de faire connaître en détail, notamment pour ce qui concerne les *Aspidoceras* et les *Peltoceras*, dont M. Lambert possède de très riches et intéressantes séries en partie nouvelles.

Les marnes et schistes noirs calloviens-oxfordiens sont surmontés dans les régions subalpines par une série continue de dépôts (voir fig. 43) appartenant aux étages Lusitanien (Argovien [Oxfordien supérieur], Rauracien, Séquanien) et Kimeridgien de facies vaseux, qui ne sont pas représentés dans les zones intraalpines, à l'Est du Drac et du méridien de Rochette, près Gap, ainsi qu'à l'Est du Lauzet et du lac d'Allos (Basses-Alpes).

Les localités de Serre-Mouresq, près Veynes (étudiée par M. Lambert), d'Upaix, de Ventavon, de Savournon, de Bénévent, les environs de Gap (Hautes-Alpes), de Condorcet et de Rémusat (Drôme), de Serres (Hautes-Alpes), de Franchironette, de Saint-Geniez, de la Motte-du-Caire, près Sisteron et de Chabrières (Basses-Alpes), ont fourni une grande quantité de Céphalopodes recueillis dans un complexe de marnes

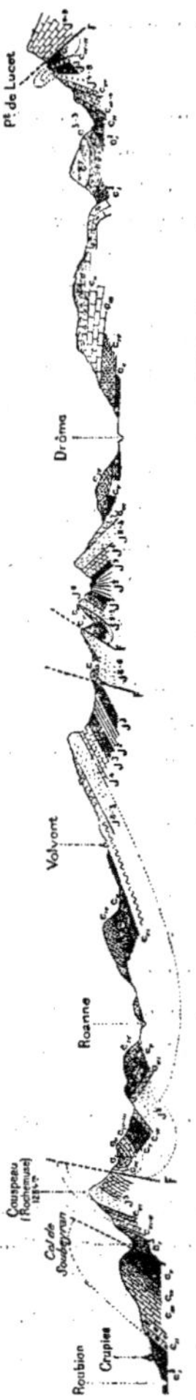

Fig. 43. — Chaînes subalpines méridionales. Coupe transversale du Diois, d'après M. Paquier.

LÉGENDE.

J^2 Marnes oxfordiennes. — J^3 Marno-calcaires argoviens et rauraciens. — J^4 Calcaires séquaniens. — J^{85} Calcaires kimeridgiens et portlandiens (tithoniques). — C_{VII} C_V C_{IV} C_{III} C_{VI} C_I Divers étages du Crétacé inférieur. — C^2 C^{23} Crétacé moyen. — C^7 Crétacé supérieur. — F Failles.

IMPRIMERIE NATIONALE.

noires qui surmontent les schistes à *Posidonomya alpina* A. Gras. Nous citerons spécialement :

Belemnites (Duvalia) *aenigmaticus* d'Orb. (Saint-Geniez) [fig. par W. Kilian],
Lytoceras Adelae d'Orb. sp.,
Phylloceras Lodaiense Waag.,
Phylloceras plicatum Neum.,
Phylloceras Zignodianum d'Orb. sp.,
Phylloceras Puschi Opp. sp.,
Phylloceras Hommairei d'Orb. sp. (Puymaur, près de Gap, Chabrières [Basses-Alpes]),
Somerbyceras tortisulcatum d'Orb. sp.,
Sphaeroceras cf. *microstoma* d'Orb. sp.,
Sphaeroceras bullatum d'Orb. sp. (commun aux environs de Savournon, de Montéglin, d'Upaix et entre la Javie et Draix [Basses-Alpes]),
Macrocephalites tumidus, Rein. sp.,
Macrocephalites lamellosus Sow. sp.,
Macrocephalites macrocephalus Schl. sp. (Ventavon),
Kepplerites calloviensis Sow. sp.,
Reineckeia anceps d'Orb. sp.,
Hecticoceras lunula Quenst. sp.,
Hecticoceras lunuloïde Kil.,
Hecticoceras Brighti Pratt.[1] sp.,
Hecticoceras punctatum Stahl. sp.,
Ochetoceras Henrici d'Orb. sp. (la Motte du Caire),
Aspidoceras perarmatum Sow. sp.,
Aspidoceras Babeanum d'Orb. sp.,
Proplanulites Koenighi Sow. sp. (Saint-Geniez),
Perisphinctes dilatatus Qu. sp.,
Perisphinctes curvicosta Opp. sp.,
Perisphinctes tyrannus Neum.,
Perisphinctes furcula Neum.,
Perisphinctes Recuperoi Gemm.,
Perisphinctes Orion Opp. sp.,
Perisphinctes patina Neum.,
Perisphinctes cf. *promiscuus* Bukow.,
Perisphinctes indogermanus Waag. sp.,
Perisphinctes rota Waag. sp. (La Motte-du-Caire, etc.), (figuré par W. Kilian, *Montagne de Lure*, Pl. I, fig. 1),
Peltoceras athleta Phil. sp. (Savournon),
Peltoceras Kiliani Rollier in litt. (Savournon),
Peltoceras torosum Opp. sp.,
Peltoceras athletoides Lak. sp.,
Peltoceras instabile Uhlig (figuré par M. Kilian, Lure, Pl. I, fig. 2) Naud,
Peltoceras Arduennense d'Orb. sp.,
Quenstedticeras Lamberti Sow. sp. (Savournon),
Cardioceras cordatum Sow. sp. (Serres, Sisteron, Rémuzat); assez rare,
Cardioceras Mariae d'Orb. sp. (Sisteron),
Posidonomya Dalmasi Dum.,
Posidonomya alpina Gras,

et une série d'autres espèces indiquant la présence, dans la région subalpine, de *toutes les zones paléontologiques* du Callovien et de l'Oxfordien inférieur.

[1] L'un de nous a figuré (Trav. du Lab. de géol. Faculté des Sciences de Grenoble, t. I, Pl. 1) trois exemplaires de cette espèce, provenant de Savournon (Hautes-Alpes), 4, 5 et 6, p. 207-208.

Substratum des masses charriées de l'Ubaye et de l'Embrunais.

Dans une zone plus interne, celle à laquelle appartient le soubassement autochtone des masses charriées de l'Ubaye et de l'Embrunais, le Callovien et l'Oxfordien sont représentés par des marnes schisteuses de teinte foncée. La collection François Arnaud (Faculté des Sciences de Grenoble) renferme une intéressante série de fossiles de ces «**Terres noires**» de l'Ubaye. On y remarque notamment, d'après les déterminations de l'un de nous, parmi les espèces recueillies soit par Arnaud, soit par M. E. Haug et par l'un de nous :

1° Un certain nombre d'espèces nettement calloviennes, telles que :

Sphaeroceras bullatum d'Orb. sp. (Saint-Pons),
Macrocephalites Herveyi Sow. sp. (= *tumidus* Rein.) du Col de Pontis (MM. W. Kilian et E. Haug), de Saint-Pons (Coll. Arnaud),
Reineckeia anceps d'Orb. sp. (Riou Bourdoux, Barcelonnette),
Reineckeia cf. *anceps* d'Orb. sp. (base du Chapeau de Gendarme, Ravin de Bouriane),
Perisphinctes subbackeriae d'Orb. sp. (Riou-Bourdoux),
Perisphinctes cf. *funatus* Opp. (Villard de Faucon, Pissevin),
Perisphinctes Orion Opp. sp. (Riou-Chanal),
Perisphinctes Recuperoi Gemm.,
Perisphinctes euryptychus Neum. sp. (Faucon),
Perisphinctes Jupiter Steinmann,
Kepplerites Gowerianus Sow. sp. (Barcelonnette),
Posidonomya alpina A. Gras.

Dans les schistes inférieurs, *Posidonomya alpina* A. Gras abonde, notamment dans les berges du torrent de Saint-Pons; on y a recueilli, en outre, des restes de Gymnospermes (Conifères) déterminés par MM. Fliche et Zeiller.

2° Les formes suivantes, qui témoignent de la présence du Callovien supérieur et de l'Oxfordien inférieur :

Belemnites (*Aulacobelus*) *hastatus* Sow. (Riou-Bourdoux),
Quenstedticeras Lamberti Sow. sp.,
Pachyceras Lalandeanum Sow. sp.,
Hecticoceras punctatum Stahl sp. (Ravin de Bouriane),
Peltoceras sp. (entre Villevieille et Faucon, Ravins de Saint-Pons).

3° Des formes indiquant la présence de l'Oxfordien proprement dit à *Cardioceras cordatum* Sow. sp. et *Phylloceras* (*Sowerbyceras*) *tortisulcatum* d'Orb. sp. (notamment à la butte du Coulet, au-dessus de Penelle) et contenant une faune très analogue à celle des « marnes oxfordiennes » des environs de Gap et de Sisteron (v. plus haut, p. 218); ce sont :

Belemnites (*Aulacobelus*)[1] *hastatus* Sow. [Terres-Plaines, le Coulet (commun)],
Belemnites (*Duvalia*) *Muelleri* Gill. et *Bel. spissus* Gill. (de Goudeissart et du Coulet),
Lytoceras Adeliæ d'Orb. sp.,
Lytoceras sp. (Roubines de la Marquise, près Faucon, Pissevin),
Phylloceras Zignodianum d'Orb. sp. (Terres-Plaines, le Coulet),
Phylloceras Puschi Opp. sp. (le Coulet),
Phylloceras Kudernatschi Hauer sp.,
Phylloceras (*Sowerbyceras*) *tortisulcatum* d'Orb. sp. (le Coulet),
Lissoceras sp. (Savines),
Perisphinctes subtilis Uhlig (Torrent de Faucon, Riou-Bourdoux, le Coulet),
Perisphinctes sp. ind. (nombreuses formes),
Perisphinctes dilatatus Qu. sp.,
Perisphinctes sulciferus Opp. sp.,
Perisphinctes rota Waag. sp. (Savines, Pissevin, les Galamands, etc., Tuiset près du Riou-Bourdoux),
Perisphinctes consociatus Bukow.,
Perisphinctes promiscuus Bukow.,
Perisphinctes convolutus Qu. sp.,
Peltoceras torosum Opp. sp.,
Peltoceras Arduennense d'Orb. sp.,
Hecticoceras lunuloïde Kil. (in X. de Tsytovitch)[2],
Hecticoceras lunula Quenst. sp. (Coulet),
Hecticoceras pseudopunctatum Lah. sp.,
Hecticoceras punctatum Stahl sp. (Coulet),
Hecticoceras Cracoviense Neum. sp.,
Cardioceras cordatum Sow. sp. (le Coulet, Pissevin) [commun et typique au Coulet],
Aspidoceras faustum Bayle sp. [superbe exemplaire de Villevieille, près Barcelonnette (M. Delpech)],
Aspidoceras perarmatum d'Orb. sp. (Goudeissart),
Aptychus sp. (Goudeissart),
Pleurotomaria sp. (Goudeissart),
Terebratula sp. (Coulet),
Polypiérites isolées (Riou-Bourdoux).

[1] Il y a lieu de citer encore, de cette région, d'après la collection Arnaud (Faculté des Sciences de Grenoble) : diverses espèces d'étages plus anciens (Bajocien et Bathonien) provenant des calcaires schisteux noirs des Ravins de Pissevin, de Faucon, du Bourget, de Pra-Loup, près Enchastrayes, du Bec-de-l'Aigle, de Terres Plaines, et que nous n'avons pas mentionnées dans le chapitre précédent. Ce sont :

Belemnites Belemn(opsis) alpinus Ooster (bel exemplaire). Environs du village d'Ubaye,
Belemnites (*Belemnopsis*) sp. (Le Bourget, Faucon),
Lytoceras tripartitum Rasp. sp. (très commun à Enchastrayes),
Phylloceras sp.,
Morphoceras polymorphum d'Orb. sp. (Enchastrayes),
Parkinsonia Parkinsoni Sow. sp. (environs de Barcelonnette),
Perisphinctes procerus Seeb. sp.,
Rhynchonella Hopkinsi Mc Coy (Ravin de Pissevin, le Lauzanier), et *Rh. Dumortieri* Kil.,

ainsi que des Spongiaires et des Polypiers caractérisant un **facies grumeleux** très intéressant, avec *Lyt. tripartitum* et *Morphoceras*, développé à Pra-Loup, près Enchastrayes (d'après la coll. Arnaud).

[2] Xenia de Tsytovitsch, Hecticoceras du Callovien de Chézery (*Mém. Soc. paléont. Suisse*, t. XXXVII, 1911), Pl. VIII, fig. 4-7, p. 70.

4° Enfin, une espèce de l'Oxfordien supérieur :

Perisphinctes plicatilis Sow., var *Martelli* Opp. (in de Riaz) [provenant du Chemin du Col de Talon à Bouchier].

Des calcaires noirs au N. O. des Ayguettes et à l'Est de la Chalanette paraissent se rapporter également à l'Oxfordien supérieur ou au Jurassique supérieur.

Les localités de la région de l'Ubaye, dont les « terres noires » ont fourni, soit à François Arnaud, soit à l'un de nous, les fossiles calloviens et oxfordiens cités plus haut, sont notamment : Saint Pons, Riou du Puy à la Lauze, Riou-Chanal, Serre-Maurin, Villard de Faucon, Pontis, les ravins ou roubines de Pissevin et Goudeissart, au Sud de Barcelonnette et au pied du Chapeau-de-Gendarme; les roubines du Riou-Bourdoux, le torrent de l'Ouest du ravin descendant aux Galamands, à l'Ouest du pâturage de Faucon, le Tuiset, près du Riou-Bourdoux, les roubines de la Marquise, près de Faucon, la butte du Coulet au-dessus de Penelle (*Duvalia*), le Chemin de Bramafan, Villevieille, les ravins au-dessus de Chérines, le torrent de Saint-Pons, le ravin de Bouriane, le canal au-dessus du Chazelar, près Barcelonnette, le chemin de Talon à Bouchier près Allos, les environs de Savines (vallée de la Durance), les Auches, près Seynes (*Phyll. tortisulcatum*), etc.

Absence de l'Oxfordien à l'Est de la zone du Flysch.

L'affleurement oxfordien du col Lombard est *le seul* que nous connaissions dans les régions intraalpines au Nord du Pelvoux. Il continue par son facies le type bathyal « dauphinois » du Dogger et du Lias comme l'Oxfordien (« terres noires ») de l'Embrunais, de Savines et des environs de Barcelonnette constitue le type vaseux du Jurassique moyen et inférieur des Basses-Alpes. Comme ce dernier il borde à l'Ouest la zone du Flysch dont la portion externe le recouvre par chevauchement. *A l'intérieur et à l'Est de cette zone de Flysch et dans toute la zone du Briançonnais l'Oxfordien est inconnu et le Malm transgressif semble débuter par des assises plus élevées (tithoniques).*

II. CALCAIRES SUPRAJURASSIQUES.

Ainsi qu'il a été dit plus haut, on ne connaît pas, dans les zones intraalpines, de représentants des étages argovien, rauracien, séquanien et kimeridgien, si bien représentés dans les zones subalpines et dans les régions du Gapençais, de la Haute Bléone et du haut Verdon, et le Jurassique supérieur n'offre, dans la zone des Aiguilles d'Arves, dans les masses de recouvrement de l'Ubaye et dans la zone du Briançonnais, que des calcaires dits « suprajurassiques » qui paraissent appartenir au Tithonique, équivalent méditerranéen de l'étage portlandien; ils présentent deux types principaux, l'un amygdalaire, l'autre zoogène.

1. Type vaseux amygdalaire.

Type amygdalaire. (Caractères principaux.)

Dans une portion importante de la zone du Briançonnais, le Malm se présente sous la forme de calcaires amygdalaires parfois blanchâtres ou grisâtres, mais généralement roses ou lie de vin et dans certains cas de teinte verdâtre, qui se reconnaissent aux formes arrondies que prennent leurs bancs par suite de l'érosion, allure caractéristique que l'un de nous (J. R.) a désignée sous le nom d'aspect « savonneux ».

Le type le plus fréquent est un calcaire rose en très gros bancs (10 à 25 mètres) formé d'une suite de noyaux de teinte claire et de nature compacte séparés et entourés de feuillets marneux lie de vin foncé ou plus rarement verdâtres qui se moulent pour ainsi dire autour de ces amygdales plus dures et plus claires[1]. C'est dans les carrières de Guillestre (voir Planche A) que cette roche, qui rappelle le « marbre griotte » des Pyrénées, est le mieux développée; d'où lui vient le nom déjà ancien de **Marbres de Guillestre** (voir plus haut, p. 211); elle est utilisée pour les constructions (ponts, gares, cathédrales de Gap et de Guillestre) dans une grande partie du département des Hautes-Alpes. On la retrouve sous même forme en une foule de points, par exemple à la Condamine, aux Aiguilles de Chambeyron, à la Mortice, etc.

[1] Certains calcaires triasiques présentent, par suite de la décalcification et de l'oxydation superficielle de ses produits, une *teinte rouge* qui leur donne une certaine ressemblance avec les calcaires que nous venons de décrire; mais outre que, dans les calcaires du Trias, cette coloration est purement superficielle (la roche est noirâtre sur la cassure) et forme des traînées irrégulières et souvent transversales aux bancs, elle est légèrement différente (moins violacée et plus franchement rouge que celle des calcaires de Guillestre) et peut, pour un œil exercé, être aisément distinguée.

La coloration des dépôts du Malm paraît due à des sels de manganèse dont l'analyse chimique a constaté l'existence, tandis que la teinte superficielle des calcaires du Trias est attribuable à des oxydes de fer.

Par disparition de l'élément argilo-schisteux, qui forme à Guillestre l'enveloppe des noyaux calcaires amygdalaires, la roche passe parfois soit à des marbres plus compacts, à cassure esquilleuse, tachés de rose et de vert (Pont du Castellet dans la Haute-Ubaye), ou de teinte plus uniforme (Saint-Crépin, etc.), soit à des calcaires cristallins de teintes variées pouvant aller jusqu'au gris noirâtre (vallon de Malafosse, près de Briançon).

D'autres fois, ce sont des calcaires en bancs réguliers, bleuâtres à l'intérieur, bréchoïdes et à silex, prenant, dans les portions exposées à l'air, une *patine jaunâtre* caractéristique (Galibier, N.-O. de Ceillac, Tête de la Meyna, etc.), qui passent aux précédents ou alternent avec eux. Cet ensemble, assez variable et quelquefois coupé de *calschistes lie de vin, roses, lilas, verdâtres,* gris et rarement noirâtres, est facile à séparer, avec un peu d'habitude, des calcaires du Trias, même dans le cas où les colorations blanche, violacée, bleuâtre pâle, grise et noirâtre, analogues à celles de ce dernier terrain, remplacent les teintes roses habituelles [1].

Dans le Briançonnais oriental (Ravin du Creuzet, Pont Baldy, etc.) des **zones siliceuses** apparaissent dans les calcaires qui passent progressivement, plus à l'Est encore, à des calcschistes et qui se fondent peu à peu dans la masse des Schistes lustrés.

Une véritable **brèche** existe au col des Rochilles, à la Roche du Queyrellin, à la montagne de Gaulent, au Pont-Baldy près de Briançon, etc., à la base de la formation; on en connaît aussi à la base du calcaire de Guillestre au grand Galibier; enfin nous attribuons à ce niveau les calcaires-brèches du Plan de Nette, en Haute-Maurienne. La teinte rouge de son ciment, la présence de *Duvalia* et la nature des fragments qu'elle englobe (calcaires noirs du Lias, calcaires à Entroques, calcaires blancs esquilleux et subcristallins du Jurassique supérieur, nombreux rognons de limonite) ne permettent pas de la confondre avec la brèche liasique dite du Télégraphe à laquelle elle est souvent superposée. On la retrouve au col des Houerts, près d'Escreins. Elle repose parfois directement sur les calcaires triasiques (la Condamine, etc.). *Son existence a une importance théorique considérable, car elle est l'indice d'une transgression du Jurassique supérieur sur son substratum.* Ajoutons qu'au Lac Blanc (Galibier) et à Revel (Ubaye), l'extrême abondance des débris de Crinoïdes

[1] C'est notamment grâce à leur *cassure* esquilleuse, translucide sur les bords, assez analogue, d'après M. Termier, à celle du silex ou de l'opale, que ces calcaires peuvent être distingués de ceux du Trias, du Lias ou du Dogger.

et des fragments de *Calcaire construit*, englobés dane la brèche tithonique, semble indiquer le voisinage de récifs.

L'épaisseur totale des dépôts jurassiques supérieurs que nous venons de décrire est de 50 à 80 mètres.

Fossiles.

Les **fossiles** les plus nombreux sont des *Aptychus* du groupe de *Aptychus Beyrichi* Zitt. et *A. punctatus* Voltz et des Bélemnites du groupe des *Duvalia*. Nous y avons aussi rencontré des Ammonites (*Phylloceras, Peltoceras, Lissoceras, Perisphinctes* (v. plus haut, p. 212), une **Pygope** et quelques Crinoïdes (*Phyllocrinus*). On trouvera plus loin la liste complète des espèces recueillies, à notre connaissance, dans le Malm intraalpin. Ces espèces, quoique peu nombreuses, ne peuvent cependant laisser aucun doute sur l'âge jurassique supérieur et probablement tithonique de l'ensemble des assises qui les a fournies. La présence d'une *Pygope* (lac de la Ponsonnière) est spécialement significative à cet égard; c'est, en effet, la première fois que ce genre est signalé dans le Jurassique supérieur de la zone du Briançonnais; l'existence de ces *Pygope* dans le calcaire rose du massif du Galibier, du type « marbre de Guillestre », vient se joindre à l'aspect de la roche, à sa structure microscopique et aux fossiles déjà cités dans ces assises, pour en faire l'équivalent du Tithonique (Diphyakalk) de Roveredo, dans le Tyrol méridional. Ce type de dépôts rappelle aussi d'une façon singulièrement vive le Tithonique de Majorque (îles Baléares), également *transgressif* sur les dépôts plus anciens, ainsi que celui d'Andalousie; il représente un facies très répandu dans les régions méditerranéennes.

Modifications diverses.

Entre Guillestre et Vars on peut s'assurer en outre très nettement que les calcaires amygdalaires roses (marbres de Guillestre), dont les noyaux montrent ici, au microscope, une structure nettement zoogène et sont enveloppés de feuillets marneux rutilants, *passent progressivement* à des calcaires grisâtres, blanchâtres ou même noirâtres (route de Vars, au delà des Hautes-Peyres) que leur cassure subcristalline spéciale permet de distinguer facilement des calcaires du Lias, du Dogger ou du Trias et qui ont une structure microscopique nettement zoogène. Un passage latéral graduel très net et analogue existe entre les calcaires blancs ou gris zoogènes du Malm et le facies amygdalaire de Guillestre. Il a été décrit au début par l'un de nous (W. Kilian, *in* Comptes rendus de l'Académie des sciences, 21 octobre 1899) dans la localité de Revel-Méolans, dans la vallée de l'Ubaye, au sein d'une masse de Jurassique supérieur charriée.

Nous nous proposons d'étudier ultérieurement dans un chapitre spécial une autre modification des calcaires suprajurassiques : nous voulons parler du passage latéral des assises terminales de cette formation à un système de « *marbres en plaquettes* » qui joue un rôle important dans certaines parties du Briançonnais et qui présente des rapports très complexes avec les assises éogènes.

Structure micrographique.

Au point de vue de la *structure micrographique*, enfin, les calcaires du Malm intraalpin que nous venons de décrire présentent fréquemment une structure zoogène très accentuée (Costebelle, les Maitz dans l'Ubaye) et fort analogue à celle que montrent les calcaires de l'Urgonien subalpin. Parfois la recristallisation masque plus ou moins cette constitution. Souvent aussi cette structure est limitée aux noyaux amygdalaires des calcaires du type Guillestre [1]; elle passe en beaucoup de points dans les calcaires roses à un type plus compact présentant sur un fond amorphe des Radiolaires, des spicules de Spongiaires, des Foraminifères et le *Calpionella alpina* Lor. [2], identique à celui du Tithonique supérieur du Diois, de l'Ardèche et de Cabra (Andalousie). Des *Globigérines* ont été signalées dans ces calcaires par Munier-Chalmas et par M. Termier dans les montagnes de Vallouise (Sablier), puis par l'un de nous à Saint-Félix, près de Saint-Michel-de-Maurienne.

Tels sont les caractères micrographiques de ce Malm intraalpin qui présente ainsi plusieurs types distincts : un type vaseux à *Calpionella*, un type à *Globigerina* et un type zoogène; la répartition géographique de ces facies est intéressante et éclaire nettement les questions relatives à l'origine de certains plis couchés et de certaines nappes de recouvrement du Dauphiné méridional et des Basses-Alpes.

Renseignements divers.

Les « Calcaires de Guillestre » ont été fréquemment transportés sous forme de blocs erratiques dans les régions subalpines du bassin de la Durance; ils

(1) Voir MM. Hovelacque et W. Kilian, *Album de microphotographies de roches sédimentaires* (planche XXVIII). Paris, Gauthier-Villars, 1900.

(2) M. Lorenz a décrit, sous le nom de *Calpionella alpina*, un petit Foraminifère uniloculaire qui se retrouve en grande partie dans les calcaires à facies vaseux du Tithonique delphino-provençal (Bastille près Grenoble, col de Cabre), et même à Cabra, en Andalousie. C'est peut-être un Radiolaire.

se rencontrent par exemple dans les dépôts glaciaires des environs de Sisteron dont ils constituent un élément fréquent (Valernes, Aubignosc, Vallon du Trou du Loup, etc.).

On les retrouve également dans certaines brèches éogènes comme celle de la « Butte des Galets », près de l'Eychauda, que M. Termier considère comme une brèche tectonique et que l'un de nous serait disposé à attribuer à l'Eogène.

Les « Marbres en plaquettes » qui sont reliés aux calcaires amygdalaires par leur base ont une grande analogie avec les calcaires jurassiques connus sous le nom de « Lochseitenkalk », du Sernfthal, dans les Alpes de Glaris (Suisse).

Maurienne et Tarentaise.

Malm. de la Maurienne et de la Tarentaise.

Outre les affleurements du flanc N.-E. du Grand Galibier (voir plus bas) et de l'arête de la Sétaz, découverts et décrits par l'un de nous et figurés sur la feuille Briançon de la Carte géologique de France, les calcaires du Jurassique supérieur apparaissent un peu en aval de l'Usine de Saint-Félix, dans la vallée de l'Arc, dans une tranchée du chemin de fer de Culoz à Modane; ils présentent là une teinte d'un blanc rosé et verdâtre, et possèdent des caractères voisins de ceux des « Marbres en plaquettes » et du Malm briançonnais; l'examen microscopique y a révélé la présence de *Globigérines*[1]. La collection Ch. Lory contient un échantillon de calcaire d'un gris brunâtre à veines argileuses verdâtres et lie de vin renfermant une *Bélemnite* spécifiquement indéterminable qui paraît appartenir au type Briançonnais du Jurassique supérieur et qui porte l'étiquette suivante : « Bloc éboulé sur le bord de l'Arc, au bas de la carrière de calcaire à Nummulites de Montricher en Maurienne. » Il paraît donc certain que l'horizon des « Calcaires de Guillestre » existe dans la vallée de l'Arc. M. Révil a signalé en outre à Claret, en Maurienne, sur la rive droite de l'Arc, des schistes satinés qui pourraient se rapporter à ce niveau.

Un débris de calcaire recueilli par l'un de nous près de la petite Val, dans le massif de l'Aiguille du Fruit, en Tarentaise, dans un torrent, semblerait indiquer qu'il existe dans cette région des affleurements de Malm non encore signalés.

[1] W. Kilian, *Bull. Soc. géol. de France*, 4e série, t. III, p. 448 (1903).

On retrouve un lambeau analogue de calcaires roses dont les relations tectoniques seraient à préciser, près de Saint-Martin-de-la-Porte, au Nord de l'Arc.

Au Sud de Moutiers en Tarentaise, sur le flanc est de la montagne du Niélard, au-dessus de Saint-Jean-de-Belleville, l'un de nous (W. K.) a découvert un affleurement de calcaire à *Aptychus* qui doit être rapporté au Jurassique supérieur.

Enfin l'un de nous [1] a signalé au Plan de Nette (voir les vues, pl. XI, du présent ouvrage), près du Col de la Leysse (haute Maurienne), une brèche cristalline dans laquelle il a reconnu la présence de *Belemnites* (*Hibolites*), d'*Aptychus* et de *Phyllocrinus;* M. Jean Boussac y a rencontré des Ammonites indéterminables. Ce géologue a contesté l'attribution au Jurassique supérieur de ces brèches qu'il considère comme liasiques sans d'ailleurs appuyer son opinion d'aucune preuve paléontologique décisive. Nous espérons que d'heureuses trouvailles nous permettront un jour d'apporter en faveur de notre opinion, qui est basée sur notre connaissance approfondie des calcaires alpins, des documents paléontologiques plus démonstratifs.

Massifs du Grand-Galibier [2] et des Rochilles.

Jurassique du Galibier.

Le Tithonique affleure à environ 2,800 mètres d'altitude, sur le versant S. E. du Roc du Grand-Galibier, au milieu des névés situés à l'Ouest du Lac Blanc; nous avons consacré à ce gisement une description détaillée qui permet de le retrouver aisément. Le Jurassique supérieur forme là un synclinal couché (synclinal du Grand Galibier [3]) [Voir fig. 53-58 du tome I de ce mémoire la coupe de ce synclinal et des plis avoisinants] très net dans les brèches liasiques, surmontées elles-mêmes par des brèches à Entroques du Dogger [4].

[1] W. Kilian, Sur la Fenêtre du Plan-de-Nette et sur la Géologie de la Haute Tarentaise (*C. R. Ac. des Sciences*, 1er octobre 1906).

[2] W. Kilian, Sur l'existence du Jurassique supérieur dans le massif du Grand Galibier (*Bull. Soc. géol. France*, 3e série, t. XX, 1894, p. 21 et suiv., avec fig. dans le texte et planche en phototypie).

W. Kilian, Livret-Guide du 8e congrès géologique international, 1900. Excursion XIII a.

[3] Ce synclinal remonte nettement à l'Est des sommets du Grand Galibier pour atteindre le haut d'un couloir ou d'une sorte de combe qui redescend en Savoie sur le versant N. E.

[4] En un point sur le bord est du synclinal la série est renversée et les brèches du Lias recouvrent localement le Malm.

Nous y avons trouvé d'assez nombreux fossiles :

Aptychus Beyrichi Zitt., assez commun,
Aptychus punctatus Voltz, très abondant et formant lumachelle,
Lytoceras sp., grands exemplaires enclavés dans la roche,
Phylloceras sp., deux exemplaires indéterminables,
Perisphinctes sp.,
Belemnites (Duvalia) latus Blainville, assez commun; nous avons recueilli notamment un exemplaire (voir pl. XV, fig. 1, du présent mémoire) de cette espèce possédant des caractères particulièrement nets. Il est déposé dans les collections de la Faculté des sciences de Grenoble.
Belemnites (Aulacobelus) Conradi Kilian, abondant,
Rhynchotheutis sp.

En outre, de très nombreux Crinoïdes (*Phyllocrinus* sp.) remplissent un banc de calcaire rouge.

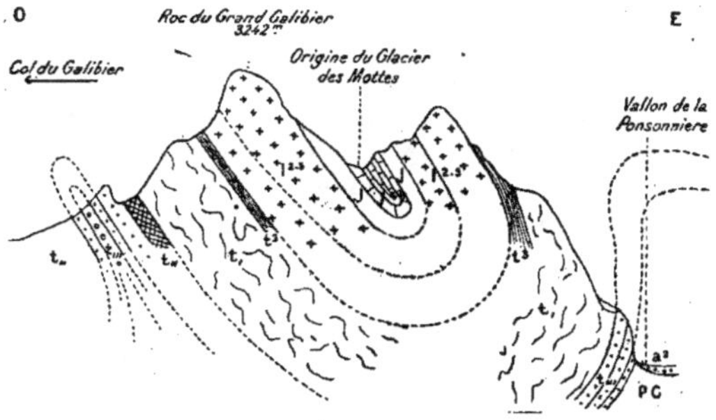

Fig. 44. — Coupe transversale théorique) du massif du Galibier, entre le col du Galibier et le vallon des Mottes.

LÉGENDE.

J^{6-5} Jurassique supérieur fossilifère. — J Dogger? — J^{4-1} Brèche du Télégraphe (Lias). — t^3 Schistes verts et rouges. — t_{I} Dolomies triasiques. — t_{II} Schistes, Calcaires phylliteux et cargneules. — t_{III} Quartzites et Permien.

La roche qui contient cette faune est très caractéristique ; c'est un calcaire amygdalaire pseudo-bréchoïde, sonore et parfois siliceux où domine la teinte rouge lie de vie et où se rencontrent en grand nombre les débris de *Bélemnites*, d'*Aptychus* et de *Phyllocrinus*. Ces calcaires sont accompagnés de *schistes verts et rouges* satinés. De plus, on y remarque quelques rognons scoriacés de limonite siliceuse.

Une véritable **brèche** à nodules siliceux et à ciment rouge forme la base du dépôt et renferme des fragments remaniés des calcaires gris du Trias, de calcaire liasique *noir* et de dolomie jaunâtre ainsi que de nombreux exemplaires de *Duvalia* et de *Crinoïdes;* le ciment est également lie de vie. Signalons aussi des bancs d'un *calcaire à silex* compact, bleuâtre à l'intérieur, patiné de jaune à l'extérieur, et pétri d'*Aptychus* ainsi que des noyaux plus ou moins volumineux de calcaire blanc *zoogène* qui arrivent à dominer en certains points. Cette brèche rouge, à allure transgressive, repose ici directement, comme nous l'avons dit, sur des microbrèches et des calcaires à Entroques (Dogger), auxquels elle se relie étroitement et sous lesquels apparaissent les gros bancs de la Brèche du Télégraphe (Lias); à cette dernière sont d'ailleurs associés des schistes calcaires noirâtres contenant des *Bélemnites* près du Lac Blanc.

D'autres affleurements analogues, découverts ultérieurement par l'un de nous, se retrouvent en plusieurs points du même massif où le Malm, reposant directement sur la brèche liasique, remplit de nombreux petits synclinaux en V plus ou moins laminés. C'est ainsi que de l'Hospice du Lautaret on aperçoit, en regardant vers l'Est les murailles calcaires qui constituent le flanc S. O. du Pic de la Ponsonnière et du Pic Termier, des taches d'un rouge violacé qui représentent les sections de plusieurs synclinaux; on en remarque, en particulier, deux qui forment au milieu des masses triasico-liasiques deux bandes rougeâtres parallèles et superposées.

Jurassique supérieur au Nord de la Guisane.

L'un de nous (W. K.) a en outre reconnu la présence du *Jurassique supérieur* (Calc. de Guillestre et schistes rouges à *Aptychus*) fossilifère en de nombreux points, voisins des précédents (Voir le tome I du présent mémoire, fig. 53-58), notamment à l'Ouest de la Mandette, près de la route du Galibier, au Nord du Blockhaus du Galibier et au Pic de la Ponsonnière, en amont de l'Alpe du Lauzet, etc. Tous ces affleurements sont nouveaux *et n'étaient pas connus avant 1890.* Il en est de même d'un gisement de fossiles du Jurassique supérieur découvert (W. K.) en 1900 près du lac de la Ponsonnière et qui a fourni : *Aptychus Beyrichi* Zitt., formant lumachelle, *Phyllocrinus, Perisphinctes* sp. et une **Pygope** qui n'est conservée qu'en partie et paraît appartenir au groupe de *P. diphya* Col. sp. plutôt qu'à celui de *P. janitor* Pict. sp.

Le Malm se retrouve avec les mêmes caractères et affectant également la disposition synclinale dans le **massif des Rochilles** où l'on peut étudier, sur le bord du premier lac (en venant de Valloire), des schistes verts et rouges, verticaux, en contact avec une brèche calcaire. Cette bande se poursuit au Sud dans la chaîne de la Corne des Blanchets (Lac des Béraudes, Lac Rouge), ainsi qu'à la Roche de Queyrellin[1] qui est située près de l'extrémité méridionale de Casse-Blanche, à l'Est du col du Chardonnet. Les brèches rouges qui se trouvent au-dessus du lac d'où descend le ruisseau de Queyrellin sont très fossilifères et nous avons pu y recueillir d'assez nombreux fragments de fossiles (*Aptychus latus* Voltz, *Aptychus Beyrichi* Zittt, *Duvalia lota* Blainv. sp.).

Massifs de la Condamine, de Serre Chevalier, etc.

Jurassique supérieur entre Briançon et Vallouise.

C'est sur les indications de l'un de nous et à la suite de la découverte du Malm fossilifère au Grand-Galibier que M. Pons (alors élève de la Faculté des sciences de Grenoble) constatait, en 1892, la présence au Pic de Montbrison, entre la Tête d'Amont et la Tête d'Aval, des calcaires rouges du Jurassique supérieur, dans des conditions identiques à celles de ce dernier gisement. On voit là, comme au Galibier, des brèches et des marno-calcaires lie de vin schisteux renfermant *Aptychus*, *Bélemnites*, débris d'*Ammonites* indéterminables, des Crinoïdes et quelques Polypiers. Des lambeaux de ce même calcaire rose amygdalaire se retrouvent en plusieurs points de la crête de Montbrison et M. Pons l'a suivi jusqu'au sommet du Sablier.

Ainsi la découverte de nouveaux lambeaux de calcaire rouge fossilifère du Jurassique supérieur dans le massif de Montbrison, à l'Est de Ville-Vallouise, complétait, dès 1892, la série des affleurements de Malm qui jalonnent une suite de synclinaux appartenant à la zone du Briançonnais. Peu après, la découverte d'un *Aptychus Beyrichi* Zitt. et de quelques Entroques dans des dalles rouges à la montagne de Serre-Chevalier (W. Kilian et P. Termier) fut suivie des belles recherches de M. Termier dans le massif de Prorel-Condamine.

D'après cet auteur et d'après les explorations de l'un de nous (W. K.), le Jurassique constitue une sorte de calotte au sommet de la Condamine; on le retrouve au sommet Bouchard, au Sablier, au col de Trancoulette, non loin

[1] Voir W. Kilian et J. Révil, Description géologique de la vallée de Valloire (*Bull. de la Soc. d'hist. nat. Savoie*, 2e série, t. IV, p. 48, 1899.)

du Col de l'Eychauda, à la crête de la Balme, à la montagne de la Croix d'Aquila, à Montbrison, à la Condamine (*Perisphinctes pseudocolubrinus* Kil.). De beaux bancs de marbre blanchâtre sont, dans cette région, associés à des calcaires roses amygdalaires du type « Guillestre » et à des schistes rouges et verts. En général, ce sont de gros bancs de marbre à cassure esquilleuse et à aspect « savonneux », blancs, jaunâtres, rose pâle ou violet pâle; des calcaires amygdalaires roses; des calcaires à rognons ferrugino-siliceux, accompagnés parfois de petits bancs ferrugineux brunâtres avec *dents de Squales* (crête de la Balme); des calcaires massifs gris; des schistes gris, rouges, verts ou noirs. L'épaisseur dépasse rarement 80 mètres. On trouve dans les calcaires : *Perisphinctes* sp., *Phylloceras* sp., *Aptychus Beyrichi* Zitt. (formant souvent lumachelles), *Apt. punctatus* Voltz, *Duvalia* sp., *Belemnites* sp. M. Termier y signale, en outre, des Céphalopodes à la Condamine, à la cime de Palluel et dans un grand ravin au N. E. de la Tête d'Amont. A la base, en beaucoup de points, une **brèche calcaire**, à ciment rouge, représente la partie inférieure de l'étage[1]. Localement, on y voit des calcaires à silex et des bancs subrécifaux blanchâtres.

Dans la vallée de la Durance, à Villard-Meyer, une brèche intercalée dans les « Marbres en Plaquettes » et formée de fragments de calcaires roses et verdâtres paraît également se rattacher au Jurassique supérieur.

La brèche rose à morceaux de calcaires triasiques noirs se retrouve à la base du Malm de la crête de la Balme dans le massif de Serre-Chevalier, et ce Malm est en outre remarquable par l'abondance de *nodules ferrugineux* caractéristiques et d'aspect scoriacé.

On voit donc que dans tout le massif de Montbrison le Jurassique supérieur est bien développé sous la forme de marbres roses amygdalaires à *Bélemnites*, coupé de schistes rouges et violacés et de bancs ferrugineux roussâtres, avec nodules limoniteux. M. Termier en a excellemment décrit l'aspect. A Palluel, Ch. Lory a recueilli des Schistes rouges et verts qui appartiennent certainement aussi au Malm.

[1] Parfois, on a réuni, faute de place, sur la Carte géologique, sous un même symbole, le Malm, les schistes luisants qui les surmontent et les brèches calcaires (Lias) sous-jacentes. [Notice de la feuille de Briançon de la Carte géologique détaillée de la France au 1/80,000, par W. Kilian et P. Termier (Ministère des Travaux publics).]

Localités diverses du Briançonnais.

Jurassique supérieur du Briançonnais (Suite).

A Notre-Dame des Neiges, dans le massif de Prorel, nous avons pu constater, avec le capitaine Pussenot, que les assises qui supportent la chapelle, indiquées comme triasiques (*Trias à facies aberrant*) par M. Termier, ont tous les caractères du Malm Briançonnais et doivent être rapportées certainement au Tithonique.

Le Jurassique supérieur possède dans tout le reste du Briançonnais le facies particulier que nous venons de décrire; les recherches récentes ont montré qu'il occupe dans cette région une place beaucoup plus grande qu'on ne le supposait il y a quelques années (voir la fig. 44). Il n'a pas été signalé, il est vrai, par M. Termier, dans le massif de la Vanoise qui continue au N. E. le faisceau de Briançon-Névache, mais il y existe peut-être, ses assises étant, pour un observateur non prévenu, faciles à confondre avec les calcaires phylliteux du Trias.

Dans le Briançonnais proprement dit, nous pouvons indiquer en un assez grand nombre de points l'existence des calcaires rouges à *Duvalia* et *Aptychus punctatus* Voltz. Formant des noyaux synclinaux très étirés et souvent de véritables « coins » dans les calcaires du Lias et du Trias (paroi rocheuse, déjà citée plus haut, à l'Est de la Mandette, près du Lautaret), ils s'alignent suivant une première bande synclinale à peu près N.-S. On les connaît encore près du Grand Lac du Lauzet et à l'Aiguillette, au Nord du Casset.

Le Jurassique supérieur forme, en outre, plus à l'Est, des bandes synclinales au Grand-Aréa (*Hibolites, Duvalia, Aptychus*), dans le massif de la Grande-Manche (au Nord de Monêtier-les-Bains); on le retrouve dans des conditions analogues à la Batterie de la Lame (*Bélemnites*) sur la rive gauche de la Durance, en amont de Briançon, ainsi que dans les escarpements qui dominent la Vachette au Nord et sur la route même près du Fontenil, entre Briançon et la traversée du torrent de Malafosse près la Vachette. Il offre là des parties recristallisées, très cristallines, et forme une bande qui se poursuit jusque près des forts de l'Olive et de l'Enlon, au-dessus de Plampinet. Dans le ravin du Creuzet, entre Plampinet et Névache, l'assise se charge de *Zones siliceuses* et les bancs deviennent plus minces.

Au pied du fort de l'Infernet, près de Briançon, on exploite le long de la route stratégique un marbre rubané rouge et blanc très cristallin avec par-

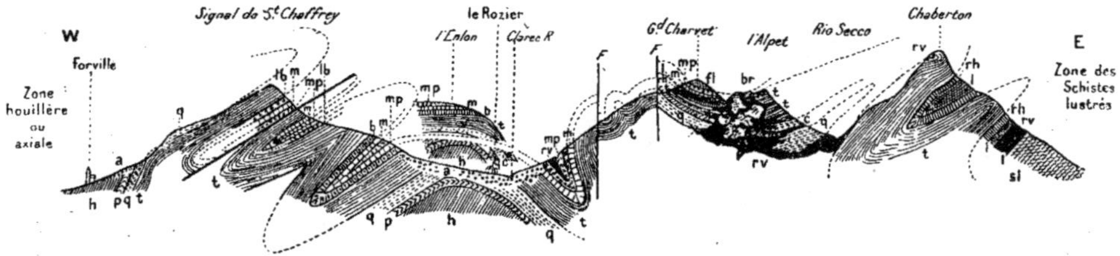

Fig. 45. — Coupe du Briançonnais oriental entre le signal de Saint-Chaffrey et le Chaberton (d'après Ch. Pussenot).

LÉGENDE.

h Houiller. — p Permien. — q Quartzites du Trias. — c Cargneules inférieures du Trias. — t Calcaires du Trias. — rh Rhétien — lb Lias (Brèche du Télégraphe). — l Lias passant aux Schistes lustrés. — b Bathonien. — m Jurassique supérieur. — mp Marbres en plaquettes passant à l'Enlon à une sorte de Pseudo-Flysch. — sl Schistes lustrés. — fl Flysch. — br Brèches de l'Alpet (éogènes). — rv Roches vertes. — a Alluvions et éboulis. — F Faille. — S Surface de contact anormal.

Extrait de Kilian et Pussenot, La série sédimentaire du Briançonnais oriental. (*Bull. Soc. géol. de France*, 4e série, t. XIII, p. 17, 1913.)

IMPRIMERIE NATIONALE.

ties verdâtres qui appartient aussi à ce terrain. Nous mentionnerons également l'existence d'une bande synclinale de *Jurassique supérieur,* dans la vallée de la Cerveyrette (à l'Est de Pierre-Rouge) où les calcaires roses du type de Guillestre sont visibles près du premier lacet de la route militaire de la Lozette et non loin du Mélezet de Briançon. Près du Pont Baldy, ces calcaires présentent une teinte grise par places avec des *bandes siliceuses* caractéristiques, ainsi que des **masses de brèche** à ciment rose et galets verdâtres rappelant dans une certaine mesure la brèche du Télégraphe liasique avec laquelle nous l'avions d'abord confondue à la Batterie de Gafouille. Enfin, il se montre en deux synclinaux étroits dans l'arête de la Grande-Maye et il se rencontre dans le massif de Pierre-Eyrautz et au Pic de l'Ascension, où M. Lugeon[1] en a reconnu la présence en plusieurs points. Il forme encore deux nappes synclinales très distinctes dans le massif de Béal-Traversier (au N. O. de la Furfande); on peut encore l'observer à l'Aiguille de Ratier, près du Veyer (W. K.) et aussi près du col Fromage (M. Ph. Zürcher).

Plus au Sud, la brèche du Malm, à ciment rose avec éléments liasiques et triasiques, existe en plusieurs points (vallée du Cristillan, en aval de l'Adroit, Ouest du col de Bramousse, etc.). L'un de nous (W. K.) a délimité également un grand nombre de bandes synclinales de marbres roses jurassiques, inconnues avant ses explorations, dans le massif situé entre le Guil et l'Ubaye, notamment dans le massif du Pic Guillestre et au fond du vallon d'Escreins (Vallon-Claus), dans la chaîne des Heuvières, à la Main-de-Dieu, près de Vars, et dans le vallon Laugier (*Belemnites* sp. recueillis par Ch. Lory), ainsi qu'à La Mortice (voir plus haut, fig. 41).

On les retrouve dans le Massif de Gaulent, à Chanteloube, Ponteil, près de Champcella, à la Roche du Rame (Est de la Gare, avec restes de *Duvalia*) et au Sud de la Roche à Prareboul et à Saint-Crépin où il est exploité dans une carrière et passe insensiblement vers le haut à des « Marbres en plaquettes » et à des schistes luisants rougeâtres et verdâtres à Foraminifères, peut-être crétacés. Les calcaires de Saint-Crépin ont fourni *Duvalia* sp., *Aptychus punctatus* Voltz; ils sont d'un rose pâle et assez massifs; ces mêmes couches existent encore à Guillestre[2] (carrières) [voir la Planche A de ce mémoire] et jusqu'à la montagne de Font-Sancte, près de Maurin, où il a fourni des *Bélemnites.*

[1] Feuille de Briançon de la Carte géologique détaillée de la France.

[2] Voir plus haut, p. 212, l'énumération des quelques fossiles recueillis à Guillestre par M. de Lavalette.

En reliant les nombreux lambeaux, que nous avons décrits ou énumérés, on obtient une large bande qui comprend toute la largeur de la zone du Briançonnais, y compris la zone houillère, et s'étend de la Savoie aux Basses-Alpes, parallèlement au synclinal nummulitique des Aiguilles d'Arves et à son prolongement par Vallouise et Guillestre.

Haute Ubaye.

Dans les massifs élevés qui entourent le bassin supérieur de l'Ubaye et forment la frontière franco-italienne les affleurements du *Malm* sont nombreux dans les parties hautes; ils s'étendent jusqu'à peu de distance de la zone des Schistes lustrés (La Mortice, sommet de Panestrel, Font-Sancte, Aiguilles de Chambeyron près de Maurin, col Fromage). Jurassique supérieur de la Haute Ubaye.

On peut ainsi reconnaître, entre Guillestre, Maurin et Meironnes, l'existence de nombreuses bandes de Jurassique supérieur, dont l'une, que traverse l'Ubaye au pont du Castellet, près de Sérenne, comprend des marbres amygdalaires roses à *Duvalia*, du type Guillestre, passant latéralement à des calcaires gris blanc, tachés de rose et de vert, et à des calcaires noirâtres marbreux (exploités comme pierre de taille) qui se retrouvent au Col de Sérenne et près des Hautes-Peyres, à la descente de Vars vers Guillestre. Le Malm rose, qui renferme quelques fossiles (*Bélemnites, Aptychus, Phylloceras*), prend également un grand développement dans le massif de Chambeyron où ses bancs, dont l'âge avait été méconnu jusqu'ici, ont une épaisseur considérable. L'un de nous a signalé les gros bancs de Malm qui constituent la partie haute du Brec de Chambeyron lui-même, ainsi que plusieurs amandes synclinales dans les sommets calcaires de la chaîne frontière entre ce pic et Rocca Blancia.

On y remarque des *calcaires noirs* également marbreux, à *cassure esquilleuse*, faciles à distinguer par leur pâte des calcaires triasiques ou liasiques. Les calcaires roses sont aussi représentés dans le massif de Saint-Ours et forment de petits synclinaux à la tête de la Meyna, près de Vyraisse.

Les calcaires rouges du type Guillestre se continuent dans les hautes vallées italiennes, d'après M. Franchi qui en mentionne l'existence à la Tête de la Frema, à la Tête de l'Homme, à l'Aiguille de Chambeyron, au Lac de Vissaïssas (non loin du Col de la Gippiera), entre la Cima del Manse et le Col di Maurin, à la Testa di Ciarma, etc.

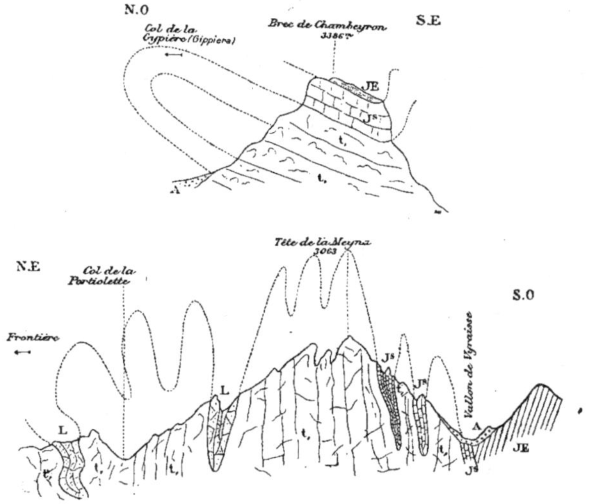

Fig. 46 et 47. — Les synclinaux du Jurassique supérieur et du Brec de Chambeyron dans le massif de Vyraisse.

LÉGENDE.

t, Calcaires jurassiques. — L Brèches et calcaires du Lias et du Jurassique supérieur. J^s Calcaires du Jurassique supérieur. — JE Marbres et plaquettes. — A Éboulis.

Masses charriées de l'Embrunais et de l'Ubaye.

Jurassique supérieur de l'Embrunais et de l'Ubaye.

Dans les masses charriées, qui des environs d'Orsières, sur le bord S. O. du massif du Pelvoux [1], au Lauzanier, sur le bord S. O. du massif du Mercantour, constituent une série de massifs de recouvrement, le Jurassique supérieur se présente en beaucoup de points avec un type identique de

[1] Relativement à ces masses de recouvrement, consulter les travaux de M. E. Haug, ceux de MM. Haug et W. Kilian, et aussi : P. Termier, Les nappes de recouvrement du Briançonnais (*Bull. Soc. géol. France*, 3e série, t. XXVII, p. 47, 1899).

celui du Briançonnais et des environs de Guillestre [1], mais se montre fréquemment aussi sous le *facies zoogène spécial* que nous décrirons plus bas et qui est relié au type amygdalaire par de fréquents passages latéraux.

Dans les massifs de Chabrières et de Piolit, au-dessus de Chorges, le Malm rose avec schistes lie de vin est très developpé et a fourni de beaux blocs, utilisés en partie pour la construction de la cathédrale de Gap. Ce gisement avait été déjà remarqué par Lory (Descr. Dauph., p. 566) qui signala « en montant de Chorges vers Chabrières » des Calcaires de Guillestre avec Ammonites et Belemnites du Lias supérieur ». Les fossiles y sont rares; cependant M. Goret a recueilli au-dessus de Chorges quelques Ammonites (déposées dans les collections de la Faculté des sciences de Grenoble) qu'il avait communiquées à Ch. Lory, mais qui n'avaient fait l'objet d'aucune publication. Ces fossiles indiquent un âge tithonique; plusieurs d'entre elles ont été figurées sur la pl. XV du présent mémoire et une détermination attentive nous a permis de reconnaître :

Duvalia sp.
Aulacobelus (*Hibolites*) sp.
Lytoceras cf. *quadrisulcatum* d'Orb. sp.
Perisphinctes sp. cf. *transitorius* Opp. (Pl. XV, fig. 7).
Perisphinctes fraudator Zitt.
Lissoceras (*Haploceras*) *carachteis*, Zeuschn. sp.
Lissoceras elimatum Zitt. sp.
Phylloceras Kochi Opp. sp. (2 petits exemplaires).
Phylloceras Calypso, d'Orb. sp. (3 petits exemplaires dont un pourvu de stries entre les sillons).
Phylloceras serum, Oppel sp.
Sowerbyceras Loryi Mun.-Ch. sp.
Waagenia hybonota Ben. sp.

En outre un lambeau de marbre de Guillestre a été découvert par l'un de nous [W. K.] en *superposition anormale* sur les « Terres noires » autochtones, non loin de Font Sèche, dans le massif du Morgon, dans les pentes boisées que traverse le chemin de Savine aux Portes du Morgon.

Au col des Olettes (Est du massif du Morgon), un calcaire compact, *ivoirin*, à cassure esquilleuse, se débitant en fragments parallélipipédiques, d'un blanc rose ou violacé très analogue aux « Marbres en plaquettes » du Briançonnais, contient *Hibolites* sp. et *Aptychus Beyrichi* Zitt., ce dernier très

[1] A Dourmillouze (vallon de Palluel), il est en relation avec des spilites (Mélaphyres), repose sur le Trias et semble être *en place*. Il est vrai que M. Termier attribue au Lias les calcaires de Dourmillouze que nous n'hésitons pas à rapporter au Malm.

abondant; les préparations taillées dans cette roche (W. K.) révèlent au microscope une structure zoogène très nette. On retrouve cette même roche avec des *Aptychus*, des *Crinoïdes* et des *Nérinées*, au Pic des Challanches dans la chaîne du Morgon. Il en est de même sur la route des Agneliers, passé le Rochas, ainsi qu'aux Rochers de Saint-Ours près de Meyronnes.

Dans le même massif charrié, mais dans la vallée même de l'Ubaye, en face du Martinet, près de la Grande-Blache, on observe la même assise à *Aptychus*, très amincie, sur le sentier qui monte à Roche-Juan. Non loin de là, à Revel, on peut étudier le passage du facies rouge bréchoïde et amygdalaire au facies récifal blanc (voir plus bas). Les « calcaires de Guillestre » existent en outre près des Siolanes, sur le chemin des Blaches et d'après la collection Arnaud, au lieu dit « Truc de las Sibeiraculas. »

Ce facies amygdalaire des masses charriées, comme le type récifal qui l'accompagne presque toujours et semble lié à lui, contraste du reste vivement avec la nature vaseuse et bathyale de la série autochtone sur laquelle ces masses ont été refoulées; les calcaires tithoniques gris du substratum ont, en effet, dans le Gapençais et l'Ubaye [Vallée du Bachelard, Bayasse, Bouchier près Allos, col de la Cavale (Lauzanier), Rochette près Gap, Pontis, Fort de Saint-Vincent environs de Seyne], les mêmes caractères que ceux des chaînes subalpines et reposent sur la série complète des assises kiméridgiennes, séquaniennes, rauraciennes et oxfordiennes également vaseuses, alors que le Jurassique supérieur des nappes charriées comme celui du Briançonnais est séparé dans son susbtratum par une importante *transgressivité*.

Fossiles du type amygdalaire.

On trouvera plus loin la liste complète des fossiles recueillis dans les dépôts du Jurassique supérieur intra-alpin; mais il est intéressant de constater dès à présent qu'aucune des espèces recueillies dans le facies calcaire des assises suprajurassiques transgressives des zones internes de nos Alpes n'appartient à des zones plus anciennes que le Tithonique. Les calcaires cristallins et amygdalaires que nous avons étudiés en détail dans les paragraphes qui précèdent ont, en effet, fourni les restes suivants :

Dent de Squale,

Belemnites (*Aulacobelus*) sp. cités par Ch. Lory sous les noms de *Bel. hastatus* et *latesulcatus*, de Guillestre; il s'agit probablement de *Bel. semisulcatus* Münst.

Belemnites (*Aulacobelus Hibolites*) sp.,

Duvalia lata Blainv. sp. (voir Pl. XV, fig. 1, du présent mémoire),

Lytoceras cf. *quadrisulcatum* d'Orb. sp. (voir Pl. XV, fig. 4),

Phylloceras serum Opp. (voir Pl. XV, fig. 2),

Phylloceras Kochi Opp.,

Phylloceras Calypso d'Orb. sp. (= *Ph. silescacum* Zitt.),

Sowerbyceras Loryi M.-Chalm sp.,

Lissoceras elimatum Opp. sp. (v. Pl. XV, fig. 3),

Lissoceras caracchteis Zenschn. sp.,

Waagenia hybonota Benecke sp.,

Peltoceras Fouquei Kil. (v. pl. XV, fig. 5),

Perisphinctes pseudocolubrinus Kil.,

Perisphinctes sp. (Pl. XV, fig. 7) voisin de *Per. transitorius* Opp., de *Per. Vandelii* Choff. — Un exemplaire mal conservé, ne présentant pas d'atténuation ventrale des côtes. — (Chorges),

Perisphinctes fraudator Zitt.,

Berriasella Picteti Jacob (= *A. privasensis* Pict. p. parte (voir Pl. XV, fig. 6),

Berriasella incomposita Retowsky sp. (coll. Arnaud),

Aptychus punctatus Voltz (commun),

Aptychus Beyrichi Zitt. (Galibier, Ponsonnière, etc.),

Aptychus latus Park. (= *Aptychus laevis latus* Qu.) Guillestre,

Pygope sp. (Lac de la Ponssonnière),

Phyllocrinus sp.,

Polypiers.

2. Type zoogène.

Type zoogène de l'Ubaye.

Le Jurassique supérieur est représenté dans une portion des Alpes françaises et italiennes par de puissants calcaires massifs d'un gris cendré plus ou moins clair, formant des masses blanchâtres à relief ruiniforme (Chapeau de Gendarme, Siolanes, Mourre-Haut dans la région de l'Ubaye) dont la texture indique une origine zoogène et récifale. Ces calcaires ont fourni de nombreuses sections de Polypiers, de Nérinées, d'*Itieria*, de *Diceras*, de *Cidaris* (*Cidaris glandifera*), de *Rhabdocidaris*, d'*Apiocrinus* et quelques Céphalopodes (*Lissoceras elimatum* Opp. sp.). La Collection de l'Université de Grenoble renferme, des collections Goret et Arnaud : *Perisphinctes* sp. *Bélemnites* sp. Au microscope, on y voit de nombreux Foraminifères (Miliolidées), des *Algues calcaires* et des Hydrozoaires et dont les débris constituent parfois entièrement la roche (Cabane des Maïtz, près Barcelonnette, col des Orres).

Il est intéressant de voir les marbres de Guillestre *passer latéralement à ces formations récifales*, près de Méolans[1], dans les Basses-Alpes orientales. Les calcaires coralligènes du Jurassique supérieur, succinctement signalés par M. Goret[2] dans cette contrée, atteignent, en effet, aux environs de Barcelonnette, un développement remarquable et viennent se relier, d'une part,

[1] W. Kilian, *Comptes Rendus Ac. des Sc.*, 21 octobre 1889.
[2] *B. S. G. Fr.*, 3ᵉ série, t. XV, p. 547.

aux affleurements de même nature décrits monographiquement par M. Portis, près du col de l'Argentera, et, de l'autre, aux calcaires bréchoïdes de la Haute-Ubaye, de Morgon, de Chorges et de Guillestre, auxquels ils passent latéralement en plusieurs points[1].

Ces masses, d'une teinte blanche ou grisâtre, souvent d'un beau gris perle, constituent l'ossature des massifs très tourmentés du Chapeau de Gendarme ou « Lan » (Olan) [altitude 2,506 mètres] et du Pain-de-Sucre ou « Méa » (2,563 mètres); elles réapparaissent dans le massif des Siolanes, où elles forment à Costebelle (altitude 2,182 mètres), au S. O. du hameau de La Maure, de remarquables entassements ruiniformes. Ces calcaires se montrent là pétris de Polypiers, très riches en fossiles et peuvent être qualifiés, en certains points, de véritables *calcaires construits* ou du moins très *zoogènes*. Plus à l'Ouest, on les voit dessiner un pli couché dans les montagnes de la rive droite de l'Ubaye (Le Caire), en face du Martinet.

Passage latéral au type amygdalaire.

Non loin de Méolans, sur la route de Prunières, ces calcaires construits forment des masses (Radioles de *Cidaris* cf *glandifera* Münst.), dépourvues de stratification, qui passent insensiblement à une roche bréchiforme, très dure, constituée par des noyaux calcaires que relie un ciment marneux et parfois phylliteux et fortement dynamométamorphisé de couleur rouge ou verdâtre, rempli, par places, de cristaux de pyrite. Au voisinage immédiat des masses coralligènes, dans lesquelles elle envoie des ramifications, la brèche présente comme éléments des fragments de calcaire construit, de calcaire à Entroques, etc. Un bloc de cette intéressante roche est déposé dans les Collections de l'Université de Grenoble et constitue sur une de ses faces, qui a été polie, un marbre d'un très bel effet. Plus loin, les noyaux sont compacts et l'on se trouve alors en présence d'une roche identique à celle que Ch. Lory a désignée, dans la vallée de la Durance, sous le nom de « *Calcaire de Guillestre* ».

Les affleurements coralligènes et les calcaires zoogènes de Méolans passent donc à une bande détritique constituée d'éléments arrachés à un édifice madréporique; cette bande rappelle les brèches d'Aizy et de la Vigne Droguet qui, près de Grenoble et de Chambéry, se présentent à la limite des facies vaseux et récifal du Tithonique, et se montre assez semblable à la ceinture de débris

[1] Nous avons fait tailler des plaques minces de ces calcaires qui, au microscope, se montrent pétris de Foraminifères (Miliolidés).

qu'offrent les parties marginales extérieures, battues par les flots, des récifs coralliens actuels. A l'époque du Jurassique supérieur, il existait par conséquent très probablement, non loin et à l'Est de l'emplacement actuel des montagnes de l'Ubaye [1], une *série de récifs coralligènes.* Ce fait permet de conclure à la présence de hauts-fonds dans cette partie de la mer oolithique et nous semble de nature à prouver que les massifs cristallins adjacents étaient, à ce moment, sinon émergés, du moins nettement indiqués par le relief sous-marin. Cette observation s'accorde d'ailleurs très bien avec l'existence de brèches polygéniques à la base du calcaire du Grand Galibier et avec la *transgression* des dépôts du Malm sur le Trias en plusieurs points du Briançonnais.

Des *passages latéraux* rattachent ces calcaires zoogènes au type amygdalaire rose qui présente lui-même, plus à l'Est, près de Vars et de Sérenne, des noyaux nettement zoogènes. L'équivalence des deux types semble donc ne pouvoir faire l'objet d'un doute.

Les principaux points où affleure le type zoogène *et qui appartiennent tous à la zone charriée de l'Ubaye-Embrunais, alors qu'en arrière de cette zone et vers la partie axiale de l'éventail briançonnais le facies amygdalaire de Guillestre règne exclusivement,* sont les suivants :

A la montagne du Morgon, il existe, au Pic des Challanches et vers la Croix d'Ubaye, des calcaires gris (à *Nérinées*) oolithiques au microscope, qui pourraient appartenir au Jurassique supérieur. Des calcaires analogues, mais plus blancs, sont très développés au Caire, près de Revel, où ils sont fortement contournés et se retrouvent *trois fois* entre le sommet de cette montagne et le pont du Martinet. Au lieu dit Costebelle, près du hameau de la Maure (S. O. de Barcelonnette), ces mêmes calcaires forment un entassement ruiniforme très remarquable; ils sont riches en Polypiers et organismes de toute sorte.

Dans les Siolanes, les mêmes couches forment la partie principale du relief (Gastéropodes et Pachyodontes roulés). A la Méa (Pain-de-Sucre de la Carte d'État-major), on y a rencontré : *Belemnites, Lissoceras elimatum* Zitt. sp. et un *Perisphinctes* (Collect. Faculté des Sciences Grenoble).

[1] Les calcaires blancs dont nous parlons font partie, il est vrai, de lambeaux de recouvrement découverts et étudiés par MM. E. Haug et W. Kilian, mais la racine des plis couchés qui leur ont donné naissance n'est *certainement pas très lointaine* et ne doit pas, en tout cas, être cherchée à l'Est de la zone du Flysch de Saint-Paul-sur-Ubaye.

IMPRIMERIE NATIONALE.

On retrouve des affleurements analogues au-dessus du Clot du Roy, aux Petites Siolanes ainsi que dans le torrent du Bourget et deux pointements au milieu du Flysch, à l'Est de la Chalanette, près de Jausiers. Enfin, à l'Est

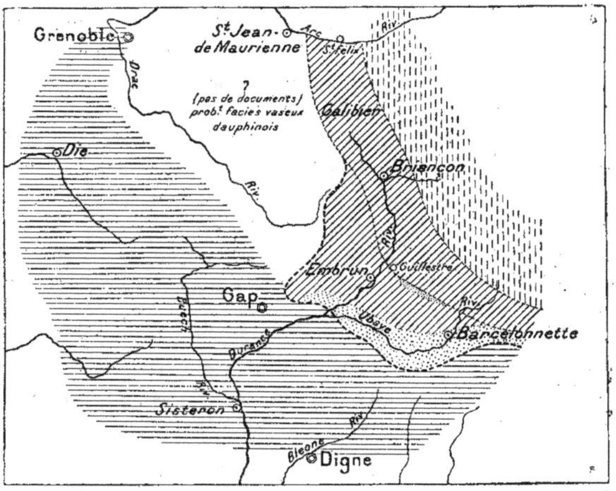

Fig. 48. — Carte des facies du Jurassique supérieur dans les Alpes delphino-provençales.

LÉGENDE.

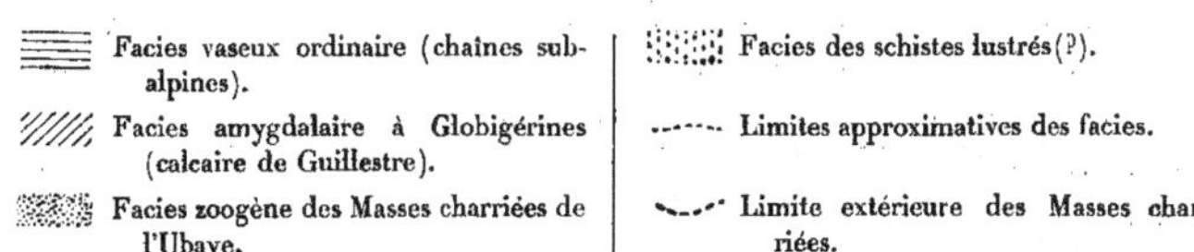

- Facies vaseux ordinaire (chaînes subalpines).
- Facies amygdalaire à Globigérines (calcaire de Guillestre).
- Facies zoogène des Masses charriées de l'Ubaye.
- Facies des schistes lustrés (?).
- Limites approximatives des facies.
- Limite extérieure des Masses charriées.

NOTA. — Pour avoir l'emplacement *réel* qu'occupait avant le plissement et le charriage la bande de formations zoogènes (récifale), il suffit de la reporter de 15 à 20 kilomètres en arrière (vers le N.-E.); elle occupait le bord *externe* de la zone du facies amygdalaire.

du Piz, les calcaires blancs forment le noyau des imposantes masses de recouvrement du Gerbier (Empeloutier), du Gias des Chamois et du Mourre-Haut aux Sagnes et au fond de Clapouze. On les retrouve en petites masses isolées le long d'une ligne de contact anormal, non loin de la tête de

Piédejean, près du Lauzanier[1]; ces affleurements semblent se rattacher à ceux des environs d'Argentera (Italie), dont M. Portis a fait connaître la faune très riche et nettement récifale.

Près d'Uvernet, M. Haug et l'un de nous ont découvert d'autre part, à la base du Flysch charrié, une bande laminée de marbre du Malm d'un type intermédiaire entre le facies zoogène et le facies de Guillestre à Globigérines.

Le Jurassique supérieur s'observe encore au Nord de l'Ubaye, au plateau des Ayguettes, entre la Cabane de Maitz et le Col des Orres et en plusieurs autres points où ses calcaires deviennent par places noirâtres, tout en restant très zoogènes, et où ils constituent de petits pointements accompagnés de calcaires à grandes Nummulites et de cargneules triasiques au milieu du Flysch éocène.

Liste des fossiles du type zoogène.

Si l'on réunit en une liste les restes organisés, qu'ont fournis les calcaires zoogènes de l'Ubaye, on obtient l'énumération suivante :

Belemnites (courte espèce rappelant *Bel.* [*Duvalia*] *conicus* Blainv.).

Lissoceras elimatum Zitt. sp.

Perisphinctes cf *pseudocolubrinus* Kil.

Nerinea sp.

Itieria sp. et Gastropodes indéterminables.

Pecten (*Chlamys*) *vimineus* Sow. Nous rapportons à cette espèce un échantillon de la Collection Arnaud provenant du Lan (Chapeau-de-Gendarme), près de Barcelonnette. Cet exemplaire, d'une conservation médiocre, semble pouvoir être identifié à un *Pecten* des calcaires coralligènes portlandiens de Wimmis (Suisse), du Salève, de Murles (Hérault) et de Ferrier (Alpes-Maritimes), ainsi qu'aux figures suivantes : *Pecten* aff. *vimineus* J. Sow. in Boehm Stramberger Sch. Pl. LXVIII, fig. 1-4; et in Roman, Bas-Languedoc, p. 315, pl. V, fig. 10-11 (=*Pecten articulatus* Goldf. in Ooster). Cette forme se rapproche de *Pecten anastomoplicus* Gemm., de *P. episcopalis* de Loriol et de *P. articulatus* Schloth. in Quenstedt Jura, pl. 92, fig. 15.

Nombreuses sections de Pachyodontes indéterminables.

Heterodiceras sp. (Galibier).

Terebratula cf. *Moravica* Glock.

Cidaris glandifera Munst. Pain de Sucre (Siolane).

Apiocrinus sp.

Polypiers.

Calamophyllia sp., abondant (Costebelle, etc.).

Desmoseris sp.

Thecosmilia sp. rappelant *Thec. Kiliani* Koby, du Portlandien de Coursegoule (Alpes-Maritimes).

Hydrozoaires, Algues calcaires, Milliolidées.

Une étude monographique paléontologique et micropaléontologique de ces calcaires et de leur faune présenterait sans doute un grand intérêt.

[1] Voir les travaux de MM. E. Haug et W. Kilian (C. R. Collab. Serv. Carte géol. de France).

Jurassique supérieur des Alpes-Maritimes italiennes.

On sait que dans les Alpes-Maritimes italiennes les travaux de MM. Portis, Franchi, Baldacci et Di Stefano[1] ont révélé l'existence du Malm, soit sous son facies tithonique (Rocca Barbana, près Triora) à Céphalopodes (*Aptychus Beyrichi* Zitt.; *Ammonites* diverses et *Pygope*), soit sous son *facies coralligène* et zoogène (calcaire à *Itieria* et *Cryptoplocus*, *Diceras* cf *Escheri* de Loriol, *Stylina* et *Polypiers* divers) [calcaires de l'Argentera]. Ces auteurs ont décrit des couches dans lesquelles il est impossible de ne pas reconnaître la continuation du Malm que nous venons de faire connaître dans les différentes parties de la zone du Briançonnais.

M. Portis notamment a publié une liste de 118 espèces des Calcaires d'Argentera qui appartiennent à la zone à *Oppelia lithographica* Opp. sp. (base du Tithonique inférieur); cette faune se compose de quelques Ammonites et d'un grand nombre de Gastropodes, de Lamellibranches, de Brachiopodes, accompagnés de nombreux Bryozoaires, d'Échinodermes, de Polypiers, d'Hydrozoaires; de Spongiaires et de Foraminifères. Il serait d'un grand intérêt que les Calcaires zoogènes du Jurassique de l'Ubaye, qui semblent bien être la continuation de ceux de l'Argentera, soient l'objet d'une monographie paléontologique aussi approfondie que ces derniers, qui rappellent, au point de vue paléontologique, ceux de Stramberg, de Rogoznik, du Salève, du Languedoc (Bois de Mounier) et de Streitberg en Franconie.

Chaînes subalpines.

Nous ne parlerons pas ici en détail du Jurassique supérieur des régions subalpines; on sait le rôle qu'il joue dans les chaînes de la Chartreuse, du Trièves, du Diois et (voir Pl. D et fig.) des Basses-Alpes, où les travaux de MM. Kilian, Révil, V. Paquier, P. Lory, Em. Haug en ont fait connaître la composition détaillée. Dans les Alpes-Maritimes, M. Léon Bertrand, MM. Kilian et Zürcher, puis MM. Kilian et Guébhard ont étudié monographiquement la succession stratigraphique des assises du Jurassique moyen et

(1) Voir : D. Al. Portis, Sui terreni stratificati di Argentera (Valle della Stura di Cuneo). — Memoria paleontologico-geologica, p. 1-80, con cartina geologica. — Torino. Erm. Loescher, 1881 (*M. d. R. Acc. di Scienze di Torino*, Série II, vol. XXXIV, 1883).

S. Franchi, Il Giuraliasico ed il Cretaceo nei dintorni di Tenda, Briga Marittima e Triora nelle Alpi Marittime (*Boll. d. R. Comit. geol. d'It.* Roma, 1891, 4).

S. Franchi, Contribuzione alla studia di Titonico e del Cretaceo italiane (*Boll. R. Comit. geol.*, 1894, 1).

Di Stefano, Nota preliminare sui fossili titonici Dei Dintorni di Triora nei Alpi Marittime (*Boll. R. Comit. geol.*, 1891, 4).

GÉOLOGIE DES ALPES

Tectonique des Chaînes subalpines

(Allure des assises mésozoïques et tertiaires)

CHAINES SUBALPINES DU DAUPHINÉ

Planche D,

Fig. 1 _ Coupe de la rive droite de l'Isère en aval de Grenoble, par Ch. Lory, modifiée par W. Kilian.

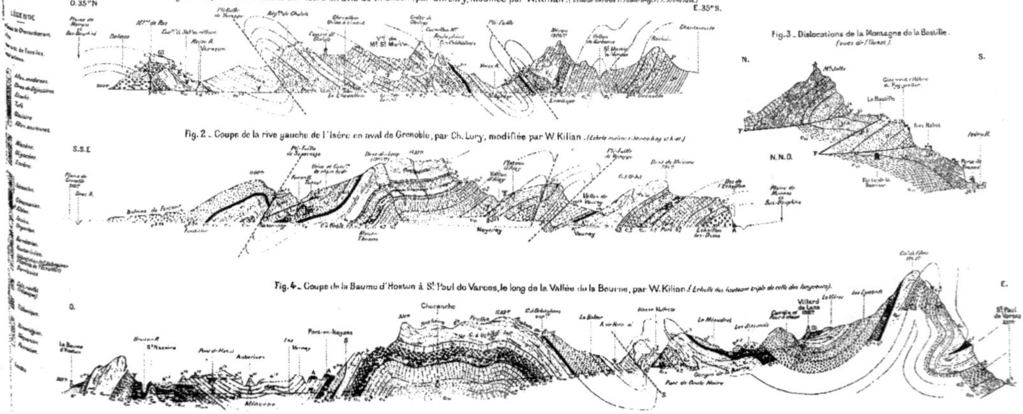

Fig. 2 _ Coupe de la rive gauche de l'Isère en aval de Grenoble, par Ch. Lory, modifiée par W. Kilian.

Fig. 3 _ Dislocations de la Montagne de la Bastille.

Fig. 4 _ Coupe de la Baume d'Hostun à St Paul de Varces, le long de la Vallée de la Bourne, par W. Kilian. (Echelle des hauteurs triple de celle des longueurs).

supérieur; tous ces travaux récents complètent très heureusement les recherches anciennes d'Ed. Hébert, Coquand, Ch. Lory, L. Pillet, Garnier, Dieulafait, Hollande, Ch. Vélain, etc.[1].

Types divers du Jurassique supérieur alpin et méditerranéen.

Jetons maintenant un regard sur le développement du Jurassique supérieur intra-alpin au Nord de notre champ d'études.

Son existence est très douteuse dans le massif du Mont Blanc : MM. Duparc et Mrazec signalent dans le val Ferret (Suisse) des brèches à *Échinodermes* et à *Cidaris* ainsi que des calcaires plus ou moins pyriteux; ces couches sont fossilifères à l'Amône et à la Maya, mais, d'après eux, elles appartiendraient au Dogger et non au Jurassique supérieur, comme l'ont prétendu certains auteurs. La présence de cette dernière formation, ajoutent-ils, serait plus ou moins problématique; elle pourrait être représentée par les calcaires du « Mont-Chemin », ainsi que par ceux du « Pas de la Faux » et de « La Dent »[2].

Dans le Chablais, région charriée dont l'origine intraalpine paraît définitivement établie, le Jurassique supérieur se présente, d'après M. Lugeon[3], sous trois facies différents : 1° *dans la zone bordière* on trouve les horizons classiques à *Am. transversarius, Am. tenuilobatus, Am. acanthicus* et le *Tithonique;* 2° dans les *Préalpes médianes,* on distingue des calcaires noduleux gris ou rouges (*rappelant vivement notre type de Guillestre* notamment au Jotty dans la vallée de la Dranse) à fossiles oxfordiens, et des calcaires en bancs irréguliers à faune tithonique (ces derniers sont récifaux et *zoogènes* dans le massif de Trèveneusaz et à Trébante); 3° dans la région de la Brèche, le Malm est probablement représenté par la « Brèche supérieure ».

En Suisse, nous retrouvons le Jurassique supérieur formant un étage calcaire connu depuis longtemps sous le nom de « Hochgebirgskalk ». Là aussi on rencontre le facies à Céphalopodes (dans les Alpes fribourgeoises) et le type zoogène et coralligène (à Wimmis) avec un développement devenu classique. Ces gisements sont trop connus pour que nous en rappelions ici la faune.

Enfin, en ce qui concerne des portions plus éloignées des régions méditerranéenne et alpine, il est intéressant de remarquer que la partie supérieure de

[1] Voir le résumé de ces recherches dans : W. Kilian, Note stratigraphique sur les environs de Sisteron, etc. (*Bull. Soc. géol. de Fr.*, 3e série, t. XXIII, p. 654-804).

[2] Duparc et Mrazec, *Recherches géologiques et pétrographiques sur le massif du Mont Blanc* (p. 192).

[3] M. Lugeon, *La région de la Brèche du Chablais*, p. 69.

l'*Ammonitico rosso* de la Lombardie et de l'Apennin rappelle au plus haut point, tant par sa faune que par sa nature lithologique, notre calcaire de Guillestre. On peut dire la même chose du Tithonique de Cabra et de Loja (Andalousie). Cette analogie se poursuit jusque dans la texture microscopique : à Loja, comme dans le Briançonnais, *Calpionella alpina* Steinm. pullule dans certains bancs des calcaires rouges. Un facies analogue se retrouve aux Baléares, à Bendinat, Andraitx, etc. (Majorque), dans un Tithonique très fossilifère et transgressif qui contient à Andraitx des fossiles du Dogger (*Lytoc. tripartitum* Rasp. sp., *Stepheoceras*, etc.) *remaniés* en assez grand nombre.

Facies piémontais. (Schistes lustrés.)

Le Malm est-il représenté dans le système des Schistes lustrés de la zone du Piémont ? Nous nous contenterons de poser la question sans la discuter longuement ici, en nous bornant à faire remarquer que l'attribution probable d'une portion de ces schistes au Lias et d'une autre au Bathonien et la présence dans la série puissante et en apparence continue de ces schistes d'intercalations *marbreuses rouges et verdâtres* (Roc de la Perdrix, près du Gondran, etc.) et de *couches* **siliceuses à Radiolaires** [1] (Cézanne), au-dessus desquelles existe un ensemble de Schistes moins lustrés et dépourvus d'intercalations de « Roches vertes », rendent assez plausible l'hypothèse de l'attribution au Jurassique supérieur d'une partie des Schistes lustrés proprement dits. Ce serait là un *troisième facies du Malm*, le **facies piémontais** correspondant au régime vaseux du Géosynclinal piémontais et ayant acquis des caractères très différents de ceux de ses équivalents de l'Ouest par l'effet d'un métamorphisme postérieur au dépôt.

Les observations du capitaine Pussenot et de l'un de nous [2] ont d'ailleurs nettement établi la transformation graduelle des Calcaires du Jurassique supérieur en Calcschistes à l'Est de Briançon, se manifestant par l'apparition de zones siliceuses (Pont Baldy, le Creuzet, l'Enlon) et le développement d'une plus grande schistosité (Col de la Mulatière, flanc Nord du Lasseron, etc.).

(1) C. F. PARONA, Sugli schisti silicei a radiolarie di Cesana presso il Monginevra (*Atti della R. Academia delle scienze di Torino*, t. XXVII, 1892).

(2) W. KILIAN et Ch. PUSSENOT, Sur l'âge des Schistes lustrés (*C. R. Ac. des Sc.*, 1912).

CONCLUSIONS RELATIVES AU JURASSIQUE SUPÉRIEUR DES ALPES FRANÇAISES.

On sait que la région centrale du Géosynclinal subalpin correspondait, à l'époque du Jurassique supérieur, à l'emplacement du Gapençais et du Diois, des Baronnies et du Nord du département des Basses-Alpes ; à ce géosynclinal correspond une bande de *facies vaseux*. L'un de nous a montré qu'il était possible de rattacher, par des passages latéraux, les assises classiques de ce facies vaseux bathyal ou « subpélagique », à Ammonites du Malm subalpin delphino-provençal, aux équivalents suivants :

Principaux facies du Jurassique supérieur dans les Alpes françaises.

a. Aux facies récifaux et zoogènes synchroniques du N. O. (l'Echaillon) et du S. O. (Rougon, près Castellane) par l'intermédiaire des brèches d'Aizy, de la Vigne Droguet, etc.

La découverte de l'*Exogyra virgula* Defr. sp. à la base des « calcaires blancs » des environs de Saint-Vallier, dans les Alpes-Maritimes, faite par le docteur Guébhard, permet en outre de fixer la position exacte des calcaires blancs récifaux de cette région par rapport au Kiméridgien littoral et à les rattacher, comme la portion principale de ceux de l'Echaillon (Isère), à l'Étage Portlandien (ou Tithonique).

b. Aux facies *néritiques* jurassiens par le « Calcaire de Montagnole » (Savoie) à faune portlandienne, qui passe au Tithonique supérieur et aux facies *lagunaire* et d'eau douce (Purbeck) du Bugey par les alternances de couches fossilifères du Tithonique supérieur avec des bancs lacustres décrites par Maillard et M. Révil à la Cluse de Chailles et du Mont-du-Chat (Savoie).

c. Enfin, dans la région intraalpine, nous voyons s'accentuer un *facies spécial* (*type intraalpin*) de pseudo-brèches, de marbres cristallins, de marbres à *Globigérines* et *Calpionella* et de calcaires amygdalaires généralement colorés en rouge et rappelant vivement l'*Ammonitico rosso* des Alpes italiennes. Ces assises passent à leur tour par leur sommet aux « Marbres en plaquettes » du Briançonnais si développés aux Vigneaux, à la Batterie de la Lame et aux environs de Chateauroux (Hautes-Alpes).

En effet, et ainsi qu'on le verra dans un chapitre suivant, les calcaires du type Guillestre semblent fréquemment reliés par des passages latéraux vers le sommet de l'assise au complexe des « Schistes luisants et Marbres en plaquettes » que M. Jean Boussac a récemment considéré comme un équivalent du « Flysch calcaire », facies compréhensif correspondant au Crétacé et à l'Éocène, alors que nous persistons à y voir un représentant d'assises appartenant seulement au sommet du Malm et peut-être au Crétacé.

La limite entre le Jurassique supérieur intraalpin et les « Marbres en plaquettes » n'est pas toujours aisée à tracer et il est des cas où les deux formations ne sont pas faciles à distinguer. C'est donc sous certaines réserves que nous rattachons au Jurassique supérieur des calcaires schisteux affleurant au Melezen près Briançon, dans les environs de la Roche de Rame, à Palluel, près du Pic de Prorel (coll. Ch. Lory); à l'Ouest d'Arvieux; enfin à Claret et sous Montricher en Maurienne.

d. A l'Est du Briançonnais, on voit les assises précédentes se fondre insensiblement dans la masse des *Schistes lustrés* dont une partie constituerait le *facies piémontais* du Malm.

e. Ce dernier type présente à son tour, vers le S. E. (Ubaye, Argentera, Alpes-Maritimes italiennes, etc.), un *équivalent récifal* décrit par MM. Portis, Franchi et Di Stefano, et dans lequel on a signalé l'existence du genre *Ellipsactinia*, constatation dont M. Haug (*loc. cit.*) a fait ressortir, en 1891, tout l'intérêt.

Conclusions et résumé.

Les dépôts du Jurassique supérieur intra-alpin que nous venons de décrire ont un facies si particulier et contiennent une faune si restreinte que nous ne nous étendrons pas aussi longuement que nous l'avons fait pour le Lias et le Dogger sur le parallélisme détaillé qu'il est possible d'établir avec les représentants du Malm dans d'autres parties de la région méditerranéo-alpine, le facies tithonique amygdalaire et remplacé parfois par des calcaires récifaux zoogènes étant bien connu et représenté en divers points des Alpes méridionales, des Apennins, des Karpathes, de la Sicile, de l'Algérie, de l'Andalousie et des Îles Baléares.

Jurassique supérieur des chaînes subalpines.

En ce qui concerne le développement du Jurassique supérieur dans les autres parties des Alpes françaises et les régions voisines, nous renverrons, pour les chaînes subalpines, aux travaux de V. Paquier (voir la fig. 43) et aux recherches détaillées que nous avons fait paraître pendant les vingt dernières années sur les environs de Grenoble et de Chambéry, sur la région de Sisteron et la Montagne de Lure ainsi que sur les Alpes Maritimes [1]. Les notices explicatives publiées à l'occasion de l'apparition de la feuille de Gap et de la 2e édition des feuilles Grenoble et Vizille de la Carte géologique détaillée de la France donneront en particulier tous les renseignements nécessaires sur les horizons et sous-horizons reconnus dans ces derniers temps dans la série stratigraphique des assises supérieures du Bathonien dans la région dauphinoise, et les coupes de la Planche D rappelleront au lecteur le rôle important que jouent les assises dans la Morphologie de cette contrée.

Le Jurassique supérieur des Basses-Alpes est devenu classique par les travaux et les discussions mémorables auxquelles il a donné lieu, il y a une trentaine d'années; les noms de d'Orbigny, Coquand, Dieulafait, Vélain, Oppel, Garnier, Zittel, Jaubert, Hollande et surtout celui d'Edmond Hébert sont restés attachés à ces débats; mais, avant 1888, personne n'avait essayé

[1] On consultera, à ce sujet : Haug, *Traité de géologie*, p. 1045 et suivantes, ainsi que :

Kilian, Description géologique de la Montagne de Lure (Thèse, Paris [Masson], 1888).

Kilian, Notice stratigraphique sur les environs de Sisteron et contributions à la connaissance des terrains secondaires du Sud-Est de la France (avec tableaux de parallélisme) [*Bull. Soc. géolog. de France*, 3e série, t. XXIII, p. 659 à 803, 1895].

Kilian et P. Lory, Notices géologiques sur divers points des Alpes françaises, servant de complément au Livret-Guide des excursions du VIIIe Congrès géologique international (*Bull. Soc. de Statist. de l'Isère*, Grenoble, 1900, et *Travaux du Labor. de géolog. de la Faculté des Sciences de Grenoble*, t. V, p. 557, 1900).

V. Paquier, Recherches géologiques dans le Diois et les Baronnies orientales [Thèse] (*Travaux du Labor. de géol. de la Faculté des sciences de Grenoble*, t. V, fasc. 2 et 3, 1900).

Kilian et Guébhard, Étude paléontologique et stratigraphique du système jurassique dans les Préalpes maritimes (*Bull. Soc. géol. de France*, 4e série, t. II, p. 737-828, et *Bull. Services Carte géol. de France*, C. R. des Collab., 1905).

Kilian, Termier, Haug, P. Lory et David-Martin, Feuille de Gap de la Carte géol. détaillée de la France (*Travaux du Labor. de géol. de la Fac. des sciences de Grenoble*, t. VIII, p. 1, 1906).

Kilian et P. Termier, Notice explicative de la Feuille Grenoble de la Carte géologique détaillée de la France (*Bull. Soc. de statist. de l'Isère* et *Travaux du Labor. de géol. de l'Univ. de Grenoble*, t. IX, 2e fasc., 1909).

Révil, Géologie des chaînes jurassiennes et subalpines de la Savoie [Thèse] (*Travaux du Labor. de géol. de la Fac. des sciences de Grenoble*, t. X, 1911).

Kilian, Termier, P. Lory et Jacob, Notice explicative de la Feuille Vizille (2e édition) de la Carte géologique détaillée de la France (*Travaux du Labor. de géologie de l'Univ. de Grenoble*, t. X, fasc. 2, 1912).

de diviser ce terrain en zones précises, caractérisées par des Céphalopodes. L'un de nous (W. Kilian) a reconnu cependant qu'il présentait dans une grande partie des Alpes françaises et dans l'Ardèche une *composition remarquablement constante* dont il a donné les traits principaux dans sa description géologique de la Montagne de Lure. Il a recueilli, depuis cette époque, un grand nombre de renseignements et d'observations relatives au Malm delphino-provençal.

Remarques générales sur la connaissance paléontologique des faunes Jura-Crétacées de la région du Sud-Est de la France.

Les richesses paléontologiques de nos assises jurassiques et crétacées du Sud-Est se sont peu à peu répandues dans les autres pays et un certain nombre d'espèces ont fait l'objet de savantes études de la part d'auteurs étrangers à la France avant d'avoir été décrites dans nos recueils paléontologiques. Il nous paraîtrait utile que l'on fît connaître les formes nouvelles ou peu connues, en particulier les espèces de Céphalopodes que l'on y rencontre pour ainsi dire à chaque pas dont les *admirables séries recueilliès par MM. Lambert* de Veynes *et Blondet* de Chambéry sont des exemples frappants, et que les descriptions en soient insérées dans une publication *française*. Nous espérons voir bientôt des travailleurs de bonne volonté apporter leur contribution à la connaissance de notre pays et éviter ainsi à nos confrères des recherches parfois difficiles et que leur ignorance des gisements rend souvent incomplètes.

Un des résultats des progrès croissants de la stratigraphie et de la paléontologie a été, d'ailleurs, de mettre en lumière l'incontestable utilité des *Monographies locales*, grâce auxquelles il est fourni à la science une base sûre et solide de documents faciles ensuite à coordonner et dont l'étude sérieuse offre plus de garanties que les recherches sur des matériaux de provenances diverses et souvent douteuses. Elles seules permettent, par la connaissance qu'elles procurent des associations fauniques et des modifications que ces faunes ont subies dans un même lieu, de se rendre un compte exact de la valeur des formes, de distinguer de simples *variétés* coexistant à une même époque dans un milieu donné les *mutations* qui se sont succédé dans le temps, représentent les stades successifs de l'évolution et ont une valeur stratigraphique considérable. Elles donnent en outre un moyen sûr de connaître les changements qu'amènent dans la composition des faunes les variations de *facies*. Un autre avantage de ces sortes d'études est de fixer d'une façon plus précise et en tenant compte des influences du milieu, des migrations, etc., l'âge exact des assises dans lesquelles se rencontrent ces faunes; les points de repère se multiplient ainsi pour le stratigraphe qui, lui aussi, gagne à cette méthode une plus grande sûreté et une plus grande précision.

Depuis la publication des excellents mémoires inaugurés par Pictet et continués par les soins de la Société paléontologique suisse, exemple bientôt imité en Portugal par M. Paul Choffat, l'excellence de cette méthode n'est d'ailleurs plus à démontrer. Le temps est passé des vastes entreprises iconographiques comme la *Paléontologie française* jamais terminées, toujours incomplètes et dont la mise au courant incessante exigerait une série de suppléments que nous attendons encore. Les nombreuses monographies publiées par l'Institut géologique de Vienne, celles que font paraître en Allemagne MM. Dames et Kayser et tant d'autres, ont fait voir que la Science avait en effet plus à gagner à ces mémoires dus à l'initiative individuelle, se manifestant dans des directions multiples et diverses qu'à des œuvres de trop longue haleine pour être menées à bien par le travail d'un seul, et qui souvent restent inachevées ou tronquées.

L'essai tenté par M. Ph. Matheron pour nos faunes fossiles du S.-E., et dont le texte n'a pas vu le jour, était une œuvre digne d'être poursuivie; nous y avons puisé le désir d'y voir se publier, en une suite d'études spéciales, les résultats paléontologiques auxquels pourraient conduire des recherches sur les terrains secondaires de la région delphino-provençale et des contrées voisines.

Quelques indications suffiront pour donner une idée des sujets d'études qui pourraient être fructueusement abordés.

L'Infralias, et notamment l'Hettangien, offrent dans l'Ardèche (Veyras, Mercuer, Saint-Étienne-de-Boulogne, etc.) des types d'une grande richesse en espèces.

Le Lias de la Basse-Isère et de l'Ile Crémieu a fourni à Dumortier et plus récemment à M. F. Roman de très remarquables matériaux, mais il reste encore à glaner après eux et nous avons entre les mains une petite série de curieux *Harpoceras* de La Verpillière, dont la publication offrirait beaucoup d'intérêt.

M. Haug a promis de faire connaître dans leurs détails les faunes du Jurassique inférieur et du Dogger des Hautes et Basses-Alpes, et M. A. Lanquine prépare une étude détaillée sur celles de la basse Provence.

Pour ce qui concerne le Jurassique supérieur et le Crétacé, les matériaux intéressants abondent; dans l'Oxfordien des Hautes et Basses-Alpes, existent un certain nombre de *types orientaux* voisins des espèces russes du même niveau et dont l'étude s'impose d'elle-même, ainsi que celles des faunes du même âge de l'Ardèche (Crussol, les Vans Joyeuse, La Voulte, de Saint-Brès [Gard], analogue à celle que M. de Riaz a décrite de Trept [Isère]). M. Lambert en a réuni une série très remarquable à Veynes (Hautes-Alpes).

Parmi celles de ces faunes qui ne sont encore qu'incomplètement connues et qu'il est nécessaire de soumettre à une revision scrupuleuse, il convient de signaler surtout les *assises coralligènes du Jurassique supérieur* (ancien Corallien du Midi) si bien développées à l'Échaillon, Rougon, Escragnolles, etc., dont M. Guébhard a fait connaître en partie les éléments en collaboration avec divers spécialistes (MM. Koby, W. Kilian, etc.).

Les monographies de Pictet et de M. Toucas semblent laisser peu de choses à ajouter à ce que nous savons des faunes tithonique et berriasienne. Mais l'on doit au zèle infatigable de M. Gevrey des séries de Céphalopodes d'Aizy et de la Faurie, dont la publication jetterait un nouveau jour sur le développement de certains groupes d'*Hoplites* et de *Spiticeras* et qui sont actuellement conservées à l'Université de Grenoble. M. Blondet a recueilli près de Chambéry, dans le Tithonique inférieur de Saint-Conçors, des collections d'Ammonitidés d'un très haut intérêt et admirablement conservés.

Les belles collections du Laboratoire de géologie de la Sorbonne et de l'Écoles de Mines de Paris, que nous avons été à même d'étudier de près pendant plusieurs années, renferment de nombreuses pièces intéressantes qui pourraient rentrer dans le cadre des monographies dont nous parlons ici. D'un autre côté, les Musées de Grenoble, Valence (Coll. Soulier), Lyon, Chambéry (Coll. Pillet, Révil), Genève, Gap (Coll. Rouy), Grenoble (coll. Albin Gras, Robert, Léop. Jourdan, etc.), Avignon (Coll. Requien), Digne, Marseille (Coll. Reynès et Matheron), Annecy, ainsi que les collections des Facultés de Grenoble (Coll. Lory, Kilian, Jaubert, Zürcher, Ferd. Reymond, Tardieu, F. Arnaud et Gevrey), Lyon (Coll. Huguenin, etc.) et Marseille (Coll. Matheron, etc.), renferment des séries qu'il serait très intéressant d'étudier en détail.

La revision des Ammonites du musée de Genève permettrait également d'augmenter le nombre des documents sur lesquels pourraient porter les recherches.

Parmi les collections particulières, nous citerons celles de MM. Blondet à Chambéry, Curet à Paris, David-Martin à Gap, Deydier à Cucuron, de Mme Escoffier à Visan, de MM. Haug à Paris (Sorbonne), Honnorat et Jacques à Digne, Leenhardt et Gennevaux à Montpellier, Juliany à Manosque, E. Pellat à Tarascon (et à Louvain?), des Frères maristes à Saint-Paul-Trois-Châteaux et à Saint-Genix-Laval (Rhône), MM. Petitclerc, à Vesoul, Sayn à Chabeuil (Drôme), (anciennes collections Tardieu [partim], Garnier et de Payan), de Selle à Fontienne (Basses-Alpes), et enfin nos propres séries, recueillies depuis plus de vingt ans dans l'Est et le Sud-Est de la France.

Bathymétrie : Géosynclinal subalpin.

L'épaisseur considérable et la nature vaseuse de ces dépôts conduisent à admettre, comme M. Haug l'a fait pour les sédiments du Lias et du Dogger, qu'ils se sont effectués dans un *géosynclinal* dont le fond a été affecté pendant un temps très long d'un mouvement d'affaissement lent et continu.

Ce géosynclinal était en communication directe, par la Suisse, avec les Alpes orientales, ainsi que le montrent les caractères de la faune et la continuité des facies le long d'une zone parallèle à la courbe de la chaîne alpine.

Des récifs coralligènes, des couches glauconieuses, etc., délimitent ce fond vaseux : au Sud et au S. O., des environs de Nice [1], par Escragnolles, Castellane, Moustiers-Sainte-Marie jusqu'à Saint-Jurs près Mézel ; au N. O., à l'Echaillon (Isère), au Mont-du-Chat (Savoie), au Salève, etc. ; à l'Est, dans l'Ubaye (Méolans, les Siolanes, Pain-de-Sucre, Chapeau-de-Gendarme, Gerbier, Vallon de Clapouze), à Argentera et à Tende (Italie).

Cependant vers l'Ouest, du côté du Plateau Central, on rencontre le facies vaseux ou grumeleux à Céphalopodes jusque sur le bord même des massifs cristallins [Les Vans et Joyeuse, Crussol, les Ollières (Ardèche)], et rien n'indique de ce côté, d'une façon positive, le voisinage immédiat d'un litto-

[1] Dans le Nord des Alpes-Maritimes, le Jurassique supérieur présente déjà, d'après M. Léon Bertrand, son facies vaseux.

ral correspondant à la limite actuelle du massif cristallin. On remarque, il est vrai, comme aux environs de Chambéry et de Grenoble, des niveaux de « pseudobrèches » (calcaire bréchiforme ou amygdalaire), mais nous avons montré que ce facies ne constitue pas une exception et qu'il s'étend dans toute la Drôme, une grande partie des Basses-Alpes et l'Ardèche; la présence de ces pseudobrèches ne peut donc passer pour l'indice du voisinage immédiat d'un littoral.

Quelques ilots semblent avoir émergé de cette mer alpine, ainsi que le font voir les brèches *polygéniques* que nous avons observées au Lac Blanc du Grand-Galibier et en plusieurs points du Briançonnais à la base des calcaires rouges amygdaloïdes qui représentent le Tithonique dans la région située à l'Est et au S. E. du Pelvoux.

Mais au Nord de Grenoble, à la Cluse-de-Chailles (Savoie), les bancs supérieurs du Tithonique à Céphalopodes (*Perisphinctes Lorioli*, Zitt. sp.) alternent plusieurs fois avec des couches purbeckiennes lacustres, qui indiquent qu'on se trouve là dans une région littorale soumise à des oscillations et que l'épisode continental et saumâtre qui a signalé dans le Jura l'époque dite *purbeckienne* est contemporaine du Tithonique delphino-provençal.

Il résulte en outre de la constatation certaine des gisements du Jurassique supérieur dans une foule de points des *zones intérieures* de nos Alpes et en particulier dans les massifs du Galibier, du Queyras et de Guillestre[1], que les eaux qui ont déposé les assises tithoniques des chaînes subalpines s'étendaient jusque dans la Maurienne et dans la partie centrale de la chaîne alpine. Les sédiments qu'elles ont laissés (boues à Radiolaires et *Calpionella*) semblent accuser ici un régime différent de celui que dénotent les dépôts équivalents des autres parties des Alpes françaises et *ne peuvent* conduire, comme ceux du Lias et du Dogger, à admettre dans cette région l'existence de reliefs émergés très étendus. En ce qui concerne les massifs cristallins et en particulier celui du Pelvoux, aucun lambeau n'existe dans leur intérieur, mais cette absence est due très probablement à l'érosion. Sans vouloir nier d'une façon absolue l'existence de ces massifs à l'époque du Malm, nous la croyons peu probable et nous pouvons cependant conclure que pendant le Jurassique supérieur une

Régions intraalpines.

[1] Grand-Galibier, lacs du Lauzet, Tenailles de Montbrison, Grand-Aréa, La Roche de Rame, Guillestre, Vars, la Mortice, le Castellet, Aiguille de Chambeyron, Saint-Ours.

grande portion des chaînes alpines était immergée. Il reste réservé à des recherches futures de retrouver des représentants de ces couches plus au Nord, dans la haute Maurienne et en Tarentaise, et de les séparer des assises liasiques avec lesquelles elles ont probablement été souvent confondues.

A l'Est, dans la région piémontaise, existait une autre dépression géosynclinale (*Géosynclinal piémontais*) où se déposaient depuis l'époque liasique les « Schistes lustrés » et qui a vraisemblablement continué à jouer le même rôle, pendant la durée des temps jurassiques supérieurs.

Bathymétrie de la région à l'époque du Jurassique supérieur.

Nous avons vu que pendant le *Jurassique moyen* l'état du bassin alpin différait peu de ce qu'il avait été à l'époque du Lias (voir schéma, fig. 42), mais à l'époque du *Jurassique supérieur il ne semble plus subsister de traces d'un axe émergé* sur l'emplacement du Briançonnais; de plus, le géosynclinal est occupé, sur une grande partie de son pourtour et même en des points qui appartenaient précédemment à la zone vaseuse, par des récifs de Polypiers (l'Échaillon) et par leur cortège habituel de calcaires zoogènes dus, pour une plus ou moins grande part, à l'activité organique: calcaires de l'Échaillon, du Gard, de Provence, de l'Ubaye, de l'Argentera; ce facies des « *calcaires blancs* » est surtout très développé vers le Sud. Les conditions que nous savons nécessaires à la vie des Polypiers constructeurs nous autorisent à admettre l'existence de zones peu profondes en bordure des diverses régions que nous avons citées déjà comme émergées ou formant des hauts-fonds à l'époque liasique (Plateau central, Maures, Mercantour) et en outre le long du Jura, d'où la mer se retire progressivement.

En outre, la nature zoogène du Malm dans les massifs de recouvrement de l'Ubaye et sur l'*extrême* bordure *ouest* des chaînes des environs de Vars ainsi que la *continuité* du facies rouge amygdalaire, *en arrière de cette bande charriée,* du Galibier à la Haute-Ubaye en passant par Serre-Chevalier, Pierre-Eyrautz, Font-Sancte, le Chambeyron, etc., jointes à la constatation du passage latéral de ce facies rouge au facies zoogène dans cette même zone charriée, à Revel et aux Siolanes, et à la coexistence des deux types dans les Alpes maritimes italiennes (région de Tende, etc.), conduit à admettre qu'il s'est formé très probablement à l'époque du Jurassique supérieur, *sur l'emplacement de la zone du Flysch, entre Réotier, la Condamine et Larche, une bande de sédiments récifaux* que nous ne connaissons guère que par des lambeaux étirés en chapelets (sortes de « sandwiches ») et charriés au milieu de leur enveloppe de

Flysch. Certains de ces lambeaux (Mourre-Haut, Gerbier, Siolanes) décapés par l'érosion de leur enveloppe éogène prennent l'apparence de véritables masses exotiques.

Cette bande de récifs se reliait par les Alpes-Maritimes italiennes à celle des environs de Nice, *en passant probablement à l'Est du massif cristallin du Mercantour.*

Transgression tithonique.

Il est intéressant de rappeler en terminant que, dans la partie axiale de la zone du Briançonnais, la **transgression** des calcaires du Malm sur le Trias est incontestable (voir le schéma, fig. 42) en quelques points et que le Lias y fait souvent défaut; le Dogger n'est représenté dans la région que d'une façon intermittente. Les affleurements de ces calcaires sont nombreux dans les parties élevées des chaînes; ils s'étendent à l'Est (La Mortice, sommet de Panestrel, Aiguilles de Chambeyron, près de Maurin, dans la Haute-Ubaye) jusqu'à peu de distance de la zone des Schistes lustrés. On pourrait se demander si cette transgression est mécanique, c'est-à-dire due uniquement à la disparition par étirement ou par laminage des bancs du Dogger et du Lias; nous ne le croyons pas, et la nature souvent bréchoïde et conglomératiforme des premiers bancs du Jurassique supérieur ne peut que confirmer notre opinion.

M. Haug (1) s'est d'ailleurs efforcé de montrer, avec son érudition habituelle, l'importance et l'extension de la transgression tithonique dans diverses parties du globe. M. Douvillé (2) a, de son côté, signalé en Grèce une transgression probable du Jurassique supérieur sur son substratum. L'un de nous (W. K.) a lui-même eu l'occasion d'observer, avec M. P. Fallot, l'existence très nette de cette transgression tithonique à Andraitx (île de Majorque) où l'on peut recueillir des fossiles remaniés du Jurassique moyen mélangés à des espèces tithoniques à la base de dépôts rougeâtres dont le facies rappelle d'une façon frappante celui des calcaires de Guillestre. Il en est de même en de nombreux points de l'île de Majorque, notamment à Bendinat.

En ce qui concerne les zones intra-alpines de nos Alpes françaises, il importe de faire remarquer que toutes les faunes — qu'elles soient récifales ou composées de Céphalopodes — qui ont été citées à l'Est d'une

(1) Haug, Portlandien, Tithonique et Volgien (*Bull. Soc. géol. France*, 3e série, t. XXVI, p. 197, 1898.)

(2) Douvillé, *C. R. sommaire séances Soc. géol. France*, 7 déc. 1896.

ligne[1] Galibier-Guillestre-Col de Vars-Lauzanier-Vintimille appartiennent à des niveaux supérieurs du Malm (Tithonique ou Portlandien); aucune espèce absolument certaine du Rauracien ou de l'Oxfordien n'a été signalée dans toute cette région. Cette absence totale d'indices relatifs à l'existence du Malm inférieur ou, tout au moins, le fait que dans la majorité des cas cette division fait certainement défaut dans la zone du Briançonnais constitue une *forte présomption* en faveur de l'existence de la **transgression tithonique** dans cette partie des Alpes. Il convient néanmoins de rappeler que les calcaires de Guillestre ont fourni jadis quelques Ammonites[2] actuellement conservées à la Faculté des Sciences de Grenoble parmi lesquelles on reconnaît des Bélemnites, un *Aptychus* un *Perisphinctes* à côtes bifurquées et un *Peltoceras* du groupe de *P. transversarium*. Mais, malgré la conservation médiocre de ces échantillons, nous avons pu les déterminer avec plus de rigueur et reconnaître qu'il s'agit probablement d'une *Berriasella* tithonique d'une forme plus récente que la forme-type de *Pelt. transversarium* Qu. sp. et assimilable à *Pelt. Fouquéi* Kil. (v. plus haut, p. 212-213).

Transgression tithonique. (Suite.)

D'autres faits encore, tels que l'allure néritique sublittorale et la réduction fréquente et sporadique des dépôts du Dogger dans cette même zone, où ce complexe fait du reste très souvent défaut, ainsi que la présence fréquente, à la base du Malm, de la *brèche polygénique* à ciment rouge et à fragments de calcaire noir, dont nous avons parlé plus haut, sont autant de raisons qui s'ajoutent aux considérations précédentes pour admettre une émersion partielle de la zone axiale du Briançonnais à l'époque du Jurassique moyen, émersion suivie d'un retour des eaux marines (transgression) vers les temps portlandiens.

La même observation s'applique, du reste, aux lambeaux et massifs de recouvrement de l'Embrunais et de l'Ubaye *dans lesquels le Jurassique moyen*

[1] La limite occidentale du Malm à facies briançonnais et récifal correspond en réalité à peu près à une ligne Lautaret-Vallouise-Réotier-Risoul-Jausiers-Lauzanier; les affleurements qui existent à l'Ouest de cette ligne (Piolit, Chabrières, Morgon, Siolanes, etc., etc.) étant tous des massifs de recouvrement des masses *charriées* venant de l'Est et dont l'origine doit être cherchée le long de la ligne précitée.

[2] L. Collot, Descr. géol. des envir. d'Aix-en-Provence, 1880, p. 149. — Ch. Lory, Note sur deux faits nouveaux de la Géologie du Briançonnais (*Bull. Soc. géol. de France*, 3e série, t. XII, p. 117 et suiv. [1883]). — Voir plus haut, p. 212-213, les résultats que nous a fournis l'étude de ces Ammonites.

fait totalement défaut entre le Lias et le Malm, que nous considérons comme émanés de la zone du Flysch (continuation méridionale de la zone des Aiguilles d'Arves) et qui reposent par l'effet d'un charriage mécanique sur un substratum autochtone, contrastant avec eux par la composition de sa série stratigraphique et dans lequel, contrairement à ce qui se passe dans les masses charriées qui le recouvrent, l'Oxfordien et le Jurassique supérieur sont reliés par une manifeste continuité de sédimentation (environs de Seynes, Bouchier près Allos, la Rochette près Gap, etc.).

La transgression tithonique ne paraît donc s'être manifestée qu'à l'Est d'une ligne qui correspond approximativement à la limite occidentale (externe) de la zone du Flysch, du Galibier au Mercantour; elle a pu être préparée par des mouvements positifs des eaux marines, mais il est impossible de préciser la date de ces transgressions préliminaires[1].

[1] En ce qui concerne la comparaison du Jurassique supérieur des Alpes françaises avec celui des autres régions alpines on consultera, outre le remarquable Traité de Géologie de M. E. Haug, les mémoires de MM. Fraas («Scenerie der Alpen»), Moesch, Rollier, Favre et Joukowsky (pour le Salève), Ooster (régions intraalpines suisses), Ernest Favre et, pour la Suisse orientale et l'Engadine, ceux de M. Steinmann et de ses élèves (Lorenz, Schiller, Paulcke, etc.).

IMPRIMERIE NATIONALE.

D^{bis}. Note sur les «Calcaires du Briançonnais» de Ch. Lory.

Les Calcaires du Briançonnais.

Maintenant que nous avons donné les principaux caractères des diverses assises triasiques et jurassiques de la zone du Briançonnais et essayé de montrer qu'il existe dans cette partie des Alpes françaises des calcaires d'âges variés appartenant au Trias, au Lias et au Malm, il est utile d'examiner à quoi, parmi ces dépôts, correspondent les masses calcaires décrites et représentées comme liasiques par Ch. Lory, sous la dénomination de **Calcaires du Briançonnais.** En étudiant et en suivant, la carte à la main, ces masses calcaires, nous sommes arrivés, dès l'année 1891, d'après les conseils de notre illustre maître Marcel Bertrand, à démontrer d'une façon précise que, ainsi que le faisaient prévoir les recherches de MM. Zaccagna et Mattirolo, le vaste ensemble désigné par Lory sous le nom de « calcaires du Briançonnais », et à l'exploration duquel nous avons consacré de longues années, doit être en grande partie attribué au Trias, dans les plis duquel se trouvent pincés de nombreux lambeaux également calcaires appartenant au Lias, au Jurassique moyen et au Jurassique supérieur, constituant des bandes synclinales qui avaient été confondues par nos prédécesseurs avec la masse principale. Ces enclaves sont souvent fort difficiles à distinguer des calcaires triasiques; on peut citer comme de bons exemples de ces masses synclinales : le massif du Grand Galibier, la Corne des Blanchets, la Roche de Queyrellin, le Grand Aréa, etc.

Les brèches du Lias et du Jurassique supérieur, que l'on ne doit pas confondre avec les dolomies bréchoïdes cendrées du Trias, et, d'autre part, les calcaires noirs du Bathonien avec leurs bancs puissants, peuvent servir de repères excellents pour le travail ardu et pénible qui consiste à subdiviser, dans chaque cas particulier, la puissante masse des *Calcaires du Briançonnais*, rattachés au Lias par Ch. Lory, mais qui en réalité sont composés :

1° De calcaires noirâtres et gris cendré et de dolomies triasiques (pour la plus grande partie); reconnaissables à leur aspect ruiniforme très caractéristique;

2° De brèches et de calcaires et de calcaires cristallins liasiques;

3° De calcaires noirs en gros bancs, parfois cristallins et zoogènes, appartenant au Jurassique moyen (Bathonien);

4° De brèches à ciment rouge, de calcaires à nodules siliceux et de cal-

GÉOLOGIE DES ALPES

Allure et disposition tectonique des assises mésozoïques dans la zone du Briançonnais.

Coupe transversale de la zone du Briançonnais, de Château-Queyras à Montdauphin.

Planche C.

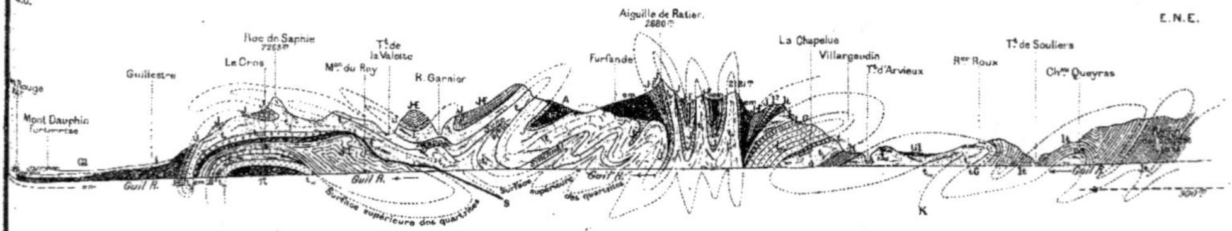

LÉGENDE

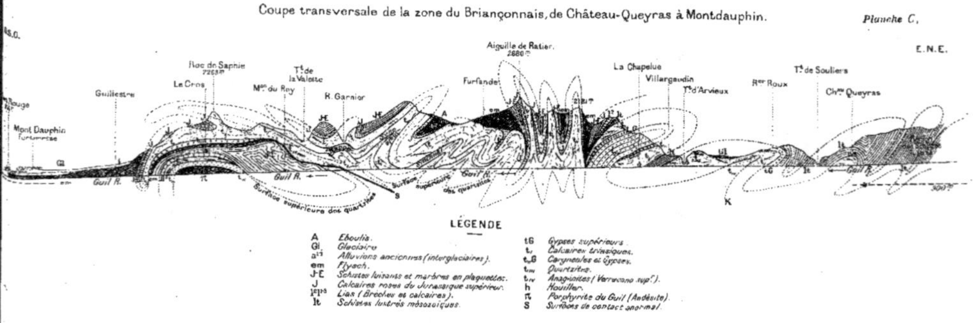

A	*Eboulis.*	tG	*Gypses supérieurs.*
Gl	*Glaciaire.*	t_r	*Calcaires triasiques.*
a^{1i}	*Alluvions anciennes (interglaciaires).*	t_vG	*Cargneules et Gypses.*
em	*Flysch.*	t_m	*Quartzites.*
J-E	*Schistes luisants et marbres en plaquettes.*	t_{rv}	*Anagénites (Verrucano supr.).*
J	*Calcaires roses du Jurassique supérieur.*	h	*Houiller.*
$l^p l^s$	*Lias (Brèches et calcaires).*	π	*Porphyrite du Guil (Andésite).*
lt	*Schistes lustrés mésozoïques.*	S	*Surfaces de contact anormal.*

Echelle environ 1/60.000 (longueurs et hauteurs)

Courtier & Cie, 43, rue de Dunkerque Paris

caires amygdalaires (marbres de Guillestre) roses, blancs ou noirâtres et de calcaires cristallins en bancs massifs du Jurassique supérieur;

5° De schistes marbreux et luisants Jura-crétacés et en partie éocènes (« Marbres en plaquettes ») qui seront décrits ci-après.

Il s'agit, dans chaque cas particulier, de reconnaître et de délimiter les synclinaux de calcaires jurassiques pincés dans les calcaires triasiques. On doit aux recherches persévérantes du Capitaine Pussenot d'avoir précisé pour tout le Briançonnais oriental la composition exacte d'une série de ces bandes synclinales en partie déjà reconnues par l'un de nous (W. K.) lors du levé de la feuille Briançon de la Carte géologique (Environs de Névache-l'Olive, massifs de l'Infernet, de la Grande Maye, etc.).

Discussion des faits observés.

Pour faire, ainsi qu'on l'avait proposé, du Lias de tout l'ensemble des calcaires du Briançonnais, il faudrait supposer que le Trias, bien développé et comprenant une assise moyenne calcaire aux environs de Moûtiers (Savoie), soit réduit dans le Briançonnais aux quartzites accompagnés seulement d'une mince couche de cargneules. Cette hypothèse exigerait aussi un changement trop brusque de facies pour le Lias; cet étage, encore calcaréo-marneux aux environs du Galibier et à la Grave, deviendrait, *sans transition*, dolomitique vers l'Est (les Rochilles, Pic du Grand Galibier). De plus, les brèches authentiquement liasiques (*à Gryphées, Arietites*, etc.) des environs de Moûtiers contiennent des fragments **remaniés** de calcaires à patine jaunâtre, cendrés ou noirs, que nous rattachons au Trias. Nous avons d'autre part entre les mains une Ammonite de la vallée de Névache recueillie dans les « calcaires du Briançonnais » et qu'on nous a envoyée en 1891, comme provenant d'un point situé entre le Pas-de-la-Tempête et le Lac-Blanc (Hautes-Alpes, frontière italienne). Ce fossile, qui est incontestablement liasique (c'est un *Aegoceras*, dans lequel notre ami M. Haug a reconnu *Aegoceras* cf. *circumdatum* Mart. sp.), est entouré d'une gangue d'un aspect fort différent de celui de la portion triasique des calcaires du Briançonnais. Si les indications de provenance qu'on nous a données sont exactes, ainsi que nous avons tout lieu de le croire (le gendarme Laurent, qui a découvert ce fossile, nous ayant fourni une attestation signée), le point signalé étant occupé par les grès houillers, l'Ammonite dont il est question ne peut provenir que des éboulis calcaires de la chaîne de la Chirouze. Il en résulterait donc que les enclaves liasiques se continuent en une bande synclinale au milieu des calcaires du Trias jusque dans le voisinage de la Vallée-Étroite, ainsi que nous l'avons reconnu, du reste, dans la portion méridionale de cette même chaine de la Chirouze, près du col du Vallon.

Calcaires du Mont Thabor.

En revanche, nous verrons plus loin qu'il n'existe aucune raison pour détacher, comme on l'a proposé, les calcaires du Mont Thabor, également attribués aux calcaires du Briançonnais de Ch. Lory, du Trias, auquel les rattachent leur nature pétrographique et leur position stratigraphique [1]. La réapparition de la brèche du Télégraphe, bien caractérisée en un certain nombre de points du massif des Rochilles, et la présence des bandes bathoniennes et suprajurassiques reconnues par M. Pussenot dans le Briançonnais oriental (montagne de Pécé, Janus, etc.), nous montrent, il est vrai, qu'il existe une série de lambeaux synclinaux jurassiques (près de la Corne des Blanchets, du lac Rouge, du lac des Béraudes, etc.) enclavés dans les dolomies des massifs qui limitent les bassins de l'Arc, de la Dora Riparia et de la Guisanne et que nous avons délimités aussi exactement que possible sur la feuille Briançon de la Carte géologique détaillée de la France. Toutefois, nous croyons devoir déclarer nettement que les calcaires du sommet du Thabor, dont parle M. Virgilio, nous semblent incontestablement triasiques. Il nous paraît, en outre, très important de faire remarquer le mauvais état des fossiles qui ont servi à MM. Portis, Piolti et Virgilio pour rattacher au Crétacé ces calcaires du Thabor. Les *Cylindrites*, que ce dernier a figurés, ne semblent être que de vagues empreintes comme il peut s'en rencontrer à tous les niveaux et auxquelles il peut être téméraire de donner un nom. Quant au *Magas* cité par cet auteur, il ne peut être qu'un jeune individu du groupe des *Waldheimiidés* (*Coenothhyris?*). L'âge crétacé des calcaires du Thabor, considérés à tort également comme infraliasiques par Ch. Lory, entraînerait, du reste, l'attribution au même terrain crétacé des calcaires à Gyroporelles du Chaberton (base des escarpements), de Maurin (Ubaye) et des environs de Modane, possédant les mêmes caractères pétrographiques et la même position stratigraphique (ils sont séparés des quartzites par une assise souvent très mince de gypses et cargneules) et qu'on est du reste d'accord à présent pour considérer comme **indubitablement triasiques.**

[1] Malgré nos recherches actives et réitérées, nous n'avons pu trouver dans les calcaires du Thabor que de mauvais Gastropodes indéterminables, des articles d'*Encrinus* et de vagues empreintes mécaniques.

Autres calcaires.

Quant aux calcaires plus récents qui affleurent non loin de là, il est souvent assez difficile de distinguer toutes ces couches des calcaires du Trias; cependant, à Vallouise notamment et à la Roche Olvera, près des Granges du Galibier, il serait bien difficile de confondre les calcaires noirâtres à éclat mat et à nombreuses traces d'organismes microscopiques (bande Encombres-Galibier) du Lias avec les calcaires dolomitiques plus saccharoïdes du Trias, auxquels ils sont ici juxtaposés. Mais il n'en est pas toujours de même, et il est des cas (environs de la Bessée, Eychauda, Mélezet de Bardonnèche, etc.), où la distinction est presque impossible à un observateur non exercé.

Examen microscopique.

La grande rareté des fossiles dans les divers horizons de nos calcaires alpins nous a depuis longtemps amenés à apprécier l'utilité que peut avoir l'*examen microscopique* pour la *distinction des différents horizons de calcaires* compris jadis sous la désignation de « Calcaires du Briançonnais ».

Afin de posséder les éléments de comparaison indispensables à une semblable étude nous avons tenu d'abord à examiner, à ce point de vue, avec M. Hovelacque, une série de calcaires d'âge connu, pris dans les régions subalpines.

C'est surtout la méthode micrographique que nous avons appliquée depuis 1897 [1] qui permet de distinguer avec sûreté les diverses sortes de calcaires qui constituent le complexe désigné jadis sous le nom de « Calcaires du Briançonnais ». Grâce à l'emploi du microscope il devient facile, avec un peu d'exercice, d'être fixé sur l'attribution d'une assise à l'une ou l'autre des formations énumérées plus haut.

On peut y distinguer aisément au microscope [2] :

a. Les *Calcaires triasiques,* ne présentant que de vagues traces d'organisme; fortement recristallisés, à petites plages parfois nettement rhom-

[1] W. Kilian et M. Hovelacque, Examen microscopique de calcaires alpins (*Bull. Soc. géol. France,* 3e s., t. XXV, p. 638, 28 juin 1897).

W. Kilian et M. Hovelacque, Album de microphotographies de roches sédimentaires faites par M. Hovelacque, d'après des échantillons recueillis et choisis par W. Kilian, Paris, Gauthier-Villars, 1900, 69 Planches.

W. Kilian, Structure intime des calcaires liasiques du Briançonnais (*Bull. Soc. géol. France,* 3e s., t. XXVIII, p. 409, 19 juin 1899).

[2] On consultera pour plus de détails les diagnoses micrographiques à la fin de ce chapitre et celles que nous avons données plus haut à propos du Trias.

boédriques de calcite et de dolomie formant un grain serré. (Voir Kilian et Hovelacque, Atlas, Pl. VIII, fig. 3.)

Janus et Infernet : près Briançon, Ceillac (Hautes-Alpes), Lac du Paroird (Basses-Alpes), Gros près Guillestre (Hautes-Alpes), col des Fours (Ubaye), Pointe de Charra, Grande Hache près des Acles (Hautes-Alpes), etc.

b. Les calcaires à débris du Lias, de teinte généralement foncée, riches en grandes plages de calcite figurant les fragments d'Entroques et d'autres Échinodermes, avec nombreux morceaux de *Polypiers*, Foraminifères (rares). Cette structure, fréquemment *oolithique* (La Lozette), rappelle beaucoup celle des calcaires rauraciens du Jura bernois. (Voir Kilian et Hovelacque, Micr., Pl. II, III.)

Le Lautaret et la Mandette; Vallouise (Hautes-Alpes), Galibier, Aiguilles de la Saussaz, Le Plane (Savoie), Col de Martignare; — au Pas-du-Roc et à Dorgentil (Savoie), la recristallisation a masqué en partie cette structure.

c. A Font-Sancte (Haute-Ubaye), des calcaires noirs renfermant beaucoup de Foraminifères dont certains ont la structure des Orbitolinidés; ce type ne paraît rentrer dans aucune des autres catégories de calcaires (*a, b, d, e*) connues dans les chaînes alpines; ces calcaires représentent le Dogger dont Ch. Lory avait fait pressentir l'existence près de Guillestre, sa présence a été constatée avec certitude dans toute la zone du Briançonnais au Galibier (microbrèches et calcaires à Entroques), dans les massifs de la Mortice et de Panestrel (Kilian) et dans les chaînes situées à l'Est de Briancon (Pussenot) où il avait été confondu avec les calcaires du « Briançonnais ». (Voir Kilian et Hovelacque, Atlas, Pl. VIII, fig. 1, 2; Pl IX, fig. 1, 2.) [Voir plus haut, p. 191.]

d. Calcaires gris clair et blancs, zoogènes, du Jurassique supérieur. — Caractérisés par l'abondance des Foraminifères (Miliolidés surtout), souvent totalement encroûtés, servant de centre à des *Oolithes* et rappelant, à cet égard, le Bathonien compact de Besançon (Forest-Marble). Débris fréquents de Polypiers et d'Encrines. (Voir Kilian et Hovelacque, Atlas, Pl. XXIII, fig. 2.)

Morgon (Hautes-Alpes), Costebelle, Siolane et Revel, dans la vallée de l'Ubaye.

e. Calcaires largement cristallins à grandes plages de calcite, blancs, roses, noirâtres et verdâtres, appartenant au Jurassique supérieur.

Briançonnais oriental, l'Olive, Plampinet, etc.

f. Calcaire bréchoïde de Guillestre. — C'est une « fausse brèche », tous les éléments ont la même nature : pâte très fine englobant des Radiolaires. Le ciment est formé d'argile rouge ferrugineuse, durcie. (Voir Kilian et Hovelacque, Atlas, Pl. XXV, XXVI, XXVII, XXVIII, XXIX.)

Guillestre, Saint-Crépin, La Roche de Rame, La Condamine, etc.

g. Enfin une série de marbres en plaquettes à Globigérines, *Pulvinulina*, etc., qui seront étudiés dans un chapitre ultérieur et paraissent jura-crétacés. — Escreins, Saint-Crépin, Villard-Meyer, etc.

Il y a lieu de signaler tout spécialement quelques points où l'existence d'une série d'assises superposées, bien distinctes, permet d'établir des divisions dans la masse des calcaires dits du Briançonnais. Exemples.

Aux alentours du col des Rochilles, on peut se convaincre aisément de l'existence simultanée des cargneules et calcaires triasiques de la brèche du Télégraphe (Lias) et des marbres et brèches roses du Jurassique supérieur.

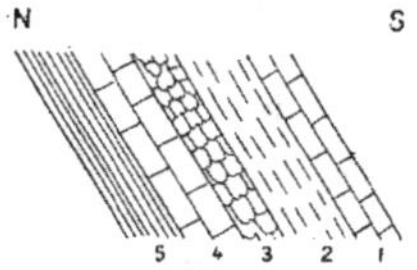

Fig. 49 — Succession près de la Roche-de-Rame (Hautes-Alpes), au flanc sud de la vallée de la Durance.

Une bonne succession existe également près de la Roche-de-Rame (Hautes-Alpes), où l'on rencontre, en gravissant les pentes qui conduisent vers le Lauzet, la succession suivante, de haut en bas.

1. Marbres de Guillestre (Jurassique supérieur).
2. Calcaire noir (Dogger ?).
3. Brèche du Télégraphe (Lias).
4. Calcaire gris dolomitique du Trias d'apparence moirée dit « calcaire à Gyroporelles ».
5. Schistes gaufrés lilas et brunâtres.

Citons aussi le Grand-Aréa et la Roche de Queyrellin, près du col du Chardonnet.

Enfin, en se rendant de la Maison-du-Roy à Guillestre, la série des couches est également assez nette et montre bien la diversité des assises qui ont été jadis englobées par Ch. Lory sous le nom de « Calcaires du Briançonnais ». Aux quartzites (Trias inférieur) qui, vers l'issue de la gorge, forment un anticlinal dont le noyau est occupé par les *Andésites* de teinte rouge et vert foncé, on voit succéder de bas en haut :

3. Cargneules.
4. Calcaires triasiques.
5. Brèche calcaire du type de la *Brèche du Télégraphe* (Lias).
6. Schistes et calcaires rouges du *Jurassique supérieur.*
7. Schistes calcaires gaufrés (Marbres en plaquette), avec intercalations de brèches calcaires.
8. Flysch argilo-schisteux d'un noir brunâtre, avec bancs gréseux, et renfermant de petits bancs discontinus d'une *brèche polygénique* formée de fragments de micaschistes et de débris de dolomie brunâtre. (Éogène.)

Ici vient se placer une LIGNE DE CONTACT ANORMAL (plan de charriage); puis on retrouve une nouvelle série comprenant :

9. Cargneules, englobant des fragments de calcaires et de schistes avec banc de calcaire dolomitique.
10. Calcaire gris subcristallin du type ordinaire des calcaires triasiques.
11. Calcaire rose amygdalaire (marbre de Guillestre), en gros bancs (*Jurassique supérieur*).
12. Calcaire gris moiré schisteux avec petites taches foncées.
13. Flysch argilo-schisteux d'un noir brunâtre légèrement griseux et semblable au n° 8. — Ce Flysch éogène est recouvert par du Glaciaire.

Des successions analogues peuvent être relevées dans une foule de points de la zone du Briançonnais.

Prétendu Crétacé du Chaberton

L'existence de dépôts crétacés au Chaberton, dont la mention a été faite par Ed. Suess[1], puis par M. Diener[2], d'après un passage d'un ouvrage de Neumayr[3], passage dont nous donnons la traduction plus bas, constituerait, si ces dépôts existaient réellement, un des faits les plus intéressants de la géo-

[1] SUESS, *La face de la Terre* (*Das Antlitz der Erde*), (traduction française), Paris, Armand Colin, p. 307 (note 1).

[2] B. GASTALDI, Sui fossili dei calcari dolomitici del Chaberton (*Boll. R. Comit. geol. d'Italia*). DIENER, Gebirgsbau der Westalpen, p. 18; BITTNER, NEUMAYR et F. TELLER, Ueberblick ueber die geol. Verhaeltnisse eines Theiles der Aegaeischen Küstenlaender, pl. III.

[3] *Denckschr.* de l'Acad. de Vienne, t. XI, 1880, p. 404-405.

logie alpine, comme l'a du reste fait remarquer M. Diener. Ce dernier auteur a constaté à la base du Chaberton la présence de calcaires à Gyroporelles appartenant sûrement au Trias; il ajoute que vers le sommet de la montagne se rencontrent des calcaires blancs, qui, probablement, sont ceux qui ont fourni les fossiles que Neumayr déclare crétacés et que Michelotti et Gastaldi avaient déterminés comme paléozoïques. Néanmoins les indications et les figures données jusqu'à présent sur cette faune nous semblent trop insuffisantes pour permettre d'affirmer l'existence du Crétacé dans la zone du Briançonnais.

Nous montrons d'ailleurs plus loin qu'il existe plusieurs raisons de croire qu'il s'agit là d'une erreur stratigraphique.

Il est étonnant qu'aucun de nos confrères italiens n'ait songé, avant les récentes explorations de M. Franchi (v. plus bas, p. 268), à soumettre ces couches du Chaberton à une étude approfondie et à éclaircir ainsi une question de la plus haute importance. C'est l'intérêt même de cette controverse et l'espoir de susciter une exploration plus détaillée de cette curieuse localité, si peu accessible aux géologues français, mais qui, d'après M. Franchi et d'après le rapide examen que l'un de nous a pu faire, malgré les obstacles résultant de la présence d'ouvrages militaires italiens, des environs du Col du Chaberton, qui nous détermine à reproduire ici textuellement les quelques lignes que M. Neumayr consacra, à propos d'une étude sur la craie de Syrie, aux calcaires du Chaberton[1]. Voici la traduction littérale de ce document :

« Il n'y a que peu de formations analogues à citer dans les Alpes; les communications de Gastaldi sur les Alpes maritimes et l'Apennin de Ligurie mon-

[1] « Aus den Alpen sind nur wenige Analoga zu citiren; dass mindestens sehr alt aussehende Gesteine in der Kreideformation der Südalpen vorkommen, beweisen die Mittheilungen von Gastaldi, über die Seealpen und den ligurischen Apennin; derselbe fand in den Kalken und Dolomiten, welche unmittelbar über der « Zona delle pietre verdi » liegen, und die man stets für sehr alt gehalten hat; in dem « Calcare del Chamberton », welcher mit Lory's « Calcaire du Briançonnais » parallelisirt wird, eine Anzahl von Fossilien, die nach den Untersuchungen von Michelotti (Su alcuni fossili paleozoici delle Alpe Maritime e delle Apennine Ligure. Accad. d. Lincei, 1877) altpaläozoisch sein sollen. Allein Herr Prof. Meneghini, der mir bei einem Besuche in Pisa die Stücke gezeigt hatte, hat sich übezeugt, dass dieselben entschieden cretacisch seien; in der That sind die *loc. cit.*, c. Tab. II, fig. 7-11, als *Cyclolithes* u. s. w. gedeuteten Formen *Actaeonellen;* die auf Tab. I abgebildeten Korallen, welche Cyathophyllen sein sollen, zeigen nach der Zeichnung deutlich Vermehrung der Zellen durch Theilung, nicht durch Kelchknospung und sind sicher junge sechszählige Typen. Von Gastaldi wurde dies später anerkannt, und es sollen an der genannten Localität dem Chamberton-Kalke Kreidebildungen aufliegen : jedenfalls sind diese letzteren hier in einem Gesteinscharakter entwickelt, welcher gegen denjenigen der ganz aelteren Schichten in kiener Weise absticht. »

IMPRIMERIE NATIONALE.

trent qu'il se rencontre dans le Crétacé des Alpes maritimes des roches d'apparence très ancienne; cet auteur a trouvé dans les calcaires et dolomies qui recouvrent immédiatement la « zone delle Pietre Verdi » et qu'on avait toujours considéré comme très anciens, dans le « calcaire del Chamberton » (*sic*) que l'on met en synchronisme avec le « calcaire du Briançonnais » de Lory, une série de fossiles qui, d'après les recherches de Michelotti [1], seraient du Paléozoïque ancien. Cependant, M. le professeur Meneghini, qui, dans une visite que je fis à Pise, eut la bonté de me montrer ces échantillons, s'est assuré que ces fossiles sont réellement crétacés. En effet, les formes interprétées (*loc. cit.*, pl. II, fig. 7 à 11) comme *Cyclolithes*, etc., sont des Actéonelles, les Polypiers figurés sur la planche I comme *Cyathophyllum* montrent nettement sur le dessin une multiplication de cellules par division et non par bourgeonnement du calice; ce sont sûrement de jeunes Hexacoralliaires. Gastaldi a reconnu, en effet, ce fait plus tard, et les « calcaires du Chamberton » doivent supporter dans cette localité des couches crétacées. En tout cas, ces dernières sont très développées ici avec des caractères lithologiques qui ne contrastent nullement avec ceux des couches tout à fait plus anciennes [2] ».

Nous rappelerons aussi que c'est également en se basant sur des fossiles mal conservés que MM. Michelotti et Gastaldi avaient rattaché au Silurien les calcaires du Chaberton. Or si les calcaires du Chaberton étaient paléozoïques, il serait nécessaire de faire subir le même sort à ceux du Thabor, de la Vallée-Étroite, du col des Acles, etc. [Voir W. Kilian (in *Bull. Soc. géol. Fr.*, 3e série, t. XIX, p. 618, 1891).]

Plus récemment, MM. Gregory et Davies ont consacré au calcaire du Chaberton un petit mémoire spécial accompagné d'une carte géologique [3]. Il ré-

[1] Su alcuni fossili paleozoici delle Alpi Maritime e dell'Apennine Lig. *Acc. d Lincei*, 1877.

[2] M. Diener ajoute que la présence de la Craie au Chaberton n'apporte aucun nouvel élément à la question des calcaires du Briançonnais, ces derniers occupant une zone qui serait séparée du Chaberton par une importante ligne de dislocation. — Nous ferons remarquer à ce propos qu'il y a bien un ou même plusieurs axes anticlinaux (anticlinal de Granon, anticlinal de Pécé, etc.) entre le Chaberton et les montagnes de Briançon, mais que ces accidents n'ont pas plus d'importance que les nombreux plis qui accidentent la zone du Briançonnais elle-même (les Rochilles); nous ne comprenons pas que l'on ne fasse pas rentrer le Chaberton dans la même zone que le Thabor, les montagnes de Névache, de l'Infernet, etc., dont il est absolument inséparable.

[3] Davies (A. M.) and Gregory (J. W), The geology of Monte Chaberton (*Quart. Journ. Geol. Soc.*, *T. L.*, p. 503, 1894). — Voir aussi : S. Franchi, Il Retico quale zona di transizione fra la dolomia principale et il Lias a « facies piemontese », Calcscisti con Belemniti e pietre verdi nell' alta valle di Susa (*Boll. Com. R. geol. d'Italia*, t. XLI [1910], n° 3. Roma, 1911).

sulte de leur description que ces calcaires sont coralligènes et coquilliers. Ils affleurent près d'une bergerie ruinée, voisine du col du Chaberton au lieu dit le « Clos des Morts ». Ils n'ont fourni que des fossiles fragmentaires parmi lesquels MM. Gregory et Davies ont cru pouvoir reconnaître *Calamophyllia fenestrata* Reuss, espèce du Crétacé supérieur de Gosau. (C'est probablement le *Cyathophyllum* cité par M. Neumayr.) Nous ne pouvons néanmoins souscrire aux conclusions de MM. Gregory et Davies qui tirent de cette unique espèce de Polypier, dont la détermination est d'ailleurs douteuse, un argument pour placer le « Clos des Morts limestone » dans le Crétacé et le rapprocher des couches de Gosau. — Ces mêmes auteurs citent, du reste, comme crétacés les calcaires de Vermagnana et tendent à rattacher à ce même terrain les calcaires de Dorgentil (Savoie) [voir plus haut] décrits par l'un de nous et dont la nature liasique ne peut être mise en doute à cause de ses relations avec la brèche à *Gryphées* et à *Arietites* du Niélard et de la présence d'une *Magellania* (*Zeilleria*) du groupe de *M. numismalis* Lamk. sp. dans sa masse.

Ayant exploré la région du Chaberton en compagnie de notre excellent confrère, le capitaine Pussenot, l'un de nous (W. K.) a pu se rendre compte d'une façon très nette que les calcaires du Clos des Morts ne peuvent appartenir qu'à l'Infralias ou au Lias qui forme le flanc ouest du Synclinal du Chaberton. D'après la carte et les coupes qu'ils ont publiées et en nous basant sur la connaissance détaillée que nous avons du territoire français voisin du « Clos des Morts » et du Chaberton, nous croyons donc que le « Clos des Morts limestone » n'est autre chose qu'une enclave synclinale de calcaires zoogènes du Lias dans la masse des calcaires triasiques, interprétation qui cadre bien avec la carte et les coupes des auteurs anglais, quoique ces derniers y aient multiplié les failles d'une façon qui nous semble en désaccord complet avec les caractères tectoniques du Briançonnais et les allures des dislocations dans cette région.

Les belles recherches de M. Franchi (*Boll. R. Comit. geol. d'Italia*, t. XLI, 1910, fasc. 3, p. 33) ont d'ailleurs montré qu'il avait été commis une regrettable confusion au sujet des fossiles du Chaberton et que les échantillons communiqués à Neumayr par Michelotti ne provenaient pas en réalité de cette localité, mais des Alpes-Maritimes italiennes (Bersezio, dans la vallée de la Stura di Cuneo, Vernante près du Col du Tende), où le Crétacé supérieur a été reconnu depuis lors.

Quant aux fossiles rencontrés par Gastaldi au Chaberton, ce sont des Polypiers et des sections de Brachiopodes.

Il y a lieu, par contre, d'insister sur la valeur des déterminations de M. Portis, surtout sur la présence de *Myophoria*, que cet auteur mentionne du même massif, genre facilement reconnaissable, qui ne permet guère d'attribuer les calcaires qui ont fourni ce fossile à un autre terrain qu'au Trias ou au Rhétien.

M. Franchi (*Boll. R. Comit. geol. d'Italia*, t. XLI [1910]) a étudié de son côté en détail le massif du Chaberton, et il résulte de ses explorations que la présence du Crétacé ou du Jurassique supérieur au Col du Chaberton ou au « Clos des Morts » est *absolument invraisemblable*, cet auteur n'ayant reconnu dans tout le massif aucun dépôt postérieur au Lias et aux Schistes lustrés. Le Synclinal rhétien et liasique du Chaberton que la route militaire coupe près du Clos des Morts et du Col du Chaberton a été parfaitement décrit par cet auteur et reconnu également avec évidence par le capitaine Pussenot et par l'un de nous (W. K.).

Âge triasique d'une partie des « Calcaires du Briançonnais » de Ch. Lory.

Enfin nous sommes heureux de pouvoir donner communication du passage d'une lettre que nous a adressée, en 1895, M. Diener de Vienne et qui vient confirmer l'attribution au Trias d'une grande partie[1] des calcaires du Briançonnais, résultat auquel nous sommes arrivés par des études purement stratigraphiques et qui concorde avec les conclusions qu'a fournies aux paléontologistes italiens la détermination des fossiles recueillis dans cette même assise sur le versant italien des Alpes :

« Je suis parfaitement d'accord avec votre opinion sur la position stratigraphique du « calcaire du Briançonnais » de Ch. Lory. J'ai eu l'occasion de visiter quelques endroits du Briançonnais, de la Maurienne et de l'Oisans en 1889, pendant quelques semaines, et j'ai trouvé moi-même des *Gyroporelles* dans les calcaires du Chaberton considérés par Ch. Lory comme liasiques, tout près des forts italiens, au-dessous de Clavières. Ces calcaires ressemblent d'une manière frappante à notre « Dachsteinkalk », l'une des assises les plus puissantes et les plus caractéristiques des Alpes orientales. Les Gyroporelles que j'y ai trouvées ressemblent, d'après les déterminations de M. Guembel, qui les a examinées, à *Gyroporella æqualis*, et *G. curvata*. »

Nous ajouterons que, depuis lors, l'un de nous a fini, après de longues recherches, par rencontrer des restes de *Diplopores* dans les « calcaires du

[1] On sait qu'il y aurait à en détacher d'après nous une série de lambeaux liasiques et jurassiques enclavés dans les synclinaux au voisinage même du Thabor (voir plus haut).

Briançonnais » du vallon de Rouchouze[1], près Larche (Basses-Alpes), et que MM. Schmidt et Termier[2] ont découvert en 1900 un bloc remanié rempli de ces Algues dans les brèches liasiques de la montagne de Prorel, près de Briançon.

Il est juste de remarquer cependant qu'il existe des *Diplopores* très analogues à celles du Trias dans des formations jurassiques (Malm de l'Ubaye) et Crétacées (Urgonien de Voreppe et des Grisons, à *Dipl. Mühlbergi* Lorenz) et que par conséquent la présence seule de ce genre, sans indications spéciales, ne suffit pas pour affirmer la « Triasicité » des assises qui les renferment.

Il résulte enfin, de tout ce qui précède, qu'il y a lieu de maintenir les conclusions suivantes, déjà énoncées plus haut, et qui résument le résultat de nos recherches : Conclusions.

Les calcaires du Trias forment de la Vanoise à la Haute-Ubaye une zone importante où ils laissent percer çà et là, le long des anticlinaux, des assises plus anciennes (Quartzites, Verrucano, Houiller) et montrent dans les synclinaux des lambeaux de calcaires plus récents (liasiques, bathoniens et tithoniques) et de marbres en plaquettes, plus ou moins schisteux (en partie peut-être crétacés); cet ensemble complexe a été désigné jadis en bloc sous le nom de **Calcaires du Briançonnais.** Il caractérise une zone où dominent[3] les calcaires dolomitiques du Trias; cette bande offre d'ailleurs une frappante analogie morphologique avec les zones triasiques des Alpes Orientales, qui comprennent les célèbres « dolomies » de la Bavière et du Tyrol.

[1] W. Kilian *in* Notice explicative de la Feuille de Larche de la Carte géologique au 1:80,000 (Ministère des Travaux publics). 1903.

[2] Livret-Guide du Congrès géol. internat. de 1900. — Excursion XIII E.

[3] Voir, à ce sujet : la Planche E du présent mémoire, représentant les zones structurales des Alpes franco-italiennes, les Planches B et C donnant l'extension et les facies du Lias dans la même région, et les fig. 45, 46, 47, 48, relatives aux bandes synclinales et à l'extension du Jurassique supérieur dans le Briançonnais.

NOTA

Au texte de ce 2e fascicule du tome II, se rapportent les Planches VII, X et XI, déjà parues dans le **1er fascicule** (Rhétien du Pas-du-Roc, préparations de calcaires du Rhétien et de Lias et affleurements jurassiques du Plan de Nette). — Consulter aussi, à ce propos, les Planches V et XI du **1er volume**.

∴

Le 3e fascicule contiendra notamment :

a. Une liste générale raisonnée des fossiles signalés dans les différents étages du système jurassique des chaînes intraalpines françaises et des régions voisines;

b. Une liste de diagnoses d'échantillons lithologiques du Jurassique intraalpin des Alpes françaises;

c. Des chapitres consacrés aux Schistes lustrés, aux Marbres en plaquettes, aux Roches éruptives, aux dépôts tertiaires et quaternaires (Pléistocène) des régions intraalpines françaises.

Les Planches XVI à XIX et la Planche E, qui figurent dans le présent fascicule, se rapportent à un texte détaillé qui fait partie du 3e fascicule.

ERRATA

DU FASCICULE 2 DU TOME II.

Page 1, ligne 18, *lire* : plus récents à mesure qu'on, *au lieu de* : plus récents qu'on.

Page 23, ligne 18, *lire* : recueillies, *au lieu de* : recucillis.

Page 24, ligne 1, *lire* : Qu., M., *au lieu de* : Qu. M.

Page 24, ligne 2, *lire* : Dunk. Dc, *au lieu de* : Dunk Dc.

Page 26, ligne 11, *lire* : Barcillonnette, *au lieu de* : Barcilonnette.

Page 28, ligne 10, *lire* : *Gyrolepis*, *au lieu de* : *Gyrolepsis*.

Page 36, ligne 36, *lire* : Termier, *au lieu de* : Termic.

Page 38, ligne 13, *lire* : *Cucullaea*, *au lieu de* : *Cuccullaea*.

Page 38, ligne 14, *lire* : *Arca*, *au lieu de* : *Area*.

Page 49, ligne 6, *lire* : *Lytoceras*, *au lieu de* : *Lythoceras*.

Page 54, ligne 30, *lire* : Pouzzoles, *au lieu de* : Pouzzol.

Page 61, ligne 20, *lire* : *Dumortieria*, *au lieu de* : *Dumortiera*.

Page 92, ligne 16, *lire* : au-dessus de la porte de la, *au lieu de* : au-dessus de la.

Page 131, ligne 13, *lire* : *Trautscholdi*, *au lieu de* , *Trautcholdi*.

Page 160, ligne 14, *lire* : *Gervilleia*, *au lieu de* : *Gervillieia*.

Page 160, ligne 18, *lire* : *Dewalquei*, *au lieu de* : *Devalquei*.

Page 178, ligne 24, *lire* : *Nilssoni*, *au lieu de* : *Nilsoni*.

Page 181, ligne 11, *lire* : *Haplopleuroceras*, *au lieu de* : *Hæplopleuroceras*.

Page 192, ligne 30, *lire* : *concentrica*, *au lieu de* : *concentrisa*.

Page 193, ligne 8, *lire* : *Trochotiara*, *au lieu de* : *Trochotaria*.

Page 198, ligne 27, *lire* : *Gervillei*, *au lieu de* : *Gerollei*.

Page 215, ligne 21, *lire* : *Hecticoceras*, *au lieu de* : *Hecticooceras*.

Page 218, ligne 14, *lire* : *Sowerbyceras*, *au lieu de* : *Somerbyceras*.

Page 220, ligne 32, *lire* : (*Belemnopsis*), *au lieu de* : *Belemn*(*opsis*).

Page 239, ligne 10, *lire* : *carachteis*, *au lieu de* : *caracchteis*.

Planche XII, *lire* : Encombres, *au lieu de* : Excombres.

IMPRIMERIE NATIONALE.

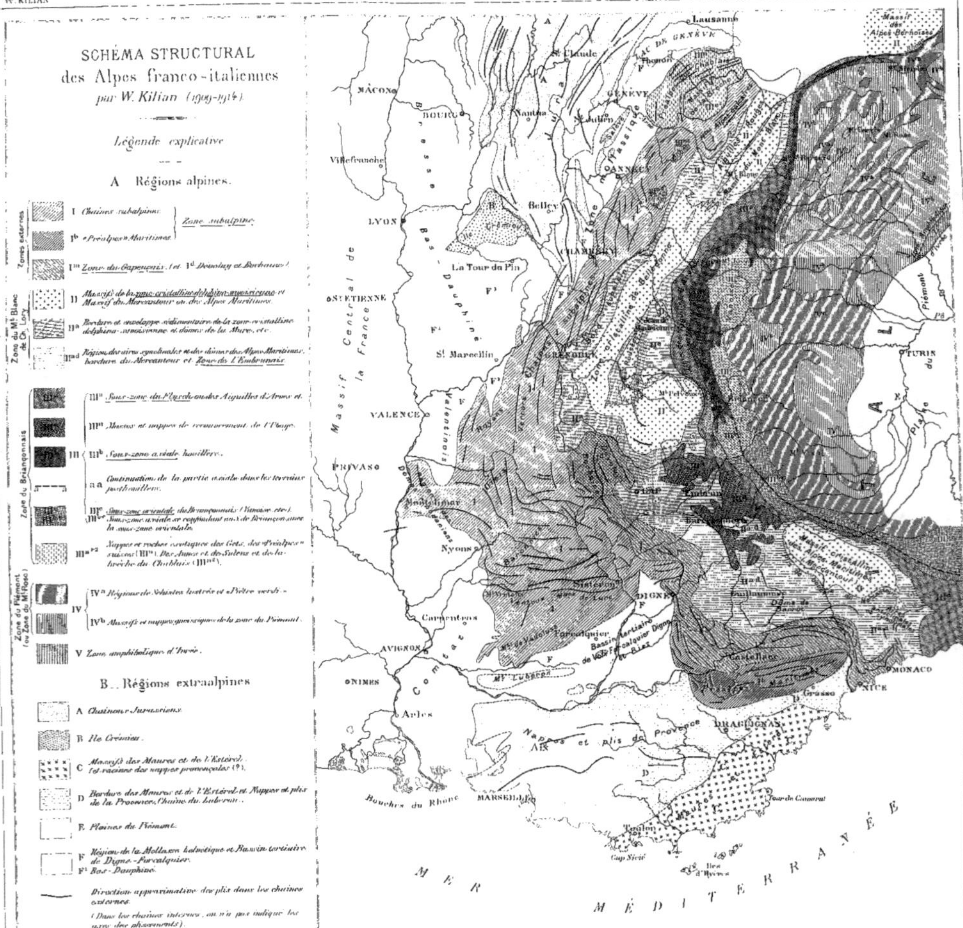

SCHÉMA STRUCTURAL
des Alpes franco-italiennes
par W. Kilian (1909-1914)

Légende explicative

A Régions alpines.

Zones externes
- I *Chaînes subalpines* } *Zone subalpine*
- I^b *« Préalpes » Maritimes* } *Zone subalpine*
- I^m *Zone du Gapençais* (et I^d *Dévoluy et Bochaine*)

Zone du Mt Blanc de Ch. Lory
- II *Massifs de la zone cristalline delphino-savoisienne et Massif du Mercantour ou des Alpes Maritimes.*
- II^a *Bordure et enveloppe sédimentaire de la zone cristalline delphino-savoisienne et dômes de la Mure, etc.*
- II^ad *Région des aires synclinales et des dômes des Alpes Maritimes, bordure du Mercantour et Zone de l'Embrunais.*

Zone du Briançonnais
- III
  - III^u *Sous-zone du Flysch ou des Aiguilles d'Arves et.*
  - III^n *Masses et nappes de recouvrement de l'Ubaye.*
  - III^b *Sous-zone axiale houillère.*
  - a a *Continuation de la partie axiale dans les terrains posthouillers.*
  - III^c *Sous-zone orientale du Briançonnais (Vanoise etc.).*
  - III^{b-c} *Sous-zone axiale se confondant au S. de Briançon avec la sous-zone orientale.*
- III^{n+2} *Nappes et roches exotiques des Gets, des « Préalpes » suisses (III^n). Des Annes et de Sulens et de la brèche du Chablais (III^{n2}).*

Zone du Piémont (ou Zone du Mt Rose)
- IV
  - IV^a *Régions de Schistes lustrés et « Pietre verdi ».*
  - IV^b *Massifs et nappes gneissiques de la zone du Piémont.*
- V *Zone amphibolique d'Ivrée.*

B .. Régions extraalpines

- A *Chaînons Jurassiens.*
- B *Ile Crémieu.*
- C *Massifs des Maures et de l'Estérel. (et racines des nappes provençales (?).*
- D *Bordure des Maures et de l'Estérel et Nappes et plis de la Provence, Chaîne du Luberon.*
- E *Plaines du Piémont.*
- F *Région de la Mollasse helvétique et Bassin tertiaire de Digne-Forcalquier.*
- F¹ *Bas-Dauphiné.*
- —— *Direction approximative des plis dans les chaînes externes.*

(Dans les chaînes internes, on n'a pas indiqué les axes des plissements).

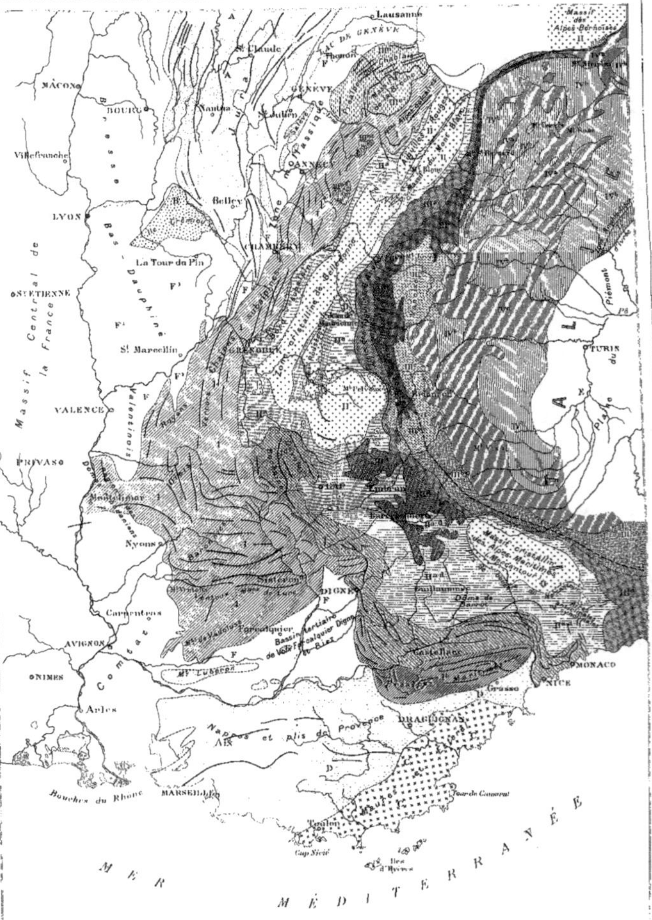

Nota. *Ce schéma dessiné en 1909 (Annuaire Soc. des Touristes du Dauphiné, Grenoble) donne d'une façon toute objective les divisions que la nature, l'allure tectonique et les faciès des assises géologiques permettent de distinguer dans les Alpes franco-italiennes, sans préjuger de l'existence ou de la non existence de nappes de charriage d'âges divers qui pourront ultérieurement faire l'objet d'une carte théorique dont les traits généraux devront coïncider avec le présent schéma uniquement basé sur des faits d'observation.*

PLANCHE XII

PLANCHE XII.

Fossiles du Lias alpin.

FIG. 1. — *Arietites* sp. — Sinémurien, Le Piz, près Jausiers (Basses-Alpes).
Grand exemplaire (diamètre 0,40) (réd. 3/4), encastré au-dessus de la porte de la maison Arnaud, à Barcelonnette.

FIG. 2. — *Lytoceras* sp. (probablement *L. fimbriatum* Sow. sp.), moule interne. — Réduction de 3/10 environ. (Coll. du Musée de Turin, n° 388.). Échantillon figuré par Sismonda [B. Soc. géol. de Fr. (2), t. V, planche VI, fig. (a-b), p. 411] sous le nom d'*Ammonites fimbriatus* Sow. dét. Bayle. — Les Encombres.

FIG. 3. — *Lytoceras fimbriatum* Sow. sp. — Échantillon muni de son test. Lias moyen. Grosse pierre des Encombres. (Coll. du Musée de Turin, n° 387.)
Réduction de 3/10 environ.

FIG. 4. — Polypier (*Isastræa?*) — Du Lias coralligène de la Vallée des Encombres. (Coll. Sismonda, Musée de Turin.)
Réduction de 3/10 de grandeur naturelle environ.

Fig. 1

Fig. 4

Fig. 2

Fig. 3

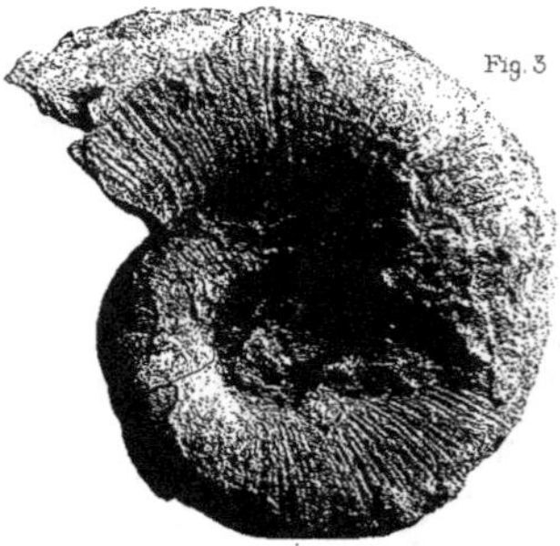

Héliog. L. Schutzenberger

Cl. Lab. géol. Université de Grenoble

FOSSILES DU LIAS
intra-alpin
(Encombres et Ubaye)

PLANCHE XIII

IMPRIMERIE NATIONALE.

PLANCHE XIII.

Fossiles du Lias alpin.

Fig. 1. — *Gryphaea arcuata* Lamk. — Sinémurien du Morgon (Hautes-Alpes). — Grandeur naturelle.

Fig. 2. — *Gryphaea arcuata* Lamk. — Sinémurien du Morgon (Hautes-Alpes). — Grandeur naturelle.

Fig. 3. — *Gryphaea arcuata* Lamk. — Sinémurien du Morgon (Hautes-Alpes). — Grandeur naturelle.

Fig. 4. — Polypier. — Sinémurien du Morgon (Hautes-Alpes). — Réduction : 1/2.

Fig. 5. — *Harpoceras* (*Grammoceras*) *fallaciosum* Bayle sp. — Lias schisteux (Toarcien). — Ardoisières de Revel (Isère). — Grandeur naturelle.

Fig. 1

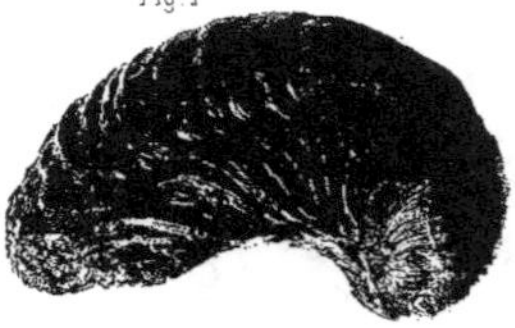

Fig. 2

Fig. 4

Fig. 3

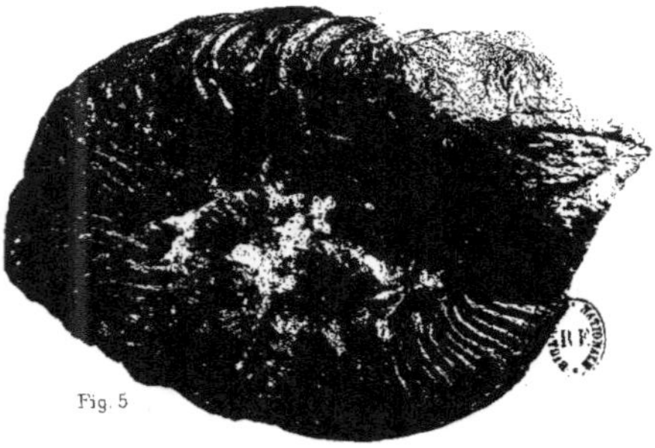

Fig. 5

Héliog. J. Schutzenberger

Cl. Lab. géol. Université de Grenoble

FOSSILES DU LIAS

(Polypier et Gryphées du Morgon ;
Harpoceras de la chaîne de Belledonne)

PLANCHE XIII bis

PLANCHE XIIIBIS.

Polypier rhétien du Briançonnais.

Rhabdophyllia cf *Longobardica* Stopp. — Rhétien de la Turge du Péron (Massif du Lasseron) près Cervières (Hautes-Alpes).

Grandeur naturelle. (Coll. Univ. de Grenoble, MM. W. Kilian et Ch. Pussenot.)

Cliché W Kilian et Revil

Héliog. L. Schutzenberger

POLYPIER RHÉTIEN
du Briançonnais

PLANCHE XIV

IMPRIMERIE NATIONALE.

PLANCHE XIV.

Fossiles du Jurassique moyen intraalpin.

FIG. 1. — *Cœloceras* (*Stepheoceras*) *macer* Kil. (= *Am. Humphriesianus macer* Qu.). — Bajocien. — Alpe du Villard d'Arène (Hautes-Alpes). — Réd. 1/2. — Coll. Univ. de Grenoble.

FIG. 2. — *Rhynchonella Hopkinsi* M'Coy. — Bathonien. — La Grande Maye, près Briançon (M. Pussenot). — Grandeur naturelle. — Coll. Univ. de Grenoble.

FIG. 2^b. — *Rhynchonella Hapkinsi* M'Coy. — Bathonien. — La Grande Maye, près Briançon (M. Pussenot). — Grandeur naturelle. — Coll. Univ. de Grenoble.

FIG. 2^c. — *Rhynchonella Hopkinsi* M'Coy. — Bathonien. — La Grande Maye, près Briançon (M. Pussenot). — Grandeur naturelle. — Coll. Univ. de Grenoble.

FIG. 2^d. — *Rhynchonella Hopkinsi* M'Coy. — Bathonien. — La Grande Maye, près Briançon (M. Pussenot). — Grandeur naturelle. — Coll. Univ. de Grenoble.

FIG. 2e. — *Rhynchonella Hopkinsi* M'Coy. — Bathonien. — La Grande Maye, près Briançon (M. Pussenot). — Grandeur naturelle. — Coll. Univ. de Grenoble.

FIG 2^f. — *Rhynchonella Hapkinsi* M'Coy. — Bathonien. — La Grande Maye, près Briançon (M. Pussenot). — Grandeur naturelle. — Coll. Univ. de Grenoble.

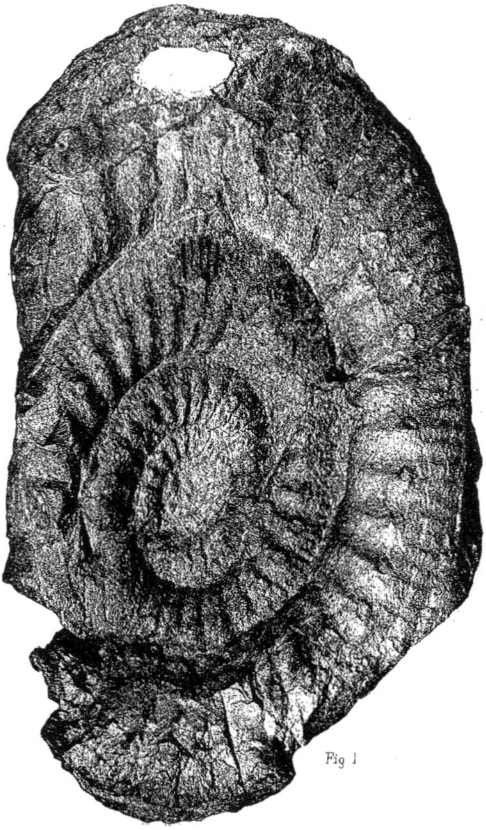

Fig. 1

Fig. 2

Fig. 2^b

Fig. 2^c

Fig. 2^d

Fig. 2^f

Fig. 2

FOSSILES DU JURASSIQUE MOYEN INTRAALPIN

Cl. Lab. géol. Université de Grenoble

Héliog. L. Schutzenberger

PLANCHE XV

PLANCHE XV.

Fossiles du Jurassique supérieur intraalpin.

(Marbre de Guillestre.)

Fig. 1. — *Duvalia lata* Blainv. sp. — Tithonique du Grand-Galibier (Hautes-Alpes). — (Collections de l'Université de Grenoble, M. Kilian, 1891.) — Grandeur naturelle.

Fig. 2. — *Phylloceras serum* Opp. — Tithonique. — Pic de Chabrières, près Chorges (Hautes-Alpes). — Collections de l'Université de Grenoble (Ch. Lory). — Grandeur naturelle.

Fig. 3. — *Lissoceras* cf. *elimatum* Opp. sp. — Tithonique. — Pic de Chabrières, près Chorges (Hautes-Alpes). — Collections de l'Université de Grenoble (Ch. Lory). — Grandeur naturelle.

Fig. 4. — *Lytoceras quadrisulcatum* d'Orb. sp. — Tithonique. — Pic de Chabrières, près Chorges (Hautes-Alpes). — Collections de l'Université de Grenoble (Ch. Lory). — Grandeur naturelle.

Fig. 5. — *Peltoceras* cf. *Fouquei* Kil. (v. page 213). — Tithonique. — Guillestre (Hautes-Alpes). — Collections de l'Université de Grenoble (M. de Lavalette, Ch. Lory). — Grandeur naturelle.

Fig. 6. — *Berriasella Picteti* Jacob sp. (v. page 212). — Tithonique. — Guillestre (Hautes-Alpes). — Collections de l'Université de Grenoble (M. de Lavalette, Ch. Lory). — Grandeur naturelle.

Fig. 7. — *Perisphinctes* sp. voisin de *P. Vandelii* Choff. et de *P. transitorius* Opp. sp. — Tithonique. — Guillestre (Hautes-Alpes). — Collections de l'Université de Grenoble (M. de Lavalette, Ch. Lory). — Grandeur naturelle.

FOSSILES DU JURASSIQUE SUPÉRIEUR INTRAALPIN
(MARBRE DE GUILLESTRE)

Cl. Lab. géol. Université de Grenoble

Héliog. L. Schutzenberger

PLANCHE XVI

IMPRIMERIE NATIONALE.

PLANCHE XVI.

Formations éogènes intraalpines.

Fig. 1. — L'Aiguille méridionale d'Arves, vue du Col Lombard (août 1892). — Assises de conglomérats nummulitiques, reposant sur les schistes noirs oxfordiens (en bas, à gauche du névé).

Fig. 2. — Aiguilles d'Arves, vue des Mottes (Savoie).

Au premier et au second plan : Trias et Lias de la zone du Briançonnais; au dernier plan : sommets de la crête de grès et conglomérats éogènes (nummulitiques) des Aiguilles d'Arves.

(Photographies W. Kilian.)

W. Kilian

Fig: 1. – L'Aiguille méridionale d'Arves, vue du col Lombard. – (Août 1892)
(Conglomérats éogènes du Synclinal des Aiguilles d'Arves)

Cl. W. Kilian

Héliog. L. Schutzenberger

Fig. 2. – Aiguilles d'Arves, vue des Mottes (Savoie)

FORMATIONS ÉOGÈNES INTRAALPINES

(formant les crêtes du dernier plan)
(– en avant : Montagnes liasiques : au premier plan : Trias et grès permiens)

PLANCHE XVII

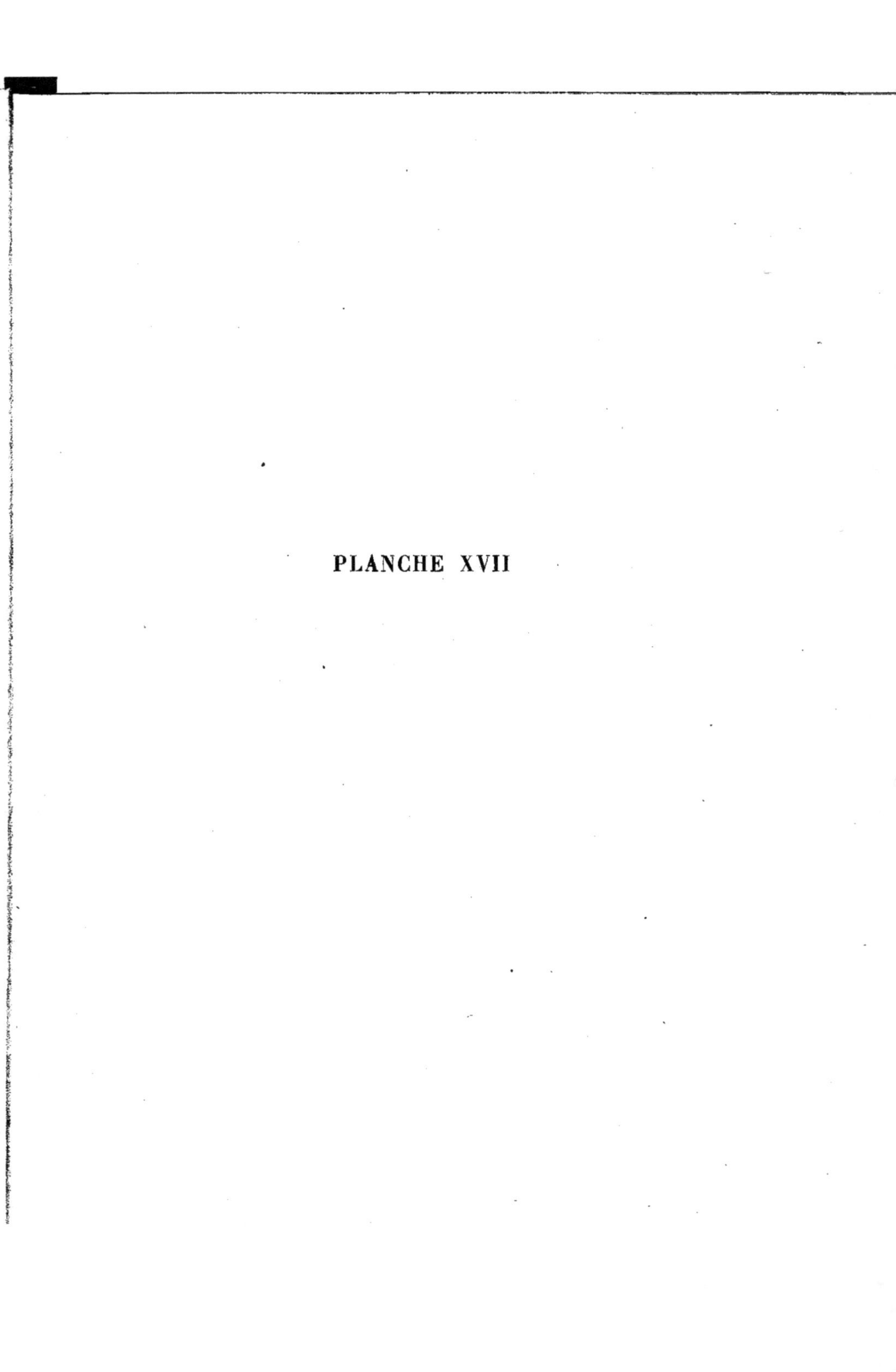

PLANCHE XVII.

« Helminthoïdes » du Flysch éogène de Jausiers (Région de l'Ubaye) [Basses-Alpes].

Helminthoida labyrinthica Heer, var. *crassa* Schafh. — 1/2 de grandeur naturelle. — Coll. de l'Université de Grenoble (W. Kilian).

IIELMINTHOIDES DU FLYSCH ÉOGÈNE INTRAALPIN
DE JAUSIERS (REGION DE L'UBAYE)

Cl. Lab. geol. Université de Grenoble

Héliog. L. Schutzenberger

PLANCHE XVIII

IMPRIMERIE NATIONALE.

PLANCHE XVIII.

Fig. 1. — Massif du Gondran-Infernet, près Briançon, vu de la Lozette.
Passage du « faciès Briançonnais » (à gauche) au « faciès Piémontais » (à droite) [Schistes lustrés]. — **Gisement de Rhynchonelles bathoniennes** de la Cochette.

Fig. 2. — Brèche polygénique à grandes Nummulites [Lutétien] du Laus, près Allos (Basses-Alpes). [Voir le fascicule 3 du présent volume.]

Fig. 3. — Plage actuelle de la Baule (Loire-Inférieure). [Voir le fascicule 3.]
Déjections d'Annélides *reproduisant la forme des Helminthoïdes* du Flysch alpin.

Fig. 4. — Montagne de Crève-Tête, près Moutiers (Savoie).
Croupe formée de brèche polygénique éogène. [Voir le fascicule 3 du présent volume.]

(Photographies de W. Kilian.)

Pl. XVIII

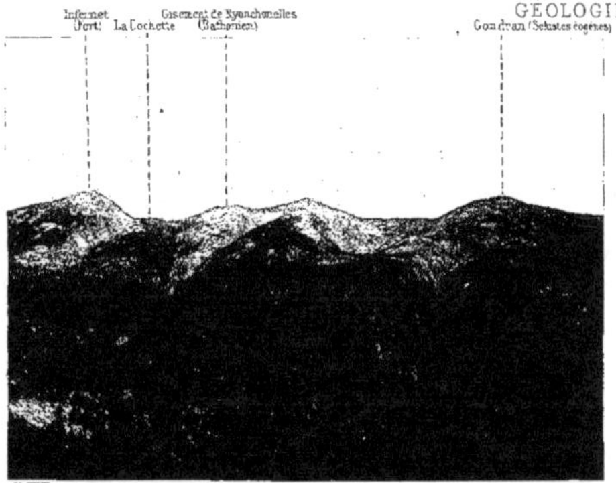

Cl. W.K.

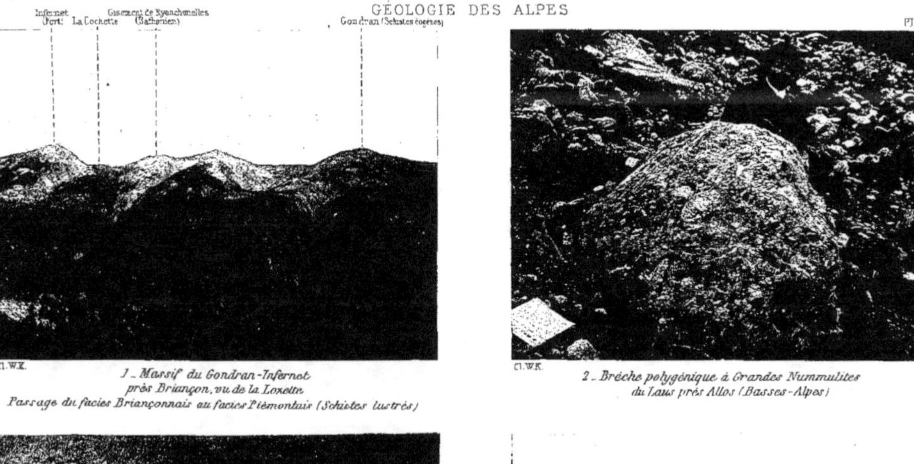

1 _ Massif du Gondran-Infernet
près Briançon, vu de la Loxette
Passage du facies Briançonnais au facies Piémontais (Schistes lustrés)

Cl. W.K.

2 _ Brèche polygénique à Grandes Nummulites
du Laus près Allos (Basses-Alpes)

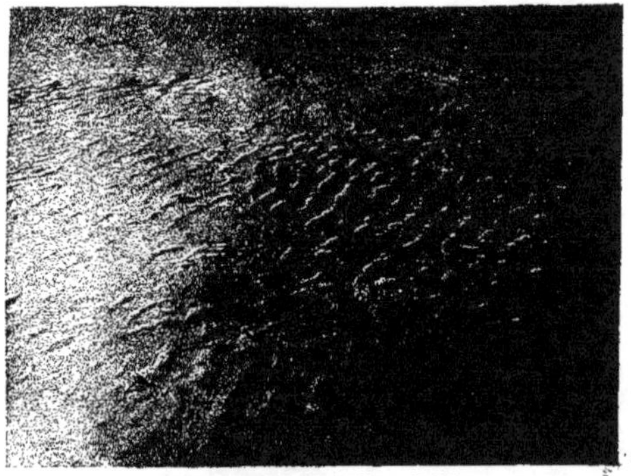

Cl. W. Kilian

3 _ Plage de la Baule (Loire-Inf^re)
déjections d'Annélides reproduisant la forme des Helminthoïdes du Flysch alpin
(à regarder à la loupe)

Cl. W.K.

4 _ Montagne de Crève-Tête (Savoie)
(en brèche polygénique éogène)

Héliog. L. Schutzenberger

PLANCHE XIX

PLANCHE XIX.

Tufs pléistocènes (à ossements humains) du Villard de Bozel (Savoie).

(Voir le fascicule 3 du présent volume.)

Fig. 1. — Vue d'ensemble de la carrière.

Fig. 2. — Cascade du torrent actuel (sur les Tufs pléistocènes).

Fig. 3. — A droite : Contact des Tufs (T) avec les Grès Houillers (h); à gauche : Carrière de Tufs pléistocènes à *ossements* humains.

Fig. 4. — Point (X) où ont été recueillis les restes humains.

(Photographies de W. Kilian.)

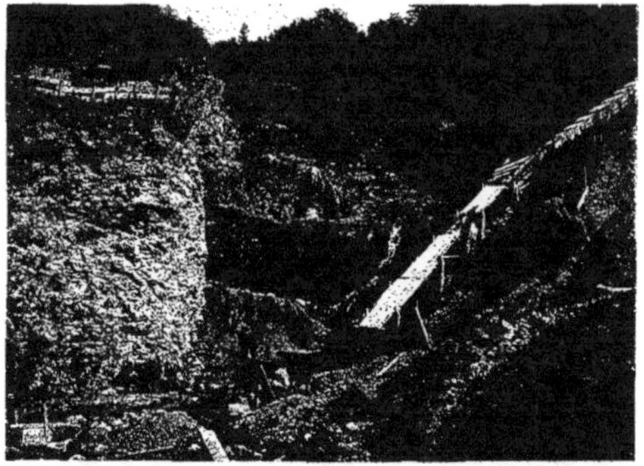

1_ Vue d'ensemble de la carrière

2 _ Cascade du torrent actuel (sur les tufs pléistocènes)

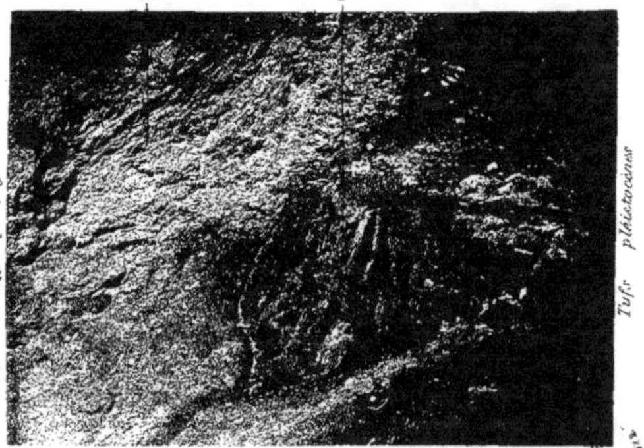

3 _ (à droite) Contact des Tufs (T) avec les Grès houillers (h)
(à gauche) Carrière de Tufs pléistocènes à ossements humains du Villard de Bozel.

4 _ Point (X) où ont été recueillis les restes humains

TUFS PLÉISTOCÈNES DU VILLARD DE BOZEL (SAVOIE)

Cl. W. Kilian

Héliog. L. Schutzenberger

TABLE DES MATIÈRES.

PREMIER VOLUME.

PLANCHES DU 1er VOLUME.

DEUXIÈME VOLUME.

1er FASCICULE DU 2e VOLUME.

II. Description des terrains qui prennent part à la constitution géologique des zones intraalpines françaises.

PLANCHES DU 1ER FASCICULE DU 2E VOLUME.

2ᴱ FASCICULE DU 2ᴱ VOLUME.

CHAPITRE V. — Système jurassique. (Suite.)

C. *Médio-Jurassique ou Dogger.* (Suite.)

PLANCHES DU 2e FASCICULE DU 2e VOLUME.

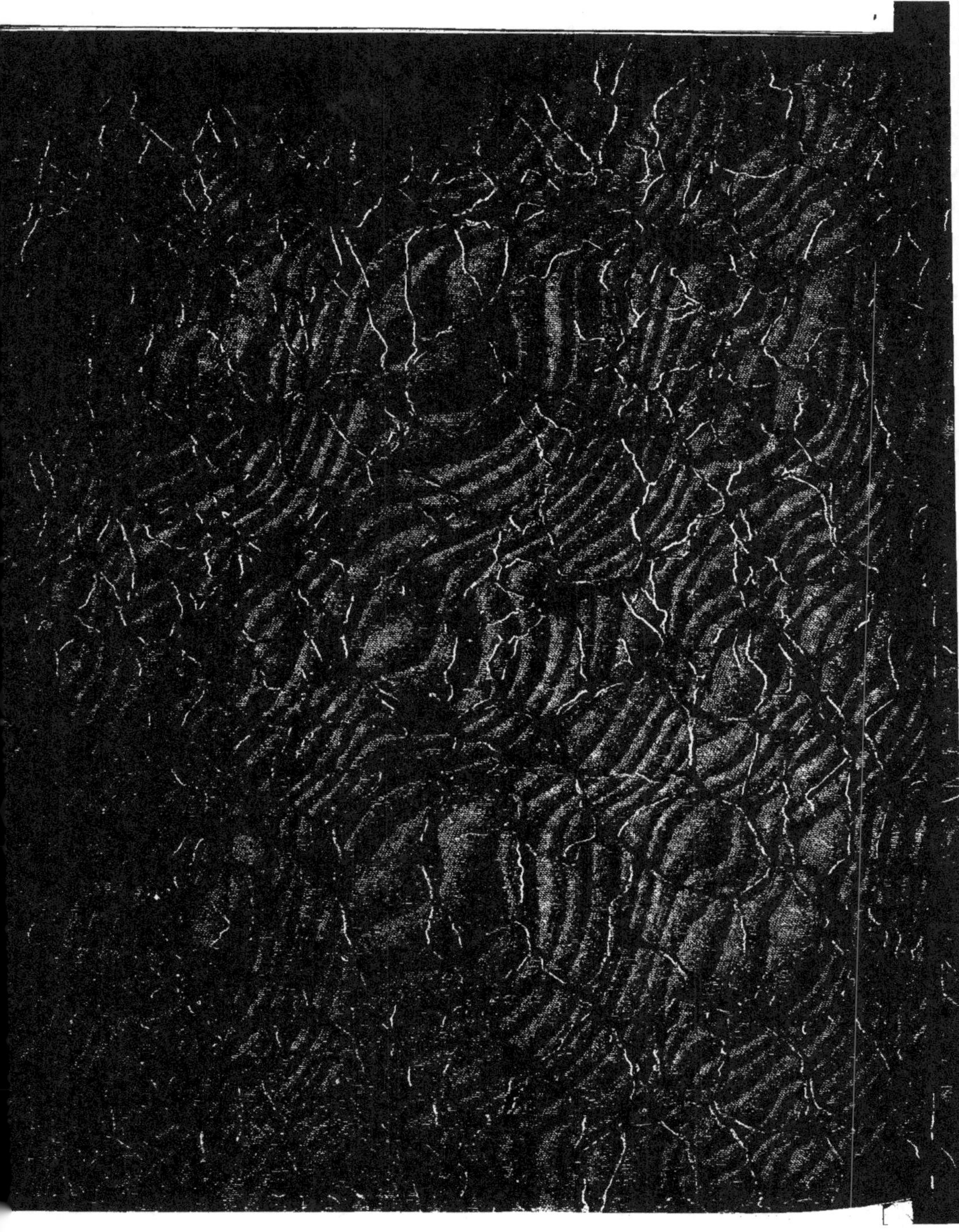

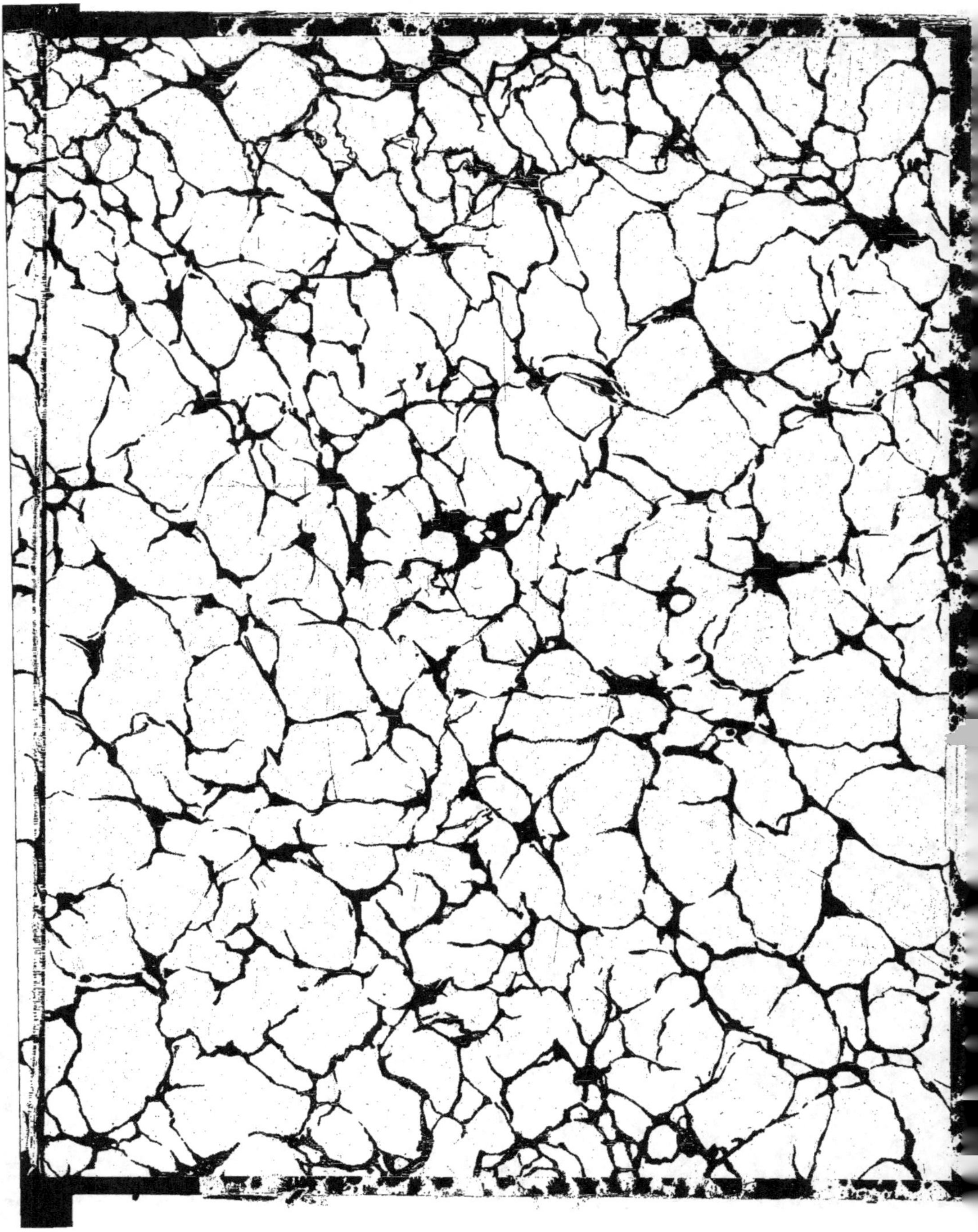

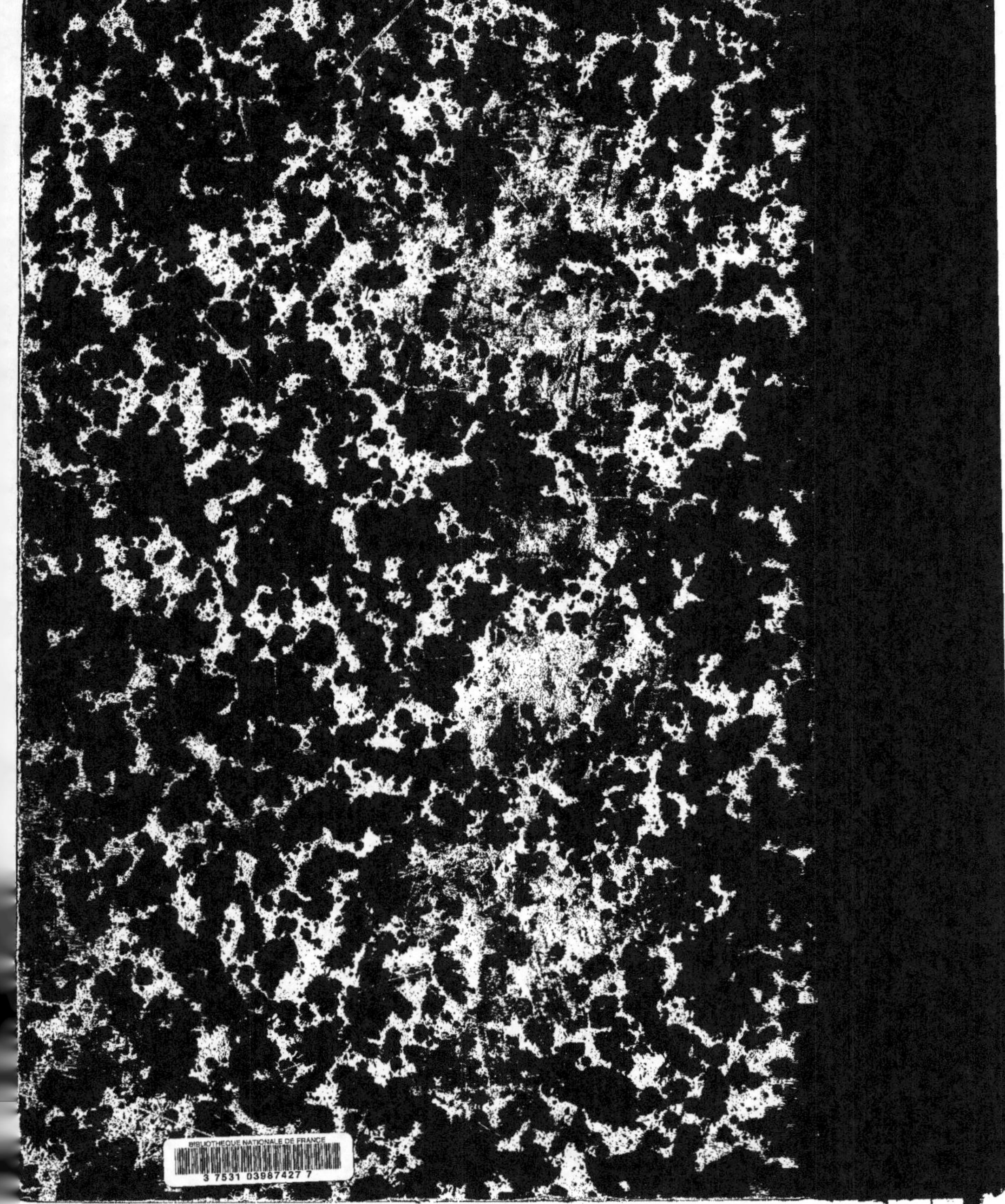

www.ingramcontent.com/pod-product-compliance
Lightning Source LLC
LaVergne TN
LVHW050351060726
842524LV00002B/324
9782014437379